数学交叉学科与应用数学丛书

卡尔曼滤波及其实时应用

（第5版）

[美] Charles K. Chui [中] Guanrong Chen 著
戴洪德 李娟 戴邵武 周绍磊 译

Kalman Filtering with Real-Time Applications

(Fifth Edition)

清華大学出版社 Springer
北 京

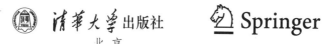

内容简介

本书介绍了卡尔曼滤波的基本原理和相关的主题，包括卡尔曼滤波的直观理解和正交投影证明；系统噪声和测量噪声相关的卡尔曼滤波、有色噪声的处理、时不变系统的极限滤波、序贯算法和平方根算法、非线性系统的扩展滤波、高维系统的解耦滤波、不确定系统的区间滤波、随机信号多分辨分析的小波滤波、传感器网络的分布式估计等，并在最后一章简单列举了主体部分没有介绍到的卡尔曼滤波的一些其他重要主题；最后给出了每一章练习题的解答或提示。

本书可以作为通信、导航、自动化、电子、应用数学等专业高年级本科生或研究生的教学用书，也可作为工程技术人员的参考书。

图书在版编目(CIP)数据

卡尔曼滤波及其实时应用：第5版/(美)崔锦泰，陈关荣著；戴洪德等译. —北京：清华大学出版社，2018 (2023.11重印)

(数学交叉学科与应用数学丛书)

书名原文：Kalman Filtering with Real-Time Applications(Fifth Edition)

ISBN 978-7-302-49893-3

Ⅰ. ①卡…　Ⅱ. ①崔…　②陈…　③戴…　Ⅲ. ①卡尔曼滤波一研究　Ⅳ. ①O211.64

中国版本图书馆CIP数据核字(2018)第175257号

责任编辑：薛　慧
封面设计：傅瑞学
责任校对：刘玉霞
责任印制：沈　露

出版发行：清华大学出版社
网　　址：https://www.tup.com.cn，https://www.wqxuetang.com
地　　址：北京清华大学学研大厦A座　**邮　　编：**100084
社 总 机：010-83470000　**邮　　购：**010-62786544
投稿与读者服务：010-62776969，c-service@tup.tsinghua.edu.cn
质量反馈：010-62772015，zhiliang@tup.tsinghua.edu.cn
印 装 者：三河市少明印务有限公司
经　　销：全国新华书店
开　　本：170mm×230mm　**印　　张：**14　**字　　数：**259千字
版　　次：2018年8月第1版　**印　　次：**2023年11月第7次印刷
定　　价：59.00元

产品编号：077009-02

第5版译者序

PREFACE

卡尔曼滤波无论是理论还是应用最近十年都得到了快速发展。2013年我们有幸翻译出版了 *Kalman Filtering with Real-Time Applications* 这本专著的第4版，很高兴看到第4版的翻译出版得到了国内读者的认可，并多次重印。当然最主要的原因还是原著对卡尔曼滤波理论深入浅出的透彻讲解以及对卡尔曼滤波实时应用简明清晰的实例分析。

2017年，我们欣喜地看到原著第5版在Springer出版，传承了该专著前几版理论联系实际应用的讲授模式，在第4版的基础上增加了原著作者在卡尔曼滤波领域最新的研究成果——传感器网络的分布式估计。这是最近十年得到国内外广泛关注和深入研究的卡尔曼滤波领域前沿热点研究方向。我们再次非常荣幸地在第一时间完成了该专著第5版的翻译工作。

感谢清华大学出版社石磊老师为促成本书第四版和第五版成功翻译出版付出的辛勤劳动。

希望第5版及时的翻译出版能够促进卡尔曼滤波及其新发展在国内得到更深入的理论研究和更广泛的应用研究。虽然经过了反复的校对和修改，由于译者水平有限，难免存在不足之处，恳请读者批评指正。

戴洪德(dihod@126.com)
2017年8月1日
于烟台海军航空大学

译者序

PREFACE

卡尔曼滤波自从20世纪60年代初问世以来，就在航空航天领域获得了非常成功的应用。随着研究的深入，卡尔曼滤波技术越来越多地应用于各个领域，如导航制导、工业控制、目标跟踪、大地测量和金融等。

大部分初学者认为卡尔曼滤波理论性较强，门槛较高，且国内专门针对卡尔曼滤波的专著相对较少，给初学者带来了较大的不便。译者在求学时有幸拜读了 Charles K. Chui 和 Guanrong Chen 两位教授的专著 *Kalman Filtering with Real-Time Applications* 的第3版，获益匪浅。2009年，我们欣喜地发现时隔11年后，两位教授推出了这本专著的第4版，我们觉得很有必要把这本从出版到现在经过25年时间考验和反复修订的专著介绍给国内的读者。本书深入浅出地介绍了卡尔曼滤波的基本原理和发展，以及它们的实时应用。

本书由海军航空工程学院的戴洪德、周绍磊、戴邵武和鲁东大学的李娟合作翻译，另外海军航空工程学院电子信息工程系的吴芳教员参与了第11章的翻译，博士研究生李飞参与了第7、8章的翻译，尹高阳参与了第4章的翻译。参加翻译的还有徐庆九、于进勇、吴光彬、吴晓男、支岳、曹文静、徐胜红、丛源材、吴青坡、蒋华、袁锐、赵伟等。全书由戴洪德统稿，秦永元主审，戴邵武校对。

感谢西北工业大学自动化学院的陈明教授，把我带进卡尔曼滤波的奇妙世界，并把这本书的原著介绍给我。非常感谢西北工业大学的秦永元教授百忙中对译稿进行了非常认真细致的审校。秦永元教授是研究卡尔曼滤波的著名专家，他在1998年出版的《卡尔曼滤波与组合导航原理》是该领域的经典著作，成为相关领域研究者案头必备的参考书，并于2012年6月进行了再版。感谢西北工业大学的严恭敏副教授在本书翻译过程中与译者的深入交流及提出的有益建议。

非常感谢清华大学出版社石磊和赵从棉两位老师为本书的顺利出版所付出的辛勤劳动。

在出版清样第一稿完成后，非常荣幸地联系上了原著作者之一陈关荣教授。陈教授在百忙之中对译稿进行了校对，特此致谢。

本书虽然经过了反复的校对和修改，由于译者水平有限，难免存在不足之处，恳请读者批评指正。

戴洪德
2012年12月
于烟台海军航空工程学院

第 5 版前言

FOREWORD

我们以最大的敬意，谨以新版本纪念 Rudolf E Kalman（1930. 5. 19—2016. 7. 2）。Kalman 最先研究了线性随机动态模型的离散时间黎卡提方程，并且推导出相应估计器的最优线性反馈增益。这个天才创新的重要性在于实现了最优估计器的实时计算，诞生了著名的“卡尔曼滤波器”（Kalman Filter），这正是我们这本专著讨论的核心内容。

Kalman 还通过介绍状态空间框架，定义系统可控和可观的概念，开创了现代系统和控制理论。Kalman 对现代科技还有许多其他重要贡献。为了介绍控制系统，我们于 1989 年同样在 Springer-Verlag 出版了另外一本专著，题为《线性系统和最优控制》（*Linear Systems and Optimal Control*），可以看作是这本关于卡尔曼滤波专著的姊妹篇。

在第 5 版中，在 Wen Yang 和 Ling Shi 两位博士的帮助下，我们新增加了一章，即第 12 章，研究了传感器网络的分布式估计。因为这是卡尔曼滤波实时工程应用领域的热点研究专题，我们相信这部分内容和本书的其他内容融为一体。

我们诚挚地希望读者能够认为这个新版本更好理解、更有益，我们期待您无私的反馈。

Charles K. Chui
Guanrong Chen
2016. 8

第3版前言

FOREWORD

第3版的《卡尔曼滤波及其实时应用》中增加了两个关于卡尔曼滤波的新主题。为了扩展卡尔曼滤波在不确定系统中的应用，增加了区间卡尔曼滤波(第10章)；结合高效的小波和样条技术，介绍了小波卡尔曼滤波(第11章)，并给出了信号估计和信号分解等领域内更为有效的计算方案。希望加入这两章能使新版本给出更完整和与时俱进的实时应用卡尔曼滤波技术。

Charles K. Chui
Guanrong Chen
1998.8

第 2 版前言

FOREWORD

除了进行较少的勘误和参考文献更新外，我们将第 1 版第 10 章的“实时系统辨识”扩展为两节，合并到第 8 章。在第 10 章包含了非常基本的小波分析介绍。虽然小波分解和重构的金字塔算法和卡尔曼滤波算法截然不同，它们仍然可以应用到时域滤波。希望在不久的将来，样条和小波可以与卡尔曼滤波相结合。

Charles K. Chui
Guanrong Chen
1990.9

第1版前言

FOREWORD

卡尔曼滤波作为一种最优状态估计方法，可以应用于受随机干扰的动态系统。准确地说，卡尔曼滤波器给出了一种递推算法，由实时获得的受噪声污染的离散观测数据，对系统状态进行线性、无偏及最小误差方差的最优估计。该算法已经广泛应用于工业和控制的许多领域，如视频和激光跟踪系统、卫星导航、弹道导弹轨迹估计、雷达和火力控制等。随着最近高速计算机的发展，卡尔曼滤波的应用将更加广泛，特别是在更加复杂的实时应用中。

尽管如此重要，卡尔曼滤波的数学理论以及含义并没有被很好地理解，甚至对于一些应用数学家和工程师也是如此。事实上，非常多的应用者仅仅被告知滤波算法是什么，而不知道为什么它们如此有效。本书的一个主要目标就是通过对卡尔曼滤波的数学理论和多种实时应用问题的讨论，来揭开卡尔曼滤波器的神秘面纱。

本书首先介绍了滤波方程的基本推导。该方案的优势是通过假设某些矩阵非奇异，可以很好地理解卡尔曼滤波的最优性。当然通过应用广为人知的正交投影方法，有时也称之为新息方法，可以不需要这些假设。然后将该方法进行扩展来处理系统和量测噪声相关的问题，以及有色噪声问题。本书还讨论了针对非线性系统的卡尔曼滤波及其在自适应系统辨识中的应用。此外，介绍了实时应用中的极限或稳态卡尔曼滤波理论、序贯算法和平方根算法等高效计算方法。卡尔曼滤波一个典型的应用是数字跟踪滤波器设计，如 α-β-γ 和 α-β-γ-θ 跟踪器。对于白噪声，应用卡尔曼增益的极限值来定义 α、β 和 γ 参数，对于有色噪声则为 α、β、γ 和 θ，可以将该跟踪滤波器描述为极限或稳态卡尔曼滤波器。因为最优估计的误差随着时间以指数衰减，从这个角度看，通过这些更有效的预测-校正方程得到的状态估计是近似最优的。我们还研究了一种可以得到状态向量各分量滤波方程的解耦方法。

本书的写作风格趋向于随意而非刻板式的，数学证明趋向于简单但是严谨，使得具备基本的线性代数和系统理论的任何人，无论是学生还是专家，都易于阅读。考虑到这一点，本书引入了一个预备知识章节，包含了矩阵理论、行列式、概率论和最小二乘原理。为了说明相关知识点，加强对材料的理解，或完成书中的一些证明，在每一章都配备了一定数量的练习题，并在书的末尾给出了答案或提示。为了满足感兴趣读者进一步的研究,附录材料和参考文献也列在书尾。

本书的设计是为了达到三个目的:适用于自学;适用于应用数学或工程专业大学高年级学生或一年级研究生的半学期或一学期的卡尔曼滤波课程;另外,希望本书能够成为工业或控制工程师有价值的参考资料。

第一作者要感谢美国军队研究办公室的持续资助,特别感谢白沙导弹靶场(White Sands Missile Range)的 Robert Green 的鼓励和多次深入的讨论。对于爱妻,Margaret,作者要感谢她的理解和一如既往的支持。第二作者非常感谢中山大学的陈铭俊教授将这一非常重要的研究领域介绍给作者,以及感谢他夫人 Qiyun Xian 的耐心和鼓励。

在给出有价值建议的同事中,作者要特别感谢 Andrew Chan 教授(得克萨斯 A&M)、Thomas Huang 教授(伊利诺斯)、Tomas Kailath 教授(斯坦福)。最后,非常感谢 Helmut Lotsch 博士和 Angela Lahee 博士友好的合作和帮助,以及 Springer-Verlag 编辑们的工作。

Charles K. Chui
Guanrong Chen
1987.1

符号说明

NOTATIONS

$\boldsymbol{A},\boldsymbol{A}_k$	系统矩阵
$\boldsymbol{A}^c$	矩阵 $\boldsymbol{A}$ 在 Cholesky 分解时的"平方根"
$\boldsymbol{A}^u$	矩阵 $\boldsymbol{A}$ 在上三角分解时的"平方根"
$\boldsymbol{B},\boldsymbol{B}_k$	控制输入矩阵
$\boldsymbol{C},\boldsymbol{C}_k$	量测矩阵
$\mathrm{Cov}(X,Y)$	随机变量 X 和 Y 的协方差
$E(X)$	随机变量 X 的期望
$E(X\|Y=y)$	条件期望
$e_j,\hat{e}_j$	
$f(x)$	概率密度函数
$f(x_1,x_2)$	联合概率密度函数
$f(x_1\|x_2)$	条件概率密度函数
$\boldsymbol{f}_k(\boldsymbol{x}_k)$	非线性向量函数
$\boldsymbol{G}$	极限卡尔曼增益矩阵
$\boldsymbol{G}_k$	卡尔曼增益矩阵
$\boldsymbol{H}_k(\boldsymbol{x}_k)$	非线性矩阵函数
$\boldsymbol{H}^*$	
$\boldsymbol{I}_n$	$n\times n$ 单位矩阵
$\boldsymbol{J}$	矩阵的若尔当标准型
$\boldsymbol{K}_k$	
$L(\boldsymbol{x},\boldsymbol{v})$	
$\boldsymbol{M}_{A\Gamma}$	可控性矩阵
$\boldsymbol{N}_{CA}$	可观测性矩阵
$\boldsymbol{O}_{n\times m}$	$n\times m$ 阶零矩阵
$\boldsymbol{P}$	极限(误差)协方差矩阵
$\boldsymbol{P}_{k,k}$	估计(误差)协方差矩阵
$\boldsymbol{P}[i,j]$	矩阵 $\boldsymbol{P}$ 的第(i,j)个元素

$P(X)$	随机变量 X 的概率
$\boldsymbol{Q}_k$	随机向量 ξ_k 的方差矩阵
$\boldsymbol{R}_k$	随机向量 η_k 的方差矩阵
$\mathbf{R}^n$	列向量空间 $\boldsymbol{x}=[x_1 \quad \cdots \quad x_n]^{\mathrm{T}}$
$\boldsymbol{S}_k$	ξ_k 和 η_k 的协方差矩阵
tr	迹
$\boldsymbol{u}_k$	在第 k 时刻的确定性控制输入
$\mathrm{Var}(X)$	随机变量 X 的方差
$\mathrm{Var}(X\|Y=y)$	条件方差
$\boldsymbol{v}_k$	观测(量测)数据
$\boldsymbol{v}^{2\#}$	
$\boldsymbol{W}_k$	权值矩阵
$\boldsymbol{w}_j$	
$(W_\psi f)(b,a)$	小波积分变换
$\boldsymbol{x}_k$	k 时刻的状态向量
$\hat{\boldsymbol{x}}_k, \hat{\boldsymbol{x}}_{k\|k}$	$\boldsymbol{x}_k$ 的最优滤波估计
$\hat{\boldsymbol{x}}_{k\|k-1}$	$\boldsymbol{x}_k$ 的最优预测
$\check{\boldsymbol{x}}_k$	$\boldsymbol{x}_k$ 的次优滤波估计
$\vec{\boldsymbol{x}}_k$	$\boldsymbol{x}_k$ 的近优滤波估计
$\boldsymbol{x}^*$	
$\boldsymbol{x}^\#, \boldsymbol{x}_k^\#$	
$\\\|\boldsymbol{w}\\\|$	$\boldsymbol{w}$ 的范数
$\langle \boldsymbol{x}, \boldsymbol{w} \rangle$	$\boldsymbol{x}, \boldsymbol{w}$ 的内积
$Y(\boldsymbol{w}_0, \cdots, \boldsymbol{w}_r)$	向量 $\boldsymbol{w}_0, \cdots, \boldsymbol{w}_r$ 的线性生成空间
$\{\boldsymbol{z}_j\}$	数据的新息序列
$\alpha, \beta, \gamma, \theta$	跟踪器参数
$\{\underline{\beta}_k\}, \{\underline{\gamma}_k\}$	白噪声序列
$\boldsymbol{\Gamma}, \boldsymbol{\Gamma}_k$	系统噪声矩阵
δ_{ij}	Kronecker 符号
$\underline{\varepsilon}_{k,l}, \underline{\bar{\varepsilon}}_{k,l}$	随机(噪声)向量
$\underline{\eta}_k$	(k 时刻的)量测噪声
$\underline{\xi}_k$	(k 时刻的)系统噪声
$\boldsymbol{\Phi}_{kl}$	转移矩阵
$\mathrm{d}\boldsymbol{f}/\mathrm{d}\boldsymbol{A}$	雅克比矩阵
$\partial \boldsymbol{h}/\partial \boldsymbol{x}$	雅克比矩阵

目录

CONTENTS

第 1 章

预备知识

卡尔曼滤波器在工程应用中的重要性得到了广泛的认可，并且建立了严格的数学理论。本书的主要目的是全面讨论卡尔曼滤波的数学理论、计算算法及其在实时跟踪问题中的应用。

为了解释如何得到卡尔曼滤波算法，以及它有哪些优良的性能，必须应用一些矩阵代数的公式和不等式。此外，在实时应用中考虑了系统和量测噪声的统计特性，必须具备一些概率论的基本概念。本章将专门研究这些主题。

1.1 矩阵和行列式初步

用 $\mathbf{R}^n$ 表示所有列向量 $\boldsymbol{x}=[x_1 \quad \cdots \quad x_n]^{\mathrm{T}}$ 的空间，其中 $x_1,\cdots,x_n$ 是实数。对于所有 $\mathbf{R}^n$ 中的非零向量 $\boldsymbol{x}$，如果 $\boldsymbol{x}^{\mathrm{T}}\boldsymbol{A}\boldsymbol{x}$ 是一个正数，则称 $n\times n$ 的实矩阵 $\boldsymbol{A}$ 是正定的：如果 $\boldsymbol{x}^{\mathrm{T}}\boldsymbol{A}\boldsymbol{x}$ 非负，则称 $\boldsymbol{A}$ 是非负定的。如果 $\boldsymbol{A}$ 和 $\boldsymbol{B}$ 是两个任意 $n\times n$ 阶实数矩阵，当 $\boldsymbol{A}-\boldsymbol{B}$ 正定时，可以表示为

$$\boldsymbol{A} > \boldsymbol{B}$$

当 $\boldsymbol{A}-\boldsymbol{B}$ 非负定时，可以表示为

$$\boldsymbol{A} \geqslant \boldsymbol{B}$$

首先来复习施瓦兹不等式(Schwarz inequality)：

$$|\boldsymbol{x}^{\mathrm{T}}\boldsymbol{y}| \leqslant |\boldsymbol{x}||\boldsymbol{y}|, \quad \boldsymbol{x},\boldsymbol{y}\in\mathbf{R}^n$$

C. K. Chui and G. Chen, Kalman Filtering, DOI 10.1007/978-3-319-47612-4_1

式中,$|\boldsymbol{x}|=(\boldsymbol{x}^{\mathrm{T}}\boldsymbol{x})^{1/2}$。另外,当且仅当 $\boldsymbol{x}$、$\boldsymbol{y}$ 平行时,上面的不等式变成等式,即

$$\boldsymbol{x}=\lambda\boldsymbol{y} \quad 或 \quad \boldsymbol{y}=\lambda\boldsymbol{x}$$

λ 为比例因子。特别地,如果 $\boldsymbol{y}\neq\boldsymbol{0}$,施瓦兹不等式可以写为

$$\boldsymbol{x}^{\mathrm{T}}\boldsymbol{x}\geqslant(\boldsymbol{y}^{\mathrm{T}}\boldsymbol{x})^{\mathrm{T}}(\boldsymbol{y}^{\mathrm{T}}\boldsymbol{y})^{-1}(\boldsymbol{y}^{\mathrm{T}}\boldsymbol{x})$$

借助这个公式,可以将施瓦兹不等式推广到矩阵形式。

引理1.1(矩阵施瓦兹不等式(Matrix Schwarz inequality)) 若 $\boldsymbol{P}$ 和 $\boldsymbol{Q}$ 分别是 $m\times n$ 和 $m\times l$ 矩阵,$\boldsymbol{P}^{\mathrm{T}}\boldsymbol{P}$ 非奇异,则

$$\boldsymbol{Q}^{\mathrm{T}}\boldsymbol{Q}\geqslant(\boldsymbol{P}^{\mathrm{T}}\boldsymbol{Q})^{\mathrm{T}}(\boldsymbol{P}^{\mathrm{T}}\boldsymbol{P})^{-1}(\boldsymbol{P}^{\mathrm{T}}\boldsymbol{Q}) \tag{1.1}$$

此外,对于某些 $m\times l$ 矩阵 $\boldsymbol{S}$,当且仅当 $\boldsymbol{Q}=\boldsymbol{PS}$ 时,式(1.1)的等号成立。 ■

证明如下。

向量形式的施瓦兹不等式的证明比较简单。二次多项式①

$$(\boldsymbol{x}-\lambda\boldsymbol{y})^{\mathrm{T}}(\boldsymbol{x}-\lambda\boldsymbol{y})\geqslant 0, \quad \boldsymbol{y}\neq\boldsymbol{0}$$

关于 λ 的最小值在

$$\lambda=(\boldsymbol{y}^{\mathrm{T}}\boldsymbol{y})^{-1}(\boldsymbol{y}^{\mathrm{T}}\boldsymbol{x})$$

时得到。将该 λ 值代入上面的不等式,即得施瓦兹不等式。在矩阵形式中,考虑到

$$(\boldsymbol{Q}-\boldsymbol{PS})^{\mathrm{T}}(\boldsymbol{Q}-\boldsymbol{PS})\geqslant\boldsymbol{0}$$

同时令

$$\boldsymbol{S}=(\boldsymbol{P}^{\mathrm{T}}\boldsymbol{P})^{-1}(\boldsymbol{P}^{\mathrm{T}}\boldsymbol{Q})$$

得到

$$\boldsymbol{Q}^{\mathrm{T}}\boldsymbol{Q}\geqslant\boldsymbol{S}^{\mathrm{T}}(\boldsymbol{P}^{\mathrm{T}}\boldsymbol{Q})+(\boldsymbol{P}^{\mathrm{T}}\boldsymbol{Q})^{\mathrm{T}}\boldsymbol{S}-\boldsymbol{S}^{\mathrm{T}}(\boldsymbol{P}^{\mathrm{T}}\boldsymbol{P})\boldsymbol{S}=(\boldsymbol{P}^{\mathrm{T}}\boldsymbol{Q})^{\mathrm{T}}(\boldsymbol{P}^{\mathrm{T}}\boldsymbol{P})^{-1}(\boldsymbol{P}^{\mathrm{T}}\boldsymbol{Q})$$

和式(1.1)相同。对于 $n\times l$ 矩阵 $\boldsymbol{S}$,当且仅当

$$(\boldsymbol{Q}-\boldsymbol{PS})^{\mathrm{T}}(\boldsymbol{Q}-\boldsymbol{PS})=\boldsymbol{0}$$

即 $\boldsymbol{Q}=\boldsymbol{PS}$ 时,该不等式的等号成立。这就完成了该引理的证明。

下面来看矩阵求逆引理:

引理1.2(矩阵求逆引理(Matrix inversion lemma)) 令

$$\boldsymbol{A}=\begin{bmatrix}\boldsymbol{A}_{11} & \boldsymbol{A}_{12}\\ \boldsymbol{A}_{21} & \boldsymbol{A}_{22}\end{bmatrix}$$

式中,$\boldsymbol{A}_{11}$ 和 $\boldsymbol{A}_{22}$ 分别是 $n\times n$ 和 $m\times m$ 的非奇异子矩阵。这样,

$$(\boldsymbol{A}_{11}-\boldsymbol{A}_{12}\boldsymbol{A}_{22}^{-1}\boldsymbol{A}_{21}) 和 (\boldsymbol{A}_{22}-\boldsymbol{A}_{21}\boldsymbol{A}_{11}^{-1}\boldsymbol{A}_{12})$$

都是非奇异的,所以 $\boldsymbol{A}$ 非奇异,

$$\boldsymbol{A}^{-1}=\begin{bmatrix}\boldsymbol{A}_{11}^{-1}+\boldsymbol{A}_{11}^{-1}\boldsymbol{A}_{12}(\boldsymbol{A}_{22}-\boldsymbol{A}_{21}\boldsymbol{A}_{11}^{-1}\boldsymbol{A}_{12})^{-1}\boldsymbol{A}_{21}\boldsymbol{A}_{11}^{-1} & -\boldsymbol{A}_{11}^{-1}\boldsymbol{A}_{12}(\boldsymbol{A}_{22}-\boldsymbol{A}_{21}\boldsymbol{A}_{11}^{-1}\boldsymbol{A}_{12})^{-1}\\ -(\boldsymbol{A}_{22}-\boldsymbol{A}_{21}\boldsymbol{A}_{11}^{-1}\boldsymbol{A}_{12})^{-1}\boldsymbol{A}_{21}\boldsymbol{A}_{11}^{-1} & (\boldsymbol{A}_{22}-\boldsymbol{A}_{21}\boldsymbol{A}_{11}^{-1}\boldsymbol{A}_{12})^{-1}\end{bmatrix}$$

---

① 下式译者作了微小修订,补充了"$\geqslant 0$"。

$$= \begin{bmatrix} (\boldsymbol{A}_{11}-\boldsymbol{A}_{12}\boldsymbol{A}_{22}^{-1}\boldsymbol{A}_{21})^{-1} & -(\boldsymbol{A}_{11}-\boldsymbol{A}_{12}\boldsymbol{A}_{22}^{-1}\boldsymbol{A}_{21})^{-1}\boldsymbol{A}_{12}\boldsymbol{A}_{22}^{-1} \\ -\boldsymbol{A}_{22}^{-1}\boldsymbol{A}_{21}(\boldsymbol{A}_{11}-\boldsymbol{A}_{12}\boldsymbol{A}_{22}^{-1}\boldsymbol{A}_{21})^{-1} & \boldsymbol{A}_{22}^{-1}+\boldsymbol{A}_{22}^{-1}\boldsymbol{A}_{21}(\boldsymbol{A}_{11}-\boldsymbol{A}_{12}\boldsymbol{A}_{22}^{-1}\boldsymbol{A}_{21})^{-1}\boldsymbol{A}_{12}\boldsymbol{A}_{22}^{-1} \end{bmatrix} \tag{1.2}$$

特别地，

$$(\boldsymbol{A}_{11}-\boldsymbol{A}_{12}\boldsymbol{A}_{22}^{-1}\boldsymbol{A}_{21})^{-1} = \boldsymbol{A}_{11}^{-1}+\boldsymbol{A}_{11}^{-1}\boldsymbol{A}_{12}(\boldsymbol{A}_{22}-\boldsymbol{A}_{21}\boldsymbol{A}_{11}^{-1}\boldsymbol{A}_{12})^{-1}\boldsymbol{A}_{21}\boldsymbol{A}_{11}^{-1} \tag{1.3}$$

及

$$\boldsymbol{A}_{11}^{-1}\boldsymbol{A}_{12}(\boldsymbol{A}_{22}-\boldsymbol{A}_{21}\boldsymbol{A}_{11}^{-1}\boldsymbol{A}_{12})^{-1} = (\boldsymbol{A}_{11}-\boldsymbol{A}_{12}\boldsymbol{A}_{22}^{-1}\boldsymbol{A}_{21})^{-1}\boldsymbol{A}_{12}\boldsymbol{A}_{22}^{-1} \tag{1.4}$$

更进一步有

$$\begin{aligned} \det\boldsymbol{A} &= (\det\boldsymbol{A}_{11})\det(\boldsymbol{A}_{22}-\boldsymbol{A}_{21}\boldsymbol{A}_{11}^{-1}\boldsymbol{A}_{12}) \\ &= (\det\boldsymbol{A}_{22})\det(\boldsymbol{A}_{11}-\boldsymbol{A}_{12}\boldsymbol{A}_{22}^{-1}\boldsymbol{A}_{21}) \end{aligned} \tag{1.5}$$ ■

证明如下。

可以将 $\boldsymbol{A}$ 表示为

$$\boldsymbol{A} = \begin{bmatrix} \boldsymbol{I}_n & \boldsymbol{0} \\ \boldsymbol{A}_{21}\boldsymbol{A}_{11}^{-1} & \boldsymbol{I}_m \end{bmatrix} \begin{bmatrix} \boldsymbol{A}_{11} & \boldsymbol{A}_{12} \\ \boldsymbol{0} & \boldsymbol{A}_{22}-\boldsymbol{A}_{21}\boldsymbol{A}_{11}^{-1}\boldsymbol{A}_{12} \end{bmatrix}$$

或

$$\boldsymbol{A} = \begin{bmatrix} \boldsymbol{I}_n & \boldsymbol{A}_{12}\boldsymbol{A}_{22}^{-1} \\ \boldsymbol{0} & \boldsymbol{I}_m \end{bmatrix} \begin{bmatrix} \boldsymbol{A}_{11}-\boldsymbol{A}_{12}\boldsymbol{A}_{22}^{-1}\boldsymbol{A}_{21} & \boldsymbol{0} \\ \boldsymbol{A}_{21} & \boldsymbol{A}_{22} \end{bmatrix}$$

取行列式，得到(1.5)式。特别地，从这里我们获得

$$\det\boldsymbol{A} \neq 0$$

即 $\boldsymbol{A}$ 是非奇异的。接下来，注意到

$$\begin{bmatrix} \boldsymbol{A}_{11} & \boldsymbol{A}_{12} \\ \boldsymbol{0} & \boldsymbol{A}_{22}-\boldsymbol{A}_{21}\boldsymbol{A}_{11}^{-1}\boldsymbol{A}_{12} \end{bmatrix}^{-1} = \begin{bmatrix} \boldsymbol{A}_{11}^{-1} & -\boldsymbol{A}_{11}^{-1}\boldsymbol{A}_{12}(\boldsymbol{A}_{22}-\boldsymbol{A}_{21}\boldsymbol{A}_{11}^{-1}\boldsymbol{A}_{12})^{-1} \\ \boldsymbol{0} & (\boldsymbol{A}_{22}-\boldsymbol{A}_{21}\boldsymbol{A}_{11}^{-1}\boldsymbol{A}_{12})^{-1} \end{bmatrix}$$

及

$$\begin{bmatrix} \boldsymbol{I}_n & \boldsymbol{0} \\ \boldsymbol{A}_{21}\boldsymbol{A}_{11}^{-1} & \boldsymbol{I}_m \end{bmatrix}^{-1} = \begin{bmatrix} \boldsymbol{I}_n & \boldsymbol{0} \\ -\boldsymbol{A}_{21}\boldsymbol{A}_{11}^{-1} & \boldsymbol{I}_m \end{bmatrix}$$

可得

$$\boldsymbol{A}^{-1} = \begin{bmatrix} \boldsymbol{A}_{11} & \boldsymbol{A}_{12} \\ \boldsymbol{0} & \boldsymbol{A}_{22}-\boldsymbol{A}_{21}\boldsymbol{A}_{11}^{-1}\boldsymbol{A}_{12} \end{bmatrix}^{-1} \begin{bmatrix} \boldsymbol{I}_n & \boldsymbol{0} \\ \boldsymbol{A}_{21}\boldsymbol{A}_{11}^{-1} & \boldsymbol{I}_m \end{bmatrix}^{-1}$$

这样就可以得到式(1.2)的第一部分。式(1.2)的第二部分可以用同样的方法证明。式(1.3)和式(1.4)可以根据式(1.2)的相应矩阵块相等得到。

直接应用引理 1.2 可以得到下面的结果。

引理 1.3 如果 $\boldsymbol{P}\geqslant\boldsymbol{Q}>\boldsymbol{0}$,则 $\boldsymbol{Q}^{-1}\geqslant\boldsymbol{P}^{-1}>\boldsymbol{0}$。 ■

证明如下。

令 $\boldsymbol{P}(\varepsilon)=\boldsymbol{P}+\varepsilon\boldsymbol{I}$,其中 $\varepsilon>0$,则 $\boldsymbol{P}(\varepsilon)-\boldsymbol{Q}>\boldsymbol{0}$。根据引理 1.2,有

$$\begin{aligned}\boldsymbol{P}^{-1}(\varepsilon)&=[\boldsymbol{Q}+(\boldsymbol{P}(\varepsilon)-\boldsymbol{Q})]^{-1}\\&=\boldsymbol{Q}^{-1}-\boldsymbol{Q}^{-1}[(\boldsymbol{P}(\varepsilon)-\boldsymbol{Q})^{-1}+\boldsymbol{Q}^{-1}]^{-1}\boldsymbol{Q}^{-1}\end{aligned}$$

可得

$$\boldsymbol{Q}^{-1}-\boldsymbol{P}^{-1}(\varepsilon)=\boldsymbol{Q}^{-1}[(\boldsymbol{P}(\varepsilon)-\boldsymbol{Q})^{-1}+\boldsymbol{Q}^{-1}]^{-1}\boldsymbol{Q}^{-1}>\boldsymbol{0}$$

令 $\varepsilon\to0$,得到 $\boldsymbol{Q}^{-1}-\boldsymbol{P}^{-1}\geqslant\boldsymbol{0}$,所以

$$\boldsymbol{Q}^{-1}\geqslant\boldsymbol{P}^{-1}>\boldsymbol{0}$$

下面讨论 $n\times n$ 矩阵 $\boldsymbol{A}$ 的迹。矩阵 $\boldsymbol{A}$ 的迹可以表示为 $\mathrm{tr}\boldsymbol{A}$,定义为矩阵 $\boldsymbol{A}$ 对角线元素的和,即

$$\mathrm{tr}\boldsymbol{A}=\sum_{i=1}^{n}a_{ii}$$

式中,$\boldsymbol{A}=[a_{ij}]$。首先来介绍一些基本性质。

引理 1.4 如果 $\boldsymbol{A}$ 和 $\boldsymbol{B}$ 都是 $n\times n$ 阶矩阵,则

$$\mathrm{tr}\boldsymbol{A}^{\mathrm{T}}=\mathrm{tr}\boldsymbol{A}\tag{1.6}$$

$$\mathrm{tr}(\boldsymbol{A}+\boldsymbol{B})=\mathrm{tr}\boldsymbol{A}+\mathrm{tr}\boldsymbol{B}\tag{1.7}$$

$$\mathrm{tr}(\lambda\boldsymbol{A})=\lambda\mathrm{tr}\boldsymbol{A}\tag{1.8}$$

如果 $\boldsymbol{A}$ 是 $n\times m$ 阶矩阵,$\boldsymbol{B}$ 是 $m\times n$ 阶矩阵,则

$$\mathrm{tr}\boldsymbol{AB}=\mathrm{tr}\boldsymbol{B}^{\mathrm{T}}\boldsymbol{A}^{\mathrm{T}}=\mathrm{tr}\boldsymbol{BA}=\mathrm{tr}\boldsymbol{A}^{\mathrm{T}}\boldsymbol{B}^{\mathrm{T}}\tag{1.9}$$

$$\mathrm{tr}\boldsymbol{A}^{\mathrm{T}}\boldsymbol{A}=\sum_{i=1}^{n}\sum_{j=1}^{m}a_{ij}^{2}\tag{1.10}$$ ■

上面恒等式的证明可以从定义直接得到,作为练习(见练习 1.1)留给读者自己完成。下面的结论很重要。

引理 1.5 令 $n\times n$ 阶矩阵 $\boldsymbol{A}$ 的特征值是 $\lambda_1,\cdots,\lambda_n$,重根也列入其中,则

$$\mathrm{tr}\boldsymbol{A}=\sum_{i=1}^{n}\lambda_i\tag{1.11}$$ ■

证明如下。

将 $\boldsymbol{A}$ 写为 $\boldsymbol{A}=\boldsymbol{UJU}^{-1}$,其中 $\boldsymbol{J}$ 是矩阵 $\boldsymbol{A}$ 的若当标准型(Jordan canonical form),$\boldsymbol{U}$ 为非奇异矩阵。应用式(1.9)可以得到

$$\mathrm{tr}\boldsymbol{A}=\mathrm{tr}(\boldsymbol{AU})\boldsymbol{U}^{-1}=\mathrm{tr}\boldsymbol{U}^{-1}(\boldsymbol{AU})=\mathrm{tr}\boldsymbol{J}=\sum_{i=1}^{n}\lambda_i$$

根据这个引理,如果 $\boldsymbol{A}>\boldsymbol{0}$,则 $\mathrm{tr}\boldsymbol{A}>0$;如果 $\boldsymbol{A}\geqslant\boldsymbol{0}$,则 $\mathrm{tr}\boldsymbol{A}\geqslant0$。

下面介绍一些关于迹的有用不等式。

引理 1.6　令 $\boldsymbol{A}$ 为 $n\times n$ 阶矩阵，则

$$\mathrm{tr}\boldsymbol{A}\leqslant(n\mathrm{tr}\boldsymbol{A}\boldsymbol{A}^{\mathrm{T}})^{1/2} \tag{1.12}$$ ■

上面不等式的证明作为练习(见练习 1.2)留给读者自己完成。

引理 1.7　如果 $\boldsymbol{A}$ 和 $\boldsymbol{B}$ 分别是 $n\times m$ 和 $m\times l$ 阶矩阵，则

$$\mathrm{tr}(\boldsymbol{AB})(\boldsymbol{AB})^{\mathrm{T}}\leqslant(\mathrm{tr}\boldsymbol{AA}^{\mathrm{T}})(\mathrm{tr}\boldsymbol{BB}^{\mathrm{T}})$$

相应的对于任意适当维数的矩阵 $\boldsymbol{A}_1,\cdots,\boldsymbol{A}_p$，有

$$\mathrm{tr}(\boldsymbol{A}_1\cdots\boldsymbol{A}_p)(\boldsymbol{A}_1\cdots\boldsymbol{A}_p)^{\mathrm{T}}\leqslant(\mathrm{tr}\boldsymbol{A}_1\boldsymbol{A}_1^{\mathrm{T}})\cdots(\mathrm{tr}\boldsymbol{A}_p\boldsymbol{A}_p^{\mathrm{T}}) \tag{1.13}$$ ■

证明如下。

如果 $\boldsymbol{A}=[a_{ij}]$、$\boldsymbol{B}=[b_{ij}]$，根据施瓦兹不等式，则

$$\begin{aligned}
\mathrm{tr}(\boldsymbol{AB})(\boldsymbol{AB})^{\mathrm{T}}&=\mathrm{tr}\left[\sum_{k=1}^{m}a_{ik}b_{kj}\right]\left[\sum_{k=1}^{m}a_{jk}b_{ki}\right]\\
&=\mathrm{tr}\begin{bmatrix}\sum\limits_{p=1}^{l}\left(\sum\limits_{k=1}^{m}a_{1k}b_{kp}\right)^2 & & *\\ & \ddots & \\ * & & \sum\limits_{p=1}^{l}\left(\sum\limits_{k=1}^{m}a_{nk}b_{kp}\right)^2\end{bmatrix}\\
&=\sum_{i=1}^{n}\sum_{p=1}^{l}\left(\sum_{k=1}^{m}a_{ik}b_{kp}\right)^2\leqslant\sum_{i=1}^{n}\sum_{p=1}^{l}\sum_{k=1}^{m}a_{ik}^2\sum_{k=1}^{m}b_{kp}^2\\
&=\left(\sum_{i=1}^{n}\sum_{k=1}^{m}a_{ik}^2\right)\left(\sum_{p=1}^{l}\sum_{k=1}^{m}b_{kp}^2\right)\\
&=(\mathrm{tr}\boldsymbol{AA}^{\mathrm{T}})(\mathrm{tr}\boldsymbol{BB}^{\mathrm{T}})
\end{aligned}$$

这就完成了该引理的证明。

必须注意，对于 $\boldsymbol{A}\geqslant\boldsymbol{B}>\boldsymbol{0}$，不一定就有 $\mathrm{tr}\boldsymbol{AA}^{\mathrm{T}}\geqslant\mathrm{tr}\boldsymbol{BB}^{\mathrm{T}}$，一个例子为

$$\boldsymbol{A}=\begin{bmatrix}\dfrac{12}{5} & 0\\ 0 & 1\end{bmatrix},\quad \boldsymbol{B}=\begin{bmatrix}2 & -1\\ 1 & 1\end{bmatrix}$$

很显然，$\boldsymbol{A}-\boldsymbol{B}\geqslant\boldsymbol{0}$ 和 $\boldsymbol{B}>\boldsymbol{0}$，但是

$$\mathrm{tr}\boldsymbol{AA}^{\mathrm{T}}=\frac{169}{25}<7=\mathrm{tr}\boldsymbol{BB}^{\mathrm{T}}$$

(见练习 1.3)。

对于对称矩阵，可以用下面的方法得到需要的结论。

引理 1.8　令 $\boldsymbol{A}$ 和 $\boldsymbol{B}$ 都是非负定对称矩阵，且 $\boldsymbol{A}\geqslant\boldsymbol{B}$，则 $\mathrm{tr}\boldsymbol{AA}^{\mathrm{T}}\geqslant\mathrm{tr}\boldsymbol{BB}^{\mathrm{T}}$，或 $\mathrm{tr}\boldsymbol{A}^2\geqslant\mathrm{tr}\boldsymbol{B}^2$。 ■

将该引理的证明留作练习(见练习 1.4)。

引理 1.9 令 $\boldsymbol{B}$ 是 $n\times n$ 阶非负定对称矩阵,则

$$\mathrm{tr}\boldsymbol{B}^2 \leqslant (\mathrm{tr}\boldsymbol{B})^2 \tag{1.14}$$

若 $\boldsymbol{A}$ 是另一个 $n\times n$ 阶非负定对称矩阵,且 $\boldsymbol{B}\leqslant\boldsymbol{A}$,则

$$\mathrm{tr}\boldsymbol{B}^2 \leqslant (\mathrm{tr}\boldsymbol{A})^2 \tag{1.15}$$ ■

为了证明式(1.14),令 $\boldsymbol{B}$ 的特征值为 $\lambda_1,\cdots,\lambda_n$,则 $\boldsymbol{B}^2$ 的特征值为 $\lambda_1^2,\cdots,\lambda_n^2$。因为 $\lambda_1,\cdots,\lambda_n$ 是非负的,根据引理 1.5 有

$$\mathrm{tr}\boldsymbol{B}^2 = \sum_{i=1}^{n}\lambda_i^2 \leqslant \left(\sum_{i=1}^{n}\lambda_i\right)^2 = (\mathrm{tr}\boldsymbol{B})^2$$

又 $\boldsymbol{B}\leqslant\boldsymbol{A}$,则 $\mathrm{tr}\boldsymbol{B}\leqslant\mathrm{tr}\boldsymbol{A}$,可得式(1.15)。

还有下面在以后章节中非常有用的结论。

引理 1.10 设 $\boldsymbol{F}$ 是一个特征值为 $\lambda_1,\cdots,\lambda_n$ 的 $n\times n$ 阶矩阵。若

$$\lambda := \max(|\lambda_1|,\cdots,|\lambda_n|) < 1$$

则存在满足 $0<r<1$ 的实数 r 和常数 C,使得

$$|\mathrm{tr}\boldsymbol{F}^k(\boldsymbol{F}^k)^{\mathrm{T}}| \leqslant Cr^k,\quad k=1,2,\cdots$$ ■

证明如下。

令 $\boldsymbol{J}$ 是矩阵 $\boldsymbol{F}$ 的若尔当标准型,则存在非奇异矩阵 $\boldsymbol{U}$,使 $\boldsymbol{F}=\boldsymbol{UJU}^{-1}$。根据式(1.13),得

$$\begin{aligned}|\mathrm{tr}\boldsymbol{F}^k(\boldsymbol{F}^k)^{\mathrm{T}}| &= |\mathrm{tr}\boldsymbol{UJ}^k\boldsymbol{U}^{-1}(\boldsymbol{U}^{-1})^{\mathrm{T}}(\boldsymbol{J}^k)^{\mathrm{T}}\boldsymbol{U}^{\mathrm{T}}|\\ &\leqslant |\mathrm{tr}\boldsymbol{UU}^{\mathrm{T}}\|\mathrm{tr}\boldsymbol{J}^k(\boldsymbol{J}^k)^{\mathrm{T}}\|\mathrm{tr}\boldsymbol{U}^{-1}(\boldsymbol{U}^{-1})^{\mathrm{T}}|\\ &\leqslant p(k)\lambda^{2k}\end{aligned}$$

式中,$p(k)$是 k 的多项式。

取任意的 r 满足 $\lambda^2<r<1$,并对所有的 k,选择正常数 C 满足

$$p(k)\left(\frac{\lambda^2}{r}\right)^k \leqslant C$$

就可以得到所需结果。

1.2 概率论初步

投掷均匀硬币的试验,在每次投掷时,结果为正面朝上(H),或反面朝上(T)。将试验实际的结果称为试验的输出,所有可能的输出集合称为试验的样本空间(S)。例如,如果投掷一枚均匀的硬币两次,则两次投掷的结果可能为 HH、TT、HT 或 TH,集合$\{HH,TT,HT,TH\}$是一个样本空间 S。此外,该样本的任意子集称为一个事件;如果某个事件只有一个可能的结果,则称为基本

事件。

因为没有预测输出结果的方法，需要针对每一个事件定义一个0和1之间的实数 P，来描述某个确定事件发生的概率。这可以由一个实值函数来描述，称为定义在样本空间的随机变量。在上面的例子中，如果随机变量 $X=X(s)$，$s\in S$，表示 s 次试验中正面朝上的次数（H 发生），则 $P=P(X(s))$ 给出了 s 次试验中正面朝上的概率。令 S 为样本空间，$X: S\to\mathbf{R}^1$ 为随机变量。对于任何一个可测集合 $A\subset\mathbf{R}^1$（在本例中，$A=\{0\}$、$\{1\}$、$\{2\}$，分别表示没有出现正面、出现一次正面、出现两次正面），定义一个 P：{事件}$\to[0,1]$，其中每个事件是一个集合 $\{s\in S: X(s)\in A\subset\mathbf{R}^1\}:=\{X\in A\}$，满足以下条件：

(1) 对于任意可测集 $A\subset\mathbf{R}^1$，$P(X\in A)\geqslant 0$；

(2) $P(X\in\mathbf{R}^1)=1$；

(3) 对 $\mathbf{R}^1$ 中的任意两两互不相容的可测集 A_i

$$P\left(X\in\bigcup_{i=1}^{\infty}A_i\right)=\sum_{i=1}^{\infty}P(X\in A_i)$$

则称 P 为随机变量 X 的概率分布（或者概率分布函数）。

如果存在一个非负可积函数① f，使得

$$P(X\in A)=\int_A f(x)\mathrm{d}x \tag{1.16}$$

对所有的可测集 A 成立，则称 P 为连续概率分布，f 为随机变量 X 的概率密度函数。注意到我们已经定义 $f(x)\mathrm{d}x=\mathrm{d}\lambda$，其中 λ 是一个测度（比如阶梯函数），那么投掷硬币的离散型情形也包含在其中了。

如果相应的概率密度函数 f 定义为

$$f(x)=\frac{1}{\sqrt{2\pi}\sigma}\mathrm{e}^{-\frac{1}{2\sigma^2}(x-\mu)^2},\quad \sigma>0,\mu\in\mathbf{R} \tag{1.17}$$

则称为高斯（或者正态）概率密度函数，P 为随机变量 X 的正态分布，记为 $X\sim N(\mu,\sigma^2)$，可以简单地证明正态分布 P 为一个概率分布。实际上，(1)因为 $f(x)>0$，对任意可测集 $A\subset\mathbf{R}$，有 $P(X\in A)=\int_A f(x)\mathrm{d}x\geqslant 0$；(2) 通过变换 $y=(x-\mu)/(\sqrt{2}\sigma)$，得

$$P(X\in\mathbf{R}^1)=\int_{-\infty}^{\infty}f(x)\mathrm{d}x=\frac{1}{\sqrt{\pi}}\int_{-\infty}^{\infty}\mathrm{e}^{-y^2}\mathrm{d}y=1$$

（见练习题1.5）；(3)因为

① 译者注：原文中为“可积函数”。

$$\int_{\bigcup_i A_i} f(x)\mathrm{d}x = \sum_i \int_{A_i} f(x)\mathrm{d}x$$

对任意两两互不相交的可测集 $A_i \subset \mathbf{R}^1$ 有

$$P\left(X \in \bigcup_i A_i\right) = \sum_i P(X \in A_i)$$

令 X 为随机变量,则 X 的数学期望,即 X 值的均值,可以定义为

$$E(X) = \int_{-\infty}^{\infty} xf(x)\mathrm{d}x \tag{1.18}$$

对任意以 f 为概率密度函数的随机变量 X,$E(X)$为实数。对于正态分布,再次做变换 $y=(x-\mu)/(\sqrt{2}\sigma)$,可得

$$\begin{aligned} E(X) &= \int_{-\infty}^{+\infty} xf(x)\mathrm{d}x \\ &= \frac{1}{\sqrt{2\pi}\sigma}\int_{-\infty}^{\infty} x\mathrm{e}^{-\frac{1}{2\sigma^2}(x-\mu)^2}\mathrm{d}x \\ &= \frac{1}{\sqrt{\pi}}\int_{-\infty}^{\infty} (\sqrt{2}\sigma y+\mu)\mathrm{e}^{-y^2}\mathrm{d}y \\ &= \mu\frac{1}{\sqrt{\pi}}\int_{-\infty}^{\infty} \mathrm{e}^{-y^2}\mathrm{d}y \\ &= \mu \end{aligned} \tag{1.19}$$

$E(X)$也称为概率密度函数 f 的一阶矩。二阶矩给出了 X 的方差,定义为

$$\mathrm{Var}(X) = E(X-E(X))^2 = \int_{-\infty}^{\infty} (x-E(X))^2 f(x)\mathrm{d}x \tag{1.20}$$

这个值表示随机变量 X 偏离其数学期望 $E(X)$ 的离散程度。对于正态分布,再作变换 $y=(x-\mu)/(\sqrt{2}\sigma)$,代入等式 $\int_{-\infty}^{\infty} y^2\mathrm{e}^{-y^2}\mathrm{d}y = \sqrt{\pi}/2$(见练习 1.6),可得

$$\begin{aligned} \mathrm{Var}(X) &= \int_{-\infty}^{+\infty} (x-\mu)^2 f(x)\mathrm{d}x \\ &= \frac{1}{\sqrt{2\pi}\sigma}\int_{-\infty}^{\infty} (x-\mu)^2\mathrm{e}^{-\frac{1}{2\sigma^2}(x-\mu)^2}\mathrm{d}x \\ &= \frac{2\sigma^2}{\sqrt{\pi}}\int_{-\infty}^{\infty} y^2\mathrm{e}^{-y^2}\mathrm{d}y \\ &= \sigma^2 \end{aligned} \tag{1.21}$$

其中,我们应用了等式 $\int_{-\infty}^{\infty} y^2\mathrm{e}^{-y^2}\mathrm{d}y = \sqrt{\pi}/2$(见练习 1.6)。

下面来看由随机变量组成的随机向量。记 n 维随机向量 $\mathbf{X}=[X_1 \quad \cdots \quad X_n]^{\mathrm{T}}$,

其中 $X_i(s)\in\mathbf{R}^1, s\in S$。

令 P 表示 $\boldsymbol{X}$ 的连续概率分布函数，则

$$P(X_1\in A_1,\cdots,X_n\in A_n)=\int_{A_1}\cdots\int_{A_n}f(x_1,\cdots,x_n)\mathrm{d}x_1\cdots\mathrm{d}x_n \quad (1.22)$$

其中 $A_1,\cdots,A_n$ 为 $\mathbf{R}^1$ 上的可测集，f 为可积函数，则 f 称为随机向量 $\boldsymbol{X}$ 的联合概率密度函数，P 为随机向量 $\boldsymbol{X}$ 的联合概率分布(函数)。对于每个 $i(i=1,\cdots,n)$，定义

$$f_i(x)=\int_{-\infty}^{\infty}\cdots\int_{-\infty}^{\infty}f(x_1,\cdots,x_{i-1},x,x_{i+1},\cdots,x_n)\mathrm{d}x_1\cdots\mathrm{d}x_{i-1}\mathrm{d}x_{i+1}\cdots\mathrm{d}x_n \quad (1.23)$$

显然 $\int_{-\infty}^{\infty}f_i(x)\mathrm{d}x=1$，$f_i$ 为随机向量 $\boldsymbol{X}$ 的联合概率密度函数 $f(x_1,\cdots,x_n)$ 的第 i 个边缘概率密度函数。同理，按照定义 f_i 的方法，定义 f_{ij}、f_{ijk} 为分别去掉 x_i、x_j 与 x_i、x_j、x_k 的概率密度函数。如果

$$f(\boldsymbol{x})=\frac{1}{(2\pi)^{n/2}(\det\boldsymbol{R})^{1/2}}\exp\left\{-\frac{1}{2}(\boldsymbol{x}-\underline{\boldsymbol{\mu}})^{\mathrm{T}}\boldsymbol{R}^{-1}(\boldsymbol{x}-\underline{\boldsymbol{\mu}})\right\} \quad (1.24)$$

式中 $\underline{\boldsymbol{\mu}}$ 是一个 n 维常值向量，$\boldsymbol{R}$ 为对称正定矩阵，则 $f(\boldsymbol{x})$ 是随机向量 $\boldsymbol{X}$ 的高斯(或正态)概率密度函数。可以证明：

$$\int_{-\infty}^{+\infty}f(\boldsymbol{x})\mathrm{d}\boldsymbol{x}:=\int_{-\infty}^{+\infty}\cdots\int_{-\infty}^{+\infty}f(\boldsymbol{x})\mathrm{d}x_1\cdots\mathrm{d}x_n=1 \quad (1.25)$$

$$\begin{aligned}E(\boldsymbol{X})&=\int_{-\infty}^{+\infty}\boldsymbol{x}f(\boldsymbol{x})\mathrm{d}\boldsymbol{x}\\&:=\int_{-\infty}^{+\infty}\cdots\int_{-\infty}^{+\infty}\begin{bmatrix}x_1\\\vdots\\x_n\end{bmatrix}f(\boldsymbol{x})\mathrm{d}x_1\cdots\mathrm{d}x_n\\&=\underline{\boldsymbol{\mu}}\end{aligned} \quad (1.26)$$

及

$$\mathrm{Var}(\boldsymbol{X})=E(\boldsymbol{X}-\underline{\boldsymbol{\mu}})(\boldsymbol{X}-\underline{\boldsymbol{\mu}})^{\mathrm{T}}=\boldsymbol{R} \quad (1.27)$$

事实上，因为 $\boldsymbol{R}$ 是一个对称正定矩阵，存在酉矩阵 $\boldsymbol{U}$ 满足 $\boldsymbol{R}=\boldsymbol{U}^{\mathrm{T}}\boldsymbol{J}\boldsymbol{U}$，其中 $\boldsymbol{J}=\mathrm{diag}[\lambda_1,\cdots,\lambda_n]$，且 $\lambda_1,\cdots,\lambda_n>0$。令 $y=\frac{1}{\sqrt{2}}\mathrm{diag}[\sqrt{\lambda_1},\cdots,\sqrt{\lambda_n}]\boldsymbol{U}(\boldsymbol{X}-\underline{\boldsymbol{\mu}})$，则

$$\int_{-\infty}^{+\infty}f(\boldsymbol{x})\mathrm{d}\boldsymbol{x}=\frac{2^{n/2}\sqrt{\lambda_1}\cdots\sqrt{\lambda_n}}{(2\pi)^{n/2}(\lambda_1\cdots\lambda_n)^{1/2}}\int_{-\infty}^{+\infty}\mathrm{e}^{-y_1^2}\mathrm{d}y_1\cdots\int_{-\infty}^{+\infty}\mathrm{e}^{-y_n^2}\mathrm{d}y_n=1$$

方程(1.26)和方程(1.27)的证明可以应用前面标量情况下采用的代换来完成(见式(1.21)和练习 1.7)。

下面介绍条件概率的概念。考虑这样一个试验,一个罐子中装有 M_1 个白球和 M_2 个黑球。当采用不放回抽取时,即第一个球取出后不再放入原来的罐子,求在第一次取到黑球(事件 A_1)的条件下,第二次又取到黑球(事件 A_2)的概率。

对于这个简单问题,我们这样解释:因为从罐中取到的第一个球是黑色的,则第二次取球前,罐中剩余 M_1 个白球和 M_2-1 个黑球,此时取得黑球的概率为

$$\frac{M_2-1}{M_1+M_2-1}$$

又

$$\frac{M_2-1}{M_1+M_2-1}=\frac{M_2}{M_1+M_2}\cdot\frac{M_2-1}{M_1+M_2-1}\Big/\frac{M_2}{M_1+M_2}$$

式中$\frac{M_2}{M_1+M_2}$为第一次取球时取到黑球的概率,$\frac{M_2}{M_1+M_2}\cdot\frac{M_2-1}{M_1+M_2-1}$为第一次和第二次都取到黑球的概率。

根据上述例子,引出条件概率的定义:在 $X_2\in A_2$ 的条件下,$X_1\in A_1$ 的条件概率为

$$P(X_1\in A_1\mid X_2\in A_2)=\frac{P(X_1\in A_1,X_2\in A_2)}{P(X_2\in A_2)} \tag{1.28}$$

假定 P 为联合概率密度函数 f 所对应的连续概率分布函数,则式(1.28)变为

$$P(X_1\in A_1\mid X_2\in A_2)=\frac{\int_{A_1}\int_{A_2}f(x_1,x_2)\mathrm{d}x_1\mathrm{d}x_2}{\int_{A_2}f_2(x_2)\mathrm{d}x_2}$$

式中 f_2 定义为

$$f_2(x_2)=\int_{-\infty}^{\infty}f(x_1,x_2)\mathrm{d}x_1$$

为 f 的第二个边缘概率密度函数。

令 $f(x_1|x_2)$表示 $P(X_1\in A_1|X_2\in A_2)$所对应的概率密度函数。$f(x_1|x_2)$被称为条件概率分布函数 $P(X_1\in A_1|X_2\in A_2)$所对应的条件概率密度函数。显然,

$$f(x_1\mid x_2)=\frac{f(x_1,x_2)}{f_2(x_2)} \tag{1.29}$$

这就是著名的贝叶斯公式(参见《概率论》A. N. Shiryayev(1984))。同理,贝叶斯公式也可以写为

$$f(x_1,x_2)=f(x_1\mid x_2)f_2(x_2)=f(x_2\mid x_1)f_1(x_1) \tag{1.30}$$

上述贝叶斯公式对于随机向量 $\boldsymbol{X}_1$ 和 $\boldsymbol{X}_2$ 也成立。

如果 $\boldsymbol{X}$ 和 $\boldsymbol{Y}$ 分别是 n 维和 m 维随机向量,则 $\boldsymbol{X}$ 和 $\boldsymbol{Y}$ 的协方差是一个 $n\times m$

矩阵

$$\mathrm{Cov}(\boldsymbol{X},\boldsymbol{Y}) = E[(\boldsymbol{X}-E(\boldsymbol{X}))(\boldsymbol{Y}-E(\boldsymbol{Y}))^{\mathrm{T}}] \tag{1.31}$$

当 $\boldsymbol{Y}=\boldsymbol{X}$ 时，得到方差矩阵，有时也被称为 $\boldsymbol{X}$ 的协方差矩阵，$\mathrm{Var}(\boldsymbol{X})=\mathrm{Cov}(\boldsymbol{X},\boldsymbol{X})$。

可以证明期望、方差、协方差具有以下的性质：

$$\begin{cases} E(\boldsymbol{AX}+\boldsymbol{BY}) = \boldsymbol{A}E(\boldsymbol{X})+\boldsymbol{B}E(\boldsymbol{Y}) \\ E((\boldsymbol{AX})(\boldsymbol{BY})^{\mathrm{T}}) = \boldsymbol{A}(E(\boldsymbol{XY}^{\mathrm{T}}))\boldsymbol{B}^{\mathrm{T}} \\ \mathrm{Var}(\boldsymbol{X}) \geqslant \boldsymbol{0} \\ \mathrm{Cov}(\boldsymbol{X},\boldsymbol{Y}) = (\mathrm{Cov}(\boldsymbol{Y},\boldsymbol{X}))^{\mathrm{T}} \\ \mathrm{Cov}(\boldsymbol{X},\boldsymbol{Y}) = E(\boldsymbol{XY}^{\mathrm{T}})-E(\boldsymbol{X})(E(\boldsymbol{Y}))^{\mathrm{T}} \end{cases} \tag{1.32}$$

式中 $\boldsymbol{A}$、$\boldsymbol{B}$ 是常值矩阵(见练习 1.8)。

如果 $f(\boldsymbol{x}|\boldsymbol{y})=f_1(\boldsymbol{x})$、$f(\boldsymbol{y}|\boldsymbol{x})=f_2(\boldsymbol{y})$，则 $\boldsymbol{X}$ 和 $\boldsymbol{Y}$ 是独立的；如果 $\mathrm{Cov}(\boldsymbol{X},\boldsymbol{Y})=0$，则称 $\boldsymbol{X}$ 和 $\boldsymbol{Y}$ 是不相关的。显然，如果 $\boldsymbol{X}$ 和 $\boldsymbol{Y}$ 是相互独立的，则 $\boldsymbol{X}$ 和 $\boldsymbol{Y}$ 是不相关的。事实上，如果 $\boldsymbol{X}$ 和 $\boldsymbol{Y}$ 是独立的，则 $f(\boldsymbol{x},\boldsymbol{y})=f_1(\boldsymbol{x})f_2(\boldsymbol{y})$。因此

$$\begin{aligned} E(\boldsymbol{XY}^{\mathrm{T}}) &= \int_{-\infty}^{\infty}\int_{-\infty}^{\infty} \boldsymbol{xy}^{\mathrm{T}} f(\boldsymbol{x},\boldsymbol{y})\mathrm{d}\boldsymbol{x}\mathrm{d}\boldsymbol{y} \\ &= \int_{-\infty}^{\infty} \boldsymbol{x}f_1(\boldsymbol{x})\mathrm{d}\boldsymbol{x}\int_{-\infty}^{\infty} \boldsymbol{y}^{\mathrm{T}} f_2(\boldsymbol{y})\mathrm{d}\boldsymbol{y} \\ &= E(\boldsymbol{X})(E(\boldsymbol{Y}))^{\mathrm{T}} \end{aligned}$$

由式(1.32)的最后一式，$\mathrm{Cov}(\boldsymbol{X},\boldsymbol{Y})=\boldsymbol{0}$。但除了在正态概率分布的情形下，不相关一般不能推出相互独立。令

$$\boldsymbol{X} = \begin{bmatrix} \boldsymbol{X}_1 \\ \boldsymbol{X}_2 \end{bmatrix} \sim N\left(\begin{bmatrix} \underline{\boldsymbol{\mu}}_1 \\ \underline{\boldsymbol{\mu}}_2 \end{bmatrix}, \boldsymbol{R}\right)$$

式中

$$\boldsymbol{R} = \begin{bmatrix} \boldsymbol{R}_{11} & \boldsymbol{R}_{12} \\ \boldsymbol{R}_{21} & \boldsymbol{R}_{22} \end{bmatrix}, \quad \boldsymbol{R}_{12} = \boldsymbol{R}_{21}^{\mathrm{T}}$$

$\boldsymbol{R}_{11}$，$\boldsymbol{R}_{22}$ 是对称的，$\boldsymbol{R}$ 是正定的。可以证明，当且仅当 $\boldsymbol{R}_{12}=\mathrm{Cov}(\boldsymbol{X}_1,\boldsymbol{X}_2)=\boldsymbol{0}$ 时，$\boldsymbol{X}_1$，$\boldsymbol{X}_2$ 是独立的(见练习 1.9)。

如果 $\boldsymbol{X}$ 和 $\boldsymbol{Y}$ 是两个随机向量，与定义期望和方差一样，$\boldsymbol{Y}=\boldsymbol{y}$ 条件下 $\boldsymbol{X}$ 的条件数学期望定义为

$$E(\boldsymbol{X} \mid \boldsymbol{Y}=\boldsymbol{y}) = \int_{-\infty}^{\infty} \boldsymbol{x}f(\boldsymbol{x} \mid \boldsymbol{y})\mathrm{d}\boldsymbol{x} \tag{1.33}$$

而 $\boldsymbol{Y}=\boldsymbol{y}$ 条件下，$\boldsymbol{X}$ 的条件方差定义为

$$\mathrm{Var}(\boldsymbol{X} \mid \boldsymbol{Y}=\boldsymbol{y}) = \int_{-\infty}^{\infty} [\boldsymbol{x}-E(\boldsymbol{X} \mid \boldsymbol{Y}=\boldsymbol{y})][\boldsymbol{x}-E(\boldsymbol{X} \mid \boldsymbol{Y}=\boldsymbol{y})]^{\mathrm{T}} f(\boldsymbol{x} \mid \boldsymbol{y})\mathrm{d}\boldsymbol{x} \tag{1.34}$$

假设

$$E\left(\begin{bmatrix}\boldsymbol{X}\\\boldsymbol{Y}\end{bmatrix}\right)=\begin{bmatrix}\underline{\boldsymbol{\mu}}_x\\\underline{\boldsymbol{\mu}}_y\end{bmatrix},\quad \mathrm{Var}\left(\begin{bmatrix}\boldsymbol{X}\\\boldsymbol{Y}\end{bmatrix}\right)=\begin{bmatrix}\boldsymbol{R}_{xx} & \boldsymbol{R}_{xy}\\\boldsymbol{R}_{yx} & \boldsymbol{R}_{yy}\end{bmatrix}$$

则由式(1.24)可得

$$\begin{aligned}f(\boldsymbol{x},\boldsymbol{y})&=f\left(\begin{bmatrix}\boldsymbol{x}\\\boldsymbol{y}\end{bmatrix}\right)\\&=\frac{1}{(2\pi)^{n/2}\left(\det\begin{bmatrix}\boldsymbol{R}_{xx} & \boldsymbol{R}_{xy}\\\boldsymbol{R}_{yx} & \boldsymbol{R}_{yy}\end{bmatrix}\right)^{\frac{1}{2}}}\cdot\\&\quad\exp\left\{-\frac{1}{2}\left(\begin{bmatrix}\boldsymbol{x}\\\boldsymbol{y}\end{bmatrix}-\begin{bmatrix}\underline{\boldsymbol{\mu}}_x\\\underline{\boldsymbol{\mu}}_y\end{bmatrix}\right)^{\mathrm{T}}\begin{bmatrix}\boldsymbol{R}_{xx} & \boldsymbol{R}_{xy}\\\boldsymbol{R}_{yx} & \boldsymbol{R}_{yy}\end{bmatrix}^{-1}\left(\begin{bmatrix}\boldsymbol{x}\\\boldsymbol{y}\end{bmatrix}-\begin{bmatrix}\underline{\boldsymbol{\mu}}_x\\\underline{\boldsymbol{\mu}}_y\end{bmatrix}\right)\right\}\end{aligned}$$

可以证明

$$\begin{aligned}f(\boldsymbol{x}\mid\boldsymbol{y})&=\frac{f(\boldsymbol{x},\boldsymbol{y})}{f(\boldsymbol{y})}\\&=\frac{1}{(2\pi)^{n/2}(\det\widetilde{\boldsymbol{R}})^{1/2}}\exp\left\{-\frac{1}{2}(\boldsymbol{x}-\underline{\tilde{\boldsymbol{\mu}}})^{\mathrm{T}}\widetilde{\boldsymbol{R}}^{-1}(\boldsymbol{x}-\underline{\tilde{\boldsymbol{\mu}}})\right\}\end{aligned}\tag{1.35}$$

式中

$$\underline{\tilde{\boldsymbol{\mu}}}=\underline{\boldsymbol{\mu}}_x+\boldsymbol{R}_{xy}\boldsymbol{R}_{yy}^{-1}(\boldsymbol{y}-\underline{\boldsymbol{\mu}}_y),\quad \widetilde{\boldsymbol{R}}=\boldsymbol{R}_{xx}-\boldsymbol{R}_{xy}\boldsymbol{R}_{yy}^{-1}\boldsymbol{R}_{yx}$$

(见练习1.10)代入$\underline{\tilde{\boldsymbol{\mu}}}$和$\widetilde{\boldsymbol{R}}$,可得

$$E(\boldsymbol{X}\mid\boldsymbol{Y}=\boldsymbol{y})=E(\boldsymbol{X})+\mathrm{Cov}(\boldsymbol{X},\boldsymbol{Y})[\mathrm{Var}(\boldsymbol{Y})]^{-1}(\boldsymbol{y}-E(\boldsymbol{Y}))\tag{1.36}$$

$$\mathrm{Var}(\boldsymbol{X}\mid\boldsymbol{Y}=\boldsymbol{y})=\mathrm{Var}(\boldsymbol{X})-\mathrm{Cov}(\boldsymbol{X},\boldsymbol{Y})[\mathrm{Var}(\boldsymbol{Y})]^{-1}\mathrm{Cov}(\boldsymbol{Y},\boldsymbol{X})\tag{1.37}$$

1.3 最小二乘初步

设$\{\underline{\boldsymbol{\xi}}_k\}$是随机向量序列,称为随机序列,其中$E(\underline{\boldsymbol{\xi}}_k)=\underline{\boldsymbol{\mu}}_k$,$\mathrm{Cov}(\underline{\boldsymbol{\xi}}_k,\underline{\boldsymbol{\xi}}_j)=\boldsymbol{R}_{kj}$,则$\mathrm{Var}(\underline{\boldsymbol{\xi}}_k)=\boldsymbol{R}_{kk}:=\boldsymbol{R}_k$。如果$\mathrm{Cov}(\underline{\boldsymbol{\xi}}_k,\underline{\boldsymbol{\xi}}_j)=\boldsymbol{R}_{kj}=\boldsymbol{R}_k\delta_{kj}$(式中$k=j$时,$\delta_{kj}=1$;$k\neq j$时,$\delta_{kj}=0$),则这个随机序列称为白噪声序列。如果白噪声序列$\{\underline{\boldsymbol{\xi}}_k\}$的每个$\underline{\boldsymbol{\xi}}_k$都是正态的,则$\{\underline{\boldsymbol{\xi}}_k\}$称为高斯(或标准)白噪声序列。

一个观测数据被噪声污染的线性系统的观测方程为

$$\boldsymbol{v}_k=\boldsymbol{C}_k\boldsymbol{x}_k+\boldsymbol{D}_k\boldsymbol{u}_k+\underline{\boldsymbol{\xi}}_k$$

式中$\{\boldsymbol{x}_k\}$是状态序列，$\{\boldsymbol{u}_k\}$是控制序列，$\{\boldsymbol{v}_k\}$是数据序列。假设对于每一个k，$q\times n$阶常值矩阵$\boldsymbol{C}_k$，$q\times p$阶常值矩阵$\boldsymbol{D}_k$和p阶确定性控制向量$\boldsymbol{u}_k$已经给出。通常$\{\underline{\boldsymbol{\xi}}_k\}$未知，但假设为零均值高斯白噪声，即对于$k,j=1,2,\cdots$，有$E(\underline{\boldsymbol{\xi}}_k)=\boldsymbol{0}$，且$E(\underline{\boldsymbol{\xi}}_k\underline{\boldsymbol{\xi}}_j^{\mathrm{T}})=\boldsymbol{R}_k\delta_{kj}$，$\boldsymbol{R}_k$是对称正定矩阵。

我们的目的是从信息$\{\boldsymbol{v}_k\}$中获得状态向量$\boldsymbol{x}_k$的最优估计$\hat{\boldsymbol{y}}_k$。如果没有噪声，$\boldsymbol{z}_k-\boldsymbol{C}_k\hat{\boldsymbol{y}}_k=\boldsymbol{0}$，式中$\boldsymbol{z}_k:=\boldsymbol{v}_k-\boldsymbol{D}_k\boldsymbol{u}_k$，该线性系统任何时候都有解，否则对于所有的$\boldsymbol{y}_k$，必须最小化量测误差$\boldsymbol{z}_k-\boldsymbol{C}_k\boldsymbol{y}_k$。通常数据都会被噪声污染，我们要最小化下式：

$$F(\boldsymbol{y}_k,\boldsymbol{W}_k)=E[(\boldsymbol{z}_k-\boldsymbol{C}_k\boldsymbol{y}_k)^{\mathrm{T}}\boldsymbol{W}_k(\boldsymbol{z}_k-\boldsymbol{C}_k\boldsymbol{y}_k)]$$

对于所有n维向量$\boldsymbol{y}_k$，$\boldsymbol{W}_k$是正定对称的$q\times q$阶矩阵，称为权值矩阵。也就是，希望找到$\hat{\boldsymbol{y}}_k=\hat{\boldsymbol{y}}_k(\boldsymbol{W}_k)$，使得

$$F(\hat{\boldsymbol{y}}_k,\boldsymbol{W}_k)=\min_{\boldsymbol{y}_k}F(\boldsymbol{y}_k,\boldsymbol{W}_k)$$

另外，我们希望定义最优权值矩阵$\hat{\boldsymbol{W}}_k$。为了找到$\hat{\boldsymbol{y}}_k=\hat{\boldsymbol{y}}_k(\boldsymbol{W}_k)$，假设$(\boldsymbol{C}_k^{\mathrm{T}}\boldsymbol{W}_k\boldsymbol{C}_k)$非奇异，重新整理为

$$\begin{aligned}F(\boldsymbol{y}_k,\boldsymbol{W}_k)&=E[(\boldsymbol{z}_k-\boldsymbol{C}_k\boldsymbol{y}_k)^{\mathrm{T}}\boldsymbol{W}_k(\boldsymbol{z}_k-\boldsymbol{C}_k\boldsymbol{y}_k)]\\&=E\{[(\boldsymbol{C}_k^{\mathrm{T}}\boldsymbol{W}_k\boldsymbol{C}_k)\boldsymbol{y}_k-\boldsymbol{C}_k^{\mathrm{T}}\boldsymbol{W}_k\boldsymbol{z}_k]^{\mathrm{T}}(\boldsymbol{C}_k^{\mathrm{T}}\boldsymbol{W}_k\boldsymbol{C}_k)^{-1}[(\boldsymbol{C}_k^{\mathrm{T}}\boldsymbol{W}_k\boldsymbol{C}_k)\boldsymbol{y}_k-\boldsymbol{C}_k^{\mathrm{T}}\boldsymbol{W}_k\boldsymbol{z}_k]\}+\\&\quad E(\boldsymbol{z}_k^{\mathrm{T}}[\boldsymbol{I}-\boldsymbol{W}_k\boldsymbol{C}_k(\boldsymbol{C}_k^{\mathrm{T}}\boldsymbol{W}_k\boldsymbol{C}_k)^{-1}\boldsymbol{C}_k^{\mathrm{T}}]\boldsymbol{W}_k\boldsymbol{z}_k)\end{aligned}$$

式中右边的第一项是非负定的。为了最小化$F(\boldsymbol{y}_k,W_k)$，右边的第一项必须为零，则

$$\hat{\boldsymbol{y}}_k=(\boldsymbol{C}_k^{\mathrm{T}}\boldsymbol{W}_k\boldsymbol{C}_k)^{-1}\boldsymbol{C}_k^{\mathrm{T}}\boldsymbol{W}_k\boldsymbol{z}_k$$

若$(\boldsymbol{C}_k^{\mathrm{T}}\boldsymbol{W}_k\boldsymbol{C}_k)$奇异，则$\hat{\boldsymbol{y}}_k$不唯一。为了找到最优权值$\hat{\boldsymbol{W}}_k$，考虑

$$F(\hat{\boldsymbol{y}}_k,\boldsymbol{W}_k)=E[(\boldsymbol{z}_k-\boldsymbol{C}_k\hat{\boldsymbol{y}}_k)^{\mathrm{T}}\boldsymbol{W}_k(\boldsymbol{z}_k-\boldsymbol{C}_k\hat{\boldsymbol{y}}_k)]$$

很显然，对于正定的权值矩阵$\boldsymbol{W}_k$，该式不存在最小值，因为最小值在$\boldsymbol{W}_k=\boldsymbol{0}$时获得。所以，需要另外的量测来确定一个最优$\hat{\boldsymbol{W}}_k$。注意原始问题是根据$\hat{\boldsymbol{y}}_k(\boldsymbol{W}_k)$估计状态向量$x_k$，很自然地考虑以误差$(\boldsymbol{x}_k-\hat{\boldsymbol{y}}_k(\boldsymbol{W}_k))$作为一个量测值。但是因为对$\boldsymbol{x}_k$知之甚少，只有噪声数据可以被测量，该量测可以通过误差的方差来确定。也就是说，要基于所有对称正定矩阵$\boldsymbol{W}_k$来最小化$\mathrm{Var}(\boldsymbol{x}_k-\hat{\boldsymbol{y}}_k(\boldsymbol{W}_k))$。简化记号为$\hat{\boldsymbol{y}}_k=\hat{\boldsymbol{y}}_k(\boldsymbol{W}_k)$，有

$$\begin{aligned}\boldsymbol{x}_k-\hat{\boldsymbol{y}}_k&=(\boldsymbol{C}_k^{\mathrm{T}}\boldsymbol{W}_k\boldsymbol{C}_k)^{-1}(\boldsymbol{C}_k^{\mathrm{T}}\boldsymbol{W}_k\boldsymbol{C}_k)\boldsymbol{x}_k-(\boldsymbol{C}_k^{\mathrm{T}}\boldsymbol{W}_k\boldsymbol{C}_k)^{-1}\boldsymbol{C}_k^{\mathrm{T}}\boldsymbol{W}_k\boldsymbol{z}_k\\&=(\boldsymbol{C}_k^{\mathrm{T}}\boldsymbol{W}_k\boldsymbol{C}_k)^{-1}\boldsymbol{C}_k^{\mathrm{T}}\boldsymbol{W}_k(\boldsymbol{C}_k\boldsymbol{x}_k-\boldsymbol{z}_k)\\&=-(\boldsymbol{C}_k^{\mathrm{T}}\boldsymbol{W}_k\boldsymbol{C}_k)^{-1}\boldsymbol{C}_k^{\mathrm{T}}\boldsymbol{W}_k\underline{\boldsymbol{\xi}}_k\end{aligned}$$

根据期望运算的线性特性,有

$$\begin{aligned}\mathrm{Var}(\boldsymbol{x}_k-\hat{\boldsymbol{y}}_k) &= (\boldsymbol{C}_k^{\mathrm{T}}\boldsymbol{W}_k\boldsymbol{C}_k)^{-1}\boldsymbol{C}_k^{\mathrm{T}}\boldsymbol{W}_kE(\underline{\boldsymbol{\xi}_k\boldsymbol{\xi}_k^{\mathrm{T}}})\boldsymbol{W}_k\boldsymbol{C}_k(\boldsymbol{C}_k^{\mathrm{T}}\boldsymbol{W}_k\boldsymbol{C}_k)^{-1} \\ &= (\boldsymbol{C}_k^{\mathrm{T}}\boldsymbol{W}_k\boldsymbol{C}_k)^{-1}\boldsymbol{C}_k^{\mathrm{T}}\boldsymbol{W}_k\boldsymbol{R}_k\boldsymbol{W}_k\boldsymbol{C}_k(\boldsymbol{C}_k^{\mathrm{T}}\boldsymbol{W}_k\boldsymbol{C}_k)^{-1}\end{aligned}$$

这就是将要最小化的式子。为了将该式写为完整的二次形式,需要正定对称矩阵 $\boldsymbol{R}_k$ 的正平方根:设 $\boldsymbol{R}_k$ 的特征值 $\lambda_1,\cdots,\lambda_n$ 都为正,且 $\boldsymbol{R}_k=\boldsymbol{U}^{\mathrm{T}}\mathrm{diag}[\lambda_1,\cdots,\lambda_n]\boldsymbol{U}$,式中 $\boldsymbol{U}$ 是酉矩阵(由 $\lambda_i(i=1,\cdots,n)$ 的标准化特征向量组成)。定义 $\boldsymbol{R}_k^{1/2}=\boldsymbol{U}^{\mathrm{T}}\mathrm{diag}[\sqrt{\lambda_1},\cdots,\sqrt{\lambda_n}]\boldsymbol{U}$,可以得到 $(\boldsymbol{R}_k^{1/2})(\boldsymbol{R}_k^{1/2})^{\mathrm{T}}=\boldsymbol{R}_k$。则有

$$\mathrm{Var}(\boldsymbol{x}_k-\hat{\boldsymbol{y}}_k)=\boldsymbol{Q}^{\mathrm{T}}\boldsymbol{Q}$$

式中 $\boldsymbol{Q}=(\boldsymbol{R}_k^{1/2})^{\mathrm{T}}\boldsymbol{W}_k\boldsymbol{C}_k(\boldsymbol{C}_k^{\mathrm{T}}\boldsymbol{W}_k\boldsymbol{C}_k)^{-1}$。

根据引理1.1(矩阵施瓦兹不等式),在 $\boldsymbol{P}$ 为 $q\times n$ 矩阵且 $\boldsymbol{P}^{\mathrm{T}}\boldsymbol{P}$ 非奇异的假设下,有

$$\boldsymbol{Q}^{\mathrm{T}}\boldsymbol{Q}\geqslant(\boldsymbol{P}^{\mathrm{T}}\boldsymbol{Q})^{\mathrm{T}}(\boldsymbol{P}^{\mathrm{T}}\boldsymbol{P})^{-1}(\boldsymbol{P}^{\mathrm{T}}\boldsymbol{Q})$$

若 $(\boldsymbol{C}_k^{\mathrm{T}}\boldsymbol{R}_k^{-1}\boldsymbol{C}_k)$ 是非奇异的,令 $\boldsymbol{P}=(\boldsymbol{R}_k^{1/2})^{-1}\boldsymbol{C}_k$,则

$$\boldsymbol{P}^{\mathrm{T}}\boldsymbol{P}=\boldsymbol{C}_k^{\mathrm{T}}((\boldsymbol{R}_k^{1/2})^{\mathrm{T}})^{-1}(\boldsymbol{R}_k^{1/2})\boldsymbol{C}_k=\boldsymbol{C}_k^{\mathrm{T}}\boldsymbol{R}_k^{-1}\boldsymbol{C}_k$$

是非奇异的,且

$$\begin{aligned}(\boldsymbol{P}^{\mathrm{T}}\boldsymbol{Q})^{\mathrm{T}}(\boldsymbol{P}^{\mathrm{T}}\boldsymbol{P})^{-1}(\boldsymbol{P}^{\mathrm{T}}\boldsymbol{Q}) &= [\boldsymbol{C}_k^{\mathrm{T}}((\boldsymbol{R}_k^{1/2})^{-1})^{\mathrm{T}}(\boldsymbol{R}_k^{1/2})^{\mathrm{T}}\boldsymbol{W}_k\boldsymbol{C}_k(\boldsymbol{C}_k^{\mathrm{T}}\boldsymbol{W}_k\boldsymbol{C}_k)^{-1}]^{\mathrm{T}}(\boldsymbol{C}_k^{\mathrm{T}}\boldsymbol{R}_k^{-1}\boldsymbol{C}_k)^{-1}\cdot \\ &\quad [\boldsymbol{C}_k^{\mathrm{T}}((\boldsymbol{R}_R^{1/2})^{-1})^{\mathrm{T}}(\boldsymbol{R}_k^{1/2})^{\mathrm{T}}\boldsymbol{W}_k\boldsymbol{C}_k(\boldsymbol{C}_k^{\mathrm{T}}\boldsymbol{W}_k\boldsymbol{C}_k)^{-1}] \\ &= (\boldsymbol{C}_k^{\mathrm{T}}\boldsymbol{R}_k^{-1}\boldsymbol{C}_k)^{-1} \\ &= \mathrm{Var}(\boldsymbol{x}_k-\hat{\boldsymbol{y}}_k(\boldsymbol{R}_k^{-1}))\end{aligned}$$

则对于所有对称正定权值矩阵 $\boldsymbol{W}_k$,有 $\mathrm{Var}(\boldsymbol{x}_k-\hat{\boldsymbol{y}}_k(\boldsymbol{W}_k))\geqslant\mathrm{Var}(\boldsymbol{x}_k-\hat{\boldsymbol{y}}_k(\boldsymbol{R}_k^{-1}))$。因此,最优权值矩阵 $\hat{\boldsymbol{W}}_k=\boldsymbol{R}_k^{-1}$,使用该最优权值的 $\boldsymbol{x}_k$ 的最优估计为

$$\hat{\boldsymbol{x}}_k:=\hat{\boldsymbol{y}}_k(\boldsymbol{R}_k^{-1})=(\boldsymbol{C}_k^{\mathrm{T}}\boldsymbol{R}_k^{-1}\boldsymbol{C}_k)^{-1}\boldsymbol{C}_k^{\mathrm{T}}\boldsymbol{R}_k^{-1}(\boldsymbol{v}_k-\boldsymbol{D}_k\boldsymbol{u}_k) \tag{1.38}$$

称 $\hat{\boldsymbol{x}}_k$ 是状态 $\boldsymbol{x}_k$ 的最小二乘最优估计。

注意到 $\hat{\boldsymbol{x}}_k$ 是 $\boldsymbol{x}_k$ 的线性估计,是数据 $\boldsymbol{v}_k-\boldsymbol{D}_k\boldsymbol{u}_k$ 的线性变换,给出了 $E\hat{\boldsymbol{x}}_k=E\boldsymbol{x}_k$ 意义下 $\boldsymbol{x}_k$ 的无偏估计(见练习1.12)。对于所有正定对称权值矩阵 $\boldsymbol{W}_k$,有

$$\mathrm{Var}(\boldsymbol{x}_k-\hat{\boldsymbol{x}}_k)\leqslant\mathrm{Var}(\boldsymbol{x}_k-\hat{\boldsymbol{y}}_k(\boldsymbol{W}_k))$$

即给出了 $\boldsymbol{x}_k$ 的最小方差估计。

练习

1.1 证明引理1.4。

1.2 证明引理1.6。

1.3　举例说明存在两矩阵 $\boldsymbol{A}$、$\boldsymbol{B}$，满足 $\boldsymbol{A}\geqslant\boldsymbol{B}\geqslant\boldsymbol{0}$，但是不满足不等式 $\boldsymbol{A}\boldsymbol{A}^{\mathrm{T}}\geqslant\boldsymbol{B}\boldsymbol{B}^{\mathrm{T}}$。

1.4　证明引理1.8。

1.5　证明 $\int_{-\infty}^{\infty}\mathrm{e}^{-y^2}\mathrm{d}y=\sqrt{\pi}$。

1.6　证明 $\int_{-\infty}^{\infty}y^2\mathrm{e}^{-y^2}\mathrm{d}y=\sqrt{\pi}/2$。$\left(\text{提示：对积分} -\int_{-\infty}^{\infty}\mathrm{e}^{-xy^2}\mathrm{d}y\text{，以 } x \text{ 为变量取微分，然后令 } x\to 1\right)$

1.7　如果 $f(\boldsymbol{x})=\frac{1}{(2\pi)^{n/2}(\det\boldsymbol{R})^{1/2}}\exp\left\{-\frac{1}{2}(\boldsymbol{x}-\underline{\boldsymbol{\mu}})^{\mathrm{T}}\boldsymbol{R}^{-1}(\boldsymbol{x}-\underline{\boldsymbol{\mu}})\right\}$，证明：

(a)

$$\begin{aligned}E(\boldsymbol{X})&=\int_{-\infty}^{+\infty}\boldsymbol{x}f(\boldsymbol{x})\mathrm{d}\boldsymbol{x}\\&:=\int_{-\infty}^{+\infty}\cdots\int_{-\infty}^{+\infty}\begin{bmatrix}x_1\\\vdots\\x_n\end{bmatrix}f(\boldsymbol{x})\mathrm{d}x_1\cdots\mathrm{d}x_n\\&=\underline{\boldsymbol{\mu}}\end{aligned}$$

(b)

$$\mathrm{Var}(\boldsymbol{X})=E(\boldsymbol{X}-\underline{\boldsymbol{\mu}})(\boldsymbol{X}-\underline{\boldsymbol{\mu}})^{\mathrm{T}}=\boldsymbol{R}$$

1.8　证明式(1.32)关于期望、方差和协方差的性质。

1.9　证明服从正态分布的随机变量 $\boldsymbol{X}_1$、$\boldsymbol{X}_2$，当且仅当 $\mathrm{Cov}(\boldsymbol{X}_1,\boldsymbol{X}_2)=0$ 时，$\boldsymbol{X}_1$、$\boldsymbol{X}_2$ 是独立的。

1.10　证明式(1.35)。

1.11　考虑对所有的 n 维向量 $\boldsymbol{y}_k$ 最小化下面的量：$F(\boldsymbol{y}_k)=E(\boldsymbol{z}_k-\boldsymbol{C}_k\boldsymbol{y}_k)^{\mathrm{T}}\boldsymbol{W}_k(\boldsymbol{z}_k-\boldsymbol{C}_k\boldsymbol{y}_k)$，式中，$\boldsymbol{z}_k$ 是一个 $q\times 1$ 的向量，$\boldsymbol{C}_k$ 是 $q\times n$ 的矩阵，$\boldsymbol{W}_k$ 是 $q\times q$ 的权值矩阵，那么矩阵 $(\boldsymbol{C}_k^{\mathrm{T}}\boldsymbol{W}_k\boldsymbol{C}_k)$ 是非奇异的。通过令 $\mathrm{d}F(\boldsymbol{y}_k)/\mathrm{d}\boldsymbol{y}_k=\boldsymbol{0}$，证明最优解 $\hat{\boldsymbol{y}}_k$ 由下式给出：$\hat{\boldsymbol{y}}_k=(\boldsymbol{C}_k^{\mathrm{T}}\boldsymbol{W}_k\boldsymbol{C}_k)^{-1}\boldsymbol{C}_k^{\mathrm{T}}\boldsymbol{W}_k\boldsymbol{z}_k$。

$\left(\text{提示：标量函数 } F(\boldsymbol{y})\text{ 对 } n \text{ 维向量 } \boldsymbol{y}=[y_1\ \cdots\ y_n]^{\mathrm{T}}\text{ 的微分定义为}\frac{\mathrm{d}F(\boldsymbol{y})}{\mathrm{d}\boldsymbol{y}}=\left[\frac{\partial F}{\partial y_1}\ \cdots\ \frac{\partial F}{\partial y_n}\right]^{\mathrm{T}}\right)$

1.12　证明式(1.38)给出的估计 $\hat{\boldsymbol{x}}_k$ 在 $E\hat{\boldsymbol{x}}_k=E\boldsymbol{x}_k$ 的条件下是 $\boldsymbol{x}_k$ 的无偏估计。

第2章

卡尔曼滤波：简单推导

这一章给出卡尔曼滤波算法的最基本介绍。应用所有可获取的数据信息，基于状态向量的最小二乘无偏估计和最优准则，通过假设某些矩阵是可逆的，推导出卡尔曼滤波"预测-校正"算法。滤波算法首先针对无确定性(控制)输入系统求解，再通过叠加确定性解，就可以得到常规卡尔曼滤波算法。

2.1 模型

考虑在状态空间描述的线性系统：

$$\begin{cases} \mathbf{y}_{k+1} = \mathbf{A}_k \mathbf{y}_k + \mathbf{B}_k \mathbf{u}_k + \mathbf{\Gamma}_k \underline{\boldsymbol{\xi}}_k \\ \mathbf{w}_k = \mathbf{C}_k \mathbf{y}_k + \mathbf{D}_k \mathbf{u}_k + \underline{\boldsymbol{\eta}}_k \end{cases}$$

式中 $\mathbf{A}_k$、$\mathbf{B}_k$、$\mathbf{\Gamma}_k$、$\mathbf{C}_k$、$\mathbf{D}_k$ 分别是 $n\times n$、$n\times m$、$n\times p$、$q\times n$、$q\times m$ 阶常值矩阵(已知)，且有 $1\leqslant m$、p、$q\leqslant n$，$\{\mathbf{u}_k\}$是 m 维向量序列(称为确定性输入序列)(已知)，$\{\underline{\boldsymbol{\xi}}_k\}$和$\{\underline{\boldsymbol{\eta}}_k\}$分别是已知均值、方差和协方差等统计信息的系统和观测噪声序列(未知)。因为同时有确定性输入$\{\mathbf{u}_k\}$和噪声序列$\{\underline{\boldsymbol{\xi}}_k\}$及$\{\underline{\boldsymbol{\eta}}_k\}$，该系统被称为线性确定性/随机系统。该系统能够分解成一个线性确定性系统：

$$\begin{cases} \mathbf{z}_{k+1} = \mathbf{A}_k \mathbf{z}_k + \mathbf{B}_k \mathbf{u}_k \\ \mathbf{s}_k = \mathbf{C}_k \mathbf{z}_k + \mathbf{D}_k \mathbf{u}_k \end{cases}$$

C. K. Chui and G. Chen, Kalman Filtering, DOI 10.1007/978-3-319-47612-4_1

与一个线性(完全)随机系统的和

$$\begin{cases} \boldsymbol{x}_{k+1} = \boldsymbol{A}_k \boldsymbol{x}_k + \boldsymbol{\Gamma}_k \underline{\boldsymbol{\xi}}_k \\ \boldsymbol{v}_k = \boldsymbol{C}_k \boldsymbol{x}_k + \underline{\boldsymbol{\eta}}_k \end{cases} \tag{2.1}$$

式中 $\boldsymbol{w}_k = \boldsymbol{s}_k + \boldsymbol{v}_k$, $\boldsymbol{y}_k = \boldsymbol{z}_k + \boldsymbol{x}_k$。这样分解的好处是线性确定性系统的解 $\boldsymbol{z}_k$ 能够由转换方程给出

$$\boldsymbol{z}_k = (\boldsymbol{A}_{k-1} \cdots \boldsymbol{A}_0) \boldsymbol{z}_0 + \sum_{i=1}^{k} (\boldsymbol{A}_{k-1} \cdots \boldsymbol{A}_{i-1}) \boldsymbol{B}_{i-1} \boldsymbol{u}_{i-1}$$

而通过求解式(2.1)描述的随机状态空间的 $\boldsymbol{x}_k$ 的最优估计$\hat{\boldsymbol{x}}_k$,从而

$$\hat{\boldsymbol{y}}_k = \boldsymbol{z}_k + \hat{\boldsymbol{x}}_k$$

为原始线性系统的状态向量 $\boldsymbol{y}_k$ 的最优估计。当然,估计必须依赖于噪声序列的统计信息。在本章中,只考虑零均值高斯白噪声过程。

假设 2.1　令$\{\underline{\boldsymbol{\xi}}_k\}$和$\{\underline{\boldsymbol{\eta}}_k\}$是零均值高斯白噪声序列。那么对于所有 k 和 l,$\mathrm{Var}(\underline{\boldsymbol{\xi}}_k) = \boldsymbol{Q}_k$ 和 $\mathrm{Var}(\underline{\boldsymbol{\eta}}_k) = \boldsymbol{R}_k$ 是正定矩阵,且 $E(\underline{\boldsymbol{\xi}}_k \underline{\boldsymbol{\eta}}_l^{\mathrm{T}}) = \boldsymbol{0}$ 。另假设初始状态 $\boldsymbol{x}_0$ 与$\underline{\boldsymbol{\xi}}_k$、$\underline{\boldsymbol{\eta}}_k$ 独立,即对于所有的 k,有 $E(\boldsymbol{x}_0 \underline{\boldsymbol{\xi}}_k^{\mathrm{T}}) = \boldsymbol{0}$ 和 $E(\boldsymbol{x}_0 \underline{\boldsymbol{\eta}}_k^{\mathrm{T}}) = \boldsymbol{0}$ 成立。■

2.2　最优准则

由 1.3 可知,在确定 $\boldsymbol{x}_k$ 的最优估计$\hat{\boldsymbol{x}}_k$ 时,最优性是通过选择最优权值矩阵给出的最小二乘意义下的最小方差估计取得的。但是需要联合所有数据 $\boldsymbol{v}_j$($j=0,1,\cdots,k$)的信息来确定 $\boldsymbol{x}_k$ 的估计$\hat{\boldsymbol{x}}_k$(而不是 1.3 节讨论的仅仅利用$\boldsymbol{v}_k$)。为了实现该思路,引入向量

$$\bar{\boldsymbol{v}}_j = \begin{bmatrix} \boldsymbol{v}_0 \\ \vdots \\ \boldsymbol{v}_j \end{bmatrix}, \quad j = 0,1,\cdots$$

并从数据向量$\bar{\boldsymbol{v}}_k$ 中求得$\hat{\boldsymbol{x}}_k$。为了完成该过程,假设到当前时刻的所有系统矩阵 $\boldsymbol{A}_j$ 非奇异。那么状态空间描述的线性随机系统可以写为

$$\bar{\boldsymbol{v}}_j = \boldsymbol{H}_{k,j} \boldsymbol{x}_k + \underline{\bar{\boldsymbol{\varepsilon}}}_{k,j} \tag{2.2}$$

式中:

$$\boldsymbol{H}_{k,j} = \begin{bmatrix} \boldsymbol{C}_0 \boldsymbol{\Phi}_{0k} \\ \vdots \\ \boldsymbol{C}_j \boldsymbol{\Phi}_{jk} \end{bmatrix} \quad 和 \quad \underline{\bar{\boldsymbol{\varepsilon}}}_{k,j} = \begin{bmatrix} \underline{\boldsymbol{\varepsilon}}_{k,0} \\ \vdots \\ \underline{\boldsymbol{\varepsilon}}_{k,j} \end{bmatrix}$$

转移矩阵$\boldsymbol{\Phi}_{lk}$定义为

$$\boldsymbol{\Phi}_{lk}=\begin{cases}\boldsymbol{A}_{l-1}\cdots\boldsymbol{A}_k, & l>k\\ \boldsymbol{I}, & l=k\end{cases}$$

当 $l<k$ 时,$\boldsymbol{\Phi}_{lk}=\boldsymbol{\Phi}_{kl}^{-1}$,且

$$\underline{\boldsymbol{\varepsilon}}_{k,l}=\underline{\boldsymbol{\eta}}_l-\boldsymbol{C}_l\sum_{i=l+1}^{k}\boldsymbol{\Phi}_{li}\boldsymbol{\Gamma}_{i-1}\underline{\boldsymbol{\xi}}_{i-1}$$

应用前面介绍的$\boldsymbol{\Phi}_{lk}$的逆变换特性,转移方程为

$$\boldsymbol{x}_k=\boldsymbol{\Phi}_{kl}\boldsymbol{x}_l+\sum_{i=l+1}^{k}\boldsymbol{\Phi}_{ki}\boldsymbol{\Gamma}_{i-1}\underline{\boldsymbol{\xi}}_{i-1}$$

该式可以轻易地从式(2.1)介绍的系统方程得到,有

$$\boldsymbol{x}_l=\boldsymbol{\Phi}_{lk}\boldsymbol{x}_k-\sum_{i=l+1}^{k}\boldsymbol{\Phi}_{li}\boldsymbol{\Gamma}_{i-1}\underline{\boldsymbol{\xi}}_{i-1}$$

可得

$$\boldsymbol{H}_{k,j}\boldsymbol{x}_k+\underline{\bar{\boldsymbol{\varepsilon}}}_{k,j}=\begin{bmatrix}\boldsymbol{C}_0\boldsymbol{\Phi}_{0k}\\ \vdots\\ \boldsymbol{C}_j\boldsymbol{\Phi}_{jk}\end{bmatrix}\boldsymbol{x}_k+\begin{bmatrix}\underline{\boldsymbol{\eta}}_0-\boldsymbol{C}_0\sum\limits_{i=1}^{k}\boldsymbol{\Phi}_{0i}\boldsymbol{\Gamma}_{i-1}\underline{\boldsymbol{\xi}}_{i-1}\\ \vdots\\ \underline{\boldsymbol{\eta}}_j-\boldsymbol{C}_j\sum\limits_{i=j+1}^{k}\boldsymbol{\Phi}_{ji}\boldsymbol{\Gamma}_{i-1}\underline{\boldsymbol{\xi}}_{i-1}\end{bmatrix}$$

$$=\begin{bmatrix}\boldsymbol{C}_0\boldsymbol{x}_0+\underline{\boldsymbol{\eta}}_0\\ \vdots\\ \boldsymbol{C}_j\boldsymbol{x}_j+\underline{\boldsymbol{\eta}}_j\end{bmatrix}=\begin{bmatrix}\boldsymbol{v}_0\\ \vdots\\ \boldsymbol{v}_j\end{bmatrix}=\bar{\boldsymbol{v}}_j$$

即式(2.2)。

应用1.3节讨论的最小二乘估计,权值为$\boldsymbol{W}_{k,j}=(\mathrm{Var}(\underline{\bar{\boldsymbol{\varepsilon}}}_{k,j}))^{-1}$,这样通过使用数据$\boldsymbol{v}_0,\cdots,\boldsymbol{v}_j$,就可以得到$\boldsymbol{x}_k$的线性、无偏、最小方差最小二乘估计$\hat{\boldsymbol{x}}_{k|j}$。

定义2.1 (1)对于$j=k$,定义$\hat{\boldsymbol{x}}_k=\hat{\boldsymbol{x}}_{k|k}$,并称该估计过程为数字滤波过程;(2)对于$j<k$,定义$\hat{\boldsymbol{x}}_{k|j}$为$\boldsymbol{x}_k$的最优预测,并称该过程为数字预测过程;(3)对于$j>k$,定义$\hat{\boldsymbol{x}}_{k|j}$为$\boldsymbol{x}_k$的平滑估计,并且称该过程为数字平滑过程。 ■

本书只讨论数字滤波。由于$\hat{\boldsymbol{x}}_k=\hat{\boldsymbol{x}}_{k|k}$是根据所有数据$\boldsymbol{v}_0,\cdots,\boldsymbol{v}_j$确定的,因为数据存储量和计算量随着时间增加,该方法不适用于k值很大的实时问题。因此我们打算推导从“预测”$\hat{\boldsymbol{x}}_{k|k-1}$得到$\hat{\boldsymbol{x}}_k=\hat{\boldsymbol{x}}_{k|k}$,及从估计$\hat{\boldsymbol{x}}_{k-1}=\hat{\boldsymbol{x}}_{k-1|k-1}$得到$\hat{\boldsymbol{x}}_{k|k-1}$的递推公式。在其中的每一步,由于只使用最新的数据信息,故只需用很小的数据存储量。这就是通常提到的卡尔曼滤波算法。

2.3 预测-校正公式

为了实时计算$\hat{\boldsymbol{x}}_k$，本节将推导递推公式：

$$\begin{cases}\hat{\boldsymbol{x}}_{k|k} = \hat{\boldsymbol{x}}_{k|k-1} + \boldsymbol{G}_k(\boldsymbol{v}_k - \boldsymbol{C}_k\hat{\boldsymbol{x}}_{k|k-1}) \\ \hat{\boldsymbol{x}}_{k|k-1} = \boldsymbol{A}_{k-1}\hat{\boldsymbol{x}}_{k-1|k-1}\end{cases}$$

式中 $\boldsymbol{G}_k$ 为卡尔曼增益矩阵。

开始点是初始估计$\hat{\boldsymbol{x}}_0=\hat{\boldsymbol{x}}_{0|0}$，因为$\hat{\boldsymbol{x}}_0$ 是初始状态 $\boldsymbol{x}_0$ 的无偏估计，可以使用常值向量$\hat{\boldsymbol{x}}_0=E(\boldsymbol{x}_0)$。而在实际的卡尔曼滤波中，$\boldsymbol{G}_k$ 也必须递推计算。这两个递推过程合起来称为卡尔曼滤波过程。

选择权值矩阵：

$$\boldsymbol{W}_{k,j} = (\mathrm{Var}(\underline{\bar{\boldsymbol{\varepsilon}}}_{k,j}))^{-1}$$

使用式(2.2)的$\bar{\boldsymbol{v}}_j$(见 1.3 节)，使得$\hat{\boldsymbol{x}}_{k|j}$是 $\boldsymbol{x}_k$ 的具有最小方差的(最优)最小二乘估计。易证：

$$\boldsymbol{W}_{k,k-1}^{-1} = \begin{bmatrix}\boldsymbol{R}_0 & & \boldsymbol{0} \\ & \ddots & \\ \boldsymbol{0} & & \boldsymbol{R}_{k-1}\end{bmatrix} + \mathrm{Var}\begin{bmatrix}\boldsymbol{C}_0\sum_{i=1}^{k}\boldsymbol{\Phi}_{0i}\boldsymbol{\Gamma}_{i-1}\underline{\boldsymbol{\xi}}_{i-1} \\ \vdots \\ \boldsymbol{C}_{k-1}\boldsymbol{\Phi}_{k-1,k}\boldsymbol{\Gamma}_{k-1}\underline{\boldsymbol{\xi}}_{k-1}\end{bmatrix} \tag{2.3}$$

$$\boldsymbol{W}_{k,k}^{-1} = \begin{bmatrix}\boldsymbol{W}_{k,k-1}^{-1} & \boldsymbol{0} \\ \boldsymbol{0} & \boldsymbol{R}_k\end{bmatrix} \tag{2.4}$$

(见练习 2.1)。所以，$\boldsymbol{W}_{k,k-1}$和 $\boldsymbol{W}_{k,k}$是正定的(见练习 2.2)。

在本章中，假设矩阵$(\boldsymbol{H}_{k,j}^{\mathrm{T}}\boldsymbol{W}_{k,j}\boldsymbol{H}_{k,j})$，$j=k-1,k$，非奇异。①

由 1.3 节可知：

$$\hat{\boldsymbol{x}}_{k|j} = (\boldsymbol{H}_{k,j}^{\mathrm{T}}\boldsymbol{W}_{k,j}\boldsymbol{H}_{k,j})^{-1}\boldsymbol{H}_{k,j}^{\mathrm{T}}\boldsymbol{W}_{k,j}\bar{\boldsymbol{v}}_j \tag{2.5}$$

我们第一个目标是建立$\hat{\boldsymbol{x}}_{k|k-1}$与$\hat{\boldsymbol{x}}_{k|k}$的联系。为了实现该目标，注意到：

$$\begin{aligned}\boldsymbol{H}_{k,k}^{\mathrm{T}}\boldsymbol{W}_{k,k}\boldsymbol{H}_{k,k} &= [\boldsymbol{H}_{k,k-1}^{\mathrm{T}}\boldsymbol{C}_k^{\mathrm{T}}]\begin{bmatrix}\boldsymbol{W}_{k,k-1} & \boldsymbol{0} \\ \boldsymbol{0} & \boldsymbol{R}_k^{-1}\end{bmatrix}\begin{bmatrix}\boldsymbol{H}_{k,k-1} \\ \boldsymbol{C}_k\end{bmatrix} \\ &= \boldsymbol{H}_{k,k-1}^{\mathrm{T}}\boldsymbol{W}_{k,k-1}\boldsymbol{H}_{k,k-1} + \boldsymbol{C}_k^{\mathrm{T}}\boldsymbol{R}_k^{-1}\boldsymbol{C}_k\end{aligned}$$

及

① 译者注：以后将除去这一假定。

$$H_{k,k}^{\mathrm{T}} W_{k,k} \bar{v}_k = H_{k,k-1}^{\mathrm{T}} W_{k,k-1} \bar{v}_{k-1} + C_k^{\mathrm{T}} R_k^{-1} v_k$$

应用式(2.5)和前面的两个方程,得

$$(H_{k,k-1}^{\mathrm{T}} W_{k,k-1} H_{k,k-1} + C_k^{\mathrm{T}} R_k^{-1} C_k)\hat{x}_{k|k-1} = H_{k,k-1}^{\mathrm{T}} W_{k,k-1} \bar{v}_{k-1} + C_k^{\mathrm{T}} R_k^{-1} C_k \hat{x}_{k|k-1}$$

$$\begin{aligned}(H_{k,k-1}^{\mathrm{T}} W_{k,k-1} H_{k,k-1} + C_k^{\mathrm{T}} R_k^{-1} C_k)\hat{x}_{k|k} &= (H_{k,k}^{\mathrm{T}} W_{k,k} H_{k,k})\hat{x}_{k|k} \\ &= H_{k,k-1}^{\mathrm{T}} W_{k,k-1} \bar{v}_{k-1} + C_k^{\mathrm{T}} R_k^{-1} v_k\end{aligned}$$

通过简单的减法可得

$$(H_{k,k-1}^{\mathrm{T}} W_{k,k-1} H_{k,k-1} + C_k^{\mathrm{T}} R_k^{-1} C_k)(\hat{x}_{k|k} - \hat{x}_{k|k-1}) = C_k^{\mathrm{T}} R_k^{-1}(v_k - C_k \hat{x}_{k|k-1})$$

定义

$$\begin{aligned}G_k &= (H_{k,k-1}^{\mathrm{T}} W_{k,k-1} H_{k,k-1} + C_k^{\mathrm{T}} R_k^{-1} C_k)^{-1} C_k^{\mathrm{T}} R_k^{-1} \\ &= (H_{k,k}^{\mathrm{T}} W_{k,k} H_{k,k})^{-1} C_k^{\mathrm{T}} R_k^{-1}\end{aligned}$$

这样就得到

$$\hat{x}_{k|k} = \hat{x}_{k|k-1} + G_k(v_k - C_k \hat{x}_{k|k-1}) \tag{2.6}$$

因为$\hat{x}_{k|k-1}$是一步预测,$(v_k - C_k \hat{x}_{k|k-1})$是实际数据和预测之间的误差,式(2.6)实际上是以卡尔曼滤波增益 G_k 作为权值矩阵的"预测-校正"公式。为了完成递推过程,还需要一个从$\hat{x}_{k-1|k-1}$到$\hat{x}_{k|k-1}$的公式

$$\hat{x}_{k|k-1} = A_{k-1} \hat{x}_{k-1|k-1} \tag{2.7}$$

为了证明该式,首先注意到

$$\underline{\bar{\varepsilon}}_{k,k-1} = \underline{\bar{\varepsilon}}_{k-1,k-1} - H_{k,k-1} \Gamma_{k-1} \underline{\xi}_{k-1}$$

使得

$$W_{k,k-1}^{-1} = W_{k-1,k-1}^{-1} + H_{k-1,k-1} \Phi_{k-1,k} \Gamma_{k-1} Q_{k-1} \Gamma_{k-1}^{\mathrm{T}} \Phi_{k-1,k}^{\mathrm{T}} H_{k-1,k-1}^{\mathrm{T}} \tag{2.8}$$

(见练习 2.3)。

根据引理 1.2,有

$$\begin{aligned}W_{k,k-1} = W_{k-1,k-1} - W_{k-1,k-1} H_{k-1,k-1} \Phi_{k-1,k} \Gamma_{k-1} (Q_{k-1}^{-1} + \\ \Gamma_{k-1}^{\mathrm{T}} \Phi_{k-1,k}^{\mathrm{T}} H_{k-1,k-1}^{\mathrm{T}} W_{k-1,k-1} H_{k-1,k-1} \Phi_{k-1,k} \Gamma_{k-1})^{-1} \cdot \\ \Gamma_{k-1}^{\mathrm{T}} \Phi_{k-1,k}^{\mathrm{T}} H_{k-1,k-1}^{\mathrm{T}} W_{k-1,k-1}\end{aligned} \tag{2.9}$$

(见练习 2.4)。

然后根据转换关系

$$H_{k,k-1} = H_{k-1,k-1} \Phi_{k-1,k}$$

有

$$\begin{aligned}H_{k,k-1}^{\mathrm{T}} W_{k,k-1} = \Phi_{k-1,k}^{\mathrm{T}} \{I - H_{k-1,k-1}^{\mathrm{T}} W_{k-1,k-1} H_{k-1,k-1} \Phi_{k-1,k} \Gamma_{k-1} (Q_{k-1}^{-1} + \\ \Gamma_{k-1}^{\mathrm{T}} \Phi_{k-1,k}^{\mathrm{T}} H_{k-1,k-1}^{\mathrm{T}} W_{k-1,k-1} H_{k-1,k-1} \Phi_{k-1,k} \Gamma_{k-1})^{-1} \cdot \\ \Gamma_{k-1}^{\mathrm{T}} \Phi_{k-1,k}^{\mathrm{T}}\} H_{k-1,k-1}^{\mathrm{T}} W_{k-1,k-1}\end{aligned} \tag{2.10}$$

(见练习 2.5)。则

$$(\boldsymbol{H}_{k,k-1}^{\mathrm{T}}\boldsymbol{W}_{k,k-1}\boldsymbol{H}_{k,k-1})\boldsymbol{\Phi}_{k,k-1}(\boldsymbol{H}_{k-1,k-1}^{\mathrm{T}}\boldsymbol{W}_{k-1,k-1}\boldsymbol{H}_{k-1,k-1})^{-1}\cdot \boldsymbol{H}_{k-1,k-1}^{\mathrm{T}}\boldsymbol{W}_{k-1,k-1}=\boldsymbol{H}_{k,k-1}^{\mathrm{T}}\boldsymbol{W}_{k,k-1} \tag{2.11}$$

(见练习 2.6)。结合式(2.5)，当 $j=k-1$ 和 k 时得到式(2.7)。

下一个目标是得到卡尔曼增益矩阵 $\boldsymbol{G}_k$ 的递推公式。首先有

$$\boldsymbol{G}_k=\boldsymbol{P}_{k,k}\boldsymbol{C}_k^{\mathrm{T}}\boldsymbol{R}_k^{-1}$$

式中

$$\boldsymbol{P}_{k,k}=(\boldsymbol{H}_{k,k}^{\mathrm{T}}\boldsymbol{W}_{k,k}\boldsymbol{H}_{k,k})^{-1}$$

且令

$$\boldsymbol{P}_{k,k-1}=(\boldsymbol{H}_{k,k-1}^{\mathrm{T}}\boldsymbol{W}_{k,k-1}\boldsymbol{H}_{k,k-1})^{-1}$$

又因

$$\boldsymbol{P}_{k,k}^{-1}=\boldsymbol{P}_{k,k-1}^{-1}+\boldsymbol{C}_k^{\mathrm{T}}\boldsymbol{R}_k^{-1}\boldsymbol{C}_k$$

应用引理 1.2，可得

$$\boldsymbol{P}_{k,k}=\boldsymbol{P}_{k,k-1}-\boldsymbol{P}_{k,k-1}\boldsymbol{C}_k^{\mathrm{T}}(\boldsymbol{C}_k\boldsymbol{P}_{k,k-1}\boldsymbol{C}_k^{\mathrm{T}}+\boldsymbol{R}_k)^{-1}\boldsymbol{C}_k\boldsymbol{P}_{k,k-1}$$

可以证明：

$$\boldsymbol{G}_k=\boldsymbol{P}_{k,k-1}\boldsymbol{C}_k^{\mathrm{T}}(\boldsymbol{C}_k\boldsymbol{P}_{k,k-1}\boldsymbol{C}_k^{\mathrm{T}}+\boldsymbol{R}_k)^{-1} \tag{2.12}$$

(见练习 2.7)。因此

$$\boldsymbol{P}_{k,k}=(\boldsymbol{I}-\boldsymbol{G}_k\boldsymbol{C}_k)\boldsymbol{P}_{k,k-1} \tag{2.13}$$

此外，还有

$$\boldsymbol{P}_{k,k-1}=\boldsymbol{A}_{k-1}\boldsymbol{P}_{k-1,k-1}\boldsymbol{A}_{k-1}^{\mathrm{T}}+\boldsymbol{\Gamma}_{k-1}\boldsymbol{Q}_{k-1}\boldsymbol{\Gamma}_{k-1}^{\mathrm{T}} \tag{2.14}$$

(见练习 2.8)。

应用式(2.13)和式(2.14)及初始矩阵 $\boldsymbol{P}_{0,0}$，可得 $\boldsymbol{P}_{k-1,k-1}$，$\boldsymbol{P}_{k,k-1}$，$\boldsymbol{G}_k$ 和 $\boldsymbol{P}_{k,k}(k=1,2,\cdots)$的递推计算方法。首先有

$$\begin{aligned}\boldsymbol{P}_{k,k-1}&=E(\boldsymbol{x}_k-\hat{\boldsymbol{x}}_{k|k-1})(\boldsymbol{x}_k-\hat{\boldsymbol{x}}_{k|k-1})^{\mathrm{T}}\\&=\mathrm{Var}(\boldsymbol{x}_k-\hat{\boldsymbol{x}}_{k|k-1})\end{aligned} \tag{2.15}$$

(见练习 2.9)，还有

$$\boldsymbol{P}_{k,k}=E(\boldsymbol{x}_k-\hat{\boldsymbol{x}}_{k|k})(\boldsymbol{x}_k-\hat{\boldsymbol{x}}_{k|k})^{\mathrm{T}}=\mathrm{Var}(\boldsymbol{x}_k-\hat{\boldsymbol{x}}_{k|k}) \tag{2.16}$$

特别地，当 $k=0$ 时，有

$$\boldsymbol{P}_{0,0}=E(\boldsymbol{x}_0-E\boldsymbol{x}_0)(\boldsymbol{x}_0-E\boldsymbol{x}_0)^{\mathrm{T}}=\mathrm{Var}(\boldsymbol{x}_0)$$

最后，联合上面得到的所有结果，得到式(2.1)所示的状态空间描述的线性随机系统的卡尔曼滤波过程：

$$\begin{cases} \boldsymbol{P}_{0,0} = \mathrm{Var}(\boldsymbol{x}_0) \\ \boldsymbol{P}_{k,k-1} = \boldsymbol{A}_{k-1}\boldsymbol{P}_{k-1,k-1}\boldsymbol{A}_{k-1}^{\mathrm{T}} + \boldsymbol{\Gamma}_{k-1}Q_{k-1}\boldsymbol{\Gamma}_{k-1}^{\mathrm{T}} \\ \boldsymbol{G}_k = \boldsymbol{P}_{k,k-1}\boldsymbol{C}_k^{\mathrm{T}}(\boldsymbol{C}_k\boldsymbol{P}_{k,k-1}\boldsymbol{C}_k^{\mathrm{T}} + \boldsymbol{R}_k)^{-1} \\ \boldsymbol{P}_{k,k} = (\boldsymbol{I} - \boldsymbol{G}_k\boldsymbol{C}_k)\boldsymbol{P}_{k,k-1} \\ \hat{\boldsymbol{x}}_{0|0} = E(\boldsymbol{x}_0) \\ \hat{\boldsymbol{x}}_{k|k-1} = \boldsymbol{A}_{k-1}\hat{\boldsymbol{x}}_{k-1|k-1} \\ \hat{\boldsymbol{x}}_{k|k} = \hat{\boldsymbol{x}}_{k|k-1} + \boldsymbol{G}_k(\boldsymbol{v}_k - \boldsymbol{C}_k\hat{\boldsymbol{x}}_{k|k-1}) \\ k = 1,2,\cdots \end{cases} \tag{2.17}$$

该算法可以通过图 2.1 的方式来实现。

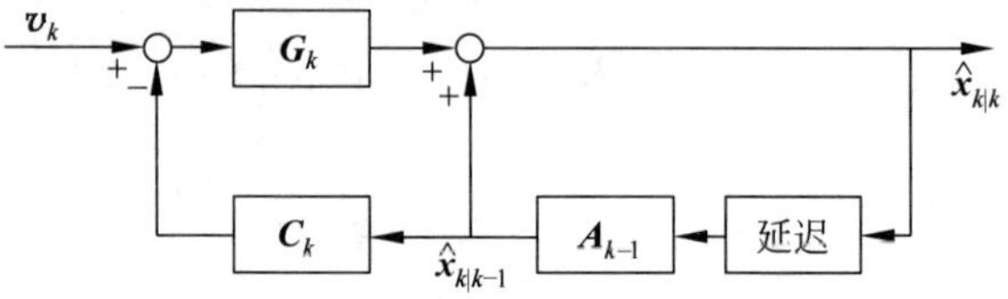

图 2.1 卡尔曼滤波算法结构框图

2.4 卡尔曼滤波过程

现在考虑具有确定性控制输入$\{\boldsymbol{u}_k\}$的常规线性确定性/随机系统。考虑状态空间模型

$$\begin{cases} \boldsymbol{x}_{k+1} = \boldsymbol{A}_k\boldsymbol{x}_k + \boldsymbol{B}_k\boldsymbol{u}_k + \boldsymbol{\Gamma}_k\underline{\boldsymbol{\xi}}_k \\ \boldsymbol{v}_k = \boldsymbol{C}_k\boldsymbol{x}_k + \boldsymbol{D}_k\boldsymbol{u}_k + \underline{\boldsymbol{\eta}}_k \end{cases}$$

式中$\{\boldsymbol{u}_k\}$是 m 维向量序列($1 \leqslant m \leqslant n$)。

将确定性解叠加到式(2.17)上,则可得到该系统的卡尔曼滤波过程:

$$\begin{cases} \boldsymbol{P}_{0,0} = \mathrm{Var}(\boldsymbol{x}_0) \\ \boldsymbol{P}_{k,k-1} = \boldsymbol{A}_{k-1}\boldsymbol{P}_{k-1,k-1}\boldsymbol{A}_{k-1}^{\mathrm{T}} + \boldsymbol{\Gamma}_{k-1}Q_{k-1}\boldsymbol{\Gamma}_{k-1}^{\mathrm{T}} \\ \boldsymbol{G}_k = \boldsymbol{P}_{k,k-1}\boldsymbol{C}_k^{\mathrm{T}}(\boldsymbol{C}_k\boldsymbol{P}_{k,k-1}\boldsymbol{C}_k^{\mathrm{T}} + \boldsymbol{R}_k)^{-1} \\ \boldsymbol{P}_{k,k} = (\boldsymbol{I} - \boldsymbol{G}_k\boldsymbol{C}_k)\boldsymbol{P}_{k,k-1} \\ \hat{\boldsymbol{x}}_{0|0} = E(\boldsymbol{x}_0) \\ \hat{\boldsymbol{x}}_{k|k-1} = \boldsymbol{A}_{k-1}\hat{\boldsymbol{x}}_{k-1|k-1} + \boldsymbol{B}_{k-1}\boldsymbol{u}_{k-1} \\ \hat{\boldsymbol{x}}_{k|k} = \hat{\boldsymbol{x}}_{k|k-1} + \boldsymbol{G}_k(\boldsymbol{v}_k - \boldsymbol{D}_k\boldsymbol{u}_k - \boldsymbol{C}_k\hat{\boldsymbol{x}}_{k|k-1}) \\ k = 1,2,\cdots \end{cases} \tag{2.18}$$

（见练习 2.13）。该算法可以通过图 2.2 的方式来实现。

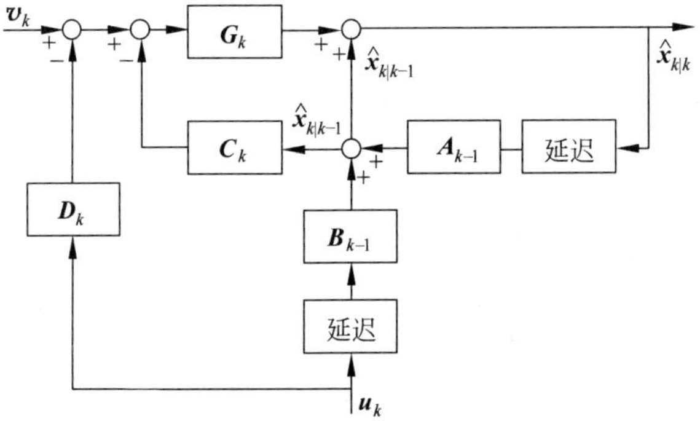

图 2.2　有输入的卡尔曼滤波算法结构框图

练习

2.1　令

$$\underline{\bar{\varepsilon}}_{k,j}=\begin{bmatrix}\underline{\varepsilon}_{k,0}\\ \vdots\\ \underline{\varepsilon}_{k,j}\end{bmatrix} \quad 和 \quad \underline{\varepsilon}_{k,l}=\underline{\eta}_l-C_l\sum_{i=l+1}^{k}\Phi_{li}\Gamma_{i-1}\underline{\xi}_{i-1}$$

式中$\{\underline{\xi}_k\}$和$\{\underline{\eta}_k\}$都是零均值高斯白噪声序列，且 $\mathrm{Var}(\underline{\xi}_k)=Q_k$ 和 $\mathrm{Var}(\underline{\eta}_k)=R_k$。定义 $W_{k,j}=(\mathrm{Var}(\underline{\bar{\varepsilon}}_{k,j}))^{-1}$。证明：

$$W_{k,k-1}^{-1}=\begin{bmatrix}R_0 & & 0\\ & \ddots & \\ 0 & & R_{k-1}\end{bmatrix}+\mathrm{Var}\begin{bmatrix}C_0\sum_{i=1}^{k}\Phi_{0i}\Gamma_{i-1}\underline{\xi}_{i-1}\\ \vdots\\ C_{k-1}\Phi_{k-1,k}\Gamma_{k-1}\underline{\xi}_{k-1}\end{bmatrix}$$

和

$$W_{k,k}^{-1}=\begin{bmatrix}W_{k,k-1}^{-1} & 0\\ 0 & R_k\end{bmatrix}$$

2.2　证明正定矩阵 A 和一个非负定矩阵 B 的和是正定的。

2.3　设$\underline{\bar{\varepsilon}}_{k,j}$和$W_{k,j}$与练习 2.1 的定义一样。证明下列关系：$\underline{\bar{\varepsilon}}_{k,k-1}=\underline{\bar{\varepsilon}}_{k-1,k-1}-$

$\boldsymbol{H}_{k,k-1}\boldsymbol{\Gamma}_{k-1}\underline{\boldsymbol{\xi}}_{k-1}$,式中,$\boldsymbol{H}_{k,j}=\begin{bmatrix}\boldsymbol{C}_0\boldsymbol{\Phi}_{0k}\\ \vdots \\ \boldsymbol{C}_j\boldsymbol{\Phi}_{jk}\end{bmatrix}$,然后再证明:

$$\boldsymbol{W}_{k,k-1}^{-1}=\boldsymbol{W}_{k-1,k-1}^{-1}+\boldsymbol{H}_{k-1,k-1}\boldsymbol{\Phi}_{k-1,k}\boldsymbol{\Gamma}_{k-1}\boldsymbol{Q}_{k-1}\boldsymbol{\Gamma}_{k-1}^{\mathrm{T}}\boldsymbol{\Phi}_{k-1,k}^{\mathrm{T}}\boldsymbol{H}_{k-1,k-1}^{\mathrm{T}}$$

2.4 应用练习2.3和引理1.2,证明:

$$\begin{aligned}\boldsymbol{W}_{k,k-1}=\boldsymbol{W}_{k-1,k-1}-\boldsymbol{W}_{k-1,k-1}\boldsymbol{H}_{k-1,k-1}\boldsymbol{\Phi}_{k-1,k}\boldsymbol{\Gamma}_{k-1}(\boldsymbol{Q}_{k-1}^{-1}+\\ \boldsymbol{\Gamma}_{k-1}^{\mathrm{T}}\boldsymbol{\Phi}_{k-1,k}^{\mathrm{T}}\boldsymbol{H}_{k-1,k-1}^{\mathrm{T}}\boldsymbol{W}_{k-1,k-1}\boldsymbol{H}_{k-1,k-1}\boldsymbol{\Phi}_{k-1,k}\boldsymbol{\Gamma}_{k-1})^{-1}\cdot\\ \boldsymbol{\Gamma}_{k-1}^{\mathrm{T}}\boldsymbol{\Phi}_{k-1,k}^{\mathrm{T}}\boldsymbol{H}_{k-1,k-1}^{\mathrm{T}}\boldsymbol{W}_{k-1,k-1}\end{aligned}$$

2.5 应用练习2.4和 $\boldsymbol{H}_{k,k-1}=\boldsymbol{H}_{k-1,k-1}\boldsymbol{\Phi}_{k-1,k}$,证明:

$$\begin{aligned}\boldsymbol{H}_{k,k-1}^{\mathrm{T}}\boldsymbol{W}_{k,k-1}=\boldsymbol{\Phi}_{k-1,k}^{\mathrm{T}}\{\boldsymbol{I}-\boldsymbol{H}_{k-1,k-1}^{\mathrm{T}}\boldsymbol{W}_{k-1,k-1}\boldsymbol{H}_{k-1,k-1}\boldsymbol{\Phi}_{k-1,k}\boldsymbol{\Gamma}_{k-1}(\boldsymbol{Q}_{k-1}^{-1}+\\ \boldsymbol{\Gamma}_{k-1}^{\mathrm{T}}\boldsymbol{\Phi}_{k-1,k}^{\mathrm{T}}\boldsymbol{H}_{k-1,k-1}^{\mathrm{T}}\boldsymbol{W}_{k-1,k-1}\boldsymbol{H}_{k-1,k-1}\boldsymbol{\Phi}_{k-1,k}\boldsymbol{\Gamma}_{k-1})^{-1}\cdot\\ \boldsymbol{\Gamma}_{k-1}^{\mathrm{T}}\boldsymbol{\Phi}_{k-1,k}^{\mathrm{T}}\}\boldsymbol{H}_{k-1,k-1}^{\mathrm{T}}\boldsymbol{W}_{k-1,k-1}\end{aligned}$$

2.6 应用练习2.5,推导下列等式:

$$\begin{aligned}(\boldsymbol{H}_{k,k-1}^{\mathrm{T}}\boldsymbol{W}_{k,k-1}\boldsymbol{H}_{k,k-1})\boldsymbol{\Phi}_{k,k-1}(\boldsymbol{H}_{k-1,k-1}^{\mathrm{T}}\boldsymbol{W}_{k-1,k-1}\boldsymbol{H}_{k-1,k-1})^{-1}\cdot\\ \boldsymbol{H}_{k-1,k-1}^{\mathrm{T}}\boldsymbol{W}_{k-1,k-1}=\boldsymbol{H}_{k,k-1}^{\mathrm{T}}\boldsymbol{W}_{k,k-1}\end{aligned}$$

2.7 应用引理1.2,证明:

$$\boldsymbol{P}_{k,k-1}\boldsymbol{C}_k^{\mathrm{T}}(\boldsymbol{C}_k\boldsymbol{P}_{k,k-1}\boldsymbol{C}_k^{\mathrm{T}}+\boldsymbol{R}_k)^{-1}=\boldsymbol{P}_{k,k}\boldsymbol{C}_k^{\mathrm{T}}\boldsymbol{R}_k^{-1}=\boldsymbol{G}_k$$

2.8 从 $\boldsymbol{P}_{k,k-1}=(\boldsymbol{H}_{k,k-1}^{\mathrm{T}}\boldsymbol{W}_{k,k-1}\boldsymbol{H}_{k,k-1})^{-1}$ 开始,应用引理1.2、式(2.8)及定义 $\boldsymbol{P}_{k,k}=(\boldsymbol{H}_{k,k}^{\mathrm{T}}\boldsymbol{W}_{k,k}\boldsymbol{H}_{k,k})^{-1}$,证明:

$$\boldsymbol{P}_{k,k-1}=\boldsymbol{A}_{k-1}\boldsymbol{P}_{k-1,k-1}\boldsymbol{A}_{k-1}^{\mathrm{T}}+\boldsymbol{\Gamma}_{k-1}\boldsymbol{Q}_{k-1}\boldsymbol{\Gamma}_{k-1}^{\mathrm{T}}$$

2.9 应用式(2.5)和式(2.2),证明:

$$E(\boldsymbol{x}_k-\hat{\boldsymbol{x}}_{k|k-1})(\boldsymbol{x}_k-\hat{\boldsymbol{x}}_{k|k-1})^{\mathrm{T}}=\boldsymbol{P}_{k,k-1}$$

和

$$E(\boldsymbol{x}_k-\hat{\boldsymbol{x}}_{k|k})(\boldsymbol{x}_k-\hat{\boldsymbol{x}}_{k|k})^{\mathrm{T}}=\boldsymbol{P}_{k,k}$$

2.10 考虑一维线性随机动态系统:

$$x_{k+1}=ax_k+\xi_k,\quad x_0=0$$

式中 $E(x_k)=0$,$\mathrm{Var}(x_k)=\sigma^2$,$E(x_k\xi_j)=0$,$E(\xi_k)=0$,$E(\xi_k\xi_j)=\mu^2\delta_{kj}$。证明对于所有整数 j,有 $\sigma^2=\mu^2/(1-a^2)$,$E(x_kx_{k+j})=a^{|j|}\sigma^2$。

2.11 考虑一维随机线性系统:

$$\begin{cases}x_{k+1}=x_k\\ v_k=x_k+\eta_k\end{cases}$$

式中 $E(\eta_k)=0$,$\mathrm{Var}(\eta_k)=\sigma^2$,$E(x_0)=0$,$\mathrm{Var}(x_0)=\mu^2$。证明:

$$\begin{cases}\hat{x}_{k|k}=\hat{x}_{k-1|k-1}+\dfrac{\mu^2}{\sigma^2+k\mu^2}(v_k-\hat{x}_{k-1|k-1})\\ \hat{x}_{0|0}=0\end{cases}$$

且当 $k\to\infty$ 时，$\hat{x}_{k|k}\to c$（c 为一常值）。

2.12　令 $\{\boldsymbol{v}_k\}$ 是对一个方差 $\boldsymbol{Q}$ 未知的零均值随机向量 $\boldsymbol{y}$ 的观测序列。$\boldsymbol{y}$ 的方差可以通过下式估计：$\hat{\boldsymbol{Q}}_N=\frac{1}{N}\sum_{k=1}^{N}(\boldsymbol{v}_k\boldsymbol{v}_k^{\mathrm{T}})$。试为该估计过程推导一个预测-校正递推公式。

2.13　考虑线性确定性/随机系统：

$$\begin{cases}\boldsymbol{x}_{k+1}=\boldsymbol{A}_k\boldsymbol{x}_k+\boldsymbol{B}_k\boldsymbol{u}_k+\boldsymbol{\Gamma}_k\underline{\boldsymbol{\xi}}_k\\ \boldsymbol{v}_k=\boldsymbol{C}_k\boldsymbol{x}_k+\boldsymbol{D}_k\boldsymbol{u}_k+\underline{\boldsymbol{\eta}}_k\end{cases}$$

式中 $\{\boldsymbol{u}_k\}$ 是给定的 m 维（$1\leqslant m\leqslant n$）确定性控制输入，满足假设 2.1 且矩阵 $\mathrm{Var}(\bar{\underline{\boldsymbol{\varepsilon}}}_{k,j})$ 非奇异（$\bar{\underline{\boldsymbol{\varepsilon}}}_{k,j}$ 的详细定义见式(2.2)）。推导该模型的卡尔曼滤波方程。

2.14　在数字信号处理中，一个被广泛使用的数学模型是自回归滑动平均（autoregressive moving-average，ARMA）过程：

$$\boldsymbol{v}_k=\sum_{i=1}^{N}\boldsymbol{B}_i\boldsymbol{v}_{k-i}+\sum_{i=0}^{M}\boldsymbol{A}_i\boldsymbol{u}_{k-i}$$

式中 $n\times n$ 阶矩阵 $\boldsymbol{B}_1,\cdots,\boldsymbol{B}_N$ 和 $n\times q$ 阶矩阵 $\boldsymbol{A}_0,\boldsymbol{A}_1,\cdots,\boldsymbol{A}_M$ 关于时间变量 k 是独立的，且 $\{\boldsymbol{u}_k\}$ 和 $\{\boldsymbol{v}_k\}$ 分别是输入和输出数字信号序列（见图 2.3）。假设 $M\leqslant N$，证明输入-输出关系可以用下列状态空间模型来描述：

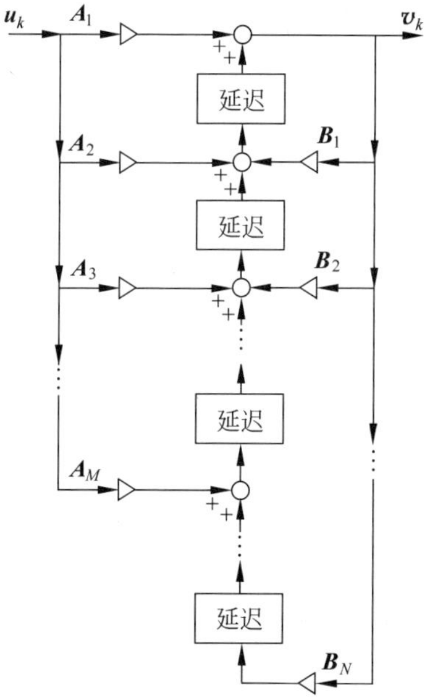

图 2.3　ARMA 模型的输入输出序列

$$\begin{cases} \boldsymbol{x}_{k+1} = \boldsymbol{A}\boldsymbol{x}_k + \boldsymbol{B}\boldsymbol{u}_k \\ \boldsymbol{v}_k = \boldsymbol{C}\boldsymbol{x}_k + \boldsymbol{D}\boldsymbol{u}_k \end{cases}$$

其中 $\boldsymbol{x}_0 = \boldsymbol{0}$，

$$\boldsymbol{A} = \begin{bmatrix} \boldsymbol{B}_1 & \boldsymbol{I} & \boldsymbol{0} & \cdots & \boldsymbol{0} \\ \boldsymbol{B}_2 & \boldsymbol{0} & \boldsymbol{I} & & \vdots \\ \vdots & \vdots & & \ddots & \vdots \\ \boldsymbol{B}_{N-1} & \boldsymbol{0} & \cdots & \cdots & \boldsymbol{I} \\ \boldsymbol{B}_N & \boldsymbol{0} & \cdots & \cdots & \boldsymbol{0} \end{bmatrix}, \quad \boldsymbol{B} = \begin{bmatrix} \boldsymbol{A}_1 + \boldsymbol{B}_1\boldsymbol{A}_0 \\ \boldsymbol{A}_2 + \boldsymbol{B}_2\boldsymbol{A}_0 \\ \vdots \\ \boldsymbol{A}_M + \boldsymbol{B}_M\boldsymbol{A}_0 \\ \boldsymbol{B}_{M+1}\boldsymbol{A}_0 \\ \vdots \\ \boldsymbol{B}_N\boldsymbol{A}_0 \end{bmatrix}$$

$$\boldsymbol{C} = [\boldsymbol{I} \quad \boldsymbol{0} \quad \cdots \quad \boldsymbol{0}] \quad \text{和} \quad \boldsymbol{D} = [\boldsymbol{A}_0]$$

第 3 章

正交投影和卡尔曼滤波

第 2 章讨论了最优卡尔曼滤波的基本推导过程，其优点是状态向量 $\boldsymbol{x}_k$ 的最优估计 $\hat{\boldsymbol{x}}_k = \hat{\boldsymbol{x}}_{k|k}$ 可以很容易理解为 $\boldsymbol{x}_k$ 的最小二乘估计。它具有如下的特性：(1)从数据 $\bar{\boldsymbol{v}}_k = [\boldsymbol{v}_0^{\mathrm{T}} \quad \cdots \quad \boldsymbol{v}_k^{\mathrm{T}}]^{\mathrm{T}}$ 得到 $\hat{x}_k$ 的变换是线性的；(2)在 $E\,\hat{\boldsymbol{x}}_k = E\boldsymbol{x}_k$ 意义下，$\hat{\boldsymbol{x}}_k$ 是无偏的；(3)以 $(\mathrm{Var}(\bar{\underline{\boldsymbol{\varepsilon}}}_{k,k}))^{-1}$ 为最优权值，得到了最小方差估计。其缺点是，必须对一些矩阵作非奇异的假设。在本章中，我们将放弃非奇异假设(见式(2.4))，给出卡尔曼滤波算法的严格推导。

3.1 最优估计的正交性

考虑满足假设 2.1 的由式(2.1)描述的线性随机系统，即状态空间模型：

$$\begin{cases} \boldsymbol{x}_{k+1} = \boldsymbol{A}_k \boldsymbol{x}_k + \boldsymbol{\Gamma}_k \underline{\boldsymbol{\xi}}_k \\ \boldsymbol{v}_k = \boldsymbol{C}_k \boldsymbol{x}_k + \underline{\boldsymbol{\eta}}_k \end{cases} \tag{3.1}$$

式中 $\boldsymbol{A}_k$、$\boldsymbol{\Gamma}_k$ 和 $\boldsymbol{C}_k$ 分别为已知的 $n\times n$、$n\times p$ 和 $q\times n(1\leqslant p、q\leqslant n)$ 常值矩阵，且对于所有 $k、l=0,1,\cdots$，有

$$E(\underline{\boldsymbol{\xi}}_k) = \boldsymbol{0}, \quad E(\underline{\boldsymbol{\xi}}_k \underline{\boldsymbol{\xi}}_l^{\mathrm{T}}) = \boldsymbol{Q}_k \delta_{kl}$$

$$E(\underline{\boldsymbol{\eta}}_k) = \boldsymbol{0}, \quad E(\underline{\boldsymbol{\eta}}_k \underline{\boldsymbol{\eta}}_l^{\mathrm{T}}) = \boldsymbol{R}_k \delta_{kl}$$

C. K. Chui and G. Chen, Kalman Filtering, DOI 10.1007/978-3-319-47612-4_1

$$E(\underline{\boldsymbol{\xi}}_k \underline{\boldsymbol{\eta}}_l^{\mathrm{T}}) = \mathbf{0}, \quad E(\boldsymbol{x}_0 \underline{\boldsymbol{\xi}}_k^{\mathrm{T}}) = \mathbf{0}, \quad E(\boldsymbol{x}_0 \underline{\boldsymbol{\eta}}_k^{\mathrm{T}}) = \mathbf{0}$$

式中 $\boldsymbol{Q}_k$ 和 $\boldsymbol{R}_k$ 为正定对称矩阵。

设 $\boldsymbol{x}$ 是 n 维随机向量，$\boldsymbol{w}$ 是 q 维随机向量。定义“内积”$\langle \boldsymbol{x},\boldsymbol{w}\rangle$ 是 $n\times q$ 阶矩阵：

$$\langle \boldsymbol{x},\boldsymbol{w}\rangle = \mathrm{Cov}(\boldsymbol{x},\boldsymbol{w}) = E[(\boldsymbol{x}-E(\boldsymbol{x}))(\boldsymbol{w}-E(\boldsymbol{w}))^{\mathrm{T}}]$$

设 $\|\boldsymbol{w}\|_q$ 是 $\langle \boldsymbol{w},\boldsymbol{w}\rangle$ 的正平方根，即 $\|\boldsymbol{w}\|_q$ 是一个非负定 $q\times q$ 阶矩阵，且

$$\|\boldsymbol{w}\|_q^2 = \|\boldsymbol{w}\|_q \|\boldsymbol{w}\|_q^{\mathrm{T}} = \langle \boldsymbol{w},\boldsymbol{w}\rangle$$

同理，设 $\|\boldsymbol{x}\|_n$ 是 $\langle \boldsymbol{x},\boldsymbol{x}\rangle$ 的正平方根，$\boldsymbol{w}_0,\cdots,\boldsymbol{w}_r$ 是 q 维随机向量，并考虑线性生成空间：

$$Y(\boldsymbol{w}_0,\cdots,\boldsymbol{w}_r) = \left\{\boldsymbol{y}:\ \boldsymbol{y} = \sum_{i=0}^{r}\boldsymbol{P}_i\boldsymbol{w}_i,\quad \boldsymbol{P}_0,\cdots,\boldsymbol{P}_r \text{ 是 } n\times q \text{ 常值矩阵}\right\}$$

需要研究的第一个最小化问题是在 $Y(\boldsymbol{w}_0,\cdots,\boldsymbol{w}_r)$ 中确定一个 $\hat{\boldsymbol{y}}$，使得 $\mathrm{tr}\|\boldsymbol{x}_k-\hat{\boldsymbol{y}}\|_n^2=F_k$，其中：

$$F_k := \min\{\mathrm{tr}\|\boldsymbol{x}_k-\boldsymbol{y}\|_n^2:\ \boldsymbol{y}\in Y(\boldsymbol{w}_0,\cdots,\boldsymbol{w}_r)\} \tag{3.2}$$

下面给出 $\hat{\boldsymbol{y}}$ 的特征。

引理 3.1 $\hat{\boldsymbol{y}}\in Y(\boldsymbol{w}_0,\cdots,\boldsymbol{w}_r)$ 满足 $\mathrm{tr}\|\boldsymbol{x}_k-\hat{\boldsymbol{y}}\|_n^2=F_k$ 当且仅当

$$\langle \boldsymbol{x}_k-\hat{\boldsymbol{y}},\boldsymbol{w}_j\rangle = \boldsymbol{O}_{n\times q}$$

对于所有 $j=0,1,\cdots,r$ 成立。$\hat{\boldsymbol{y}}$ 在下式的意义下是唯一的：只有当 $\hat{\boldsymbol{y}}=\tilde{\boldsymbol{y}}$ 时，

$$\mathrm{tr}\|\boldsymbol{x}_k-\hat{\boldsymbol{y}}\|_n^2 = \mathrm{tr}\|\boldsymbol{x}_k-\tilde{\boldsymbol{y}}\|_n^2$$ ■

证明如下。

首先假设 $\mathrm{tr}\|\boldsymbol{x}_k-\hat{\boldsymbol{y}}\|_n^2=F_k$，但是对于满足 $0\leqslant j_0\leqslant r$ 的 j_0，有 $\langle \boldsymbol{x}_k-\hat{\boldsymbol{y}},\boldsymbol{w}_{j_0}\rangle = \boldsymbol{C}\neq\boldsymbol{O}_{n\times q}$。

因为 $\boldsymbol{w}_{j0}\neq 0$，故 $\|\boldsymbol{w}_{j_0}\|_q^2$ 是一个正定对称矩阵，其逆 $\|\boldsymbol{w}_{j_0}\|_q^{-2}$ 也是对称正定的。因此，$\boldsymbol{C}\|\boldsymbol{w}_{j_0}\|_q^{-2}\boldsymbol{C}^{\mathrm{T}}\neq\boldsymbol{O}_{n\times n}$，且为一个非负定对称矩阵。可以证明：

$$\mathrm{tr}\{\boldsymbol{C}\|\boldsymbol{w}_{j_0}\|_q^{-2}\boldsymbol{C}^{\mathrm{T}}\} > 0 \tag{3.3}$$

(见练习 3.1)。

向量 $\hat{\boldsymbol{y}}+\boldsymbol{C}\|\boldsymbol{w}_{j_0}\|_q^{-2}\boldsymbol{w}_{j0}$ 在 $Y(\boldsymbol{w}_0,\cdots,\boldsymbol{w}_r)$ 中，并且根据式(3.3)有

$$\begin{aligned}
&\mathrm{tr}\|\boldsymbol{x}_k-(\hat{\boldsymbol{y}}+\boldsymbol{C}\|\boldsymbol{w}_{j_0}\|_q^{-2}\boldsymbol{w}_{j_0})\|_n^2\\
&= \mathrm{tr}\{\|\boldsymbol{x}_k-\hat{\boldsymbol{y}}\|_n^2-\langle \boldsymbol{x}_k-\hat{\boldsymbol{y}},\boldsymbol{w}_{j_0}\rangle(\boldsymbol{C}\|\boldsymbol{w}_{j_0}\|_q^{-2})^{\mathrm{T}}-\boldsymbol{C}\|\boldsymbol{w}_{j_0}\|_q^{-2}\langle \boldsymbol{w}_{j_0},\boldsymbol{x}_k-\hat{\boldsymbol{y}}\rangle+\\
&\quad \boldsymbol{C}\|\boldsymbol{w}_{j_0}\|_q^{-2}\|\boldsymbol{w}_{j_0}\|_q^2(\boldsymbol{C}\|\boldsymbol{w}_{j_0}\|_q^{-2})^{\mathrm{T}}\}\\
&= \mathrm{tr}\{\|\boldsymbol{x}_k-\hat{\boldsymbol{y}}\|_n^2-\boldsymbol{C}\|\boldsymbol{w}_{j_0}\|_q^{-2}\boldsymbol{C}^{\mathrm{T}}\}\\
&< \mathrm{tr}\|\boldsymbol{x}_k-\hat{\boldsymbol{y}}\|_n^2 = F_k
\end{aligned}$$

这与式(3.2)中 F_k 的定义相矛盾。

相反地，对于所有的 $j=0,1,\cdots,r$，设 $\langle \boldsymbol{x}_k-\hat{\boldsymbol{y}},\boldsymbol{w}_j\rangle=\boldsymbol{O}_{n\times q}$。

令 $\boldsymbol{y}$ 是 $Y(\boldsymbol{w}_0,\cdots,\boldsymbol{w}_r)$ 中一个任意的 n 维向量，写为 $\boldsymbol{y}_0=\boldsymbol{y}-\hat{\boldsymbol{y}}=\sum_{j=1}^{r}\boldsymbol{P}_{0j}\boldsymbol{w}_j$，其中 $\boldsymbol{P}_{0j}(j=0,1,\cdots,r)$ 是 $n\times q$ 阶常值矩阵，则

$$\begin{aligned}
&\operatorname{tr}\|\boldsymbol{x}_k-\boldsymbol{y}\|_n^2\\
&=\operatorname{tr}\|(\boldsymbol{x}_k-\hat{\boldsymbol{y}})-\boldsymbol{y}_0\|_n^2\\
&=\operatorname{tr}\{\|\boldsymbol{x}_k-\hat{\boldsymbol{y}}\|_n^2-\langle\boldsymbol{x}_k-\hat{\boldsymbol{y}},\boldsymbol{y}_0\rangle-\langle\boldsymbol{y}_0,\boldsymbol{x}_k-\hat{\boldsymbol{y}}\rangle+\|\boldsymbol{y}_0\|_n^2\}\\
&=\operatorname{tr}\left\{\|\boldsymbol{x}_k-\hat{\boldsymbol{y}}\|_n^2-\sum_{j=0}^{r}\langle\boldsymbol{x}_k-\hat{\boldsymbol{y}},\boldsymbol{w}_j\rangle\boldsymbol{P}_{0j}^{\mathrm{T}}-\sum_{j=0}^{r}\boldsymbol{P}_{0j}\langle\boldsymbol{x}_k-\hat{\boldsymbol{y}},\boldsymbol{w}_j\rangle^{\mathrm{T}}+\|\boldsymbol{y}_0\|_n^2\right\}\\
&=\operatorname{tr}\|\boldsymbol{x}_k-\hat{\boldsymbol{y}}\|_n^2+\operatorname{tr}\|\boldsymbol{y}_0\|_n^2\\
&\geqslant\operatorname{tr}\|\boldsymbol{x}_k-\hat{\boldsymbol{y}}\|_n^2
\end{aligned}$$

所以 $\operatorname{tr}\|\boldsymbol{x}_k-\hat{\boldsymbol{y}}\|_n^2=F_k$。更进一步，等号可以达到当且仅当 $\operatorname{tr}\|\boldsymbol{y}_0\|_n^2=0$ 或 $\boldsymbol{y}_0=0$ 时，因而 $\boldsymbol{y}=\hat{\boldsymbol{y}}$（见练习 3.1）。

这就完成了引理的证明。

3.2　新息序列

为了应用数据信息，需要一个“正交化”过程。

定义 3.1　给定一个 q 维随机向量数据序列 $\{\boldsymbol{v}_j\}$，$j=0,1,\cdots,k$。$\{\boldsymbol{v}_j\}$ 的新息序列 $\{\boldsymbol{z}_j\}$ $j=0,1,\cdots,k$（即，通过改变原始数据序列 $\{\boldsymbol{v}_j\}$ 得到的序列）定义为

$$\boldsymbol{z}_j=\boldsymbol{v}_j-\boldsymbol{C}_j\hat{\boldsymbol{y}}_{j-1},\quad j=0,1,\cdots,k \tag{3.4}$$

式中 $\hat{\boldsymbol{y}}_{-1}=\boldsymbol{0}$，且

$$\hat{\boldsymbol{y}}_{j-1}=\sum_{i=0}^{j-1}\hat{\boldsymbol{P}}_{j-1,i}\boldsymbol{v}_i\in Y(\boldsymbol{v}_0,\cdots,\boldsymbol{v}_{j-1}),\quad j=1,\cdots,k$$

其中 $q\times n$ 阶矩阵 $\boldsymbol{C}_j$ 是式(3.1)的观测矩阵。选择 $n\times q$ 阶矩阵 $\hat{\boldsymbol{P}}_{j-1,i}$，使得 $\hat{\boldsymbol{y}}_{j-1}$ 是最小化问题(3.2)中用 $Y(\boldsymbol{v}_0,\cdots,\boldsymbol{v}_{j-1})$ 代替 $Y(\boldsymbol{w}_0,\cdots,\boldsymbol{w}_r)$ 时的解。 ■

首先给出新息序列的相关特性。

引理 3.2　$\{\boldsymbol{v}_j\}$ 的新息序列 $\{\boldsymbol{z}_j\}$ 满足以下特性：

$$\langle\boldsymbol{z}_j,\boldsymbol{z}_l\rangle=(\boldsymbol{R}_l+\boldsymbol{C}_l\|\boldsymbol{x}_l-\hat{\boldsymbol{y}}_{l-1}\|_n^2\boldsymbol{C}_l^{\mathrm{T}})\delta_{jl}$$

式中，$\boldsymbol{R}_l=\operatorname{Var}(\underline{\boldsymbol{\eta}}_l)>\boldsymbol{0}$。 ■

为了方便,设

$$\hat{\boldsymbol{e}}_j = \boldsymbol{C}_j(\boldsymbol{x}_j - \hat{\boldsymbol{y}}_{j-1}) \tag{3.5}$$

为证明该引理,首先注意到:

$$\boldsymbol{z}_j = \hat{\boldsymbol{e}}_j + \underline{\boldsymbol{\eta}}_j \tag{3.6}$$

式中$\{\underline{\boldsymbol{\eta}}_j\}$①是观测噪声序列,且对所有的 $l \geqslant j$,有

$$\langle \underline{\boldsymbol{\eta}}_l, \hat{\boldsymbol{e}}_j \rangle = \boldsymbol{O}_{q\times q} \tag{3.7}$$

显然,式(3.6)可由式(3.4)、式(3.5)和观测方程(3.1)得到。式(3.7)的证明留给读者作为练习(见练习 3.2)。

当 $j=l$ 时,顺次应用式(3.6)、式(3.7)和式(3.5),可得

$$\begin{aligned}\langle \boldsymbol{z}_l, \boldsymbol{z}_l \rangle &= \langle \hat{\boldsymbol{e}}_l + \underline{\boldsymbol{\eta}}_l, \hat{\boldsymbol{e}}_l + \underline{\boldsymbol{\eta}}_l \rangle \\ &= \langle \hat{\boldsymbol{e}}_l, \hat{\boldsymbol{e}}_l \rangle + \langle \underline{\boldsymbol{\eta}}_l, \underline{\boldsymbol{\eta}}_l \rangle \\ &= \boldsymbol{C}_l \| \boldsymbol{x}_l - \hat{\boldsymbol{y}}_{l-1} \|_n^2 \boldsymbol{C}_l^{\mathrm{T}} + \boldsymbol{R}_l\end{aligned}$$

对于 $j \neq l$,因为$\langle \hat{\boldsymbol{e}}_l, \hat{\boldsymbol{e}}_j \rangle^{\mathrm{T}} = \langle \hat{\boldsymbol{e}}_j, \hat{\boldsymbol{e}}_l \rangle$,不失一般性可以假设 $j > l$。根据式(3.6)、式(3.7)和引理 3.1,有

$$\begin{aligned}\langle \boldsymbol{z}_j, \boldsymbol{z}_l \rangle &= \langle \hat{\boldsymbol{e}}_j, \hat{\boldsymbol{e}}_l \rangle + \langle \hat{\boldsymbol{e}}_j, \underline{\boldsymbol{\eta}}_l \rangle + \langle \underline{\boldsymbol{\eta}}_j, \hat{\boldsymbol{e}}_l \rangle + \langle \underline{\boldsymbol{\eta}}_j, \underline{\boldsymbol{\eta}}_l \rangle \\ &= \langle \hat{\boldsymbol{e}}_j, \hat{\boldsymbol{e}}_l + \underline{\boldsymbol{\eta}}_l \rangle \\ &= \langle \hat{\boldsymbol{e}}_j, \boldsymbol{z}_l \rangle \\ &= \langle \hat{\boldsymbol{e}}_j, \boldsymbol{v}_l - \boldsymbol{C}_l \hat{\boldsymbol{y}}_{l-1} \rangle \\ &= \left\langle \boldsymbol{C}_j(\boldsymbol{x}_j - \hat{\boldsymbol{y}}_{j-1}), \boldsymbol{v}_l - \boldsymbol{C}_l \sum_{i=0}^{l-1} \hat{\boldsymbol{P}}_{l-1,i} \boldsymbol{v}_i \right\rangle \\ &= \boldsymbol{C}_j \langle \boldsymbol{x}_j - \hat{\boldsymbol{y}}_{j-1}, \boldsymbol{v}_l \rangle - \boldsymbol{C}_j \sum_{i=0}^{l-1} \langle \boldsymbol{x}_j - \hat{\boldsymbol{y}}_{j-1}, \boldsymbol{v}_i \rangle \hat{\boldsymbol{P}}_{l-1,i}^{\mathrm{T}} \boldsymbol{C}_l^{\mathrm{T}} \\ &= \boldsymbol{O}_{q\times q}\end{aligned}$$

这就完成了引理的证明。

因为 $\boldsymbol{R}_j > \boldsymbol{0}$,引理 3.2 说明$\{\boldsymbol{z}_j\}$是非零正交向量序列,可通过下式归一化:

$$\boldsymbol{e}_j = \| \boldsymbol{z}_j \|_q^{-1} \boldsymbol{z}_j \tag{3.8}$$

这样,对于所有的 i 和 j,在满足$\langle \boldsymbol{e}_i, \boldsymbol{e}_j \rangle = \delta_{ij} \boldsymbol{I}_q$ 的意义下,$\{\boldsymbol{e}_j\}$是正交序列。更进一步,很明显有

$$Y(\boldsymbol{e}_0, \cdots, \boldsymbol{e}_k) = Y(\boldsymbol{v}_0, \cdots, \boldsymbol{v}_k) \tag{3.9}$$

(见练习 3.3)。

---

① 原文为$\{\eta_k\}$,疑有误。

3.3 最小方差估计

下面基于相对于“正交”序列$\{\boldsymbol{e}_j\}$的“傅里叶级数展开”，来介绍状态向量$\boldsymbol{x}_k$的最小方差估计$\check{\boldsymbol{x}}_k$：

$$\check{\boldsymbol{x}}_k = \sum_{i=0}^{k} \langle \boldsymbol{x}_k, \boldsymbol{e}_i \rangle \boldsymbol{e}_i \tag{3.10}$$

因为

$$\langle \check{\boldsymbol{x}}_k, \boldsymbol{e}_j \rangle = \sum_{i=0}^{k} \langle \boldsymbol{x}_k, \boldsymbol{e}_i \rangle \langle \boldsymbol{e}_i, \boldsymbol{e}_j \rangle = \langle \boldsymbol{x}_k, \boldsymbol{e}_j \rangle$$

有

$$\langle \boldsymbol{x}_k - \check{\boldsymbol{x}}_k, \boldsymbol{e}_j \rangle = \boldsymbol{O}_{n\times q}, \quad j = 0,1,\cdots,k \tag{3.11}$$

根据练习3.3，有

$$\langle \boldsymbol{x}_k - \check{\boldsymbol{x}}_k, \boldsymbol{v}_j \rangle = \boldsymbol{O}_{n\times q}, \quad j = 0,1,\cdots,k \tag{3.12}$$

从而根据引理3.1，有

$$\operatorname{tr} \| \boldsymbol{x}_k - \check{\boldsymbol{x}}_k \|_n^2 = \min\{\operatorname{tr} \| \boldsymbol{x}_k - \boldsymbol{y} \|_n^2 : \boldsymbol{y} \in Y(\boldsymbol{v}_0, \cdots, \boldsymbol{v}_k)\}$$

即，$\check{\boldsymbol{x}}_k$ 是 $\boldsymbol{x}_k$ 的最小方差估计。

3.4 卡尔曼滤波方程

本节主要推导卡尔曼滤波方程。从假设2.1，可得

$$\langle \underline{\boldsymbol{\xi}}_{k-1}, \boldsymbol{e}_j \rangle = \boldsymbol{O}_{n\times q}, \quad j = 0,1,\cdots,k-1$$

（见练习3.4），因此

$$\begin{aligned}
\check{\boldsymbol{x}}_k &= \sum_{j=0}^{k} \langle \boldsymbol{x}_k, \boldsymbol{e}_j \rangle \boldsymbol{e}_j \\
&= \sum_{j=0}^{k-1} \langle \boldsymbol{x}_k, \boldsymbol{e}_j \rangle \boldsymbol{e}_j + \langle \boldsymbol{x}_k, \boldsymbol{e}_k \rangle \boldsymbol{e}_k \\
&= \sum_{j=0}^{k-1} \{\langle \boldsymbol{A}_{k-1} \boldsymbol{x}_{k-1}, \boldsymbol{e}_j \rangle \boldsymbol{e}_j + \langle \boldsymbol{\Gamma}_{k-1} \underline{\boldsymbol{\xi}}_{k-1}, \boldsymbol{e}_j \rangle \boldsymbol{e}_j\} + \langle \boldsymbol{x}_k, \boldsymbol{e}_k \rangle \boldsymbol{e}_k \\
&= \boldsymbol{A}_{k-1} \sum_{j=0}^{k-1} \langle \boldsymbol{x}_{k-1}, \boldsymbol{e}_j \rangle \boldsymbol{e}_j + \langle \boldsymbol{x}_k, \boldsymbol{e}_k \rangle \boldsymbol{e}_k \\
&= \boldsymbol{A}_{k-1} \check{\boldsymbol{x}}_{k-1} + \langle \boldsymbol{x}_k, \boldsymbol{e}_k \rangle \boldsymbol{e}_k
\end{aligned}$$

引进定义

$$\check{\boldsymbol{x}}_{k|k-1}=\boldsymbol{A}_{k-1}\check{\boldsymbol{x}}_{k-1} \tag{3.13}$$

式中，$\check{\boldsymbol{x}}_{k-1}:=\check{\boldsymbol{x}}_{k-1|k-1}$，则

$$\check{\boldsymbol{x}}_k=\check{\boldsymbol{x}}_{k|k}=\check{\boldsymbol{x}}_{k|k-1}+\langle\boldsymbol{x}_k,\boldsymbol{e}_k\rangle\boldsymbol{e}_k \tag{3.14}$$

若存在一个 $n\times q$ 阶常值矩阵$\check{\boldsymbol{G}}_k$，使得

$$\langle\boldsymbol{x}_k,\boldsymbol{e}_k\rangle\boldsymbol{e}_k=\check{\boldsymbol{G}}_k(\boldsymbol{v}_k-\boldsymbol{C}_k\check{\boldsymbol{x}}_{k|k-1})$$

即可得到卡尔曼滤波的“预测-校正”公式。为了完成这个任务，考虑随机向量$(\boldsymbol{v}_k-\boldsymbol{C}_k\check{\boldsymbol{x}}_{k|k-1})$，并得到下面的引理。

引理 3.3 对于 $j=0,1,\cdots,k$，

$$\langle\boldsymbol{v}_k-\boldsymbol{C}_k\check{\boldsymbol{x}}_{k|k-1},\boldsymbol{e}_j\rangle=\|\boldsymbol{z}_k\|_q\delta_{kj}$$ ■

证明如下。

首先有

$$\langle\hat{\boldsymbol{y}}_j,\boldsymbol{z}_k\rangle=\boldsymbol{O}_{n\times q},\quad j=0,1,\cdots,k-1 \tag{3.15}$$

(见练习 3.4)。

根据式(3.14)、式(3.11)和式(3.15)，可得

$$\begin{aligned}\langle\boldsymbol{v}_k-\boldsymbol{C}_k\check{\boldsymbol{x}}_{k|k-1},\boldsymbol{e}_k\rangle&=\langle\boldsymbol{v}_k-\boldsymbol{C}_k(\check{\boldsymbol{x}}_{k|k}-\langle\boldsymbol{x}_k,\boldsymbol{e}_k\rangle\boldsymbol{e}_k),\boldsymbol{e}_k\rangle\\&=\langle\boldsymbol{v}_k,\boldsymbol{e}_k\rangle-\boldsymbol{C}_k\{\langle\check{\boldsymbol{x}}_{k|k},\boldsymbol{e}_k\rangle-\langle\boldsymbol{x}_k,\boldsymbol{e}_k\rangle\}\\&=\langle\boldsymbol{v}_k,\boldsymbol{e}_k\rangle-\boldsymbol{C}_k\langle\check{\boldsymbol{x}}_{k|k}-\boldsymbol{x}_k,\boldsymbol{e}_k\rangle\\&=\langle\boldsymbol{v}_k,\boldsymbol{e}_k\rangle\\&=\langle\boldsymbol{z}_k+\boldsymbol{C}_k\hat{\boldsymbol{y}}_{k-1},\|\boldsymbol{z}_k\|_q^{-1}\boldsymbol{z}_k\rangle\\&=\langle\boldsymbol{z}_k,\boldsymbol{z}_k\rangle\|\boldsymbol{z}_k\|_q^{-1}+\boldsymbol{C}_k\langle\hat{\boldsymbol{y}}_{k-1},\boldsymbol{z}_k\rangle\|\boldsymbol{z}_k\|_q^{-1}\\&=\|\boldsymbol{z}_k\|_q\end{aligned}$$

根据式(3.14)、式(3.11)和式(3.7)，对于 $j=0,1,\cdots,k-1$，有

$$\begin{aligned}\langle\boldsymbol{v}_k-\boldsymbol{C}_k\check{\boldsymbol{x}}_{k|k-1},\boldsymbol{e}_j\rangle&=\langle\boldsymbol{C}_k\boldsymbol{x}_k+\underline{\boldsymbol{\eta}}_k-\boldsymbol{C}_k(\check{\boldsymbol{x}}_{k|k}-\langle\boldsymbol{x}_k,\boldsymbol{e}_k\rangle\boldsymbol{e}_k),\boldsymbol{e}_j\rangle\\&=\boldsymbol{C}_k\langle\boldsymbol{x}_k-\check{\boldsymbol{x}}_{k|k},\boldsymbol{e}_j\rangle+\langle\underline{\boldsymbol{\eta}}_k,\boldsymbol{e}_j\rangle+\boldsymbol{C}_k\langle\boldsymbol{x}_k,\boldsymbol{e}_k\rangle\langle\boldsymbol{e}_k,\boldsymbol{e}_j\rangle\\&=\boldsymbol{O}_{q\times q}\end{aligned}$$

这就完成了引理的证明。

根据练习 3.3 和定义$\check{\boldsymbol{x}}_{k-1}=\check{\boldsymbol{x}}_{k-1|k-1}$，$q$ 维随机向量$(\boldsymbol{v}_k-\boldsymbol{C}_k\check{\boldsymbol{x}}_{k|k-1})$可以表示为$\sum_{i=0}^{k}\boldsymbol{M}_i\boldsymbol{e}_i$，式中 $\boldsymbol{M}_i$ 为 $q\times q$ 阶常值矩阵。

现在对于 $j=0,1,\cdots,k$，根据引理 3.3，有

$$\left\langle\sum_{i=0}^{k}\boldsymbol{M}_i\boldsymbol{e}_i,\boldsymbol{e}_j\right\rangle=\|\boldsymbol{z}_k\|_q\delta_{kj}$$

从而可得 $\boldsymbol{M}_0=\boldsymbol{M}_1=\cdots=\boldsymbol{M}_{k-1}=\boldsymbol{0}$，且 $\boldsymbol{M}_k=\|\boldsymbol{z}_k\|_q$。因此，

$$\boldsymbol{v}_k-\boldsymbol{C}_k\check{\boldsymbol{x}}_{k|k-1}=\boldsymbol{M}_k\boldsymbol{e}_k=\|\boldsymbol{z}_k\|_q\boldsymbol{e}_k$$

定义

$$\check{\boldsymbol{G}}_k=\langle\boldsymbol{x}_k,\boldsymbol{e}_k\rangle\|\boldsymbol{z}_k\|_q^{-1}$$

可得

$$\langle\boldsymbol{x}_k,\boldsymbol{e}_k\rangle\boldsymbol{e}_k=\check{\boldsymbol{G}}_k(\boldsymbol{v}_k-\boldsymbol{C}_k\check{\boldsymbol{x}}_{k|k-1})$$

结合式(3.14)，给出“预测-校正”方程：

$$\check{\boldsymbol{x}}_{k|k}=\check{\boldsymbol{x}}_{k|k-1}+\check{\boldsymbol{G}}_k(\boldsymbol{v}_k-\boldsymbol{C}_k\check{\boldsymbol{x}}_{k|k-1})\tag{3.16}$$

我们再次强调通过选择合适的初始估计值，$\check{\boldsymbol{x}}_{k|k}$是 $\boldsymbol{x}_k$ 的无偏估计。事实上，

$$\boldsymbol{x}_k-\check{\boldsymbol{x}}_{k|k}=\boldsymbol{A}_{k-1}\boldsymbol{x}_{k-1}+\boldsymbol{\Gamma}_{k-1}\underline{\boldsymbol{\xi}}_{k-1}-\boldsymbol{A}_{k-1}\check{\boldsymbol{x}}_{k-1|k-1}-\check{\boldsymbol{G}}_k(\boldsymbol{v}_k-\boldsymbol{C}_k\boldsymbol{A}_{k-1}\check{\boldsymbol{x}}_{k-1|k-1})$$

将 $\boldsymbol{v}_k=\boldsymbol{C}_k\boldsymbol{x}_k+\underline{\boldsymbol{\eta}}_k=\boldsymbol{C}_k\boldsymbol{A}_{k-1}\boldsymbol{x}_{k-1}+\boldsymbol{C}_k\boldsymbol{\Gamma}_{k-1}\underline{\boldsymbol{\xi}}_{k-1}+\underline{\boldsymbol{\eta}}_k$ 代入上式，有

$$\boldsymbol{x}_k-\check{\boldsymbol{x}}_{k|k}=(\boldsymbol{I}-\check{\boldsymbol{G}}_k\boldsymbol{C}_k)\boldsymbol{A}_{k-1}(\boldsymbol{x}_{k-1}-\check{\boldsymbol{x}}_{k-1|k-1})+(\boldsymbol{I}-\check{\boldsymbol{G}}_k\boldsymbol{C}_k)\boldsymbol{\Gamma}_{k-1}\underline{\boldsymbol{\xi}}_{k-1}-\check{\boldsymbol{G}}_k\underline{\boldsymbol{\eta}}_k\tag{3.17}$$

因为噪声序列是零均值的，则

$$E(\boldsymbol{x}_k-\check{\boldsymbol{x}}_{k|k})=(\boldsymbol{I}-\check{\boldsymbol{G}}_k\boldsymbol{C}_k)\boldsymbol{A}_{k-1}E(\boldsymbol{x}_{k-1}-\check{\boldsymbol{x}}_{k-1|k-1})$$

所以

$$E(\boldsymbol{x}_k-\check{\boldsymbol{x}}_{k|k})=(\boldsymbol{I}-\check{\boldsymbol{G}}_k\boldsymbol{C}_k)\boldsymbol{A}_{k-1}\cdots(\boldsymbol{I}-\check{\boldsymbol{G}}_1\boldsymbol{C}_1)\boldsymbol{A}_0E(\boldsymbol{x}_0-\check{\boldsymbol{x}}_{0|0})$$

如果我们假设

$$\check{\boldsymbol{x}}_{0|0}=E(\boldsymbol{x}_0)\tag{3.18}$$

则对于所有的 k,$E(\boldsymbol{x}_k-\check{\boldsymbol{x}}_{k|k})=\boldsymbol{0}$ 也就是 $E(\check{\boldsymbol{x}}_{k|k})=E(\boldsymbol{x}_k)$,即$\check{\boldsymbol{x}}_{k|k}$是 $\boldsymbol{x}_k$ 的无偏估计。

现在剩下的工作是推导$\check{\boldsymbol{G}}_k$ 的递推公式。根据式(3.12)和式(3.17),可推导出

$$\begin{aligned}\boldsymbol{0}&=\langle \boldsymbol{x}_k-\check{\boldsymbol{x}}_{k|k},\boldsymbol{v}_k\rangle\\&=\langle(\boldsymbol{I}-\check{\boldsymbol{G}}_k\boldsymbol{C}_k)\boldsymbol{A}_{k-1}(\boldsymbol{x}_{k-1}-\check{\boldsymbol{x}}_{k-1|k-1})+(\boldsymbol{I}-\check{\boldsymbol{G}}_k\boldsymbol{C}_k)\boldsymbol{\Gamma}_{k-1}\underline{\boldsymbol{\xi}}_{k-1}-\check{\boldsymbol{G}}_k\underline{\boldsymbol{\eta}}_k,\\&\quad\boldsymbol{C}_k\boldsymbol{A}_{k-1}((\boldsymbol{x}_{k-1}-\check{\boldsymbol{x}}_{k-1|k-1})+\check{\boldsymbol{x}}_{k-1|k-1})+\boldsymbol{C}_k\boldsymbol{\Gamma}_{k-1}\underline{\boldsymbol{\xi}}_{k-1}+\underline{\boldsymbol{\eta}}_k\rangle\\&=(\boldsymbol{I}-\check{\boldsymbol{G}}_k\boldsymbol{C}_k)\boldsymbol{A}_{k-1}\|\boldsymbol{x}_{k-1}-\check{\boldsymbol{x}}_{k-1|k-1}\|_n^2\boldsymbol{A}_{k-1}^{\mathrm{T}}\boldsymbol{C}_k^{\mathrm{T}}+\\&\quad(\boldsymbol{I}-\check{\boldsymbol{G}}_k\boldsymbol{C}_k)\boldsymbol{\Gamma}_{k-1}\boldsymbol{Q}_{k-1}\boldsymbol{\Gamma}_{k-1}^{\mathrm{T}}\boldsymbol{C}_k^{\mathrm{T}}-\check{\boldsymbol{G}}_k\boldsymbol{R}_k\end{aligned}\tag{3.19}$$

其中使用了引理3.1的结论,$\langle\boldsymbol{x}_{k-1}-\check{\boldsymbol{x}}_{k-1|k-1},\check{\boldsymbol{x}}_{k-1|k-1}\rangle=\boldsymbol{O}_{n\times n}$,且由于对于 $j=0,\cdots,k$,有

$$\begin{cases}\langle\boldsymbol{x}_k,\underline{\boldsymbol{\xi}}_k\rangle=\boldsymbol{O}_{n\times n}, & \langle\check{\boldsymbol{x}}_{k|k},\underline{\boldsymbol{\xi}}_j\rangle=\boldsymbol{O}_{n\times n}\\ \langle\boldsymbol{x}_k,\underline{\boldsymbol{\eta}}_j\rangle=\boldsymbol{O}_{n\times q}, & \langle\check{\boldsymbol{x}}_{k-1|k-1},\underline{\boldsymbol{\eta}}_k\rangle=\boldsymbol{O}_{n\times q}\end{cases}\tag{3.20}$$

(见练习3.5)。定义

$$\boldsymbol{P}_{k,k}=\|\boldsymbol{x}_k-\check{\boldsymbol{x}}_{k|k}\|_n^2$$

和

$$\boldsymbol{P}_{k,k-1}=\|\boldsymbol{x}_k-\check{\boldsymbol{x}}_{k|k-1}\|_n^2$$

由练习3.5,有

$$\begin{aligned}\boldsymbol{P}_{k,k-1}&=\|\boldsymbol{A}_{k-1}\boldsymbol{x}_{k-1}+\boldsymbol{\Gamma}_{k-1}\underline{\boldsymbol{\xi}}_{k-1}-\boldsymbol{A}_{k-1}\check{\boldsymbol{x}}_{k-1|k-1}\|_n^2\\&=\boldsymbol{A}_{k-1}\|\boldsymbol{x}_{k-1}-\check{\boldsymbol{x}}_{k-1|k-1}\|_n^2\boldsymbol{A}_{k-1}^{\mathrm{T}}+\boldsymbol{\Gamma}_{k-1}\boldsymbol{Q}_{k-1}\boldsymbol{\Gamma}_{k-1}^{\mathrm{T}}\end{aligned}$$

即

$$\boldsymbol{P}_{k,k-1}=\boldsymbol{A}_{k-1}\boldsymbol{P}_{k-1,k-1}\boldsymbol{A}_{k-1}^{\mathrm{T}}+\boldsymbol{\Gamma}_{k-1}\boldsymbol{Q}_{k-1}\boldsymbol{\Gamma}_{k-1}^{\mathrm{T}}\tag{3.21}$$

另一方面,根据式(3.19),可得

$$(\boldsymbol{I}-\check{\boldsymbol{G}}_k\boldsymbol{C}_k)\boldsymbol{A}_{k-1}\boldsymbol{P}_{k-1,k-1}\boldsymbol{A}_{k-1}^{\mathrm{T}}\boldsymbol{C}_k^{\mathrm{T}}+(\boldsymbol{I}-\check{\boldsymbol{G}}_k\boldsymbol{C}_k)\boldsymbol{\Gamma}_{k-1}\boldsymbol{Q}_{k-1}\boldsymbol{\Gamma}_{k-1}^{\mathrm{T}}\boldsymbol{C}_k^{\mathrm{T}}-\check{\boldsymbol{G}}_k\boldsymbol{R}_k=\boldsymbol{0}$$

为了从该式中得出$\check{\boldsymbol{G}}_k$,把它改写成

$$
\begin{aligned}
&\check{\boldsymbol{G}}_k[\boldsymbol{R}_k+\boldsymbol{C}_k(\boldsymbol{A}_{k-1}\boldsymbol{P}_{k-1,k-1}\boldsymbol{A}_{k-1}^{\mathrm{T}}+\boldsymbol{\Gamma}_{k-1}\boldsymbol{Q}_{k-1}\boldsymbol{\Gamma}_{k-1}^{\mathrm{T}})\boldsymbol{C}_k^{\mathrm{T}}]\\
&=[\boldsymbol{A}_{k-1}\boldsymbol{P}_{k-1,k-1}\boldsymbol{A}_{k-1}^{\mathrm{T}}+\boldsymbol{\Gamma}_{k-1}\boldsymbol{Q}_{k-1}\boldsymbol{\Gamma}_{k-1}^{\mathrm{T}}]\boldsymbol{C}_k^{\mathrm{T}}\\
&=\boldsymbol{P}_{k,k-1}\boldsymbol{C}_k^{\mathrm{T}}
\end{aligned}
$$

可得

$$
\check{\boldsymbol{G}}_k=\boldsymbol{P}_{k,k-1}\boldsymbol{C}_k^{\mathrm{T}}(\boldsymbol{R}_k+\boldsymbol{C}_k\boldsymbol{P}_{k,k-1}\boldsymbol{C}_k^{\mathrm{T}})^{-1} \tag{3.22}
$$

式中，$\boldsymbol{R}_k$ 是正定的，且 $\boldsymbol{C}_k\boldsymbol{P}_{k,k-1}\boldsymbol{C}_k^{\mathrm{T}}$ 是非负定的，所以他们的和是正定的(见练习 2.2)。

我们希望用 $\boldsymbol{P}_{k,k-1}$ 表示 $\boldsymbol{P}_{k,k}$，以便结合式(3.21)，得到递推形式。这可以通过下面的方式得到：

$$
\begin{aligned}
\boldsymbol{P}_{k,k}&=\|\boldsymbol{x}_k-\check{\boldsymbol{x}}_{k|k}\|_n^2\\
&=\|\boldsymbol{x}_k-(\check{\boldsymbol{x}}_{k|k-1}+\check{\boldsymbol{G}}_k(\boldsymbol{v}_k-\boldsymbol{C}_k\check{\boldsymbol{x}}_{k|k-1}))\|_n^2\\
&=\|\boldsymbol{x}_k-\check{\boldsymbol{x}}_{k|k-1}-\check{\boldsymbol{G}}_k(\boldsymbol{C}_k\boldsymbol{x}_k+\underline{\boldsymbol{\eta}}_k)+\check{\boldsymbol{G}}_k\boldsymbol{C}_k\check{\boldsymbol{x}}_{k|k-1}\|_n^2\\
&=\|(\boldsymbol{I}-\check{\boldsymbol{G}}_k\boldsymbol{C}_k)(\boldsymbol{x}_k-\check{\boldsymbol{x}}_{k|k-1})-\check{\boldsymbol{G}}_k\underline{\boldsymbol{\eta}}_k\|_n^2\\
&=(\boldsymbol{I}-\check{\boldsymbol{G}}_k\boldsymbol{C}_k)\|\boldsymbol{x}_k-\check{\boldsymbol{x}}_{k|k-1}\|_n^2(\boldsymbol{I}-\check{\boldsymbol{G}}_k\boldsymbol{C}_k)^{\mathrm{T}}+\check{\boldsymbol{G}}_k\boldsymbol{R}_k\check{\boldsymbol{G}}_k^{\mathrm{T}}\\
&=(\boldsymbol{I}-\check{\boldsymbol{G}}_k\boldsymbol{C}_k)\boldsymbol{P}_{k,k-1}(\boldsymbol{I}-\check{\boldsymbol{G}}_k\boldsymbol{C}_k)^{\mathrm{T}}+\check{\boldsymbol{G}}_k\boldsymbol{R}_k\check{\boldsymbol{G}}_k^{\mathrm{T}}
\end{aligned}
$$

其中使用了根据练习 3.5 得出的结论 $\langle\boldsymbol{x}_k-\check{\boldsymbol{x}}_{k|k-1},\boldsymbol{\eta}_k\rangle=\boldsymbol{O}_{n\times q}$。该关系式可以应用式(3.22)做进一步简化。因为

$$
\begin{aligned}
(\boldsymbol{I}-\check{\boldsymbol{G}}_k\boldsymbol{C}_k)\boldsymbol{P}_{k,k-1}(\check{\boldsymbol{G}}_k\boldsymbol{C}_k)^{\mathrm{T}}&=\boldsymbol{P}_{k,k-1}\boldsymbol{C}_k^{\mathrm{T}}\check{\boldsymbol{G}}_k^{\mathrm{T}}-\check{\boldsymbol{G}}_k\boldsymbol{C}_k\boldsymbol{P}_{k,k-1}\boldsymbol{C}_k^{\mathrm{T}}\check{\boldsymbol{G}}_k^{\mathrm{T}}\\
&=\check{\boldsymbol{G}}_k\boldsymbol{C}_k\boldsymbol{P}_{k,k-1}\boldsymbol{C}_k^{\mathrm{T}}\check{\boldsymbol{G}}_k^{\mathrm{T}}+\check{\boldsymbol{G}}_k\boldsymbol{R}_k\check{\boldsymbol{G}}_k^{\mathrm{T}}-\check{\boldsymbol{G}}_k\boldsymbol{C}_k\boldsymbol{P}_{k,k-1}\boldsymbol{C}_k^{\mathrm{T}}\check{\boldsymbol{G}}_k^{\mathrm{T}}\\
&=\check{\boldsymbol{G}}_k\boldsymbol{R}_k\check{\boldsymbol{G}}_k^{\mathrm{T}}
\end{aligned}
$$

有

$$
\begin{aligned}
\boldsymbol{P}_{k,k}&=(\boldsymbol{I}-\check{\boldsymbol{G}}_k\boldsymbol{C}_k)\boldsymbol{P}_{k,k-1}(\boldsymbol{I}-\check{\boldsymbol{G}}_k\boldsymbol{C}_k)^{\mathrm{T}}+(\boldsymbol{I}-\check{\boldsymbol{G}}_k\boldsymbol{C}_k)\boldsymbol{P}_{k,k-1}(\check{\boldsymbol{G}}_k\boldsymbol{C}_k)^{\mathrm{T}}\\
&=(\boldsymbol{I}-\check{\boldsymbol{G}}_k\boldsymbol{C}_k)\boldsymbol{P}_{k,k-1}
\end{aligned} \tag{3.23}
$$

综合式(3.13)、式(3.16)、式(3.18)、式(3.21)、式(3.22)和式(3.23)，及

$$
\boldsymbol{P}_{0,0}=\|\boldsymbol{x}_0-\check{\boldsymbol{x}}_{0|0}\|_n^2=\mathrm{Var}(\boldsymbol{x}_0) \tag{3.24}
$$

我们就得到了与第 2 章的推导相一致的卡尔曼滤波方程。即$\check{\boldsymbol{x}}_{k|k}=\hat{\boldsymbol{x}}_{k|k}$、$\check{\boldsymbol{x}}_{k|k-1}=\hat{\boldsymbol{x}}_{k|k-1}$和$\check{\boldsymbol{G}}_k=G_k$,归纳如下:

$$\begin{cases}\boldsymbol{P}_{0,0}=\mathrm{Var}(\boldsymbol{x}_0)\\ \boldsymbol{P}_{k,k-1}=\boldsymbol{A}_{k-1}\boldsymbol{P}_{k-1,k-1}\boldsymbol{A}_{k-1}^{\mathrm{T}}+\boldsymbol{\Gamma}_{k-1}\boldsymbol{Q}_{k-1}\boldsymbol{\Gamma}_{k-1}^{\mathrm{T}}\\ \boldsymbol{G}_k=\boldsymbol{P}_{k,k-1}\boldsymbol{C}_k^{\mathrm{T}}(\boldsymbol{C}_k\boldsymbol{P}_{k,k-1}\boldsymbol{C}_k^{\mathrm{T}}+\boldsymbol{R}_k)^{-1}\\ \boldsymbol{P}_{k,k}=(\boldsymbol{I}-\boldsymbol{G}_k\boldsymbol{C}_k)\boldsymbol{P}_{k,k-1}\\ \hat{\boldsymbol{x}}_{0|0}=E(\boldsymbol{x}_0)\\ \hat{\boldsymbol{x}}_{k|k-1}=\boldsymbol{A}_{k-1}\hat{\boldsymbol{x}}_{k-1|k-1}\\ \hat{\boldsymbol{x}}_{k|k}=\hat{\boldsymbol{x}}_{k|k-1}+\boldsymbol{G}_k(\boldsymbol{v}_k-\boldsymbol{C}_k\hat{\boldsymbol{x}}_{k|k-1})\\ k=1,2,\cdots\end{cases}\tag{3.25}$$

当然,针对常规线性确定性/随机系统:

$$\begin{cases}\boldsymbol{x}_{k+1}=\boldsymbol{A}_k\boldsymbol{x}_k+\boldsymbol{B}_k\boldsymbol{u}_k+\boldsymbol{\Gamma}_k\underline{\boldsymbol{\xi}}_k\\ \boldsymbol{v}_k=\boldsymbol{C}_k\boldsymbol{x}_k+\boldsymbol{D}_k\boldsymbol{u}_k+\underline{\boldsymbol{\eta}}_k\end{cases}$$

在没有假定矩阵$\boldsymbol{A}_k$、$\mathrm{Var}(\underline{\bar{\boldsymbol{\varepsilon}}}_{k,j})$等可逆的条件下,依然可以得到 2.4 节推导的卡尔曼滤波方程式(2.18)(见练习 3.6)。

3.5 实时跟踪

为了介绍式(3.25)描述的卡尔曼滤波算法的应用,考虑一个实时跟踪的例子。设$\boldsymbol{x}(t)$,$0\leqslant t\leqslant\infty$,表示一个飞行器在三维空间的轨迹,其中$t$表示时间变量(见图 3.1)。以采样周期$h>0$采样,并量化得到该向量值函数的离散化形式:

$$\boldsymbol{x}_k\doteq\boldsymbol{x}(kh),\quad k=0,1,\cdots$$

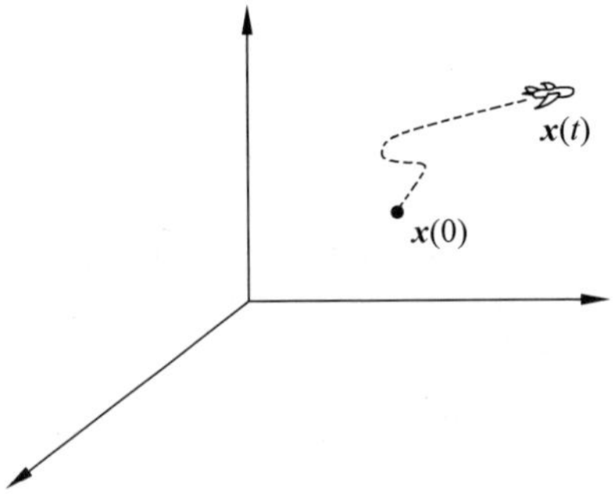

图 3.1 飞行器三维空间轨迹

从实用的角度，假设 $\boldsymbol{x}(t)$ 有连续的一阶和二阶导数，分别表示为 $\dot{\boldsymbol{x}}(t)$ 和 $\ddot{\boldsymbol{x}}(t)$，则对于小的 h 值，位置和速度向量 $\boldsymbol{x}_k$ 和 $\dot{\boldsymbol{x}}_k \doteq \dot{\boldsymbol{x}}(kh)$ 满足下面的方程：

$$\begin{cases} \boldsymbol{x}_{k+1} = \boldsymbol{x}_k + h\dot{\boldsymbol{x}}_k + \dfrac{1}{2}h^2\ddot{\boldsymbol{x}}_k \\ \dot{\boldsymbol{x}}_{k+1} = \dot{\boldsymbol{x}}_k + h\ddot{\boldsymbol{x}}_k, \end{cases}$$

式中 $\ddot{\boldsymbol{x}}_k \doteq \ddot{\boldsymbol{x}}(kh)$ 且 $k=0,1,\cdots$。

而在很多应用中，每个时刻的飞行器位置（向量）是可以观测的，观测值为 $\boldsymbol{v}_k = \boldsymbol{C}\boldsymbol{x}_k$，$\boldsymbol{C}=[1\quad 0\quad 0]$。为了简化讨论，只考虑下面的跟踪模型（见练习 3.8）：

$$\begin{cases} \begin{bmatrix} x_{k+1}[1] \\ x_{k+1}[2] \\ x_{k+1}[3] \end{bmatrix} = \begin{bmatrix} 1 & h & h^2/2 \\ 0 & 1 & h \\ 0 & 0 & 1 \end{bmatrix} \begin{bmatrix} x_k[1] \\ x_k[2] \\ x_k[3] \end{bmatrix} + \begin{bmatrix} \xi_k[1] \\ \xi_k[2] \\ \xi_k[3] \end{bmatrix} \\ v_k = [1\quad 0\quad 0] \begin{bmatrix} x_k[1] \\ x_k[2] \\ x_k[3] \end{bmatrix} + \eta_k \end{cases} \tag{3.26}$$

这里，$\underline{\boldsymbol{\xi}}_k := [\xi_k[1]\quad \xi_k[2]\quad \xi_k[3]]^{\mathrm{T}}$，$\{\underline{\boldsymbol{\xi}}_k\}$ 和 $\{\eta_k\}$ 为满足下式的零均值高斯白噪声序列：

$$\begin{aligned} &E(\underline{\boldsymbol{\xi}}_k) = \boldsymbol{0}, && E(\eta_k) = 0 \\ &E(\underline{\boldsymbol{\xi}}_k \underline{\boldsymbol{\xi}}_l^{\mathrm{T}}) = \boldsymbol{Q}_k\delta_{kl}, && E(\eta_k\eta_l) = r_k\delta_{kl} \quad E(\underline{\boldsymbol{\xi}}_k\eta_l) = \boldsymbol{0}, \\ &E(\boldsymbol{x}_0 \underline{\boldsymbol{\xi}}_k^{\mathrm{T}}) = \boldsymbol{0}, && E(\boldsymbol{x}_0\eta_k) = \boldsymbol{0} \end{aligned}$$

式中 $\boldsymbol{Q}_k$ 是非负定对称矩阵，且对所有的 k，有 $r_k>0$。进一步假设初始条件 $E(\boldsymbol{x}_0)$ 和 $\mathrm{Var}(\boldsymbol{x}_0)$ 为已知。对于这个跟踪模型，卡尔曼滤波算法可以表示为：设 $\boldsymbol{P}_k := \boldsymbol{P}_{k,k}$，且 $\boldsymbol{P}[i,j]$ 表示 $\boldsymbol{P}$ 的第 (i,j) 个元素，则有

$$\begin{aligned} \boldsymbol{P}_{k,k-1}[1,1] = {} & \boldsymbol{P}_{k-1}[1,1] + 2h\boldsymbol{P}_{k-1}[1,2] + h^2\boldsymbol{P}_{k-1}[1,3] + h^2\boldsymbol{P}_{k-1}[2,2] + \\ & h^3\boldsymbol{P}_{k-1}[2,3] + \frac{h^4}{4}\boldsymbol{P}_{k-1}[3,3] + \boldsymbol{Q}_{k-1}[1,1] \end{aligned}$$

$$\begin{aligned} \boldsymbol{P}_{k,k-1}[1,2] &= \boldsymbol{P}_{k,k-1}[2,1] \\ &= \boldsymbol{P}_{k-1}[1,2] + h\boldsymbol{P}_{k-1}[1,3] + h\boldsymbol{P}_{k-1}[2,2] + \frac{3h^2}{2}\boldsymbol{P}_{k-1}[2,3] + \\ &\quad \frac{h^3}{2}\boldsymbol{P}_{k-1}[3,3] + \boldsymbol{Q}_{k-1}[1,2] \end{aligned}$$

$$\boldsymbol{P}_{k,k-1}[2,2] = \boldsymbol{P}_{k-1}[2,2] + 2h\boldsymbol{P}_{k-1}[2,3] + h^2\boldsymbol{P}_{k-1}[3,3] + \boldsymbol{Q}_{k-1}[2,2]$$

$$\boldsymbol{P}_{k,k-1}[1,3] = \boldsymbol{P}_{k,k-1}[3,1]$$

$$= \boldsymbol{P}_{k-1}[1,3] + h\boldsymbol{P}_{k-1}[2,3] + \frac{h^2}{2}\boldsymbol{P}_{k-1}[3,3] + \boldsymbol{Q}_{k-1}[1,3]$$

$$\boldsymbol{P}_{k,k-1}[2,3] = \boldsymbol{P}_{k,k-1}[3,2]$$
$$= \boldsymbol{P}_{k-1}[2,3] + h\boldsymbol{P}_{k-1}[3,3] + \boldsymbol{Q}_{k-1}[2,3]$$
$$\boldsymbol{P}_{k,k-1}[3,3] = \boldsymbol{P}_{k-1}[3,3] + \boldsymbol{Q}_{k-1}[3,3]$$

且$\boldsymbol{P}_{0,0} = \mathrm{Var}(\boldsymbol{x}_0)$

$$\boldsymbol{G}_k = \frac{1}{\boldsymbol{P}_{k,k-1}[1,1] + r_k}\begin{bmatrix}\boldsymbol{P}_{k,k-1}[1,1]\\ \boldsymbol{P}_{k,k-1}[1,2]\\ \boldsymbol{P}_{k,k-1}[1,3]\end{bmatrix}$$

$$\boldsymbol{P}_k = \boldsymbol{P}_{k,k-1} - \frac{1}{\boldsymbol{P}_{k,k-1}[1,1] + r_k}\cdot$$
$$\begin{bmatrix}\boldsymbol{P}^2_{k,k-1}[1,1] & \boldsymbol{P}_{k,k-1}[1,1]\boldsymbol{P}_{k,k-1}[1,2] & \boldsymbol{P}_{k,k-1}[1,1]\boldsymbol{P}_{k,k-1}[1,3]\\ \boldsymbol{P}_{k,k-1}[1,1]\boldsymbol{P}_{k,k-1}[1,2] & \boldsymbol{P}^2_{k,k-1}[1,2] & \boldsymbol{P}_{k,k-1}[1,2]\boldsymbol{P}_{k,k-1}[1,3]\\ \boldsymbol{P}_{k,k-1}[1,1]\boldsymbol{P}_{k,k-1}[1,3] & \boldsymbol{P}_{k,k-1}[1,2]\boldsymbol{P}_{k,k-1}[1,3] & \boldsymbol{P}^2_{k,k-1}[1,3]\end{bmatrix}$$

卡尔曼滤波算法由下式给出:

$$\begin{bmatrix}\hat{x}_{k|k}[1]\\ \hat{x}_{k|k}[2]\\ \hat{x}_{k|k}[3]\end{bmatrix} = \begin{bmatrix}1-\boldsymbol{G}_k[1] & (1-\boldsymbol{G}_k[1])h & (1-\boldsymbol{G}_k[1])h^2/2\\ -\boldsymbol{G}_k[2] & 1-h\boldsymbol{G}_k[2] & h-h^2\boldsymbol{G}_k[2]/2\\ -\boldsymbol{G}_k[3] & -h\boldsymbol{G}_k[3] & 1-h^2\boldsymbol{G}_k[3]/2\end{bmatrix}\cdot\begin{bmatrix}\hat{x}_{k-1|k-1}[1]\\ \hat{x}_{k-1|k-1}[2]\\ \hat{x}_{k-1|k-1}[3]\end{bmatrix} + \begin{bmatrix}\boldsymbol{G}_k[1]\\ \boldsymbol{G}_k[2]\\ \boldsymbol{G}_k[3]\end{bmatrix}v_k \tag{3.27}$$

式中,$\hat{\boldsymbol{x}}_{0|0} = E(\boldsymbol{x}_0)$。

练习

3.1 令 $\boldsymbol{A}\neq 0$ 是非负定对称常值矩阵。证明 $\mathrm{tr}\boldsymbol{A}>0$。(提示:将 $\boldsymbol{A}$ 分解为 $\boldsymbol{A}=\boldsymbol{B}\boldsymbol{B}^{\mathrm{T}}$,其中 $\boldsymbol{B}\neq 0$)

3.2 令

$$\hat{\boldsymbol{e}}_j = \boldsymbol{C}_j(\boldsymbol{x}_j - \hat{\boldsymbol{y}}_{j-1}) = \boldsymbol{C}_j\left(\boldsymbol{x}_j - \sum_{i=0}^{j-1}\hat{\boldsymbol{P}}_{j-1,i}\boldsymbol{v}_i\right)$$

式中$\hat{\boldsymbol{P}}_{j-1,i}$是常值矩阵。应用假设 2.1 证明:对于所有 $l\geqslant j$,有

$$\langle \underline{\boldsymbol{\eta}}_l, \hat{\boldsymbol{e}}_j\rangle = \boldsymbol{O}_{q\times q}$$

3.3 对随机向量 $\boldsymbol{w}_0,\cdots,\boldsymbol{w}_r$,定义:$Y(\boldsymbol{w}_0,\cdots,\boldsymbol{w}_r) = \left\{\boldsymbol{y}:\ \boldsymbol{y} = \sum_{i=0}^{r}\boldsymbol{P}_i\boldsymbol{w}_i,\right.$ $\left.\boldsymbol{P}_0,\cdots,\boldsymbol{P}_r \text{ 为常值矩阵}\right\}$。

令

$$\boldsymbol{z}_j = \boldsymbol{v}_j - \boldsymbol{C}_j \sum_{i=0}^{j-1} \hat{\boldsymbol{P}}_{j-1,i} \boldsymbol{v}_i$$

和式(3.4)所定义的一样,且 $\boldsymbol{e}_j = \| \boldsymbol{z}_j \|^{-1} \boldsymbol{z}_j$。证明:$Y(\boldsymbol{e}_0, \cdots, \boldsymbol{e}_k) = Y(\boldsymbol{v}_0, \cdots, \boldsymbol{v}_k)$。

3.4 令

$$\hat{\boldsymbol{y}}_{j-1} = \sum_{i=0}^{j-1} \hat{\boldsymbol{P}}_{j-1,i} \boldsymbol{v}_i \quad \text{和} \quad \boldsymbol{z}_j = \boldsymbol{v}_j - \boldsymbol{C}_j \sum_{i=0}^{j-1} \hat{\boldsymbol{P}}_{j-1,i} \boldsymbol{v}_i$$

证明:$\langle \hat{\boldsymbol{y}}_j, \boldsymbol{z}_k \rangle = \boldsymbol{O}_{n\times q}, j=0,1,\cdots,k-1$。

3.5 令 $\boldsymbol{e}_j$ 的定义与练习 3.3 一致,另外与式(3.10)同样定义:

$$\check{\boldsymbol{x}}_k = \sum_{i=0}^{k} \langle \boldsymbol{x}_k, \boldsymbol{e}_i \rangle \boldsymbol{e}_i$$

对于所有的 $j=0,1,\cdots,k$,证明:

$$\langle \boldsymbol{x}_k, \underline{\boldsymbol{\xi}}_k \rangle = \boldsymbol{O}_{n\times n} \quad \langle \check{\boldsymbol{x}}_{k|k}, \underline{\boldsymbol{\xi}}_j \rangle = \boldsymbol{O}_{n\times n}$$

$$\langle \boldsymbol{x}_k, \underline{\boldsymbol{\eta}}_j \rangle = \boldsymbol{O}_{n\times q} \quad \langle \check{\boldsymbol{x}}_{k-1|k-1}, \underline{\boldsymbol{\eta}}_k \rangle = \boldsymbol{O}_{n\times q}$$

3.6 对于线性确定/随机系统:

$$\begin{cases} \boldsymbol{x}_{k+1} = \boldsymbol{A}_k \boldsymbol{x}_k + \boldsymbol{B}_k \boldsymbol{u}_k + \boldsymbol{\Gamma}_k \underline{\boldsymbol{\xi}}_k \\ \boldsymbol{v}_k = \boldsymbol{C}_k \boldsymbol{x}_k + \boldsymbol{D}_k \boldsymbol{u}_k + \underline{\boldsymbol{\eta}}_k \end{cases}$$

式中,$\{\boldsymbol{u}_k\}$ 为给定的 m 维确定性控制输入向量序列,$1 \leqslant m \leqslant n$,如果满足假设 2.1,推导该模型的卡尔曼滤波算法。

3.7 对于一个简化的雷达跟踪模型,天线发射大幅值窄带脉冲信号。该脉冲信号以光速 c 传播,由被跟踪飞行器反射。雷达天线接收反射信号,存在一个时间差 Δt。从雷达到目标的距离可以由 $d = c\Delta t/2$ 给出。脉冲信号以周期 h 发射。假设目标以速度 w 运动,且速度受到的随机干扰为 $\xi \sim N(0,q)$,则距离满足差分方程:$d_{k+1} = d_k + h(w_k + \xi_k)$。

假设应用公式 $d = c\Delta t/2$ 获得的测量距离包含固有误差 Δd 且被噪声 η 污染,其中 $\eta \sim N(0,r)$,则 $v_k = d_k + \Delta d_k + \eta_k$。

假设雷达与目标的初始距离是 d_0,且与 ξ_k 和 η_k 独立,并且 $\{\xi_k\}$ 和 $\{\eta_k\}$ 也相互独立(见图 3.2)。推导该雷达跟踪系统距离估计的卡尔曼滤波算法。

3.8 一个雷达跟踪线性随机系统描述如下,其中雷达被安置在原点(见图 3.3)。设 $\boldsymbol{\Sigma}$、$\Delta \boldsymbol{A}$ 和 $\Delta \boldsymbol{E}$ 分别为目标的距离、方位角误差和仰角误差。考虑 $\boldsymbol{\Sigma}$、$\Delta \boldsymbol{A}$ 和 $\Delta \boldsymbol{E}$ 是时间的函数,并且一阶和二阶导数分别表示为 $\dot{\boldsymbol{\Sigma}}$、$\Delta \dot{\boldsymbol{A}}$、$\Delta \dot{\boldsymbol{E}}$、$\ddot{\boldsymbol{\Sigma}}$、$\Delta \ddot{\boldsymbol{A}}$ 和 $\Delta \ddot{\boldsymbol{E}}$。$h>0$

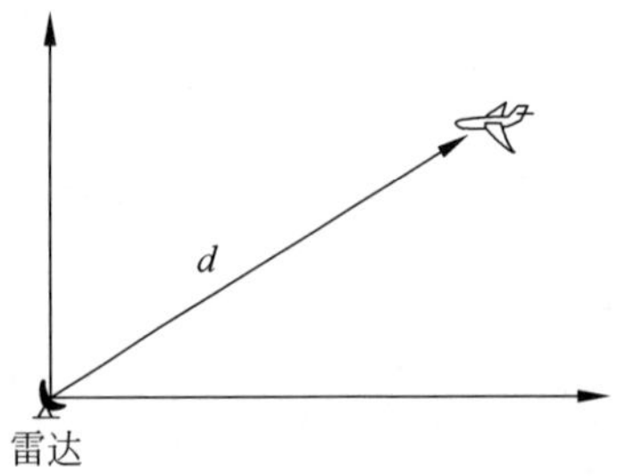

图 3.2　雷达跟踪示例

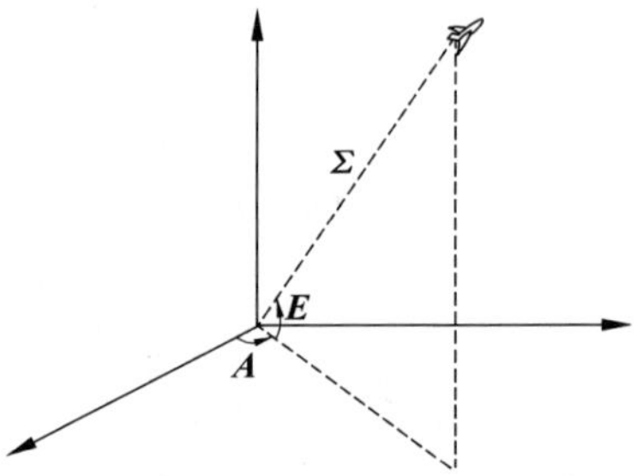

图 3.3　目标位置示意图

为采样时间单位,并记$\boldsymbol{\Sigma}_k=\boldsymbol{\Sigma}(kh)$、$\dot{\boldsymbol{\Sigma}}_k=\dot{\boldsymbol{\Sigma}}(kh)$、$\ddot{\boldsymbol{\Sigma}}_k=\ddot{\boldsymbol{\Sigma}}(kh)$等。二阶泰勒多项式展开后,雷达跟踪模型可用如下的线性随机状态空间描述:

$$\begin{cases}\boldsymbol{x}_{k+1}=\widetilde{\boldsymbol{A}}\boldsymbol{x}_k+\boldsymbol{\Gamma}_k\underline{\boldsymbol{\xi}}_k\\ \boldsymbol{v}_k=\widetilde{\boldsymbol{C}}\boldsymbol{x}_k+\underline{\boldsymbol{\eta}}_k\end{cases}$$

式中

$$\boldsymbol{x}_k=\begin{bmatrix}\boldsymbol{\Sigma}_k & \dot{\boldsymbol{\Sigma}}_k & \ddot{\boldsymbol{\Sigma}}_k & \Delta\boldsymbol{A}_k & \Delta\dot{\boldsymbol{A}}_k & \Delta\ddot{\boldsymbol{A}}_k & \Delta\boldsymbol{E}_k & \Delta\dot{\boldsymbol{E}}_k & \Delta\ddot{\boldsymbol{E}}_k\end{bmatrix}^{\mathrm{T}}$$

$$\widetilde{\boldsymbol{A}}=\begin{bmatrix}1 & h & h^2/2 & & & & & & \\ 0 & 1 & h & & & & & & \\ 0 & 0 & 1 & & & & & & \\ & & & 1 & h & h^2/2 & & & \\ & & & 0 & 1 & h & & & \\ & & & 0 & 0 & 1 & & & \\ & & & & & & 1 & h & h^2/2 \\ & & & & & & 0 & 1 & h \\ & & & & & & 0 & 0 & 1\end{bmatrix}$$

$$\widetilde{\boldsymbol{C}}=\begin{bmatrix}1 & 0 & 0 & 0 & 0 & 0 & 0 & 0 & 0\\ 0 & 0 & 0 & 1 & 0 & 0 & 0 & 0 & 0\\ 0 & 0 & 0 & 0 & 0 & 0 & 1 & 0 & 0\end{bmatrix}$$

其中$\{\underline{\boldsymbol{\xi}}_k\}$和$\{\underline{\boldsymbol{\eta}}_k\}$是相互独立的零均值高斯白噪声序列,且 $\mathrm{Var}(\underline{\boldsymbol{\xi}}_k)=\boldsymbol{Q}_k$ 和 $\mathrm{Var}(\underline{\boldsymbol{\eta}}_k)=\boldsymbol{R}_k$。记

$$\boldsymbol{\Gamma}_k = \begin{bmatrix} \boldsymbol{\Gamma}_k^1 & & \\ & \boldsymbol{\Gamma}_k^2 & \\ & & \boldsymbol{\Gamma}_k^3 \end{bmatrix}$$

$$\boldsymbol{Q}_k = \begin{bmatrix} \boldsymbol{Q}_k^1 & & \\ & \boldsymbol{Q}_k^2 & \\ & & \boldsymbol{Q}_k^3 \end{bmatrix}$$

$$\boldsymbol{R}_k = \begin{bmatrix} \boldsymbol{R}_k^1 & & \\ & \boldsymbol{R}_k^2 & \\ & & \boldsymbol{R}_k^3 \end{bmatrix}$$

其中对于 $i=1,2,3$，$\boldsymbol{\Gamma}_k^i$ 是 3×3 阶子矩阵，$\boldsymbol{Q}_k^i$ 是 3×3 阶非负定对称子矩阵，$\boldsymbol{R}_k^i$ 是 3×3 阶正定对称子矩阵。证明该系统可以分解为三个具有相似状态空间描述的子系统。

第 4 章

系统噪声和量测噪声相关的卡尔曼滤波

在第 2、3 章中，我们研究了模型中的系统噪声和量测噪声过程不相关的卡尔曼滤波；即，对于 k、$l=0,1,\cdots$，始终假设：

$$E(\underline{\boldsymbol{\xi}}_k\ \underline{\boldsymbol{\eta}}_l^{\mathrm{T}}) = \mathbf{0}$$

但在许多实际应用中，这个假设不成立。例如飞行器惯性导航系统中，飞行器的振动成为动态系统及机载雷达测量的共同噪声源，系统和量测噪声序列$\{\underline{\boldsymbol{\xi}}_k\}$和$\{\underline{\boldsymbol{\eta}}_k\}$在统计学意义上是相关的，有

$$E(\underline{\boldsymbol{\xi}}_k\ \underline{\boldsymbol{\eta}}_l^{\mathrm{T}}) = \boldsymbol{S}_k\delta_{kl}, \quad k,l = 0,1,\cdots$$

式中，每个 $\boldsymbol{S}_k$ 都是已知的非负定矩阵。

本章主要研究上述模型的卡尔曼滤波。

4.1 仿射模型

考虑线性随机状态空间模型

$$\begin{cases} \boldsymbol{x}_{k+1} = \boldsymbol{A}_k\boldsymbol{x}_k + \boldsymbol{\Gamma}_k\ \underline{\boldsymbol{\xi}}_k \\ \boldsymbol{v}_k = \boldsymbol{C}_k\boldsymbol{x}_k + \underline{\boldsymbol{\eta}}_k \end{cases}$$

式中，$\boldsymbol{A}_k$、$\boldsymbol{C}_k$ 和 $\boldsymbol{\Gamma}_k$ 都是已知的常值矩阵，初始状态为 $\boldsymbol{x}_0$。

C. K. Chui and G. Chen, Kalman Filtering, DOI 10.1007/978-3-319-47612-4_1

首先研究1.3节讨论的最小二乘估计。考虑到最小二乘估计是数据向量的线性函数；即，如果$\hat{\boldsymbol{x}}$是状态向量$\boldsymbol{x}$基于数据$\boldsymbol{v}$的最小二乘估计，则存在矩阵$\boldsymbol{H}$，满足$\hat{\boldsymbol{x}}=\boldsymbol{H}\boldsymbol{v}$。为了研究卡尔曼滤波在系统噪声与测量噪声过程相关系统中的应用，必须把它扩展成为一个更一般的模型来确定估计量$\hat{\boldsymbol{x}}$。为此，考虑下面的仿射模型：

$$\hat{\boldsymbol{x}} = \boldsymbol{h} + \boldsymbol{H}\boldsymbol{v} \tag{4.1}$$

式中$\boldsymbol{h}$为n维常向量，$\boldsymbol{H}$是$n\times q$阶常值矩阵。式(4.1)引入了一个额外的参数向量$\boldsymbol{h}$。当然，状态$\boldsymbol{x}$的最优估计$\hat{\boldsymbol{x}}$必须满足：$\hat{\boldsymbol{x}}$是$\boldsymbol{x}$的一个无偏估计，即

$$E(\hat{\boldsymbol{x}}) = E(\boldsymbol{x}) \tag{4.2}$$

且此估计具有最小(误差)方差。

由式(4.1)可得

$$\boldsymbol{h} = E(\boldsymbol{h}) = E(\hat{\boldsymbol{x}} - \boldsymbol{H}\boldsymbol{v}) = E(\hat{\boldsymbol{x}}) - \boldsymbol{H}(E(\boldsymbol{v}))$$

为了满足式(4.2)，必须有

$$\boldsymbol{h} = E(\boldsymbol{x}) - \boldsymbol{H}E(\boldsymbol{v}) \tag{4.3}$$

这等同于

$$\hat{\boldsymbol{x}} = E(\boldsymbol{x}) - \boldsymbol{H}(E(\boldsymbol{v}) - \boldsymbol{v}) \tag{4.4}$$

另一方面，为满足最小方差要求，考虑下面的关系：

$$F(\boldsymbol{H}) = \mathrm{Var}(\boldsymbol{x} - \hat{\boldsymbol{x}}) = \| \boldsymbol{x} - \hat{\boldsymbol{x}} \|_n^2$$

由式(4.4)和$\| \boldsymbol{v} \|_q^2=\mathrm{Var}(\boldsymbol{v})$正定，可得

$$\begin{aligned}
F(\boldsymbol{H}) &= \langle \boldsymbol{x} - \hat{\boldsymbol{x}}, \boldsymbol{x} - \hat{\boldsymbol{x}} \rangle \\
&= \langle (\boldsymbol{x} - E(\boldsymbol{x})) - \boldsymbol{H}(\boldsymbol{v} - E(\boldsymbol{v})), (\boldsymbol{x} - E(\boldsymbol{x})) - \boldsymbol{H}(\boldsymbol{v} - E(\boldsymbol{v})) \rangle \\
&= \| \boldsymbol{x} \|_n^2 - \boldsymbol{H}\langle \boldsymbol{v}, \boldsymbol{x} \rangle - \langle \boldsymbol{x}, \boldsymbol{v} \rangle \boldsymbol{H}^{\mathrm{T}} + \boldsymbol{H} \| \boldsymbol{v} \|_q^2 \boldsymbol{H}^{\mathrm{T}} \\
&= \{ \| \boldsymbol{x} \|_n^2 - \langle \boldsymbol{x}, \boldsymbol{v} \rangle [\| \boldsymbol{v} \|_q^2]^{-1} \langle \boldsymbol{v}, \boldsymbol{x} \rangle \} + \\
&\quad \{ \boldsymbol{H} \| \boldsymbol{v} \|_q^2 \boldsymbol{H}^{\mathrm{T}} - \boldsymbol{H}\langle \boldsymbol{v}, \boldsymbol{x} \rangle - \langle \boldsymbol{x}, \boldsymbol{v} \rangle \boldsymbol{H}^{\mathrm{T}} + \langle \boldsymbol{x}, \boldsymbol{v} \rangle [\| \boldsymbol{v} \|_q^2]^{-1} \langle \boldsymbol{v}, \boldsymbol{x} \rangle \} \\
&= \{ \| \boldsymbol{x} \|_n^2 - \langle \boldsymbol{x}, \boldsymbol{v} \rangle [\| \boldsymbol{v} \|_q^2]^{-1} \langle \boldsymbol{v}, \boldsymbol{x} \rangle \} + \\
&\quad [\boldsymbol{H} - \langle \boldsymbol{x}, \boldsymbol{v} \rangle [\| \boldsymbol{v} \|_q^2]^{-1}] \| \boldsymbol{v} \|_q^2 [\boldsymbol{H} - \langle \boldsymbol{x}, \boldsymbol{v} \rangle [\| \boldsymbol{v} \|_q^2]^{-1}]^{\mathrm{T}}
\end{aligned}$$

其中，应用了$\langle \boldsymbol{x}, \boldsymbol{v} \rangle^{\mathrm{T}}=\langle \boldsymbol{v}, \boldsymbol{x} \rangle$和$\mathrm{Var}\langle \boldsymbol{v} \rangle$是非奇异的事实。

最小方差估计表示存在$\boldsymbol{H}^*$使得$F(\boldsymbol{H})\geqslant F(\boldsymbol{H}^*)$，或者说对于所有常值矩阵$\boldsymbol{H}$，$F(\boldsymbol{H})-F(\boldsymbol{H}^*)$都是非负定的。这可以通过下式简单的设定得到

$$\boldsymbol{H}^* = \langle \boldsymbol{x}, \boldsymbol{v} \rangle [\| \boldsymbol{v} \|_q^2]^{-1} \tag{4.5}$$

这是因为

$$F(\boldsymbol{H}) - F(\boldsymbol{H}^*) = [\boldsymbol{H} - \langle \boldsymbol{x}, \boldsymbol{v} \rangle [\| \boldsymbol{v} \|_q^2]^{-1}] \| \boldsymbol{v} \|_q^2 [\boldsymbol{H} - \langle x, \boldsymbol{v} \rangle [\| \boldsymbol{v} \|_q^2]^{-1}]^{\mathrm{T}}$$

式中所有常值矩阵$\boldsymbol{H}$都是非负定的。$F(\boldsymbol{H})-F(\boldsymbol{H}^*)=\boldsymbol{0}$当且仅当$\boldsymbol{H}=\boldsymbol{H}^*$；在

这一意义下,$\boldsymbol{H}^*$ 是唯一的。故$\hat{\boldsymbol{x}}$可以唯一地表示为

$$\hat{\boldsymbol{x}} = \boldsymbol{h} + \boldsymbol{H}^* \boldsymbol{v}$$

其中 $\boldsymbol{H}^*$ 由式(4.5)给出。令$\hat{\boldsymbol{x}}=L(\boldsymbol{x},\boldsymbol{v})$表示由数据$\boldsymbol{v}$得到的$\boldsymbol{x}$的最优估计。由式(4.4)和式(4.5),可得"最优估计算子"满足:

$$L(\boldsymbol{x},\boldsymbol{v}) = E(\boldsymbol{x}) + \langle \boldsymbol{x},\boldsymbol{v} \rangle [\| \boldsymbol{v} \|_q^2]^{-1}(\boldsymbol{v} - E(\boldsymbol{v})) \tag{4.6}$$

4.2 最优估计算子

首先,注意到对于任意固定数据向量$\boldsymbol{v}$,以及所有常数矩阵$\boldsymbol{A}$、$\boldsymbol{B}$和状态向量$\boldsymbol{x}$、$\boldsymbol{y}$,$L(\cdot,\boldsymbol{v})$是一个线性算子,即

$$L(\boldsymbol{Ax} + \boldsymbol{By},\boldsymbol{v}) = \boldsymbol{A}L(\boldsymbol{x},\boldsymbol{v}) + \boldsymbol{B}L(\boldsymbol{y},\boldsymbol{v}) \tag{4.7}$$

(见练习4.1)。

此外,如果状态向量是一个常数向量$\boldsymbol{a}$,则

$$L(\boldsymbol{a},\boldsymbol{v}) = \boldsymbol{a} \tag{4.8}$$

(见练习4.2)。

这就意味着如果$\boldsymbol{x}$是一个常值向量,则$E(\boldsymbol{x})=\boldsymbol{x}$,即$\hat{\boldsymbol{x}}=\boldsymbol{x}$,或者说估计是准确的。

我们需要了解$L(\boldsymbol{x},\boldsymbol{v})$更多的一些属性,为此我们首先建立下面的引理。

引理 4.1 假定$\boldsymbol{v}$是一个给定的数据向量,且有$\boldsymbol{y}=\boldsymbol{h}+\boldsymbol{Hv}$,其中$\boldsymbol{h}$由条件$E(\boldsymbol{y})=E(\boldsymbol{x})$决定,使得$\boldsymbol{y}$由常数矩阵$\boldsymbol{H}$唯一确定。如果$\boldsymbol{x}^*$是其中这样的一个$\boldsymbol{y}$,使得:

$$\operatorname{tr} \| \boldsymbol{x} - \boldsymbol{x}^* \|_n^2 = \min_H \operatorname{tr} \| \boldsymbol{x} - \boldsymbol{y} \|_n^2$$

则有$\boldsymbol{x}^*=\hat{\boldsymbol{x}}$,式中$\hat{\boldsymbol{x}}=L(\boldsymbol{x},\boldsymbol{v})$由式(4.6)给出。 ■

此引理表明从相同数据$\boldsymbol{v}$得到的$\boldsymbol{x}$的最小方差估计$\hat{\boldsymbol{x}}$和最小迹方差估计$\boldsymbol{x}^*$对所有仿射模型是一致的。

下面证明此引理。根据式(4.3),有

$$\begin{aligned}\operatorname{tr} \| \boldsymbol{x} - \boldsymbol{y} \|_n^2 &= \operatorname{tr}E((\boldsymbol{x} - \boldsymbol{y})(\boldsymbol{x} - \boldsymbol{y})^{\mathrm{T}}) \\ &= E((\boldsymbol{x} - \boldsymbol{y})^{\mathrm{T}}(\boldsymbol{x} - \boldsymbol{y})) \\ &= E(\boldsymbol{x} - E(\boldsymbol{x})) - \boldsymbol{H}(\boldsymbol{v} - E(\boldsymbol{v}))^{\mathrm{T}}(\boldsymbol{x} - E(\boldsymbol{x})) - \boldsymbol{H}(\boldsymbol{v} - E(\boldsymbol{v}))\end{aligned}$$

取

$$\frac{\partial}{\partial \boldsymbol{H}}(\operatorname{tr} \| \boldsymbol{x} - \boldsymbol{y} \|_n^2) = \boldsymbol{0}$$

可得①

① 原文下式疑有误,已改。

$$\boldsymbol{x}^* = E(\boldsymbol{x}) + \langle \boldsymbol{x}, \boldsymbol{v} \rangle [\| \boldsymbol{v} \|_q^2]^{-1}(\boldsymbol{v} - E(\boldsymbol{v})) \tag{4.9}$$

这与式(4.6)得到的$\hat{\boldsymbol{x}}$相同(见练习 4.3)。至此完成了引理的证明。

4.3 额外数据对最优估计的影响

由引理 3.1 可知,对于$\hat{\boldsymbol{y}} \in Y = Y(\boldsymbol{w}_0, \cdots, \boldsymbol{w}_r)$,当且仅当

$$\langle \boldsymbol{x} - \hat{\boldsymbol{y}}, \boldsymbol{w}_j \rangle = \boldsymbol{O}_{n\times q}, \quad j = 0, 1, \cdots, r$$

有

$$\operatorname{tr} \| \boldsymbol{x} - \hat{\boldsymbol{y}} \|_n^2 = \min_{\boldsymbol{y}\in Y} \operatorname{tr} \| \boldsymbol{x} - \boldsymbol{y} \|_n^2$$

令 $Y = Y(\boldsymbol{v} - E(\boldsymbol{v}))$, $\hat{\boldsymbol{x}} = L(\boldsymbol{x}, \boldsymbol{v}) = E(\boldsymbol{x}) + \boldsymbol{H}^*(\boldsymbol{v} - E(\boldsymbol{v}))$,其中 $\boldsymbol{H}^* = \langle \boldsymbol{x}, \boldsymbol{v} \rangle [\| \boldsymbol{v} \|_q^2]^{-1}$。记

$$\tilde{\boldsymbol{x}} = \boldsymbol{x} - E(\boldsymbol{x}) \quad 和 \quad \tilde{\boldsymbol{v}} = \boldsymbol{v} - E(\boldsymbol{v})$$

可得

$$\| \boldsymbol{x} - \hat{\boldsymbol{x}} \|_n^2 = \| (\boldsymbol{x} - E(\boldsymbol{x})) - \boldsymbol{H}^*(\boldsymbol{v} - E(\boldsymbol{v})) \|_n^2 = \| \tilde{\boldsymbol{x}} - \boldsymbol{H}^* \tilde{\boldsymbol{v}} \|_n^2$$

但是选择 $\boldsymbol{H}^*$ 使得对于任意 $\boldsymbol{H}$ 都有 $F(\boldsymbol{H}^*) \leqslant F(\boldsymbol{H})$,即对于所有的 $\boldsymbol{H}$,都有 $\operatorname{tr}F(\boldsymbol{H}^*) \leqslant \operatorname{tr}F(\boldsymbol{H})$,因此,对于所有的 $\boldsymbol{y} \in Y(\boldsymbol{v} - E(\boldsymbol{v})) = Y(\tilde{\boldsymbol{v}})$,有:

$$\operatorname{tr} \| \tilde{\boldsymbol{x}} - \boldsymbol{H}^* \tilde{\boldsymbol{v}} \|_n^2 \leqslant \operatorname{tr} \| \tilde{\boldsymbol{x}} - \boldsymbol{y} \|_n^2$$

由引理 3.1,可知

$$\langle \tilde{\boldsymbol{x}} - \boldsymbol{H}^* \tilde{\boldsymbol{v}}, \tilde{\boldsymbol{v}} \rangle = \boldsymbol{O}_{n\times q}$$

由于 $E(\boldsymbol{v})$是一个常值,$\langle \tilde{\boldsymbol{x}} - \boldsymbol{H}^* \tilde{\boldsymbol{v}}, E(\boldsymbol{v}) \rangle = \boldsymbol{O}_{n\times q}$,所以

$$\langle \tilde{\boldsymbol{x}} - \boldsymbol{H}^* \tilde{\boldsymbol{v}}, \boldsymbol{v} \rangle = \boldsymbol{O}_{n\times q}$$

即

$$\langle \boldsymbol{x} - \hat{\boldsymbol{x}}, \boldsymbol{v} \rangle = \boldsymbol{O}_{n\times q} \tag{4.10}$$

考虑两个随机数据向量 $\boldsymbol{v}^1$ 和 $\boldsymbol{v}^2$,且令

$$\begin{cases} \boldsymbol{x}^{\#} = \boldsymbol{x} - L(\boldsymbol{x}, \boldsymbol{v}^1) \\ \boldsymbol{v}^{2\#} = \boldsymbol{v}^2 - L(\boldsymbol{v}^2, \boldsymbol{v}^1) \end{cases} \tag{4.11}$$

则由式(4.10)和定义的最优估计算子 L,可得

$$\langle \boldsymbol{x}^{\#}, \boldsymbol{v}^1 \rangle = \boldsymbol{0} \tag{4.12}$$

同理

$$\langle \boldsymbol{v}^{2\#}, \boldsymbol{v}^1 \rangle = \boldsymbol{0} \tag{4.13}$$

下面的引理对进一步研究是必不可少的。

引理 4.2　令 $\boldsymbol{x}$ 为一个状态向量,$\boldsymbol{v}^1$、$\boldsymbol{v}^2$ 是非零有限方差观测数据向量。令

$$\boldsymbol{v} = \begin{bmatrix} \boldsymbol{v}^1 \\ \boldsymbol{v}^2 \end{bmatrix}$$

则在下式的意义下，$\boldsymbol{x}$ 基于数据 $\boldsymbol{v}$ 的最小方差估计 $\hat{\boldsymbol{x}}$ 可以近似为 $\boldsymbol{x}$ 基于数据 $\boldsymbol{v}^1$ 的最小方差估计 $L(\boldsymbol{x},\boldsymbol{v}^1)$：

$$\hat{\boldsymbol{x}} = L(\boldsymbol{x},\boldsymbol{v}) = L(\boldsymbol{x},\boldsymbol{v}^1) + e(\boldsymbol{x},\boldsymbol{v}^2) \tag{4.14}$$

误差为

$$e(\boldsymbol{x},\boldsymbol{v}^2) := L(\boldsymbol{x}^{\#},\boldsymbol{v}^{2\#}) = \langle \boldsymbol{x}^{\#},\boldsymbol{v}^{2\#} \rangle [\| \boldsymbol{v}^{2\#} \|^2]^{-1} \boldsymbol{v}^{2\#} \tag{4.15}$$ ■

首先来证明式(4.15)。由于 $L(\boldsymbol{x},\boldsymbol{v}^1)$ 是 $\boldsymbol{x}$ 的一个无偏估计(见式(4.6))，

$$E(\boldsymbol{x}^{\#}) = E(\boldsymbol{x} - L(\boldsymbol{x},\boldsymbol{v}^1)) = \boldsymbol{0}$$

同理可得，$E(\boldsymbol{v}^{2\#})=\boldsymbol{0}$。因此，根据式(4.6)，可得

$$\begin{aligned} L(\boldsymbol{x}^{\#},\boldsymbol{v}^{2\#}) &= E(\boldsymbol{x}^{\#}) + \langle \boldsymbol{x}^{\#},\boldsymbol{v}^{2\#} \rangle [\| \boldsymbol{v}^{2\#} \|^2]^{-1} (\boldsymbol{v}^{2\#} - E(\boldsymbol{v}^{2\#})) \\ &= \langle \boldsymbol{x}^{\#},\boldsymbol{v}^{2\#} \rangle [\| \boldsymbol{v}^{2\#} \|^2]^{-1} \boldsymbol{v}^{2\#} \end{aligned}$$

即得到式(4.15)。接下来要证明式(4.14)，即证明

$$\boldsymbol{x}^0 := L(\boldsymbol{x},\boldsymbol{v}^1) + L(\boldsymbol{x}^{\#},\boldsymbol{v}^{2\#})$$

这是根据数据 $\boldsymbol{v}$ 得到的 $\boldsymbol{x}$ 的一个仿射无偏最小方差估计。从而，根据 $\hat{\boldsymbol{x}}$ 的唯一性，就获得 $\boldsymbol{x}^0=\hat{\boldsymbol{x}}=L(\boldsymbol{x},\boldsymbol{v})$。首先注意到

$$\begin{aligned} \boldsymbol{x}^0 &:= L(\boldsymbol{x},\boldsymbol{v}^1) + L(\boldsymbol{x}^{\#},\boldsymbol{v}^{2\#}) \\ &= (\boldsymbol{h}^1 + \boldsymbol{H}_1 \boldsymbol{v}^1) + (\boldsymbol{h}_2 + \boldsymbol{H}_2(\boldsymbol{v}^2 - L(\boldsymbol{v}^2,\boldsymbol{v}^1))) \\ &= (\boldsymbol{h}^1 + \boldsymbol{H}_1 \boldsymbol{v}^1) + \boldsymbol{h}_2 + \boldsymbol{H}_2(\boldsymbol{v}^2 - (\boldsymbol{h}_3 + \boldsymbol{H}_3 \boldsymbol{v}^1)) \\ &= (\boldsymbol{h}_1 + \boldsymbol{h}_2 - \boldsymbol{H}_2 \boldsymbol{h}_3) + \boldsymbol{H} \begin{bmatrix} \boldsymbol{v}^1 \\ \boldsymbol{v}^2 \end{bmatrix} \\ &:= \boldsymbol{h} + \boldsymbol{H}\boldsymbol{v} \end{aligned}$$

式中，$\boldsymbol{H}=[\boldsymbol{H}_1-\boldsymbol{H}_2\boldsymbol{H}_3 \quad \boldsymbol{H}_2]$。因此 $\boldsymbol{x}^0$ 为 $\boldsymbol{v}$ 的一个仿射变换。

其次，由于 $E(L(\boldsymbol{x},\boldsymbol{v}^1))=E(\boldsymbol{x})$，且 $E(L(\boldsymbol{x}^{\#},\boldsymbol{v}^{2\#}))=E(\boldsymbol{x}^{\#})=\boldsymbol{0}$，可得

$$E(\boldsymbol{x}^0) = E(L(\boldsymbol{x},\boldsymbol{v}^1)) + E(L(\boldsymbol{x}^{\#},\boldsymbol{v}^{2\#})) = E(\boldsymbol{x})$$

因此，$\boldsymbol{x}^0$ 为 $\boldsymbol{x}$ 的一个无偏估计。

最后，为了证明 $\boldsymbol{x}^0$ 为 $\boldsymbol{x}$ 的一个最小方差估计，运用引理 4.1 和引理 3.1，可以确定它们满足正交性：

$$\langle \boldsymbol{x} - \boldsymbol{x}^0, \boldsymbol{v} \rangle = \boldsymbol{O}_{n\times q}$$

上式的证明如下。由式(4.15)、式(4.11)、式(4.12)和式(4.13)，可得

$$\begin{aligned} \langle \boldsymbol{x} - \boldsymbol{x}^0, \boldsymbol{v} \rangle &= \langle \boldsymbol{x}^{\#} - \langle \boldsymbol{x}^{\#},\boldsymbol{v}^{2\#} \rangle [\| \boldsymbol{v}^{2\#} \|^2]^{-1} \boldsymbol{v}^{2\#}, \boldsymbol{v} \rangle \\ &= \left\langle \boldsymbol{x}^{\#}, \begin{bmatrix} \boldsymbol{v}^1 \\ \boldsymbol{v}^2 \end{bmatrix} \right\rangle - \langle \boldsymbol{x}^{\#},\boldsymbol{v}^{2\#} \rangle [\| \boldsymbol{v}^{2\#} \|^2]^{-1} \left\langle \boldsymbol{v}^{2\#}, \begin{bmatrix} \boldsymbol{v}^1 \\ \boldsymbol{v}^2 \end{bmatrix} \right\rangle \end{aligned}$$

$$= \langle \boldsymbol{x}^{\#}, \boldsymbol{v}^{2} \rangle - \langle \boldsymbol{x}^{\#}, \boldsymbol{v}^{2\#} \rangle [\| \boldsymbol{v}^{2\#} \|^{2}]^{-1} \langle \boldsymbol{v}^{2\#}, \boldsymbol{v}^{2} \rangle$$

但是由于$\boldsymbol{v}^{2} = \boldsymbol{v}^{2\#} + L(\boldsymbol{v}^{2}, \boldsymbol{v}^{1})$，因而有

$$\langle \boldsymbol{v}^{2\#}, \boldsymbol{v}^{2} \rangle = \langle \boldsymbol{v}^{2\#}, \boldsymbol{v}^{2\#} \rangle + \langle \boldsymbol{v}^{2\#}, L(\boldsymbol{v}^{2}, \boldsymbol{v}^{1}) \rangle$$

由上式，通过应用式(4.6)、式(4.13)，及$\langle \boldsymbol{v}^{2\#}, E(\boldsymbol{v}^{1}) \rangle = \langle \boldsymbol{v}^{2\#}, E(\boldsymbol{v}^{2}) \rangle = \boldsymbol{0}$，可得

$$\begin{aligned}
\langle \boldsymbol{v}^{2\#}, L(\boldsymbol{v}^{2}, \boldsymbol{v}^{1}) \rangle &= \langle \boldsymbol{v}^{2\#}, E(\boldsymbol{v}^{2}) + \langle \boldsymbol{v}^{2}, \boldsymbol{v}^{1} \rangle [\| \boldsymbol{v}^{1} \|^{2}]^{-1} (\boldsymbol{v}^{1} - E(\boldsymbol{v}^{1})) \rangle \\
&= (\langle \boldsymbol{v}^{2\#}, \boldsymbol{v}^{1} \rangle - \langle \boldsymbol{v}^{2\#}, E(\boldsymbol{v}^{1}) \rangle) [\| \boldsymbol{v}^{1} \|^{2}]^{-1} \langle \boldsymbol{v}^{1}, \boldsymbol{v}^{2} \rangle \\
&= \boldsymbol{0}
\end{aligned}$$

因此

$$\langle \boldsymbol{v}^{2\#}, \boldsymbol{v}^{2} \rangle = \langle \boldsymbol{v}^{2\#}, \boldsymbol{v}^{2\#} \rangle$$

同理可得

$$\langle \boldsymbol{x}^{\#}, \boldsymbol{v}^{2} \rangle = \langle \boldsymbol{x}^{\#}, \boldsymbol{v}^{2\#} \rangle$$

最终得到正交性：

$$\begin{aligned}
\langle \boldsymbol{x} - \boldsymbol{x}^{0}, \boldsymbol{v} \rangle &= \langle \boldsymbol{x}^{\#}, \boldsymbol{v}^{2\#} \rangle - \langle \boldsymbol{x}^{\#}, \boldsymbol{v}^{2\#} \rangle [\| \boldsymbol{v}^{2\#} \|^{2}]^{-1} \langle \boldsymbol{v}^{2\#}, \boldsymbol{v}^{2\#} \rangle \\
&= \boldsymbol{0}_{n \times q}
\end{aligned}$$

证明完毕。

4.4 卡尔曼滤波方程推导

现在开始研究系统和量测噪声相关系统的卡尔曼滤波。依然考虑下面的线性随机系统：

$$\begin{cases}
\boldsymbol{x}_{k+1} = \boldsymbol{A}_k \boldsymbol{x}_k + \boldsymbol{\Gamma}_k \underline{\boldsymbol{\xi}}_k \\
\boldsymbol{v}_k = \boldsymbol{C}_k \boldsymbol{x}_k + \underline{\boldsymbol{\eta}}_k
\end{cases} \tag{4.16}$$

式中 $\boldsymbol{A}_k$、$\boldsymbol{C}_k$ 和 $\boldsymbol{\Gamma}_k$ 是已知的常值矩阵，初始状态为 $\boldsymbol{x}_0$。这里采用假设 2.1，其中的不同之处是两个噪声序列$\{\underline{\boldsymbol{\xi}}_k\}$和$\{\underline{\boldsymbol{\eta}}_k\}$可能是相关的，即：假设$\{\underline{\boldsymbol{\xi}}_k\}$和$\{\underline{\boldsymbol{\eta}}_k\}$是零均值高斯白噪声序列，满足：

$$E(\underline{\boldsymbol{\xi}}_k \boldsymbol{x}_0^{\mathrm{T}}) = \boldsymbol{0}_{p \times n}, \quad E(\underline{\boldsymbol{\eta}}_k \boldsymbol{x}_0^{\mathrm{T}}) = \boldsymbol{0}_{q \times n}$$

$$E(\underline{\boldsymbol{\xi}}_k \underline{\boldsymbol{\xi}}_l^{\mathrm{T}}) = \boldsymbol{Q}_k \delta_{kl}, \quad E(\underline{\boldsymbol{\eta}}_k \underline{\boldsymbol{\eta}}_l^{\mathrm{T}}) = \boldsymbol{R}_k \delta_{kl}$$

$$E(\underline{\boldsymbol{\xi}}_k \underline{\boldsymbol{\eta}}_l^{\mathrm{T}}) = \boldsymbol{S}_k \delta_{kl}$$

式中，$\boldsymbol{Q}_k$、$\boldsymbol{R}_k$ 分别是已知的非负定矩阵和正定矩阵；$\boldsymbol{S}_k$ 是已知的但不一定是零的非负定矩阵。

问题是应用初始信息 $E(\boldsymbol{x}_0)$和 $\mathrm{Var}(\boldsymbol{x}_0)$并基于数据向量$\boldsymbol{v}_0, \boldsymbol{v}_1, \cdots, \boldsymbol{v}_k$，来确

定状态向量 $\boldsymbol{x}_k$ 的最优估计 $\hat{\boldsymbol{x}}_k=\hat{\boldsymbol{x}}_{k|k}$。可以得到以下结论。

定理 4.1 从数据 $\boldsymbol{v}_0,\boldsymbol{v}_1,\cdots,\boldsymbol{v}_k$ 中确定的 $\boldsymbol{x}_k$ 的最优估计 $\hat{\boldsymbol{x}}_k=\hat{\boldsymbol{x}}_{k|k}$,可以通过如下的递推方法进行计算。

定义:

$$\boldsymbol{P}_{0,0}=\mathrm{Var}(\boldsymbol{x}_0)$$

对于 $k=1,2,\cdots$,计算

$$\boldsymbol{P}_{k,k-1}=(\boldsymbol{A}_{k-1}-\boldsymbol{K}_{k-1}\boldsymbol{C}_{k-1})\boldsymbol{P}_{k-1,k-1}(\boldsymbol{A}_{k-1}-\boldsymbol{K}_{k-1}\boldsymbol{C}_{k-1})^{\mathrm{T}}+\boldsymbol{\Gamma}_{k-1}\boldsymbol{Q}_{k-1}\boldsymbol{\Gamma}_{k-1}^{\mathrm{T}}-\boldsymbol{K}_{k-1}\boldsymbol{R}_{k-1}\boldsymbol{K}_{k-1}^{\mathrm{T}} \tag{a}$$

其中

$$\boldsymbol{K}_{k-1}=\boldsymbol{\Gamma}_{k-1}\boldsymbol{S}_{k-1}\boldsymbol{R}_{k-1}^{-1} \tag{b}$$

则卡尔曼增益矩阵为

$$\boldsymbol{G}_k=\boldsymbol{P}_{k,k-1}\boldsymbol{C}_k^{\mathrm{T}}(\boldsymbol{C}_k\boldsymbol{P}_{k,k-1}\boldsymbol{C}_k^{\mathrm{T}}+\boldsymbol{R}_k)^{-1} \tag{c}$$

且

$$\boldsymbol{P}_{k,k}=(\boldsymbol{I}-\boldsymbol{G}_k\boldsymbol{C}_k)\boldsymbol{P}_{k,k-1} \tag{d}$$

初始状态为

$$\hat{\boldsymbol{x}}_{0|0}=E(\boldsymbol{x}_0)$$

对于 $k=1,2,\cdots$,预测估计为

$$\hat{\boldsymbol{x}}_{k|k-1}=\boldsymbol{A}_{k-1}\hat{\boldsymbol{x}}_{k-1|k-1}+\boldsymbol{K}_{k-1}(\boldsymbol{v}_{k-1}-\boldsymbol{C}_{k-1}\hat{\boldsymbol{x}}_{k-1|k-1}) \tag{e}$$

以及校正估计为

$$\hat{\boldsymbol{x}}_{k|k}=\hat{\boldsymbol{x}}_{k|k-1}+\boldsymbol{G}_k(\boldsymbol{v}_k-\boldsymbol{C}_k\hat{\boldsymbol{x}}_{k|k-1}) \tag{f}$$

滤波算法结构框图见图 4.1。 ■

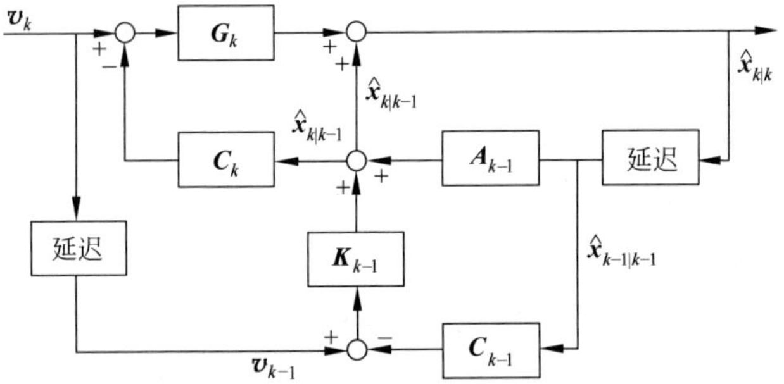

图 4.1 系统噪声和量测噪声相关的卡尔曼滤波算法结构框图

这就是系统噪声和量测噪声相关系统的卡尔曼滤波方程。如果系统噪声和量测噪声不相关,即 $\boldsymbol{S}_{k-1}=\boldsymbol{O}_{p\times q}$,则对于所有 $k=1,2,\cdots$,都有 $\boldsymbol{K}_{k-1}=\boldsymbol{O}_{n\times q}$,从而上面的卡尔曼滤波方程可以简化为第 2、3 章中讨论的情况。

我们首先推导预测—校正公式(e)和(f)。在这个过程中，将定义矩阵 $\boldsymbol{P}_{k,k-1}$、$\boldsymbol{P}_{k,k}$ 和 $\boldsymbol{G}_k$，并确定它们的计算程序(a)、(b)、(c)和(d)。令

$$\boldsymbol{v}^{k-1}=\begin{bmatrix}\boldsymbol{v}_0\\ \vdots\\ \boldsymbol{v}_{k-1}\end{bmatrix},\quad \boldsymbol{v}^k=\begin{bmatrix}\boldsymbol{v}^{k-1}\\ \boldsymbol{v}_k\end{bmatrix}$$

则 $\boldsymbol{v}^k$、$\boldsymbol{v}^{k-1}$ 和 $\boldsymbol{v}_k$ 可以分别看作是引理 4.2 中的数据向量 $\boldsymbol{v}$、$\boldsymbol{v}^1$ 和 $\boldsymbol{v}^2$。同时，令

$$\hat{\boldsymbol{x}}_{k|k-1}=L(\boldsymbol{x}_k,\boldsymbol{v}^{k-1})$$

$$\hat{\boldsymbol{x}}_{k|k}=L(\boldsymbol{x}_k,\boldsymbol{v}^k)$$

以及

$$\boldsymbol{x}_k^{\#}=\boldsymbol{x}_k-\hat{\boldsymbol{x}}_{k|k-1}=\boldsymbol{x}_k-L(\boldsymbol{x}_k,\boldsymbol{v}^{k-1})$$

则有下列性质成立：

$$\begin{cases}\langle\underline{\boldsymbol{\xi}}_{k-1},\boldsymbol{v}^{k-2}\rangle=\boldsymbol{0}, & \langle\underline{\boldsymbol{\eta}}_{k-1},\boldsymbol{v}^{k-2}\rangle=\boldsymbol{0}\\ \langle\underline{\boldsymbol{\xi}}_{k-1},\boldsymbol{x}_{k-1}\rangle=\boldsymbol{0}, & \langle\underline{\boldsymbol{\eta}}_{k-1},\boldsymbol{x}_{k-1}\rangle=\boldsymbol{0}\\ \langle\boldsymbol{x}_{k-1}^{\#},\underline{\boldsymbol{\xi}}_{k-1}\rangle=\boldsymbol{0}, & \langle\boldsymbol{x}_{k-1}^{\#},\underline{\boldsymbol{\eta}}_{k-1}\rangle=\boldsymbol{0}\\ \langle\hat{\boldsymbol{x}}_{k-1|k-2},\underline{\boldsymbol{\xi}}_{k-1}\rangle=\boldsymbol{0}, & \langle\hat{\boldsymbol{x}}_{k-1|k-2},\underline{\boldsymbol{\eta}}_{k-1}\rangle=\boldsymbol{0}\end{cases}\tag{4.17}$$

(见练习 4.4)。

为了推导预测公式，我们的思路是在下面的估计中增加“零值项”$\boldsymbol{K}_{k-1}(\boldsymbol{v}_{k-1}-\boldsymbol{C}_{k-1}\boldsymbol{x}_{k-1}-\underline{\boldsymbol{\eta}}_{k-1})$：

$$\hat{\boldsymbol{x}}_{k|k-1}=L(\boldsymbol{A}_{k-1}\boldsymbol{x}_{k-1}+\boldsymbol{\Gamma}_{k-1}\underline{\boldsymbol{\xi}}_{k-1},\boldsymbol{v}^{k-1})$$

选择一个合适的矩阵 $\boldsymbol{K}_{k-1}$，可以将估计中噪声相关性的影响在 $\boldsymbol{K}_{k-1}$ 中考虑。更确切地说，由于 $L(\cdot,\boldsymbol{v}^{k-1})$ 是线性的，有：

$$\begin{aligned}\hat{\boldsymbol{x}}_{k|k-1}&=L(\boldsymbol{A}_{k-1}\boldsymbol{x}_{k-1}+\boldsymbol{\Gamma}_{k-1}\underline{\boldsymbol{\xi}}_{k-1}+\boldsymbol{K}_{k-1}(\boldsymbol{v}_{k-1}-\boldsymbol{C}_{k-1}\boldsymbol{x}_{k-1}-\underline{\boldsymbol{\eta}}_{k-1}),\boldsymbol{v}^{k-1})\\ &=L((\boldsymbol{A}_{k-1}-\boldsymbol{K}_{k-1}\boldsymbol{C}_{k-1})\boldsymbol{x}_{k-1}+\boldsymbol{K}_{k-1}\boldsymbol{v}_{k-1}+(\boldsymbol{\Gamma}_{k-1}\underline{\boldsymbol{\xi}}_{k-1}-K_{k-1}\underline{\boldsymbol{\eta}}_{k-1}),\boldsymbol{v}^{k-1})\\ &=(\boldsymbol{A}_{k-1}-\boldsymbol{K}_{k-1}\boldsymbol{C}_{k-1})L(\boldsymbol{x}_{k-1},\boldsymbol{v}^{k-1})+\boldsymbol{K}_{k-1}L(\boldsymbol{v}_{k-1},\boldsymbol{v}^{k-1})+\\ &\quad L(\boldsymbol{\Gamma}_{k-1}\underline{\boldsymbol{\xi}}_{k-1}-\boldsymbol{K}_{k-1}\underline{\boldsymbol{\eta}}_{k-1},\boldsymbol{v}^{k-1})\\ &:=\boldsymbol{I}_1+\boldsymbol{I}_2+\boldsymbol{I}_3\end{aligned}$$

我们将通过选择合适的 $\boldsymbol{K}_{k-1}$ 使噪声项 $\boldsymbol{I}_3$ 成为零。由式(4.6)和式(4.17)，可得

$$\begin{aligned}\boldsymbol{I}_3&=L(\boldsymbol{\Gamma}_{k-1}\underline{\boldsymbol{\xi}}_{k-1}-\boldsymbol{K}_{k-1}\underline{\boldsymbol{\eta}}_{k-1},\boldsymbol{v}^{k-1})\\ &=E(\boldsymbol{\Gamma}_{k-1}\underline{\boldsymbol{\xi}}_{k-1}-\boldsymbol{K}_{k-1}\underline{\boldsymbol{\eta}}_{k-1})+\end{aligned}$$

$$\langle \boldsymbol{\Gamma}_{k-1}\underline{\boldsymbol{\xi}}_{k-1}-\boldsymbol{K}_{k-1}\underline{\boldsymbol{\eta}}_{k-1},\boldsymbol{v}^{k-1}\rangle[\|\boldsymbol{v}^{k-1}\|^2]^{-1}(\boldsymbol{v}^{k-1}-E(\boldsymbol{v}^{k-1}))$$

$$=\left\langle \boldsymbol{\Gamma}_{k-1}\underline{\boldsymbol{\xi}}_{k-1}-\boldsymbol{K}_{k-1}\underline{\boldsymbol{\eta}}_{k-1},\begin{bmatrix}\boldsymbol{v}^{k-2}\\ \boldsymbol{v}_{k-1}\end{bmatrix}\right\rangle[\|\boldsymbol{v}^{k-1}\|^2]^{-1}(\boldsymbol{v}^{k-1}-E(\boldsymbol{v}^{k-1}))$$

$$=\langle \boldsymbol{\Gamma}_{k-1}\underline{\boldsymbol{\xi}}_{k-1}-\boldsymbol{K}_{k-1}\underline{\boldsymbol{\eta}}_{k-1},\boldsymbol{v}_{k-1}\rangle[\|\boldsymbol{v}^{k-1}\|^2]^{-1}(\boldsymbol{v}^{k-1}-E(\boldsymbol{v}^{k-1}))$$

$$=\langle \boldsymbol{\Gamma}_{k-1}\underline{\boldsymbol{\xi}}_{k-1}-\boldsymbol{K}_{k-1}\underline{\boldsymbol{\eta}}_{k-1},\boldsymbol{C}_{k-1}\boldsymbol{x}_{k-1}+\underline{\boldsymbol{\eta}}_{k-1}\rangle[\|\boldsymbol{v}^{k-1}\|^2]^{-1}(\boldsymbol{v}^{k-1}-E(\boldsymbol{v}^{k-1}))$$

$$=\langle \boldsymbol{\Gamma}_{k-1}\boldsymbol{S}_{k-1}-\boldsymbol{K}_{k-1}\boldsymbol{R}_{k-1}\rangle[\|\boldsymbol{v}^{k-1}\|^2]^{-1}(\boldsymbol{v}^{k-1}-E(\boldsymbol{v}^{k-1}))$$

因此,通过选择

$$\boldsymbol{K}_{k-1}=\boldsymbol{\Gamma}_{k-1}\boldsymbol{S}_{k-1}\boldsymbol{R}_{k-1}^{-1}$$

可以满足式(b),得到 $I_3=\mathbf{0}$。

其次,$\boldsymbol{I}_1$ 和 $\boldsymbol{I}_2$ 由下式决定:

$$\begin{aligned}\boldsymbol{I}_1&=(\boldsymbol{A}_{k-1}-\boldsymbol{K}_{k-1}\boldsymbol{C}_{k-1})L(\boldsymbol{x}_{k-1},\boldsymbol{v}^{k-1})\\&=(\boldsymbol{A}_{k-1}-\boldsymbol{K}_{k-1}\boldsymbol{C}_{k-1})\hat{\boldsymbol{x}}_{k-1|k-1}\end{aligned}$$

由引理4.2以及 $\boldsymbol{v}_{k-1}^{\#}=\boldsymbol{v}_{k-1}-L(\boldsymbol{v}_{k-1},\boldsymbol{v}^{k-2})$,可得

$$\begin{aligned}\boldsymbol{I}_2&=\boldsymbol{K}_{k-1}L(\boldsymbol{v}_{k-1},\boldsymbol{v}^{k-1})\\&=\boldsymbol{K}_{k-1}\boldsymbol{L}\left(\boldsymbol{v}_{k-1},\begin{bmatrix}\boldsymbol{v}^{k-2}\\ \boldsymbol{v}_{k-1}\end{bmatrix}\right)\\&=\boldsymbol{K}_{k-1}(L(\boldsymbol{v}_{k-1},\boldsymbol{v}^{k-2})+\langle\boldsymbol{v}_{k-1}^{\#},\boldsymbol{v}_{k-1}^{\#}\rangle[\|\boldsymbol{v}_{k-1}^{\#}\|^2]^{-1}\boldsymbol{v}_{k-1}^{\#})\\&=\boldsymbol{K}_{k-1}(L(\boldsymbol{v}_{k-1},\boldsymbol{v}^{k-2})+\boldsymbol{v}_{k-1}^{\#})\\&=\boldsymbol{K}_{k-1}\boldsymbol{v}_{k-1}\end{aligned}$$

因此,可以得到

$$\begin{aligned}\hat{\boldsymbol{x}}_{k|k-1}&=\boldsymbol{I}_1+\boldsymbol{I}_2\\&=(\boldsymbol{A}_{k-1}-\boldsymbol{K}_{k-1}\boldsymbol{C}_{k-1})\hat{\boldsymbol{x}}_{k-1|k-1}+\boldsymbol{K}_{k-1}\boldsymbol{v}_{k-1}\\&=\boldsymbol{A}_{k-1}\hat{\boldsymbol{x}}_{k-1|k-1}+\boldsymbol{K}_{k-1}(\boldsymbol{v}_{k-1}-\boldsymbol{C}_{k-1}\hat{\boldsymbol{x}}_{k-1|k-1})\end{aligned}$$

上式即是预测公式(e)。

为推导校正公式,再次应用引理4.2,得

$$\begin{aligned}\hat{\boldsymbol{x}}_{k|k}&=L(\boldsymbol{x}_k,\boldsymbol{v}^{k-1})+\langle\boldsymbol{x}_k^{\#},\boldsymbol{v}_k^{\#}\rangle[\|\boldsymbol{v}_k^{\#}\|^2]^{-1}\boldsymbol{v}_k^{\#}\\&=\hat{\boldsymbol{x}}_{k|k-1}+\langle\boldsymbol{x}_k^{\#},\boldsymbol{v}_k^{\#}\rangle[\|\boldsymbol{v}_k^{\#}\|^2]^{-1}\boldsymbol{v}_k^{\#}\end{aligned}\tag{4.18}$$

式中

$$\boldsymbol{x}_k^{\#}=\boldsymbol{x}_k-\hat{\boldsymbol{x}}_{k|k-1}$$

由式(4.6)和式(4.17),可得

$$\boldsymbol{v}_k^{\#}=\boldsymbol{v}_k-L(\boldsymbol{v}_k,\boldsymbol{v}^{k-1})$$

$$
\begin{aligned}
&= \boldsymbol{C}_k\boldsymbol{x}_k + \underline{\boldsymbol{\eta}}_k - L(\boldsymbol{C}_k\boldsymbol{x}_k + \underline{\boldsymbol{\eta}}_k, \boldsymbol{v}^{k-1}) \\
&= \boldsymbol{C}_k\boldsymbol{x}_k + \underline{\boldsymbol{\eta}}_k - \boldsymbol{C}_k L(\boldsymbol{x}_k, \boldsymbol{v}^{k-1}) - L(\underline{\boldsymbol{\eta}}_k, \boldsymbol{v}^{k-1}) \\
&= \boldsymbol{C}_k(\boldsymbol{x}_k - L(\boldsymbol{x}_k, \boldsymbol{v}^{k-1})) + \underline{\boldsymbol{\eta}}_k - E(\underline{\boldsymbol{\eta}}_k) - \\
&\quad \langle \underline{\boldsymbol{\eta}}_k, \boldsymbol{v}^{k-1}\rangle [\| \boldsymbol{v}^{k-1} \|^2]^{-1}(\boldsymbol{v}^{k-1} - E(\boldsymbol{v}^{k-1})) \\
&= \boldsymbol{C}_k(\boldsymbol{x}_k - L(\boldsymbol{x}_k, \boldsymbol{v}^{k-1})) + \underline{\boldsymbol{\eta}}_k \\
&= \boldsymbol{C}_k(\boldsymbol{x}_k - \hat{\boldsymbol{x}}_{k|k-1}) + \underline{\boldsymbol{\eta}}_k
\end{aligned}
$$

再次应用式(4.17)，由式(4.18)可知

$$
\begin{aligned}
\hat{\boldsymbol{x}}_{k|k} &= \hat{\boldsymbol{x}}_{k|k-1} + \langle \boldsymbol{x}_k - \hat{\boldsymbol{x}}_{k|k-1}, \boldsymbol{C}_k(\boldsymbol{x}_k - \hat{\boldsymbol{x}}_{k|k-1}) + \underline{\boldsymbol{\eta}}_k\rangle \cdot \\
&\quad [\| \boldsymbol{C}_k(\boldsymbol{x}_k - \hat{\boldsymbol{x}}_{k|k-1}) + \underline{\boldsymbol{\eta}}_k \|_q^2]^{-1}(\boldsymbol{C}_k(\boldsymbol{x}_k - \hat{\boldsymbol{x}}_{k|k-1}) + \underline{\boldsymbol{\eta}}_k) \\
&= \hat{\boldsymbol{x}}_{k|k-1} + \| \boldsymbol{x}_k - \hat{\boldsymbol{x}}_{k|k-1} \|_n^2 \boldsymbol{C}_k^{\mathrm{T}} \cdot \\
&\quad [\boldsymbol{C}_k \| \boldsymbol{x}_k - \hat{\boldsymbol{x}}_{k|k-1} \|_n^2 \boldsymbol{C}_k^{\mathrm{T}} + \boldsymbol{R}_k]^{-1}(\boldsymbol{v}_k - \boldsymbol{C}_k\hat{\boldsymbol{x}}_{k|k-1}) \\
&= \hat{\boldsymbol{x}}_{k|k-1} + G_k(\boldsymbol{v}_k - \boldsymbol{C}_k\hat{\boldsymbol{x}}_{k|k-1})
\end{aligned}
$$

上式即是校正公式(f)，其中

$$
\boldsymbol{P}_{k,j} = \| \boldsymbol{x}_k - \hat{\boldsymbol{x}}_{k|j} \|_n^2
$$

且

$$
\boldsymbol{G}_k = \boldsymbol{P}_{k,k-1}\boldsymbol{C}_k^{\mathrm{T}}(\boldsymbol{C}_k\boldsymbol{P}_{k,k-1}\boldsymbol{C}_k^{\mathrm{T}} + \boldsymbol{R}_k)^{-1} \tag{4.19}
$$

剩下的工作就是验证关于 $\boldsymbol{P}_{k,k-1}$ 和 $\boldsymbol{P}_{k,k}$ 的递推关系(a)和(d)。推导过程需要应用下面两个公式，其证明由读者完成：

$$
(\boldsymbol{I} - \boldsymbol{G}_k\boldsymbol{C}_k)\boldsymbol{P}_{k,k-1}\boldsymbol{C}_k = \boldsymbol{G}_k\boldsymbol{R}_k \tag{4.20}
$$

及

$$
\langle \boldsymbol{x}_{k-1} - \hat{\boldsymbol{x}}_{k-1|k-1}, \boldsymbol{\Gamma}_{k-1}\underline{\boldsymbol{\xi}}_{k-1} - \boldsymbol{K}_{k-1}\underline{\boldsymbol{\eta}}_{k-1}\rangle = \boldsymbol{O}_{n\times n} \tag{4.21}
$$

(见练习 4.5)。

现在顺次应用式(e)、(b)和式(4.21)，可得

$$
\begin{aligned}
&\boldsymbol{P}_{k,k-1} \\
&= \| \boldsymbol{x}_k - \hat{\boldsymbol{x}}_{k|k-1} \|_n^2 \\
&= \| \boldsymbol{A}_{k-1}\boldsymbol{x}_{k-1} + \boldsymbol{\Gamma}_{k-1}\underline{\boldsymbol{\xi}}_{k-1} - \boldsymbol{A}_{k-1}\hat{\boldsymbol{x}}_{k-1|k-1} - \boldsymbol{K}_{k-1}(\boldsymbol{v}_{k-1} - \boldsymbol{C}_{k-1}\hat{\boldsymbol{x}}_{k-1|k-1}) \|_n^2 \\
&= \| \boldsymbol{A}_{k-1}\boldsymbol{x}_{k-1} + \boldsymbol{\Gamma}_{k-1}\underline{\boldsymbol{\xi}}_{k-1} - \boldsymbol{A}_{k-1}\hat{\boldsymbol{x}}_{k-1|k-1} - \boldsymbol{K}_{k-1}(\boldsymbol{C}_{k-1}\boldsymbol{x}_{k-1} + \underline{\boldsymbol{\eta}}_{k-1} - \boldsymbol{C}_{k-1}\hat{\boldsymbol{x}}_{k-1|k-1}) \|_n^2 \\
&= \| (\boldsymbol{A}_{k-1} - \boldsymbol{K}_{k-1}\boldsymbol{C}_{k-1})(\boldsymbol{x}_{k-1} - \hat{\boldsymbol{x}}_{k-1|k-1}) + (\boldsymbol{\Gamma}_{k-1}\underline{\boldsymbol{\xi}}_{k-1} - \boldsymbol{K}_{k-1}\underline{\boldsymbol{\eta}}_{k-1}) \|_n^2
\end{aligned}
$$

$$= (\boldsymbol{A}_{k-1} - \boldsymbol{K}_{k-1}\boldsymbol{C}_{k-1})\boldsymbol{P}_{k-1|k-1}(\boldsymbol{A}_{k-1} - \boldsymbol{K}_{k-1}\boldsymbol{C}_{k-1})^{\mathrm{T}} + \boldsymbol{\Gamma}_{k-1}\boldsymbol{Q}_{k-1}\boldsymbol{\Gamma}_{k-1}^{\mathrm{T}} + \boldsymbol{K}_{k-1}\boldsymbol{R}_{k-1}\boldsymbol{K}_{k-1}^{\mathrm{T}} - \boldsymbol{\Gamma}_{k-1}\boldsymbol{S}_{k-1}\boldsymbol{K}_{k-1}^{\mathrm{T}} - \boldsymbol{K}_{k-1}\boldsymbol{S}_{k-1}^{\mathrm{T}}\boldsymbol{\Gamma}_{k-1}^{\mathrm{T}}$$
$$= (\boldsymbol{A}_{k-1} - \boldsymbol{K}_{k-1}\boldsymbol{C}_{k-1})\boldsymbol{P}_{k-1,k-1}(\boldsymbol{A}_{k-1} - \boldsymbol{K}_{k-1}\boldsymbol{C}_{k-1})^{\mathrm{T}} + \boldsymbol{\Gamma}_{k-1}\boldsymbol{Q}_{k-1}\boldsymbol{\Gamma}_{k-1}^{\mathrm{T}} - \boldsymbol{K}_{k-1}\boldsymbol{R}_{k-1}\boldsymbol{K}_{k-1}^{\mathrm{T}}$$

这就是式(a)。

最后顺次应用式(f)、式(4.17)和式(4.20),可得

$$\begin{aligned}
\boldsymbol{P}_{k,k} &= \| \boldsymbol{x}_k - \hat{\boldsymbol{x}}_{k|k} \|_n^2 \\
&= \| \boldsymbol{x}_k - \hat{\boldsymbol{x}}_{k|k-1} - \boldsymbol{G}_k(\boldsymbol{v}_k - \boldsymbol{C}_k\hat{\boldsymbol{x}}_{k|k-1}) \|_n^2 \\
&= \| (\boldsymbol{x}_k - \hat{\boldsymbol{x}}_{k|k-1}) - \boldsymbol{G}_k(\boldsymbol{C}_k\boldsymbol{x}_k + \underline{\boldsymbol{\eta}}_k - \boldsymbol{C}_k\hat{\boldsymbol{x}}_{k|k-1}) \|_n^2 \\
&= \| (\boldsymbol{I} - \boldsymbol{G}_k\boldsymbol{C}_k)(\boldsymbol{x}_k - \hat{\boldsymbol{x}}_{k|k-1}) - \boldsymbol{G}_k\underline{\boldsymbol{\eta}}_k \|_n^2 \\
&= (\boldsymbol{I} - \boldsymbol{G}_k\boldsymbol{C}_k)\boldsymbol{P}_{k,k-1}(\boldsymbol{I} - \boldsymbol{G}_k\boldsymbol{C}_k)^{\mathrm{T}} + \boldsymbol{G}_k\boldsymbol{R}_k\boldsymbol{G}_k^{\mathrm{T}} \\
&= (\boldsymbol{I} - \boldsymbol{G}_k\boldsymbol{C}_k)\boldsymbol{P}_{k,k-1} - (\boldsymbol{I} - \boldsymbol{G}_k\boldsymbol{C}_k)\boldsymbol{P}_{k,k-1}\boldsymbol{C}_k^{\mathrm{T}}\boldsymbol{G}_k^{\mathrm{T}} + \boldsymbol{G}_k\boldsymbol{R}_k\boldsymbol{G}_k^{\mathrm{T}} \\
&= (\boldsymbol{I} - \boldsymbol{G}_k\boldsymbol{C}_k)\boldsymbol{P}_{k,k-1}
\end{aligned}$$

上式是式(d)。

至此,定理全部证明完毕。

4.5 实时应用

飞机雷达制导系统为卡尔曼滤波的一个典型应用。该系统可以用第3章讨论的模型(3.26)来描述,只需做一个修改,即这里由机载跟踪雷达提供位置数据信息。因为系统和测量噪声过程来自相同的干扰源(如振动),它们是相关的。考虑以下的状态空间描述

$$\begin{cases}
\begin{bmatrix} x_{k+1}[1] \\ x_{k+1}[2] \\ x_{k+1}[3] \end{bmatrix} = \begin{bmatrix} 1 & h & h^2/2 \\ 0 & 1 & h \\ 0 & 0 & 1 \end{bmatrix} \begin{bmatrix} x_k[1] \\ x_k[2] \\ x_k[3] \end{bmatrix} + \begin{bmatrix} \xi_k[1] \\ \xi_k[2] \\ \xi_k[3] \end{bmatrix} \\
v_k = \begin{bmatrix} 1 & 0 & 0 \end{bmatrix} \begin{bmatrix} x_k[1] \\ x_k[2] \\ x_k[3] \end{bmatrix} + \eta_k
\end{cases} \tag{4.22}$$

式中$\underline{\boldsymbol{\xi}}_k := [\xi_k[1] \quad \xi_k[2] \quad \xi_k[3]]^{\mathrm{T}}$与$\{\eta_k\}$假定是相关的零均值高斯白噪声序列,满足:

$$E(\underline{\boldsymbol{\xi}}_k) = \boldsymbol{0}, \quad E(\eta_k) = 0$$

$$E(\underline{\boldsymbol{\xi}}_k\underline{\boldsymbol{\xi}}_l^{\mathrm{T}})=\boldsymbol{Q}_k\delta_{kl},\quad e(\eta_k\eta_l)=r_k\delta_{kl},\quad E(\underline{\boldsymbol{\xi}}_k\eta_l)=\boldsymbol{s}_k\delta_{kl}$$

$$E(\boldsymbol{x}_0\underline{\boldsymbol{\xi}}_k^{\mathrm{T}})=\boldsymbol{0},\quad E(\boldsymbol{x}_0\eta_k)=\boldsymbol{0}$$

式中对于所有的 k,都有 $\boldsymbol{Q}_k\geqslant\boldsymbol{0}$, $r_k>0$, $\boldsymbol{s}_k:=[s_k[1]\quad s_k[2]\quad s_k[3]]^{\mathrm{T}}\geqslant 0$,且 $E(\boldsymbol{x}_0)$和 $\mathrm{Var}(\boldsymbol{x}_0)$假定都是已知的。

对该系统应用定理 4.1,可得

$$\begin{aligned}\boldsymbol{P}_{k,k-1}[1,1]=&\boldsymbol{P}_{k-1}[1,1]+2h\boldsymbol{P}_{k-1}[1,2]+h^2\boldsymbol{P}_{k-1}[1,3]+h^2\boldsymbol{P}_{k-1}[2,2]+\\&h^3\boldsymbol{P}_{k-1}[2,3]+\frac{h^4}{4}\boldsymbol{P}_{k-1}[3,3]+\boldsymbol{Q}_{k-1}[1,1]+\\&\frac{s_{k-1}[1]}{r_{k-1}}\left\{\frac{s_{k-1}[1]}{r_{k-1}}\boldsymbol{P}_{k-1}[1,1]-2(\boldsymbol{P}_{k-1}[1,1]+\right.\\&\left.h\boldsymbol{P}_{k-1}[1,2]+\frac{h^2}{2}\boldsymbol{P}_{k-1}[1,3])-s_{k-1}[1]\right\}\end{aligned}$$

$$\begin{aligned}\boldsymbol{P}_{k,k-1}[1,2]=&\boldsymbol{P}_{k,k-1}[2,1]\\=&\boldsymbol{P}_{k-1}[1,2]+h\boldsymbol{P}_{k-1}[1,3]+h\boldsymbol{P}_{k-1}[2,2]+\frac{3h^2}{2}\boldsymbol{P}_{k-1}[2,3]+\\&\frac{h^3}{2}\boldsymbol{P}_{k-1}[3,3]+\boldsymbol{Q}_{k-1}[1,2]+\left\{\frac{s_{k-1}[1]s_{k-1}[2]}{r_{k-1}^2}\boldsymbol{P}_{k-1}[1,1]-\right.\\&\frac{s_{k-1}[1]}{r_{k-1}}(\boldsymbol{P}_{k-1}[1,2]+h\boldsymbol{P}_{k-1}[1,3])-\\&\left.\frac{s_{k-1}[2]}{r_{k-1}}\left(\boldsymbol{P}_{k-1}[1,1]+h\boldsymbol{P}_{k-1}[1,2]+\frac{h^2}{2}\boldsymbol{P}_{k-1}[1,3]\right)-\frac{s_{k-1}[1]s_{k-1}[2]}{r_{k-1}}\right\}\end{aligned}$$

$$\begin{aligned}\boldsymbol{P}_{k,k-1}[2,2]=&\boldsymbol{P}_{k-1}[2,2]+2h\boldsymbol{P}_{k-1}[2,3]+h^2\boldsymbol{P}_{k-1}[3,3]+\boldsymbol{Q}_{k-1}[2,2]+\\&\frac{s_{k-1}[2]}{r_{k-1}}\left\{\frac{s_{k-1}[2]}{r_{k-1}}\boldsymbol{P}_{k-1}[2,2]-2(\boldsymbol{P}_{k-1}[1,2]+h\boldsymbol{P}_{k-1}[1,3])-s_{k-1}[2]\right\}\end{aligned}$$

$$\begin{aligned}\boldsymbol{P}_{k,k-1}[1,3]=&\boldsymbol{P}_{k,k-1}[3,1]\\=&\boldsymbol{P}_{k-1}[1,3]+h\boldsymbol{P}_{k-1}[2,3]+\frac{h^2}{2}\boldsymbol{P}_{k-1}[3,3]+\boldsymbol{Q}_{k-1}[1,3]+\\&\left\{\frac{s_{k-1}[1]s_{k-1}[3]}{r_{k-1}^2}\boldsymbol{P}_{k-1}[1,1]-\frac{s_{k-1}[1]}{r_{k-1}}\boldsymbol{P}_{k-1}[1,3]-\right.\\&\left.\frac{s_{k-1}[3]}{r_{k-1}}\left(\boldsymbol{P}_{k-1}[1,1]+h\boldsymbol{P}_{k-1}[1,2]+\frac{h^2}{2}\boldsymbol{P}_{k-1}[1,3]\right)-\frac{s_{k-1}[1]s_{k-1}[3]}{r_{k-1}}\right\}\end{aligned}$$

$$\begin{aligned}\boldsymbol{P}_{k,k-1}[2,3]=&\boldsymbol{P}_{k,k-1}[3,2]\\=&\boldsymbol{P}_{k-1}[2,3]+h\boldsymbol{P}_{k-1}[3,3]+\boldsymbol{Q}_{k-1}[2,3]+\left\{\frac{s_{k-1}[2]s_{k-1}[3]}{r_{k-1}^2}\boldsymbol{P}_{k-1}[1,1]-\right.\\&\left.\frac{s_{k-1}[2]s_{k-1}[3]}{r_{k-1}}-\frac{s_{k-1}[3]}{r_{k-1}}(\boldsymbol{P}_{k-1}[1,2]+h\boldsymbol{P}_{k-1}[1,3])-\frac{s_{k-1}[2]s_{k-1}[3]}{r_{k-1}}\right\}\end{aligned}$$

$$\boldsymbol{P}_{k,k-1}[3,3] = \boldsymbol{P}_{k-1}[3,3] + \boldsymbol{Q}_{k-1}[3,3] + \frac{s_{k-1}[3]}{r_{k-1}}\left\{\frac{s_{k-1}[3]}{r_{k-1}}\boldsymbol{P}_{k-1}[1,1] - 2\boldsymbol{P}_{k-1}[1,3] - s_{k-1}[3]\right\}$$

式中 $\boldsymbol{P}_{k-1}=\boldsymbol{P}_{k,k-1}$,$\boldsymbol{P}[i,j]$表示 $\boldsymbol{P}$ 的第(i,j)个的元素。

此外,

$$\boldsymbol{G}_k = \frac{1}{\boldsymbol{P}_{k,k-1}[1,1]+r_k}\begin{bmatrix}\boldsymbol{P}_{k,k-1}[1,1]\\ \boldsymbol{P}_{k,k-1}[1,2]\\ \boldsymbol{P}_{k,k-1}[1,3]\end{bmatrix}$$

$$\boldsymbol{P}_k = \boldsymbol{P}_{k,k-1} - \frac{1}{\boldsymbol{P}_{k,k-1}[1,1]+r_k}\cdot \begin{bmatrix}\boldsymbol{P}^2_{k,k-1}[1,1] & \boldsymbol{P}_{k,k-1}[1,1]\boldsymbol{P}_{k,k-1}[1,2] & \boldsymbol{P}_{k,k-1}[1,1]\boldsymbol{P}_{k,k-1}[1,3]\\ \boldsymbol{P}_{k,k-1}[1,1]\boldsymbol{P}_{k,k-1}[1,2] & \boldsymbol{P}^2_{k,k-1}[1,2] & \boldsymbol{P}_{k,k-1}[1,2]\boldsymbol{P}_{k,k-1}[1,3]\\ \boldsymbol{P}_{k,k-1}[1,1]\boldsymbol{P}_{k,k-1}[1,3] & \boldsymbol{P}_{k,k-1}[1,2]\boldsymbol{P}_{k,k-1}[1,3] & \boldsymbol{P}^2_{k,k-1}[1,3]\end{bmatrix}$$

式中 $\boldsymbol{P}_0=\mathrm{Var}(\boldsymbol{x}_0)$,且

$$\begin{bmatrix}\hat{x}_{k|k-1}[1]\\ \hat{x}_{k|k-1}[2]\\ \hat{x}_{k|k-1}[3]\end{bmatrix} = \begin{bmatrix}1 & h & h^2/2\\ 0 & 1 & h\\ 0 & 0 & 1\end{bmatrix}\begin{bmatrix}\hat{x}_{k-1|k-1}[1]\\ \hat{x}_{k-1|k-1}[2]\\ \hat{x}_{k-1|k-1}[3]\end{bmatrix} + \frac{v_k - \hat{x}_{k-1|k-1}[1]}{r_{k-1}}\begin{bmatrix}s_{k-1}[1]\\ s_{k-1}[2]\\ s_{k-1}[3]\end{bmatrix}$$

$$\begin{bmatrix}\hat{x}_{k|k}[1]\\ \hat{x}_{k|k}[2]\\ \hat{x}_{k|k}[3]\end{bmatrix} = \begin{bmatrix}1-G_k[1] & (1-G_k[1])h & (1-G_k[1])h^2/2\\ -G_k[2] & 1-hG_k[2] & h-h^2G_k[2]/2\\ -G_k[3] & -hG_k[3] & 1-h^2G_k[3]/2\end{bmatrix}\begin{bmatrix}\hat{x}_{k-1|k-1}[1]\\ \hat{x}_{k-1|k-1}[2]\\ \hat{x}_{k-1|k-1}[3]\end{bmatrix} + \begin{bmatrix}G_k[1]\\ G_k[2]\\ G_k[3]\end{bmatrix}v_k$$

式中,$\hat{\boldsymbol{x}}_{0|0}=E(\boldsymbol{x}_0)$。

4.6 线性确定/随机系统

最后,我们讨论包含确定性控制输入 $\boldsymbol{u}_k$ 的一般线性随机系统。更准确地说,有以下状态空间描述:

$$\begin{cases}\boldsymbol{x}_{k+1} = \boldsymbol{A}_k\boldsymbol{x}_k + \boldsymbol{B}_k\boldsymbol{u}_k + \boldsymbol{\Gamma}_k\,\underline{\boldsymbol{\xi}}_k\\ \boldsymbol{v}_k = \boldsymbol{C}_k\boldsymbol{x}_k + \boldsymbol{D}_k\boldsymbol{u}_k + \underline{\boldsymbol{\eta}}_k\end{cases} \tag{4.23}$$

式中 $\boldsymbol{u}_k$ 是一个 m 维的确定性控制输入向量，$1\leqslant m\leqslant n$。可以证明(见练习 4.6)应用于该系统的卡尔曼滤波算法由下式给出：

$$\begin{cases}\boldsymbol{P}_{0,0}=\operatorname{Var}(\boldsymbol{x}_0)\\ \boldsymbol{K}_{k-1}=\boldsymbol{\Gamma}_{k-1}\boldsymbol{S}_{k-1}\boldsymbol{R}_{k-1}^{-1}\\ \boldsymbol{P}_{k,k-1}=(\boldsymbol{A}_{k-1}-\boldsymbol{K}_{k-1}\boldsymbol{C}_{k-1})\boldsymbol{P}_{k-1,k-1}(\boldsymbol{A}_{k-1}-\boldsymbol{K}_{k-1}C_{k-1})^{\mathrm{T}}+\\ \qquad\boldsymbol{\Gamma}_{k-1}\boldsymbol{Q}_{k-1}\boldsymbol{\Gamma}_{k-1}^{\mathrm{T}}-\boldsymbol{K}_{k-1}\boldsymbol{R}_{k-1}\boldsymbol{K}_{k-1}^{\mathrm{T}}\\ \boldsymbol{G}_k=\boldsymbol{P}_{k,k-1}\boldsymbol{C}_k^{\mathrm{T}}(\boldsymbol{C}_k\boldsymbol{P}_{k,k-1}\boldsymbol{C}_k^{\mathrm{T}}+\boldsymbol{R}_k)^{-1}\\ \boldsymbol{P}_{k,k}=(\boldsymbol{I}-\boldsymbol{G}_k\boldsymbol{C}_k)\boldsymbol{P}_{k,k-1}\\ \hat{\boldsymbol{x}}_{0|0}=E(\boldsymbol{x}_0)\\ \hat{\boldsymbol{x}}_{k|k-1}=\boldsymbol{A}_{k-1}\hat{\boldsymbol{x}}_{k-1|k-1}+\boldsymbol{B}_{k-1}\boldsymbol{u}_{k-1}+\\ \qquad\boldsymbol{K}_{k-1}(\boldsymbol{v}_{k-1}-\boldsymbol{D}_{k-1}\boldsymbol{u}_{k-1}-\boldsymbol{C}_{k-1}\hat{\boldsymbol{x}}_{k-1|k-1})\\ \hat{\boldsymbol{x}}_{k|k}=\hat{\boldsymbol{x}}_{k|k-1}+\boldsymbol{G}_k(\boldsymbol{v}_k-\boldsymbol{D}_k\boldsymbol{u}_k-\boldsymbol{C}_k\hat{\boldsymbol{x}}_{k|k-1})\\ k=1,2,\cdots\end{cases}\tag{4.24}$$

(见图 4.2)。

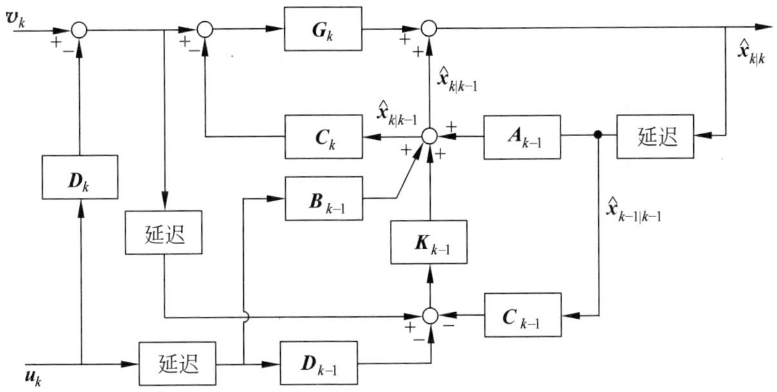

图 4.2　含确定输入且噪声相关时的卡尔曼滤波算法

如果系统和测量噪声过程是不相关的，则对于所有的 $k=0,1,2,\cdots$，都有 $\boldsymbol{S}_k=\boldsymbol{0}$，从而如我们所预料的那样，系统(4.24)简化为系统(2.18)或系统(3.25)。

练习

4.1　假定 $\boldsymbol{v}$ 是一个随机向量，并且定义：$L(\boldsymbol{x},\boldsymbol{v})=E(\boldsymbol{x})+\langle\boldsymbol{x},\boldsymbol{v}\rangle[\|\boldsymbol{v}\|^2]^{-1}(\boldsymbol{v}-E(\boldsymbol{v}))$。对于任意的常数矩阵 $\boldsymbol{A}$、$\boldsymbol{B}$ 和随机向量 $\boldsymbol{x}$、$\boldsymbol{y}$，证明

$L(\cdot,\boldsymbol{v})$是下式意义下的一个线性算子：

$$L(\boldsymbol{A}\boldsymbol{x}+\boldsymbol{B}\boldsymbol{y},\boldsymbol{v})=\boldsymbol{A}L(\boldsymbol{x},\boldsymbol{v})+\boldsymbol{B}L(\boldsymbol{y},\boldsymbol{v})$$

4.2 假定$\boldsymbol{v}$是一个随机向量，并且$L(\cdot,\boldsymbol{v})$的定义同上。证明如果$\boldsymbol{a}$是一个常值向量，则$L(\boldsymbol{a},\boldsymbol{v})=\boldsymbol{a}$。

4.3 对于一个实值函数f和一个矩阵$\boldsymbol{A}=[a_{ij}]$，定义

$$\frac{\mathrm{d}f}{\mathrm{d}\boldsymbol{A}}=\left[\frac{\partial f}{\partial a_{ij}}\right]^{\mathrm{T}}$$

取

$$\frac{\partial}{\partial \boldsymbol{H}}(\operatorname{tr}\|\boldsymbol{x}-\boldsymbol{y}\|^2)=\boldsymbol{0}$$

证明：最小化问题

$$\operatorname{tr}\|\boldsymbol{x}^*-\boldsymbol{y}\|^2=\min_{H}\operatorname{tr}\|\boldsymbol{x}-\boldsymbol{y}\|^2$$

的解$\boldsymbol{x}^*$(式中$\boldsymbol{y}=E(\boldsymbol{x})+\boldsymbol{H}(\boldsymbol{v}-E(\boldsymbol{v}))$)可以通过令

$$\boldsymbol{x}^*=E(\boldsymbol{x})-\langle\boldsymbol{x},\boldsymbol{v}\rangle[\|\boldsymbol{v}\|^2]^{-1}(E(\boldsymbol{v})-\boldsymbol{v})$$

来获得，并且$\boldsymbol{H}^*=\langle\boldsymbol{x},\boldsymbol{v}\rangle[\|\boldsymbol{v}\|^2]^{-1}$。

4.4 考虑线性随机系统(4.16)。令

$$\boldsymbol{v}^{k-1}=\begin{bmatrix}\boldsymbol{v}_0\\ \vdots\\ \boldsymbol{v}_{k-1}\end{bmatrix},\quad \boldsymbol{v}^k=\begin{bmatrix}\boldsymbol{v}^{k-1}\\ \boldsymbol{v}_k\end{bmatrix}$$

如练习4.1中一样定义$L(\boldsymbol{x},\boldsymbol{v})$，令$\boldsymbol{x}_k^{\#}=\boldsymbol{x}_k-\hat{\boldsymbol{x}}_{k|k-1}$，其中$\hat{\boldsymbol{x}}_{k|k-1}:=L(\boldsymbol{x}_k,\boldsymbol{v}^{k-1})$。证明：

$$\langle\underline{\boldsymbol{\xi}}_{k-1},\boldsymbol{v}^{k-2}\rangle=\boldsymbol{0},\quad\langle\underline{\boldsymbol{\eta}}_{k-1},\boldsymbol{v}^{k-2}\rangle=\boldsymbol{0}$$

$$\langle\underline{\boldsymbol{\xi}}_{k-1},\boldsymbol{x}_{k-1}\rangle=\boldsymbol{0},\quad\langle\underline{\boldsymbol{\eta}}_{k-1},\boldsymbol{x}_{k-1}\rangle=\boldsymbol{0}$$

$$\langle\boldsymbol{x}_{k-1}^{\#},\underline{\boldsymbol{\xi}}_{k-1}\rangle=\boldsymbol{0},\quad\langle\boldsymbol{x}_{k-1}^{\#},\underline{\boldsymbol{\eta}}_{k-1}\rangle=\boldsymbol{0}$$

$$\langle\hat{\boldsymbol{x}}_{k-1|k-2},\underline{\boldsymbol{\xi}}_{k-1}\rangle=\boldsymbol{0},\quad\langle\hat{\boldsymbol{x}}_{k-1|k-2},\underline{\boldsymbol{\eta}}_{k-1}\rangle=\boldsymbol{0}$$

4.5 证明：

$$(\boldsymbol{I}-\boldsymbol{G}_k\boldsymbol{C}_k)\boldsymbol{P}_{k,k-1}\boldsymbol{C}_k=\boldsymbol{G}_k\boldsymbol{R}_k$$

和

$$\langle\boldsymbol{x}_{k-1}-\hat{\boldsymbol{x}}_{k-1|k-1},\boldsymbol{\Gamma}_{k-1}\underline{\boldsymbol{\xi}}_{k-1}-\boldsymbol{K}_{k-1}\underline{\boldsymbol{\eta}}_{k-1}\rangle=\boldsymbol{O}_{n\times n}$$

4.6 考虑线性确定/随机系统：

$$\begin{cases}\boldsymbol{x}_{k+1}=\boldsymbol{A}_k\boldsymbol{x}_k+\boldsymbol{B}_k\boldsymbol{u}_k+\boldsymbol{\Gamma}_k\underline{\boldsymbol{\xi}}_k\\ \boldsymbol{v}_k=\boldsymbol{C}_k\boldsymbol{x}_k+\boldsymbol{D}_k\boldsymbol{u}_k+\underline{\boldsymbol{\eta}}_k\end{cases}$$

式中$\{\boldsymbol{u}_k\}$是一个给定的确定性控制输入序列。假定它同样满足系统(4.16)的假设，推导该模型的卡尔曼滤波算法。

4.7　考虑下列在信号处理中的 ARMAX 模型(外源性自回归滑动平均模型)：

$$v_k = -a_1 v_{k-1} - a_2 v_{k-2} - a_3 v_{k-3} + b_0 u_k + b_1 u_{k-1} + b_2 u_{k-2} + c_0 e_k + c_1 e_{k-1}$$

式中$\{v_j\}$和$\{u_j\}$分别表示输出和输入信号，$\{e_j\}$是一个零均值高斯白噪声序列，且 $\mathrm{Var}(e_j)=s_j>0$，a_j、b_j 和 c_j 都是常值。

(a) 推导该 ARMAX 模型的一个状态空间描述；

(b) 推导该状态空间描述的卡尔曼滤波算法。

4.8　更加一般地，考虑在信号处理中的 ARMAX 模型：

$$v_k = -\sum_{j=1}^{n} a_j v_{k-j} + \sum_{j=0}^{m} b_j u_{k-j} + \sum_{j=0}^{l} c_j e_{k-j}$$

式中，$0 \leqslant m, l \leqslant n$，$\{v_j\}$和$\{u_j\}$分别表示输出和输入信号$\{e_j\}$是一个零均值高斯白噪声序列，且 $\mathrm{Var}(e_j)=s_j>0$，a_j、b_j 和 c_j 都是常值。

(a) 推导该 ARMAX 模型的一个状态空间描述；

(b) 推导该状态空间描述的卡尔曼滤波算法。

第 5 章

有色噪声环境下的卡尔曼滤波

考虑下面的状态空间描述的线性随机系统

$$\begin{cases} \boldsymbol{x}_{k+1} = \boldsymbol{A}_k \boldsymbol{x}_k + \boldsymbol{\Gamma}_k \underline{\boldsymbol{\xi}}_k \\ \boldsymbol{v}_k = \boldsymbol{C}_k \boldsymbol{x}_k + \underline{\boldsymbol{\eta}}_k \end{cases} \tag{5.1}$$

式中 $\boldsymbol{A}_k$、$\boldsymbol{\Gamma}_k$ 和 $\boldsymbol{C}_k$ 分别是 $n \times n$、$n \times p$ 和 $q \times n$ 阶已知常值矩阵，且 $1 \leqslant p$、$q \leqslant n$。需要在下面的假设下，基于初始条件 $E(\boldsymbol{x}_0)$ 和 $\mathrm{Var}(\boldsymbol{x}_0)$，给出 $\boldsymbol{x}_k$ 的线性无偏最小方差估计：

(i) $$\underline{\boldsymbol{\xi}}_k = \boldsymbol{M}_{k-1} \underline{\boldsymbol{\xi}}_{k-1} + \underline{\boldsymbol{\beta}}_k$$

(ii) $$\underline{\boldsymbol{\eta}}_k = \boldsymbol{N}_{k-1} \underline{\boldsymbol{\eta}}_{k-1} + \underline{\boldsymbol{\gamma}}_k$$

式中 $\underline{\boldsymbol{\xi}}_{-1} = \underline{\boldsymbol{\eta}}_{-1} = \boldsymbol{0}$，$\{\underline{\boldsymbol{\beta}}_k\}$ 和 $\{\underline{\boldsymbol{\gamma}}_k\}$ 是不相关的零均值高斯白噪声序列，满足

$$E(\underline{\boldsymbol{\beta}}_k \underline{\boldsymbol{\gamma}}_l^{\mathrm{T}}) = \boldsymbol{0}, \quad E(\underline{\boldsymbol{\beta}}_k \underline{\boldsymbol{\beta}}_l^{\mathrm{T}}) = \boldsymbol{Q}_k \delta_{kl}, \quad E(\underline{\boldsymbol{\gamma}}_k \underline{\boldsymbol{\gamma}}_l^{\mathrm{T}}) = \boldsymbol{R}_k \delta_{kl}$$

$\boldsymbol{M}_{k-1}$ 和 $\boldsymbol{N}_{k-1}$ 为已知的 $p \times p$ 和 $q \times q$ 阶常值矩阵。若噪声序列 $\{\underline{\boldsymbol{\xi}}_k\}$ 和 $\{\underline{\boldsymbol{\eta}}_k\}$ 满足条件(i)和(ii)，就称为有色噪声过程。本章主要研究噪声序列满足该假设的卡尔曼滤波。

5.1 处理思路

处理有色噪声模型(5.1)的思路，是首先使得式(5.1)的系统方程白化。为了实现这个目标，简单地假设

C. K. Chui and G. Chen, Kalman Filtering, DOI 10.1007/978-3-319-47612-4_1

$$\mathbf{z}_k = \begin{bmatrix} \mathbf{x}_k \\ \underline{\boldsymbol{\xi}}_k \end{bmatrix}, \quad \widetilde{\mathbf{A}}_k = \begin{bmatrix} \mathbf{A}_k & \boldsymbol{\Gamma}_k \\ \mathbf{0} & \mathbf{M}_k \end{bmatrix}, \quad \widetilde{\underline{\boldsymbol{\beta}}}_k = \begin{bmatrix} \mathbf{0} \\ \underline{\boldsymbol{\beta}}_k \end{bmatrix}$$

可得

$$\mathbf{z}_{k+1} = \widetilde{\mathbf{A}}_k \mathbf{z}_k + \widetilde{\underline{\boldsymbol{\beta}}}_{k+1} \tag{5.2}$$

式(5.1)的量测方程变为

$$\mathbf{v}_k = \widetilde{\mathbf{C}}_k \mathbf{z}_k + \underline{\boldsymbol{\eta}}_k \tag{5.3}$$

式中$\widetilde{\mathbf{C}}_k = [\mathbf{C}_k \quad \mathbf{0}]$。

我们使用与第 4 章同样的模型

$$\hat{\mathbf{z}}_{k|j} = L(\mathbf{z}_k, \mathbf{v}^j)$$

式中

$$\mathbf{v}^j = \begin{bmatrix} \mathbf{v}_0 \\ \vdots \\ \mathbf{v}_j \end{bmatrix}, \quad \hat{\mathbf{z}}_k := \hat{\mathbf{z}}_{k|k}$$

其次,推导$\hat{\mathbf{z}}_k$ 的递推公式(代替预测-校正关系)。为了实现该步骤,利用 L 线性特性,可得

$$\hat{\mathbf{z}}_k = \widetilde{\mathbf{A}}_{k-1} L(\mathbf{z}_{k-1}, \mathbf{v}^k) + L(\widetilde{\underline{\boldsymbol{\beta}}}_k, \mathbf{v}^k)$$

从噪声的假设可得

$$L(\widetilde{\underline{\boldsymbol{\beta}}}_k, \mathbf{v}^k) = \mathbf{0} \tag{5.4}$$

故

$$\hat{\mathbf{z}}_k = \widetilde{\mathbf{A}}_{k-1}\, \hat{\mathbf{z}}_{k-1|k} \tag{5.5}$$

(见练习 5.1)。

为得到$\hat{\mathbf{z}}_k$ 的递推公式,需将$\hat{\mathbf{z}}_{k-1|k}$用$\hat{\mathbf{z}}_{k-1}$表示。这可以通过引理 4.2 完成:

$$\begin{aligned} \hat{\mathbf{z}}_{k-1|k} &= L\left(\mathbf{z}_{k-1}, \begin{bmatrix} \mathbf{v}^{k-1} \\ \mathbf{v}_k \end{bmatrix}\right) \\ &= \hat{\mathbf{z}}_{k-1} + \langle \mathbf{z}_{k-1} - \hat{\mathbf{z}}_{k-1}, \mathbf{v}_k^{\#} \rangle\, [\, \| \mathbf{v}_k^{\#} \|^2]^{-1}\, \mathbf{v}_k^{\#} \end{aligned} \tag{5.6}$$

式中$\hat{\mathbf{z}}_{k-1} = L(\mathbf{z}_{k-1}, \mathbf{v}^{k-1})$和$\mathbf{v}_k^{\#} = \mathbf{v}_k - L(\mathbf{v}_k, \mathbf{v}^{k-1})$。

5.2 误差估计

现在最重要的是理解式(5.6)中的误差项。首先推导$\mathbf{v}_k^{\#}$ 的公式。由$\mathbf{v}_k^{\#}$ 的定义和观测方程式(5.3),及

$$\tilde{C}_k \underline{\tilde{\boldsymbol{\beta}}}_k = [\boldsymbol{C}_k \quad \boldsymbol{0}]\begin{bmatrix}\boldsymbol{0}\\ \underline{\boldsymbol{\beta}}_k\end{bmatrix} = \boldsymbol{0}$$

可得

$$\begin{aligned}\boldsymbol{v}_k &= \tilde{\boldsymbol{C}}_k \boldsymbol{z}_k + \underline{\boldsymbol{\eta}}_k \\ &= \tilde{\boldsymbol{C}}_k \boldsymbol{z}_k + \boldsymbol{N}_{k-1}\underline{\boldsymbol{\eta}}_{k-1} + \underline{\boldsymbol{\gamma}}_k \\ &= \tilde{\boldsymbol{C}}_k(\tilde{\boldsymbol{A}}_{k-1}\boldsymbol{z}_{k-1} + \underline{\tilde{\boldsymbol{\beta}}}_k) + \boldsymbol{N}_{k-1}(\boldsymbol{v}_{k-1} - \tilde{\boldsymbol{C}}_{k-1}\boldsymbol{z}_{k-1}) + \underline{\boldsymbol{\gamma}}_k \\ &= \boldsymbol{H}_{k-1}\boldsymbol{z}_{k-1} + \boldsymbol{N}_{k-1}\boldsymbol{v}_{k-1} + \underline{\boldsymbol{\gamma}}_k \end{aligned} \tag{5.7}$$

且

$$\begin{aligned}\boldsymbol{H}_{k-1} &= \tilde{\boldsymbol{C}}_k \tilde{\boldsymbol{A}}_{k-1} - \boldsymbol{N}_{k-1}\tilde{\boldsymbol{C}}_{k-1} \\ &= [\boldsymbol{C}_k\boldsymbol{A}_{k-1} - \boldsymbol{N}_{k-1}\boldsymbol{C}_{k-1} \quad \boldsymbol{C}_k\boldsymbol{\Gamma}_{k-1}]\end{aligned}$$

利用 L 的线性特性,可得

$$L(\boldsymbol{v}_k, \boldsymbol{v}^{k-1}) = \boldsymbol{H}_{k-1}L(\boldsymbol{z}_{k-1}, \boldsymbol{v}^{k-1}) + \boldsymbol{N}_{k-1}L(\boldsymbol{v}_{k-1}, \boldsymbol{v}^{k-1}) + L(\underline{\boldsymbol{\gamma}}_k, \boldsymbol{v}^{k-1})$$

因为 $L(\boldsymbol{z}_{k-1}, \boldsymbol{v}^{k-1}) = \hat{\boldsymbol{z}}_{k-1}$,则

$$L(\boldsymbol{v}_{k-1}, \boldsymbol{v}^{k-1}) = \boldsymbol{v}^{k-1} \tag{5.8}$$

(见练习 5.2),以及

$$L(\underline{\boldsymbol{\gamma}}_{k-1}, \boldsymbol{v}^{k-1}) = \boldsymbol{0} \tag{5.9}$$

可得

$$\begin{aligned}\boldsymbol{v}_k^{\#} &= \boldsymbol{v}_k - L(\boldsymbol{v}_k, \boldsymbol{v}^{k-1}) \\ &= \boldsymbol{v}_k - (\boldsymbol{H}_{k-1}\hat{\boldsymbol{z}}_{k-1} + \boldsymbol{N}_{k-1}\boldsymbol{v}_{k-1}) \\ &= \boldsymbol{v}_k - \boldsymbol{N}_{k-1}\boldsymbol{v}_{k-1} - \boldsymbol{H}_{k-1}\hat{\boldsymbol{z}}_{k-1}\end{aligned} \tag{5.10}$$

此外,由式(5.7)和式(5.10),可得

$$\boldsymbol{v}_k^{\#} = \boldsymbol{H}_{k-1}(\boldsymbol{z}_{k-1} - \hat{\boldsymbol{z}}_{k-1}) + \underline{\boldsymbol{\gamma}}_k \tag{5.11}$$

对式(5.6),根据式(5.11)、式(5.10)及$\langle \boldsymbol{z}_{k-1} - \hat{\boldsymbol{z}}_{k-1}, \underline{\boldsymbol{\gamma}}_k\rangle = \boldsymbol{0}$(见练习 5.3),可得

$$\begin{aligned}\hat{\boldsymbol{z}}_{k-1|k} &= \hat{\boldsymbol{z}}_{k-1} + \langle \boldsymbol{z}_{k-1} - \hat{\boldsymbol{z}}_{k-1}, \boldsymbol{v}_k^{\#}\rangle [\| \boldsymbol{v}_k^{\#} \|^2]^{-1}\boldsymbol{v}_k^{\#} \\ &= \hat{\boldsymbol{z}}_{k-1} + \| \boldsymbol{z}_{k-1} - \hat{\boldsymbol{z}}_{k-1} \|^2 \boldsymbol{H}_{k-1}^{\mathrm{T}}(\boldsymbol{H}_{k-1} \| \boldsymbol{z}_{k-1} - \hat{\boldsymbol{z}}_{k-1} \|^2 \boldsymbol{H}_{k-1}^{\mathrm{T}} + \boldsymbol{R}_k)^{-1} \cdot \\ &\quad (\boldsymbol{v}_k - \boldsymbol{N}_{k-1}\boldsymbol{v}_{k-1} - \boldsymbol{H}_{k-1}\hat{\boldsymbol{z}}_{k-1})\end{aligned}$$

代入式(5.5),有

$$\hat{\boldsymbol{z}}_k = \tilde{\boldsymbol{A}}_{k-1}\hat{\boldsymbol{z}}_{k-1} + \boldsymbol{G}_k(\boldsymbol{v}_k - \boldsymbol{N}_{k-1}\boldsymbol{v}_{k-1} - \boldsymbol{H}_{k-1}\hat{\boldsymbol{z}}_{k-1})$$

即

$$\begin{bmatrix}\hat{\boldsymbol{x}}_k\\ \hat{\boldsymbol{\xi}}_k\end{bmatrix}=\begin{bmatrix}\boldsymbol{A}_{k-1} & \boldsymbol{\Gamma}_{k-1}\\ \boldsymbol{0} & \boldsymbol{M}_{k-1}\end{bmatrix}\begin{bmatrix}\hat{\boldsymbol{x}}_{k-1}\\ \hat{\boldsymbol{\xi}}_{k-1}\end{bmatrix}+\boldsymbol{G}_k\left(\boldsymbol{v}_k-\boldsymbol{N}_{k-1}\boldsymbol{v}_{k-1}-\boldsymbol{H}_{k-1}\begin{bmatrix}\hat{\boldsymbol{x}}_{k-1}\\ \hat{\boldsymbol{\xi}}_{k-1}\end{bmatrix}\right) \tag{5.12}$$

式中

$$\begin{aligned}\boldsymbol{G}_k&=\widetilde{\boldsymbol{A}}_{k-1}\boldsymbol{P}_{k-1}\boldsymbol{H}_{k-1}^{\mathrm{T}}\ (\boldsymbol{H}_{k-1}\boldsymbol{P}_{k-1}\boldsymbol{H}_{k-1}^{\mathrm{T}}+\boldsymbol{R}_k)^{-1}\\ &=\begin{bmatrix}\boldsymbol{A}_{k-1} & \boldsymbol{\Gamma}_{k-1}\\ \boldsymbol{0} & \boldsymbol{M}_{k-1}\end{bmatrix}\boldsymbol{P}_{k-1}\boldsymbol{H}_{k-1}^{\mathrm{T}}\ (\boldsymbol{H}_{k-1}\boldsymbol{P}_{k-1}\boldsymbol{H}_{k-1}^{\mathrm{T}}+\boldsymbol{R}_k)^{-1}\end{aligned} \tag{5.13}$$

且

$$\boldsymbol{P}_k=\|\boldsymbol{z}_k-\hat{\boldsymbol{z}}_k\|^2=\mathrm{Var}(\boldsymbol{z}_k-\hat{\boldsymbol{z}}_k) \tag{5.14}$$

5.3 卡尔曼滤波过程

剩下的工作就是推导 $\boldsymbol{P}_k$ 的算法和初始条件 $\hat{\boldsymbol{z}}_0$。

应用式(5.7),有

$$\begin{aligned}\boldsymbol{z}_k-\hat{\boldsymbol{z}}_k&=(\widetilde{\boldsymbol{A}}_{k-1}\boldsymbol{z}_{k-1}+\underline{\boldsymbol{\beta}}_k)-(\widetilde{\boldsymbol{A}}_{k-1}\hat{\boldsymbol{z}}_{k-1}+\boldsymbol{G}_k(\boldsymbol{v}_k-\boldsymbol{N}_{k-1}\boldsymbol{v}_{k-1}-\boldsymbol{H}_{k-1}\hat{\boldsymbol{z}}_{k-1}))\\ &=\widetilde{\boldsymbol{A}}_{k-1}(\boldsymbol{z}_{k-1}-\hat{\boldsymbol{z}}_{k-1})+\underline{\boldsymbol{\beta}}_k-\boldsymbol{G}_k(\boldsymbol{H}_{k-1}\boldsymbol{z}_{k-1}+\underline{\boldsymbol{\gamma}}_k-\boldsymbol{H}_{k-1}\hat{\boldsymbol{z}}_{k-1})\\ &=(\widetilde{\boldsymbol{A}}_{k-1}-\boldsymbol{G}_k\boldsymbol{H}_{k-1})(\boldsymbol{z}_{k-1}-\hat{\boldsymbol{z}}_{k-1})+(\underline{\boldsymbol{\beta}}_k-\boldsymbol{G}_k\underline{\boldsymbol{\gamma}}_k)\end{aligned}$$

此外,从练习 5.3 和 $\langle\boldsymbol{z}_{k-1}-\hat{\boldsymbol{z}}_{k-1},\underline{\boldsymbol{\beta}}_k\rangle=\boldsymbol{0}$ (见练习 5.4),有

$$\begin{aligned}\boldsymbol{P}_k&=(\widetilde{\boldsymbol{A}}_{k-1}-\boldsymbol{G}_k\boldsymbol{H}_{k-1})\boldsymbol{P}_{k-1}\ (\widetilde{\boldsymbol{A}}_{k-1}-\boldsymbol{G}_k\boldsymbol{H}_{k-1})^{\mathrm{T}}+\begin{bmatrix}\boldsymbol{0} & \boldsymbol{0}\\ \boldsymbol{0} & \boldsymbol{Q}_k\end{bmatrix}+\boldsymbol{G}_k\boldsymbol{R}_k\boldsymbol{G}_k^{\mathrm{T}}\\ &=(\widetilde{\boldsymbol{A}}_{k-1}-\boldsymbol{G}_k\boldsymbol{H}_{k-1})\boldsymbol{P}_{k-1}\ \widetilde{\boldsymbol{A}}_{k-1}+\begin{bmatrix}\boldsymbol{0} & \boldsymbol{0}\\ \boldsymbol{0} & \boldsymbol{Q}_k\end{bmatrix}\end{aligned} \tag{5.15}$$

上面使用了根据式(5.13)得来的下面的恒等式:

$$\begin{aligned}&-(\widetilde{\boldsymbol{A}}_{k-1}-\boldsymbol{G}_k\boldsymbol{H}_{k-1})\boldsymbol{P}_{k-1}\ (\boldsymbol{G}_k\boldsymbol{H}_{k-1})^{\mathrm{T}}+\boldsymbol{G}_k\boldsymbol{R}_k\boldsymbol{G}_k^{\mathrm{T}}\\ &=-\widetilde{\boldsymbol{A}}_{k-1}\boldsymbol{P}_{k-1}\boldsymbol{H}_{k-1}^{\mathrm{T}}\boldsymbol{G}_k^{\mathrm{T}}+\boldsymbol{G}_k\boldsymbol{H}_{k-1}\boldsymbol{P}_{k-1}\boldsymbol{H}_{k-1}^{\mathrm{T}}\boldsymbol{G}_k^{\mathrm{T}}+\boldsymbol{G}_k\boldsymbol{R}_k\boldsymbol{G}_k^{\mathrm{T}}\\ &=-\widetilde{\boldsymbol{A}}_{k-1}\boldsymbol{P}_{k-1}\boldsymbol{H}_{k-1}^{\mathrm{T}}\boldsymbol{G}_k^{\mathrm{T}}+\boldsymbol{G}_k(\boldsymbol{H}_{k-1}\boldsymbol{P}_{k-1}\boldsymbol{H}_{k-1}^{\mathrm{T}}+\boldsymbol{R}_k)\boldsymbol{G}_k^{\mathrm{T}}\\ &=-\widetilde{\boldsymbol{A}}_{k-1}\boldsymbol{P}_{k-1}\boldsymbol{H}_{k-1}^{\mathrm{T}}\boldsymbol{G}_k^{\mathrm{T}}+\widetilde{\boldsymbol{A}}_{k-1}\boldsymbol{P}_{k-1}\boldsymbol{H}_{k-1}^{\mathrm{T}}\boldsymbol{G}_k^{\mathrm{T}}\\ &=\boldsymbol{0}\end{aligned}$$

初始估计为

$$\hat{\boldsymbol{z}}_0=L(\boldsymbol{z}_0,\boldsymbol{v}_0)=E(\boldsymbol{z}_0)-\langle\boldsymbol{z}_0,\boldsymbol{v}_0\rangle[\|\boldsymbol{v}_0\|^2]^{-1}(E(\boldsymbol{v}_0)-\boldsymbol{v}_0)$$

$$= \begin{bmatrix} E(\boldsymbol{x}_0) \\ \boldsymbol{0} \end{bmatrix} - \begin{bmatrix} \mathrm{Var}(\boldsymbol{x}_0)\boldsymbol{C}_0^{\mathrm{T}} \\ \boldsymbol{0} \end{bmatrix} [\boldsymbol{C}_0 \mathrm{Var}(\boldsymbol{x}_0)\boldsymbol{C}_0^{\mathrm{T}} + \boldsymbol{R}_0]^{-1} (\boldsymbol{C}_0 E(\boldsymbol{x}_0) - \boldsymbol{v}_0) \tag{5.16}$$

注意到

$$E(\hat{\boldsymbol{z}}_0) = \begin{bmatrix} E(\boldsymbol{x}_0) \\ \boldsymbol{0} \end{bmatrix} = E(\boldsymbol{z}_0)$$

并且因为

$$\begin{aligned} \boldsymbol{z}_k - \hat{\boldsymbol{z}}_k &= (\tilde{\boldsymbol{A}}_{k-1} - \boldsymbol{G}_k \boldsymbol{H}_{k-1})(\boldsymbol{z}_{k-1} - \hat{\boldsymbol{z}}_{k-1}) + (\underline{\tilde{\boldsymbol{\beta}}}_k - \boldsymbol{G}_k \underline{\boldsymbol{\gamma}}_k) \\ &= (\tilde{\boldsymbol{A}}_{k-1} - \boldsymbol{G}_k \boldsymbol{H}_{k-1}) \cdots (\tilde{\boldsymbol{A}}_0 - \boldsymbol{G}_1 \boldsymbol{H}_0)(\boldsymbol{z}_0 - \hat{\boldsymbol{z}}_0) + \text{噪声} \end{aligned}$$

从而有 $E(\boldsymbol{z}_k - \hat{\boldsymbol{z}}_k) = \boldsymbol{0}$,也就是,$\hat{\boldsymbol{z}}_k$ 是 $\boldsymbol{z}_k$ 的线性无偏最小(误差)方差估计。

此外,由式(5.16),可得初始条件:

$$\begin{aligned} P_0 &= \mathrm{Var}(\boldsymbol{z}_0 - \hat{\boldsymbol{z}}_0) \\ &= \mathrm{Var}\left(\begin{bmatrix} \boldsymbol{x}_0 - E(\boldsymbol{x}_0) \\ \underline{\boldsymbol{\xi}}_0 \end{bmatrix} + \begin{bmatrix} \mathrm{Var}(\boldsymbol{x}_0)\boldsymbol{C}_0^{\mathrm{T}} \\ \boldsymbol{0} \end{bmatrix} \cdot [\boldsymbol{C}_0 \mathrm{Var}(\boldsymbol{x}_0)\boldsymbol{C}_0^{\mathrm{T}} + \boldsymbol{R}_0]^{-1} [\boldsymbol{C}_0 E(\boldsymbol{x}_0) - \boldsymbol{v}_0] \right) \\ &= \begin{bmatrix} \begin{matrix} \mathrm{Var}(\boldsymbol{x}_0 - E(\boldsymbol{x}_0) + \mathrm{Var}(\boldsymbol{x}_0)\boldsymbol{C}_0^{\mathrm{T}} \cdot \\ [\boldsymbol{C}_0 \mathrm{Var}(\boldsymbol{x}_0)\boldsymbol{C}_0^{\mathrm{T}} + \boldsymbol{R}_0]^{-1} [\boldsymbol{C}_0 E(\boldsymbol{x}_0) - \boldsymbol{v}_0]) \end{matrix} & \boldsymbol{0} \\ \boldsymbol{0} & \boldsymbol{Q}_0 \end{bmatrix} \\ &= \begin{bmatrix} \begin{matrix} \mathrm{Var}(\boldsymbol{x}_0) - [\mathrm{Var}(\boldsymbol{x}_0)]\boldsymbol{C}_0^{\mathrm{T}} \cdot \\ [\boldsymbol{C}_0 \mathrm{Var}(\boldsymbol{x}_0)\boldsymbol{C}_0^{\mathrm{T}} + \boldsymbol{R}_0]^{-1} \boldsymbol{C}_0 [\mathrm{Var}(\boldsymbol{x}_0)] \end{matrix} & \boldsymbol{0} \\ \boldsymbol{0} & \boldsymbol{Q}_0 \end{bmatrix} \end{aligned} \tag{5.17a}$$

(见练习 5.5)。若 $\mathrm{Var}(\boldsymbol{x}_0)$ 非奇异,则根据矩阵求逆引理(见引理 1.2),有

$$\boldsymbol{P}_0 = \begin{bmatrix} ([\mathrm{Var}(\boldsymbol{x}_0)]^{-1} + \boldsymbol{C}_0^{\mathrm{T}} \boldsymbol{R}_0^{-1} \boldsymbol{C}_0)^{-1} & \boldsymbol{0} \\ \boldsymbol{0} & \boldsymbol{Q}_0 \end{bmatrix} \tag{5.17b}$$

最后,回到定义 $\boldsymbol{z}_k = \begin{bmatrix} \boldsymbol{x}_k \\ \underline{\boldsymbol{\xi}}_k \end{bmatrix}$,有

$$\begin{aligned} \hat{\boldsymbol{z}}_k &= L(\boldsymbol{z}_k, \boldsymbol{v}^k) \\ &= E(\boldsymbol{z}_k) + \langle \boldsymbol{z}_k, \boldsymbol{v}^k \rangle [\| \boldsymbol{v}^k \|^2]^{-1} (\boldsymbol{v}^k - E(\boldsymbol{v}^k)) \\ &= \begin{bmatrix} E(\boldsymbol{x}_k) \\ E(\underline{\boldsymbol{\xi}}_k) \end{bmatrix} + \begin{bmatrix} \langle \boldsymbol{x}_k, \boldsymbol{v}^k \rangle \\ \langle \underline{\boldsymbol{\xi}}_k, \boldsymbol{v}^k \rangle \end{bmatrix} [\| \boldsymbol{v}^k \|^2]^{-1} (\boldsymbol{v}^k - E(\boldsymbol{v}^k)) \end{aligned}$$

$$= \begin{bmatrix} E(\boldsymbol{x}_k) + \langle \boldsymbol{x}_k, \boldsymbol{v}^k \rangle [\| \boldsymbol{v}^k \|^2]^{-1} (\boldsymbol{v}^k - E(\boldsymbol{v}^k)) \\ E(\underline{\boldsymbol{\xi}}_k) + \langle \underline{\boldsymbol{\xi}}_k, \boldsymbol{v}^k \rangle [\| \boldsymbol{v}^k \|^2]^{-1} (\boldsymbol{v}^k - E(\boldsymbol{v}^k)) \end{bmatrix}$$

$$= \begin{bmatrix} \hat{\boldsymbol{x}}_k \\ \hat{\underline{\boldsymbol{\xi}}}_k \end{bmatrix}$$

总之,有色噪声模型(5.1)的卡尔曼滤波过程为

$$\begin{bmatrix} \hat{\boldsymbol{x}}_k \\ \hat{\underline{\boldsymbol{\xi}}}_k \end{bmatrix} = \begin{bmatrix} \boldsymbol{A}_{k-1} & \boldsymbol{\Gamma}_{k-1} \\ \boldsymbol{0} & \boldsymbol{M}_{k-1} \end{bmatrix} \begin{bmatrix} \hat{\boldsymbol{x}}_{k-1} \\ \hat{\underline{\boldsymbol{\xi}}}_{k-1} \end{bmatrix} + \boldsymbol{G}_k \left(\boldsymbol{v}_k - \boldsymbol{N}_{k-1} \boldsymbol{v}_{k-1} - \boldsymbol{H}_{k-1} \begin{bmatrix} \hat{\boldsymbol{x}}_{k-1} \\ \hat{\underline{\boldsymbol{\xi}}}_{k-1} \end{bmatrix} \right) \tag{5.18}$$

式中

$$\boldsymbol{H}_{k-1} = [\boldsymbol{C}_k \boldsymbol{A}_{k-1} - \boldsymbol{N}_{k-1} \boldsymbol{C}_{k-1} \quad \boldsymbol{C}_k \boldsymbol{\Gamma}_{k-1}]$$

及

$$\boldsymbol{G}_k = \begin{bmatrix} \boldsymbol{A}_{k-1} & \boldsymbol{\Gamma}_{k-1} \\ \boldsymbol{0} & \boldsymbol{M}_{k-1} \end{bmatrix} \boldsymbol{P}_{k-1} \boldsymbol{H}_{k-1}^{\mathrm{T}} (\boldsymbol{H}_{k-1} \boldsymbol{P}_{k-1} \boldsymbol{H}_{k-1}^{\mathrm{T}} + \boldsymbol{R}_k)^{-1} \tag{5.19}$$

其中 $\boldsymbol{P}_{k-1}$ 由下式可得:

$$\boldsymbol{P}_k = \left(\begin{bmatrix} \boldsymbol{A}_{k-1} & \boldsymbol{\Gamma}_{k-1} \\ \boldsymbol{0} & \boldsymbol{M}_{k-1} \end{bmatrix} - \boldsymbol{G}_k \boldsymbol{H}_{k-1} \right) \boldsymbol{P}_{k-1} \begin{bmatrix} \boldsymbol{A}_{k-1}^{\mathrm{T}} & \boldsymbol{0} \\ \boldsymbol{\Gamma}_{k-1}^{\mathrm{T}} & \boldsymbol{M}_{k-1}^{\mathrm{T}} \end{bmatrix} + \begin{bmatrix} \boldsymbol{0} & \boldsymbol{0} \\ \boldsymbol{0} & Q_k \end{bmatrix} \tag{5.20}$$

$k=1,2,\cdots$。初始条件由式(5.16)、(5.17a)或(5.17b)给出。

如果有色噪声过程变为白噪声(即对所有的 k,$\boldsymbol{M}_k=\boldsymbol{0}$ 和 $\boldsymbol{N}_k=\boldsymbol{0}$),则此时的卡尔曼滤波算法简化为第2章和第3章推导的卡尔曼滤波算法,这只需通过简单地假设

$$\hat{\boldsymbol{x}}_{k|k-1} = \boldsymbol{A}_{k-1} \hat{\boldsymbol{x}}_{k-1|k-1}$$

使得 $\hat{\boldsymbol{x}}_k$ 的递推关系可以分解为两个方程:预测和校正方程。另外,通过定义 $\boldsymbol{P}_k=\boldsymbol{P}_{k|k}$ 及

$$\boldsymbol{P}_{k,k-1} = \boldsymbol{A}_{k-1} \boldsymbol{P}_{k-1} \boldsymbol{A}_{k-1}^{\mathrm{T}} + \boldsymbol{\Gamma}_k \boldsymbol{Q}_k \boldsymbol{\Gamma}_k^{\mathrm{T}}$$

可以看出,式(5.20)就是计算 $\boldsymbol{P}_{k,k-1}$ 和 $\boldsymbol{P}_{k,k}$ 的算法。我们将这个推导作为练习留给读者解答(见练习5.6)。

5.4 系统白噪声

如果只有量测噪声是有色的,而系统噪声是白噪声,即 $\boldsymbol{M}_k=\boldsymbol{0}$、$\boldsymbol{N}_k \neq \boldsymbol{0}$,则在推导卡尔曼滤波方程时,没有必要计算额外的估计量 $\hat{\underline{\xi}}_k$。这种情况下,滤波算法为(见练习5.7)

$$
\begin{cases}
\boldsymbol{P}_0 = ([\mathrm{Var}(\boldsymbol{x}_0)]^{-1} + \boldsymbol{C}_0^{\mathrm{T}}\boldsymbol{R}_0^{-1}\boldsymbol{C}_0)^{-1} \\
\boldsymbol{H}_{k-1} = [\boldsymbol{C}_k\boldsymbol{A}_{k-1} - \boldsymbol{N}_{k-1}\boldsymbol{C}_{k-1}] \\
\boldsymbol{G}_k = (\boldsymbol{A}_{k-1}\boldsymbol{P}_{k-1}\boldsymbol{H}_{k-1}^{\mathrm{T}} + \boldsymbol{\Gamma}_{k-1}\boldsymbol{Q}_{k-1}\boldsymbol{\Gamma}_{k-1}^{\mathrm{T}}\boldsymbol{C}_k^{\mathrm{T}}) \cdot \\
\qquad (\boldsymbol{H}_{k-1}\boldsymbol{P}_{k-1}\boldsymbol{H}_{k-1}^{\mathrm{T}} + \boldsymbol{C}_k\boldsymbol{\Gamma}_{k-1}\boldsymbol{Q}_{k-1}\boldsymbol{\Gamma}_{k-1}^{\mathrm{T}}\boldsymbol{C}_k^{\mathrm{T}} + \boldsymbol{R}_{k-1})^{-1} \\
\boldsymbol{P}_k = (\boldsymbol{A}_{k-1} - \boldsymbol{G}_k\boldsymbol{H}_{k-1})\boldsymbol{P}_{k-1}\boldsymbol{A}_{k-1}^{\mathrm{T}} + (\boldsymbol{I} - \boldsymbol{G}_k\boldsymbol{C}_k)\boldsymbol{\Gamma}_{k-1}\boldsymbol{Q}_{k-1}\boldsymbol{\Gamma}_{k-1}^{\mathrm{T}} \\
\hat{\boldsymbol{x}}_0 = E(\boldsymbol{x}_0) - [\mathrm{Var}(\boldsymbol{x}_0)]\boldsymbol{C}_0^{\mathrm{T}}[\boldsymbol{C}_0\mathrm{Var}(\boldsymbol{x}_0)\boldsymbol{C}_0^{\mathrm{T}} + \boldsymbol{R}_0]^{-1}[\boldsymbol{C}_0E(\boldsymbol{x}_0) - \boldsymbol{v}_0] \\
\hat{\boldsymbol{x}}_k = \boldsymbol{A}_{k-1}\hat{\boldsymbol{x}}_{k-1} + \boldsymbol{G}_k(\boldsymbol{v}_k - \boldsymbol{N}_{k-1}\boldsymbol{v}_{k-1} - \boldsymbol{H}_{k-1}\hat{\boldsymbol{x}}_{k-1}) \\
k = 1,2,\cdots
\end{cases}
\tag{5.21}
$$

(见图 5.1)。

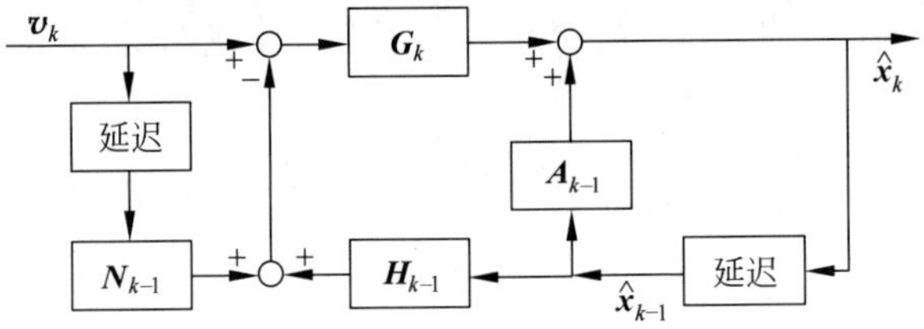

图 5.1 有色量测噪声时的滤波算法*

5.5 实时应用

考虑有色输入的跟踪系统(见练习 3.8 和式(3.26))。其状态空间描述为

$$
\begin{cases}
\boldsymbol{x}_{k+1} = \boldsymbol{A}\boldsymbol{x}_k + \underline{\boldsymbol{\xi}}_k \\
v_k = \boldsymbol{C}\boldsymbol{x}_k + \eta_k
\end{cases}
\tag{5.22}
$$

式中

$$
\boldsymbol{A} = \begin{bmatrix} 1 & h & h^2/2 \\ 0 & 1 & h \\ 0 & 0 & 1 \end{bmatrix}, \quad \boldsymbol{C} = [1 \quad 0 \quad 0]
$$

采样时间 $h>0$,且

$$
\begin{cases}
\underline{\boldsymbol{\xi}}_k = \boldsymbol{F}\underline{\boldsymbol{\xi}}_{k-1} + \underline{\boldsymbol{\beta}}_k \\
\eta_k = g\eta_{k-1} + \gamma_k
\end{cases}
\tag{5.23}
$$

---

* 译者注:原著图中为 $\underline{\boldsymbol{x}}_{k-1}$,疑有误,已改为$\hat{\boldsymbol{x}}_{k-1}$。

式中$\{\underline{\boldsymbol{\beta}}_k\}$和$\{\gamma_k\}$都是零均值高斯白噪声序列，且满足以下假设：

$$E(\underline{\boldsymbol{\beta}}_k\underline{\boldsymbol{\beta}}_l^{\mathrm{T}})=\boldsymbol{Q}_k\delta_{kl},\quad E(\eta_k\eta_l)=r_k\delta_{kl},\quad E(\underline{\boldsymbol{\beta}}_k\gamma_l)=\mathbf{0}$$

$$E(\boldsymbol{x}_0\underline{\boldsymbol{\xi}}_0^{\mathrm{T}})=\mathbf{0},\quad E(\boldsymbol{x}_0\eta_0)=\mathbf{0},\quad E(\boldsymbol{x}_0\underline{\boldsymbol{\beta}}_k^{\mathrm{T}})=\mathbf{0}$$

$$E(\boldsymbol{x}_0\gamma_k)=\mathbf{0},\quad E(\underline{\boldsymbol{\xi}}_0\underline{\boldsymbol{\beta}}_k^{\mathrm{T}})=\mathbf{0},\quad E(\underline{\boldsymbol{\xi}}_0\gamma_k)=\mathbf{0}$$

$$E(\eta_0\underline{\boldsymbol{\beta}}_k^{\mathrm{T}})=\mathbf{0},\quad \underline{\boldsymbol{\xi}}_{-1}=\mathbf{0},\quad \eta_{-1}=0$$

设

$$\boldsymbol{z}_k=\begin{bmatrix}\boldsymbol{x}_k\\ \underline{\boldsymbol{\xi}}_k\end{bmatrix},\quad \widetilde{\boldsymbol{A}}_k=\begin{bmatrix}\boldsymbol{A}_k & \boldsymbol{I}\\ \mathbf{0} & \boldsymbol{F}\end{bmatrix},\quad \widetilde{\underline{\boldsymbol{\beta}}}_k=\begin{bmatrix}\mathbf{0}\\ \underline{\boldsymbol{\beta}}_k\end{bmatrix},\quad \widetilde{\boldsymbol{C}}_k=[\boldsymbol{C}_k\quad \mathbf{0}]$$

有

$$\begin{cases}\boldsymbol{z}_{k+1}=\widetilde{\boldsymbol{A}}_k\boldsymbol{z}_k+\widetilde{\underline{\boldsymbol{\beta}}}_{k+1}\\ v_k=\widetilde{\boldsymbol{C}}_k\boldsymbol{z}_k+\eta_k\end{cases}$$

这正如式(5.2)和式(5.3)所描述的。

相应的卡尔曼滤波算法由式(5.18)～(5.20)，得到下面的形式：

$$\begin{cases}\begin{bmatrix}\hat{\boldsymbol{x}}_k\\ \hat{\underline{\boldsymbol{\xi}}}_k\end{bmatrix}=\begin{bmatrix}\boldsymbol{A} & \boldsymbol{I}\\ \mathbf{0} & \boldsymbol{F}\end{bmatrix}\begin{bmatrix}\hat{\boldsymbol{x}}_{k-1}\\ \hat{\underline{\boldsymbol{\xi}}}_{k-1}\end{bmatrix}+\boldsymbol{G}_k\left(v_k-gv_{k-1}-\boldsymbol{h}_{k-1}^{\mathrm{T}}\begin{bmatrix}\hat{\boldsymbol{x}}_{k-1}\\ \hat{\underline{\boldsymbol{\xi}}}_{k-1}\end{bmatrix}\right)\\ \begin{bmatrix}\hat{\boldsymbol{x}}_0\\ \hat{\underline{\boldsymbol{\xi}}}_0\end{bmatrix}=\begin{bmatrix}\boldsymbol{E}(\boldsymbol{x}_0)\\ \mathbf{0}\end{bmatrix}\end{cases}$$

式中

$$\boldsymbol{h}_{k-1}=[\boldsymbol{CA}-g\boldsymbol{C}\quad \boldsymbol{C}]^{\mathrm{T}}=[(1-g)\quad h\quad h^2/2\quad 1\quad 0\quad 0]^{\mathrm{T}}$$

$$\boldsymbol{G}_k=\begin{bmatrix}\boldsymbol{A} & \boldsymbol{I}\\ \mathbf{0} & \boldsymbol{F}\end{bmatrix}\boldsymbol{P}_{k-1}\boldsymbol{h}_{k-1}(\boldsymbol{h}_{k-1}^{\mathrm{T}}\boldsymbol{P}_{k-1}\boldsymbol{h}_{k-1}+\boldsymbol{\gamma}_k)^{-1}$$

其中$\boldsymbol{P}_{k-1}$由下式给出：

$$\begin{cases}\boldsymbol{P}_k=\left(\begin{bmatrix}\boldsymbol{A} & \boldsymbol{I}\\ \mathbf{0} & \boldsymbol{F}\end{bmatrix}-\boldsymbol{G}_k\boldsymbol{h}_{k-1}^{\mathrm{T}}\right)\boldsymbol{P}_{k-1}\begin{bmatrix}\boldsymbol{A}^{\mathrm{T}} & \mathbf{0}\\ \boldsymbol{I} & \boldsymbol{F}^{\mathrm{T}}\end{bmatrix}+\begin{bmatrix}\mathbf{0} & \mathbf{0}\\ \mathbf{0} & \boldsymbol{Q}_k\end{bmatrix}\\ \boldsymbol{P}_0=\begin{bmatrix}\mathrm{Var}(\boldsymbol{x}_0) & \mathbf{0}\\ \mathbf{0} & \mathrm{Var}(\underline{\boldsymbol{\xi}}_0)\end{bmatrix}\end{cases}$$

练习

5.1 令$\{\underline{\boldsymbol{\beta}}_k\}$是零均值高斯白噪声,$\{\boldsymbol{v}_k\}$是与系统(5.1)中同样的观测数据序列,并设

$$\widetilde{\underline{\boldsymbol{\beta}}}_k = \begin{bmatrix} \mathbf{0} \\ \underline{\boldsymbol{\beta}}_k \end{bmatrix}, \quad \boldsymbol{v}^k = \begin{bmatrix} \boldsymbol{v}_0 \\ \vdots \\ \boldsymbol{v}_k \end{bmatrix}$$

与式(4.6)一样定义$L(\boldsymbol{x},\boldsymbol{v})$。证明:$L(\widetilde{\underline{\boldsymbol{\beta}}}_k,\boldsymbol{v}^k)=\mathbf{0}$。

5.2 设$\{\underline{\boldsymbol{\gamma}}_k\}$是零均值高斯白噪声序列,$\boldsymbol{v}^k$和$L(\boldsymbol{x},\boldsymbol{v})$与上面的定义一致。证明:

$$L(\boldsymbol{v}_{k-1},\boldsymbol{v}^{k-1}) = \boldsymbol{v}_{k-1}$$
$$L(\underline{\boldsymbol{\gamma}}_k,\boldsymbol{v}^{k-1}) = \mathbf{0}$$

5.3 设$\{\underline{\boldsymbol{\gamma}}_k\}$是零均值高斯白噪声序列,$\boldsymbol{v}^k$和$L(\boldsymbol{x},\boldsymbol{v})$与练习5.1的定义一致。此外,设$\hat{\boldsymbol{z}}_{k-1}=L(\boldsymbol{z}_{k-1},\boldsymbol{v}^{k-1})$,$\boldsymbol{z}_{k-1}=\begin{bmatrix} \boldsymbol{x}_{k-1} \\ \underline{\boldsymbol{\xi}}_{k-1} \end{bmatrix}$。证明:$\langle \boldsymbol{z}_{k-1}-\hat{\boldsymbol{z}}_{k-1},\underline{\boldsymbol{\gamma}}_k \rangle=\mathbf{0}$。

5.4 令$\{\underline{\boldsymbol{\beta}}_k\}$是零均值高斯白噪声序列,并设$\widetilde{\underline{\boldsymbol{\beta}}}_k=\begin{bmatrix} \mathbf{0} \\ \underline{\boldsymbol{\beta}}_k \end{bmatrix}$,与练习5.3一样定义$\hat{\boldsymbol{z}}_{k-1}$。证明:$\langle \boldsymbol{z}_{k-1}-\hat{\boldsymbol{z}}_{k-1},\widetilde{\underline{\boldsymbol{\beta}}}_k \rangle=\mathbf{0}$。

5.5 与式(4.6)一样定义$L(\boldsymbol{x},\boldsymbol{v})$,并设$\hat{\boldsymbol{z}}_0=L(\boldsymbol{z}_0,\boldsymbol{v}_0)$,且$\boldsymbol{z}_0=\begin{bmatrix} \boldsymbol{x}_0 \\ \underline{\boldsymbol{\xi}}_0 \end{bmatrix}$。证明:

$$\mathrm{Var}(\boldsymbol{z}_0-\hat{\boldsymbol{z}}_0)=\begin{bmatrix} \begin{array}{l} \mathrm{Var}(\boldsymbol{x}_0)-[\mathrm{Var}(\boldsymbol{x}_0)]\boldsymbol{C}_0^{\mathrm{T}} \\ \cdot\,[\boldsymbol{C}_0\mathrm{Var}(\boldsymbol{x}_0)\boldsymbol{C}_0^{\mathrm{T}}+\boldsymbol{R}_0]^{-1}\boldsymbol{C}_0[\mathrm{Var}(\boldsymbol{x}_0)] \end{array} & \mathbf{0} \\ \mathbf{0} & \boldsymbol{Q}_0 \end{bmatrix}$$

5.6 证明:如果系统(5.1)中的矩阵$\boldsymbol{M}_k$和$\boldsymbol{N}_k$对所有的k都为零,则式(5.18)~(5.20)给出的卡尔曼滤波算法简化为第2章和第3章推导出的系统噪声和量测噪声为不相关白噪声的线性随机系统的卡尔曼滤波算法。

5.7 当$\boldsymbol{M}_k=\mathbf{0}$但$\boldsymbol{N}_k\neq\mathbf{0}$时,简化系统(5.1)的卡尔曼滤波算法。

5.8　考虑以(5.23)的有色噪声为输入的跟踪系统(5.22)，

(a) 设

$$\underline{\boldsymbol{X}}_k = \begin{bmatrix} \boldsymbol{x}_k \\ \underline{\boldsymbol{\xi}}_k \\ \eta_k \end{bmatrix}, \quad \underline{\boldsymbol{\zeta}}_k = \begin{bmatrix} \boldsymbol{0} \\ \underline{\boldsymbol{\beta}}_{k+1} \\ \gamma_{k+1} \end{bmatrix}$$

$$\boldsymbol{A}_c = \begin{bmatrix} \boldsymbol{A} & \boldsymbol{I} & \boldsymbol{0} \\ \boldsymbol{0} & \boldsymbol{F} & \boldsymbol{0} \\ \boldsymbol{0} & \boldsymbol{0} & g \end{bmatrix}, \quad \boldsymbol{C}_c = [\boldsymbol{C} \quad 0 \quad 0 \quad 0 \quad 1]$$

将该有色噪声输入的系统重新整理为高斯白噪声输入的增广系统；

(b) 通过应用公式(3.25)于该增广系统，给出具有有色输入(5.23)的跟踪系统(5.22)的卡尔曼滤波算法；

(c) 该方案的主要缺点是什么？

第 6 章

极限(稳态)卡尔曼滤波

本章,我们考虑所有系统矩阵与时间无关的特殊情形。也就是说,将要研究线性时不变随机系统,其状态空间可描述为

$$\begin{cases} \boldsymbol{x}_{k+1} = \boldsymbol{A}\boldsymbol{x}_k + \boldsymbol{\Gamma}\underline{\boldsymbol{\xi}}_k \\ \boldsymbol{v}_k = \boldsymbol{C}\boldsymbol{x}_k + \underline{\boldsymbol{\eta}}_k \end{cases} \tag{6.1}$$

这里 $\boldsymbol{A}$、$\boldsymbol{\Gamma}$ 和 $\boldsymbol{C}$ 分别是 $n\times n$、$n\times p$ 和 $q\times n$ 阶常值矩阵,$1\leqslant p,q\leqslant n$,$\{\underline{\boldsymbol{\xi}}_k\}$ 和 $\{\underline{\boldsymbol{\eta}}_k\}$ 分别是零均值高斯白噪声序列,且

$$E(\underline{\boldsymbol{\xi}}_k\underline{\boldsymbol{\xi}}_l^{\mathrm{T}}) = \boldsymbol{Q}\delta_{kl}, \quad E(\underline{\boldsymbol{\eta}}_k\underline{\boldsymbol{\eta}}_l^{\mathrm{T}}) = \boldsymbol{R}\delta_{kl}, \quad E(\underline{\boldsymbol{\xi}}_k\underline{\boldsymbol{\eta}}_l^{\mathrm{T}}) = \boldsymbol{0}$$

式中 $\boldsymbol{Q}$ 和 $\boldsymbol{R}$ 分别是与 k 无关的 $p\times p$ 和 $q\times q$ 阶非负定和正定对称矩阵。

该特殊情形的卡尔曼滤波算法可以描述为(见图 6.1)

$$\begin{cases} \hat{\boldsymbol{x}}_{k|k} = \hat{\boldsymbol{x}}_{k|k-1} + \boldsymbol{G}_k(\boldsymbol{v}_k - \boldsymbol{C}\hat{\boldsymbol{x}}_{k|k-1}) \\ \hat{\boldsymbol{x}}_{k|k-1} = \boldsymbol{A}\hat{\boldsymbol{x}}_{k-1|k-1} \\ \hat{\boldsymbol{x}}_{0|0} = \boldsymbol{E}(\boldsymbol{x}_0) \end{cases} \tag{6.2}$$

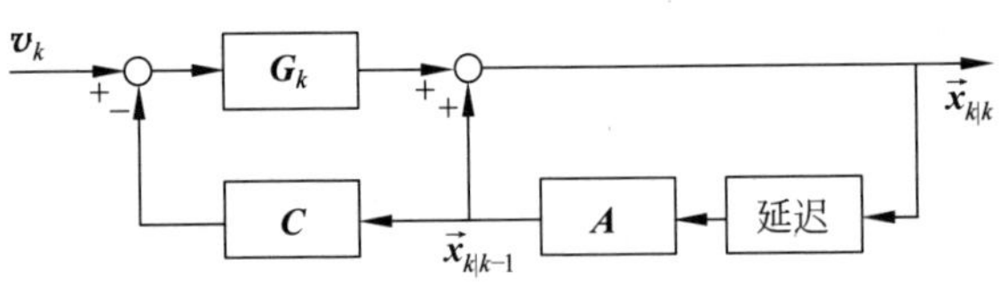

图 6.1 线性时不变系统的卡尔曼滤波算法

C. K. Chui and G. Chen, Kalman Filtering, DOI 10.1007/978-3-319-47612-4_1

且有

$$\begin{cases}\boldsymbol{P}_{0,0}=\mathrm{Var}(\boldsymbol{x}_0)\\ \boldsymbol{P}_{k,k-1}=\boldsymbol{A}\boldsymbol{P}_{k-1,k-1}\boldsymbol{A}^{\mathrm{T}}+\boldsymbol{\Gamma}\boldsymbol{Q}\boldsymbol{\Gamma}^{\mathrm{T}}\\ \boldsymbol{G}_k=\boldsymbol{P}_{k,k-1}\boldsymbol{C}^{\mathrm{T}}(\boldsymbol{C}\boldsymbol{P}_{k,k-1}\boldsymbol{C}^{\mathrm{T}}+\boldsymbol{R})^{-1}\\ \boldsymbol{P}_{k,k}=(\boldsymbol{I}-\boldsymbol{G}_k\boldsymbol{C})\boldsymbol{P}_{k,k-1}\end{cases}\tag{6.3}$$

注意到，即使对于这样的简单模型，也需要在完成预测-校正滤波(6.2)前，每次在计算(6.3)中卡尔曼增益矩阵 $\boldsymbol{G}_k$ 时，进行矩阵求逆运算。在实时应用中，有时为了节约计算时间，需要用一个固定增益矩阵代替式(6.2)中的卡尔曼增益矩阵 $\boldsymbol{G}_k$。

用 $k\to\infty$ 时 $\boldsymbol{G}_k$ 的极限 $\boldsymbol{G}$ 代替 $\boldsymbol{G}_k$，定义极限(或稳态)卡尔曼滤波，其中 $\boldsymbol{G}$ 被称为极限卡尔曼增益矩阵。这时式(6.2)的预测-校正方程变为

$$\begin{cases}\vec{\boldsymbol{x}}_{k|k}=\vec{\boldsymbol{x}}_{k|k-1}+\boldsymbol{G}(\boldsymbol{v}_k-\boldsymbol{C}\vec{\boldsymbol{x}}_{k|k-1})\\ \vec{\boldsymbol{x}}_{k|k-1}=\boldsymbol{A}\vec{\boldsymbol{x}}_{k-1|k-1}\\ \vec{\boldsymbol{x}}_{0|0}=E(\boldsymbol{x}_0)\end{cases}\tag{6.4}$$

在线性系统(6.1)变化非常平缓的条件下，可以证明序列 $\{\boldsymbol{G}_k\}$ 确实是收敛的。事实上，$\mathrm{tr}\,\|\vec{\boldsymbol{x}}_{k|k}-\hat{\boldsymbol{x}}_{k|k}\|_n^2$ 以指数迅速趋于零。因此，用 $\boldsymbol{G}$ 代替 $\boldsymbol{G}_k$ 并不会太多地改变估计的最优性。

6.1 处理思路

根据(6.3)中 $\boldsymbol{G}_k$ 的定义，为了研究 $\boldsymbol{G}_k$ 的收敛性，有必要研究下式的收敛性：

$$\boldsymbol{P}_k:=\boldsymbol{P}_{k,k-1}$$

首先建立 $\boldsymbol{P}_k$ 的递推关系。因为

$$\begin{aligned}\boldsymbol{P}_k=\boldsymbol{P}_{k,k-1}&=\boldsymbol{A}\boldsymbol{P}_{k-1,k-1}\boldsymbol{A}^{\mathrm{T}}+\boldsymbol{\Gamma}\boldsymbol{Q}\boldsymbol{\Gamma}^{\mathrm{T}}\\ &=\boldsymbol{A}(\boldsymbol{I}-\boldsymbol{G}_{k-1}\boldsymbol{C})\boldsymbol{P}_{k-1,k-2}\boldsymbol{A}^{\mathrm{T}}+\boldsymbol{\Gamma}\boldsymbol{Q}\boldsymbol{\Gamma}^{\mathrm{T}}\\ &=\boldsymbol{A}(\boldsymbol{I}-\boldsymbol{P}_{k-1,k-2}\boldsymbol{C}^{\mathrm{T}}(\boldsymbol{C}\boldsymbol{P}_{k-1,k-2}\boldsymbol{C}^{\mathrm{T}}+\boldsymbol{R})^{-1}\boldsymbol{C})\boldsymbol{P}_{k-1,k-2}\boldsymbol{A}^{\mathrm{T}}+\boldsymbol{\Gamma}\boldsymbol{Q}\boldsymbol{\Gamma}^{\mathrm{T}}\\ &=\boldsymbol{A}(\boldsymbol{P}_{k-1}-\boldsymbol{P}_{k-1}\boldsymbol{C}^{\mathrm{T}}(\boldsymbol{C}\boldsymbol{P}_{k-1}\boldsymbol{C}^{\mathrm{T}}+\boldsymbol{R})^{-1}\boldsymbol{C}\boldsymbol{P}_{k-1})\boldsymbol{A}^{\mathrm{T}}+\boldsymbol{\Gamma}\boldsymbol{Q}\boldsymbol{\Gamma}^{\mathrm{T}}\end{aligned}$$

设

$$\boldsymbol{\Psi}(\boldsymbol{T})=\boldsymbol{A}(\boldsymbol{T}-\boldsymbol{T}\boldsymbol{C}^{\mathrm{T}}(\boldsymbol{C}\boldsymbol{T}\boldsymbol{C}^{\mathrm{T}}+\boldsymbol{R})^{-1}\boldsymbol{C}\boldsymbol{T})\boldsymbol{A}^{\mathrm{T}}+\boldsymbol{\Gamma}\boldsymbol{Q}\boldsymbol{\Gamma}^{\mathrm{T}}$$

则 $\boldsymbol{P}_k$ 实际上满足递推关系：

$$\boldsymbol{P}_k=\boldsymbol{\Psi}(\boldsymbol{P}_{k-1})\tag{6.5}$$

该关系称为矩阵 Riccati 方程。若当 $k\to\infty$ 时 $\boldsymbol{P}_k\to\boldsymbol{P}$，则 $\boldsymbol{P}$ 满足矩阵 Riccati 方程

$$\boldsymbol{P}=\boldsymbol{\Psi}(\boldsymbol{P})\tag{6.6}$$

求解式(6.6)得到 $\boldsymbol{P}$,并定义

$$\boldsymbol{G}=\boldsymbol{P}\boldsymbol{C}^{\mathrm{T}}(\boldsymbol{C}\boldsymbol{P}\boldsymbol{C}^{\mathrm{T}}+\boldsymbol{R})^{-1}$$

则 $k\to\infty$ 时,$\boldsymbol{G}_k\to\boldsymbol{G}$。并注意到 $\boldsymbol{P}_k$ 是对称的,故 $\boldsymbol{\Psi}(\boldsymbol{P}_k)$ 也是对称的。

本章后面的论述将说明 $\{\boldsymbol{P}_k\}$ 实际上是收敛的,只要下面的条件成立:

(i) 对于所有的 k 存在常值对称矩阵 $\boldsymbol{W}$,使得 $\boldsymbol{P}_k\leqslant\boldsymbol{W}$(即对于所有的 k,$\boldsymbol{W}-\boldsymbol{P}_k$ 是非负定对称的);

(ii) 对所有 $k=0,1,\cdots,\boldsymbol{P}_k\leqslant\boldsymbol{P}_{k+1}$;

(iii) 存在常值对称矩阵 $\boldsymbol{P}$,满足 $\lim\limits_{k\to\infty}\boldsymbol{P}_k=\boldsymbol{P}$。

6.2 主要结论

为了获得唯一的 $\boldsymbol{P}$,我们必须说明,只要 $\boldsymbol{P}_0\geqslant\boldsymbol{0}$,它将是与初始条件 $\boldsymbol{P}_0:=\boldsymbol{P}_{0,-1}$ 无关的。

引理 6.1 假设线性系统(6.1)是可观测的,即以下矩阵满秩:

$$\boldsymbol{N}_{CA}=\begin{bmatrix}\boldsymbol{C}\\ \boldsymbol{C}\boldsymbol{A}\\ \vdots\\ \boldsymbol{C}\boldsymbol{A}^{n-1}\end{bmatrix}$$

则存在独立于 $\boldsymbol{P}_0$ 的非负定对称常值矩阵 $\boldsymbol{W}$,使得对于所有 $k\geqslant n+1$,有

$$\boldsymbol{P}_k\leqslant\boldsymbol{W}$$ ■

由 $\langle\boldsymbol{x}_k-\hat{\boldsymbol{x}}_k,\underline{\boldsymbol{\xi}}_k\rangle=0$(见式(3.20)),可得

$$\begin{aligned}\boldsymbol{P}_k:=\boldsymbol{P}_{k,k-1}&=\|\boldsymbol{x}_k-\hat{\boldsymbol{x}}_{k|k-1}\|_n^2\\&=\|\boldsymbol{A}\boldsymbol{x}_{k-1}+\boldsymbol{\Gamma}\underline{\boldsymbol{\xi}}_{k-1}-\boldsymbol{A}\hat{\boldsymbol{x}}_{k-1|k-1}\|_n^2\\&=\boldsymbol{A}\|\boldsymbol{x}_{k-1}-\hat{\boldsymbol{x}}_{k-1|k-1}\|_n^2\boldsymbol{A}^{\mathrm{T}}+\boldsymbol{\Gamma}\boldsymbol{Q}\boldsymbol{\Gamma}^{\mathrm{T}}\end{aligned}$$

同理,因为 $\hat{\boldsymbol{x}}_{k-1|k-1}$ 是 $\boldsymbol{x}_{k-1}$ 的最小方差估计,对 $\boldsymbol{x}_{k-1}$ 的其他任意无偏估计 $\tilde{\boldsymbol{x}}_{k-1}$,有

$$\|\boldsymbol{x}_{k-1}-\hat{\boldsymbol{x}}_{k-1|k-1}\|_n^2\leqslant\|\boldsymbol{x}_{k-1}-\tilde{\boldsymbol{x}}_{k-1}\|_n^2$$

根据 $\boldsymbol{N}_{CA}$ 满秩的假设,可知 $\boldsymbol{N}_{CA}^{\mathrm{T}}\boldsymbol{N}_{CA}$ 非奇异。此外,

$$\boldsymbol{N}_{CA}^{\mathrm{T}}\boldsymbol{N}_{CA}=\sum_{i=0}^{n-1}(\boldsymbol{A}^{\mathrm{T}})^i\boldsymbol{C}^{\mathrm{T}}\boldsymbol{C}\boldsymbol{A}^i$$

按照下式来选择 $\tilde{\boldsymbol{x}}_{k-1}$:

$$\tilde{\boldsymbol{x}}_{k-1}=\boldsymbol{A}^n[\boldsymbol{N}_{CA}^{\mathrm{T}}\boldsymbol{N}_{CA}]^{-1}\sum_{i=0}^{n-1}(\boldsymbol{A}^{\mathrm{T}})^i\boldsymbol{C}^{\mathrm{T}}\boldsymbol{v}_{k-n-1+i},\quad k\geqslant n+1\tag{6.7}$$

很明显,$\tilde{\boldsymbol{x}}_{k-1}$ 关于数据是线性的,还可以证明它是无偏的(见练习 6.1)。更

进一步,

$$\begin{aligned}\tilde{\boldsymbol{x}}_{k-1} &= \boldsymbol{A}^{n}\left[\boldsymbol{N}_{CA}^{\mathrm{T}}\boldsymbol{N}_{CA}\right]^{-1}\sum_{i=0}^{n-1}(\boldsymbol{A}^{\mathrm{T}})^{i}\boldsymbol{C}^{\mathrm{T}}(\boldsymbol{C}\boldsymbol{x}_{k-n-1+i}+\underline{\boldsymbol{\eta}}_{k-n-1+i}) \\ &= \boldsymbol{A}^{n}\left[\boldsymbol{N}_{CA}^{\mathrm{T}}\boldsymbol{N}_{CA}\right]^{-1}\sum_{i=0}^{n-1}(\boldsymbol{A}^{\mathrm{T}})^{i}\boldsymbol{C}^{\mathrm{T}}\left(\boldsymbol{C}\boldsymbol{A}^{i}\boldsymbol{x}_{k-n-1}+\sum_{j=0}^{i-1}\boldsymbol{C}\boldsymbol{A}^{j}\boldsymbol{\Gamma}\underline{\boldsymbol{\xi}}_{i-1-j}+\underline{\boldsymbol{\eta}}_{k-n-1+i}\right) \\ &= \boldsymbol{A}^{n}\boldsymbol{x}_{k-n-1}+\boldsymbol{A}^{n}\left[\boldsymbol{N}_{CA}^{\mathrm{T}}\boldsymbol{N}_{CA}\right]^{-1}\sum_{i=0}^{n-1}(\boldsymbol{A}^{\mathrm{T}})^{i}\boldsymbol{C}^{\mathrm{T}}\left(\sum_{j=0}^{i-1}\boldsymbol{C}\boldsymbol{A}^{j}\boldsymbol{\Gamma}\underline{\boldsymbol{\xi}}_{i-1-j}+\underline{\boldsymbol{\eta}}_{k-n-1+i}\right)\end{aligned}$$

又因

$$\boldsymbol{x}_{k-1}=\boldsymbol{A}^{n}\boldsymbol{x}_{k-n-1}+\sum_{i=0}^{n-1}\boldsymbol{A}^{i}\boldsymbol{\Gamma}\,\underline{\boldsymbol{\xi}}_{n-1+i}$$

可得

$$\begin{aligned}\boldsymbol{x}_{k-1}-\tilde{\boldsymbol{x}}_{k-1} =& \sum_{i=0}^{n-1}\boldsymbol{A}^{i}\boldsymbol{\Gamma}\,\underline{\boldsymbol{\xi}}_{n-1+i}- \\ &\boldsymbol{A}^{n}\left[\boldsymbol{N}_{CA}^{\mathrm{T}}\boldsymbol{N}_{CA}\right]^{-1}\sum_{i=0}^{n-1}(\boldsymbol{A}^{\mathrm{T}})^{i}\boldsymbol{C}^{\mathrm{T}}\left(\sum_{j=0}^{i-1}\boldsymbol{C}\boldsymbol{A}^{j}\,\underline{\boldsymbol{\xi}}_{i-1-j}+\underline{\boldsymbol{\eta}}_{k-n-1+i}\right)\end{aligned}$$

注意到对所有 m 和 l 都有 $E(\underline{\boldsymbol{\xi}}_{m}\underline{\boldsymbol{\eta}}_{l}^{\mathrm{T}})=\mathbf{0}$ 和 $E(\underline{\boldsymbol{\eta}}_{l}\underline{\boldsymbol{\eta}}_{l}^{\mathrm{T}})=\boldsymbol{R}$,故对所有 $k\geqslant n+1$,$\|\boldsymbol{x}_{k-1}-\tilde{\boldsymbol{x}}_{k-1}\|_{n}^{2}$ 都与 k 无关。因此,对所有 $k\geqslant n+1$,有

$$\begin{aligned}\boldsymbol{P}_{k} &= \boldsymbol{A}\,\|\boldsymbol{x}_{k-1}-\hat{\boldsymbol{x}}_{k-1|k-1}\|_{n}^{2}\boldsymbol{A}^{\mathrm{T}}+\boldsymbol{\Gamma}\boldsymbol{Q}\boldsymbol{\Gamma}^{\mathrm{T}} \\ &\leqslant \boldsymbol{A}\,\|\boldsymbol{x}_{k-1}-\tilde{\boldsymbol{x}}_{k-1|k-1}\|_{n}^{2}\boldsymbol{A}^{\mathrm{T}}+\boldsymbol{\Gamma}\boldsymbol{Q}\boldsymbol{\Gamma}^{\mathrm{T}} \\ &= \boldsymbol{A}\,\|\boldsymbol{x}_{n}-\tilde{\boldsymbol{x}}_{n|n}\|_{n}^{2}\boldsymbol{A}^{\mathrm{T}}+\boldsymbol{\Gamma}\boldsymbol{Q}\boldsymbol{\Gamma}^{\mathrm{T}}\end{aligned}$$

取

$$\boldsymbol{W}=\boldsymbol{A}\,\|\boldsymbol{x}_{n}-\tilde{\boldsymbol{x}}_{n|n}\|_{n}^{2}\boldsymbol{A}^{\mathrm{T}}+\boldsymbol{\Gamma}\boldsymbol{Q}\boldsymbol{\Gamma}^{\mathrm{T}}$$

则对所有 $k\geqslant n+1$,有 $\boldsymbol{P}_{k}\leqslant\boldsymbol{W}$。且 $\boldsymbol{W}$ 与初始条件 $\boldsymbol{P}_{0}=\boldsymbol{P}_{0,-1}=\|\boldsymbol{x}_{0}-\hat{\boldsymbol{x}}_{0,-1}\|_{n}^{2}$ 无关。这就完成了引理的证明。

引理 6.2　若 $\boldsymbol{P}$ 和 $\boldsymbol{Q}$ 都是非负定对称矩阵,且 $\boldsymbol{P}\geqslant\boldsymbol{Q}$,则 $\boldsymbol{\Psi}(\boldsymbol{P})\geqslant\boldsymbol{\Psi}(\boldsymbol{Q})$。■

为证明该引理,引入公式

$$\frac{\mathrm{d}}{\mathrm{d}s}\boldsymbol{A}^{-1}(s)=-\boldsymbol{A}^{-1}(s)\left[\frac{\mathrm{d}}{\mathrm{d}s}\boldsymbol{A}(s)\right]\boldsymbol{A}^{-1}(s)$$

(见练习 6.2)。

记 $\boldsymbol{T}(s)=\boldsymbol{Q}+s(\boldsymbol{P}-\boldsymbol{Q})$,有

$$\begin{aligned}\boldsymbol{\Psi}(\boldsymbol{P})-\boldsymbol{\Psi}(\boldsymbol{Q}) &= \int_{0}^{1}\frac{\mathrm{d}}{\mathrm{d}s}\boldsymbol{\Psi}(\boldsymbol{Q}+s(\boldsymbol{P}-\boldsymbol{Q}))\mathrm{d}s \\ &= \boldsymbol{A}\left\{\int_{0}^{1}\frac{\mathrm{d}}{\mathrm{d}s}\{(\boldsymbol{Q}+s(\boldsymbol{P}-\boldsymbol{Q}))-(\boldsymbol{Q}+s(\boldsymbol{P}-\boldsymbol{Q}))\boldsymbol{C}^{\mathrm{T}}\cdot\right.\end{aligned}$$

$$[\boldsymbol{C}(\boldsymbol{Q}+s(\boldsymbol{P}-\boldsymbol{Q}))\boldsymbol{C}^{\mathrm{T}}+\boldsymbol{R}]^{-1}\boldsymbol{C}(\boldsymbol{Q}+s(\boldsymbol{P}-\boldsymbol{Q}))\}\mathrm{d}s\Big\}\boldsymbol{A}^{\mathrm{T}}$$

$$=\boldsymbol{A}\Big\{\int_0^1[\boldsymbol{P}-\boldsymbol{Q}-(\boldsymbol{P}-\boldsymbol{Q})\boldsymbol{C}^{\mathrm{T}}(\boldsymbol{C}\boldsymbol{T}(s)\boldsymbol{C}^{\mathrm{T}}+\boldsymbol{R})^{-1}\boldsymbol{C}\boldsymbol{T}(s)-$$

$$\boldsymbol{T}(s)\boldsymbol{C}^{\mathrm{T}}(\boldsymbol{C}\boldsymbol{T}(s)\boldsymbol{C}^{\mathrm{T}}+\boldsymbol{R})^{-1}\boldsymbol{C}(\boldsymbol{P}-\boldsymbol{Q})+\boldsymbol{T}(s)\boldsymbol{C}^{\mathrm{T}}(\boldsymbol{C}\boldsymbol{T}(s)\boldsymbol{C}^{\mathrm{T}}+\boldsymbol{R})^{-1}\cdot$$

$$\boldsymbol{C}(\boldsymbol{P}-\boldsymbol{Q})\boldsymbol{C}^{\mathrm{T}}(\boldsymbol{C}\boldsymbol{T}(s)\boldsymbol{C}^{\mathrm{T}}+\boldsymbol{R})^{-1}\boldsymbol{C}\boldsymbol{T}(s)]\mathrm{d}s\Big\}\boldsymbol{A}^{\mathrm{T}}$$

$$=\boldsymbol{A}\Big\{\int_0^1[\boldsymbol{T}(s)\boldsymbol{C}^{\mathrm{T}}(\boldsymbol{C}\boldsymbol{T}(s)\boldsymbol{C}^{\mathrm{T}}+\boldsymbol{R})^{-1}\boldsymbol{C}](\boldsymbol{P}-\boldsymbol{Q})\cdot$$

$$[\boldsymbol{T}(s)\boldsymbol{C}^{\mathrm{T}}(\boldsymbol{C}\boldsymbol{T}(s)\boldsymbol{C}^{\mathrm{T}}+\boldsymbol{R})^{-1}\boldsymbol{C}]^{\mathrm{T}}\mathrm{d}s\Big\}\boldsymbol{A}$$

$$\geqslant 0$$

即$\boldsymbol{\Psi}(\boldsymbol{P})\geqslant\boldsymbol{\Psi}(\boldsymbol{Q})$。

还有下面的引理。

引理 6.3 假设线性系统(6.1)可观测,则在初始条件为 $\boldsymbol{P}_0=\boldsymbol{P}_{0,-1}=\boldsymbol{0}$ 时,当 $k\to\infty$,序列$\{\boldsymbol{P}_k\}$收敛到某个对称矩阵 $\boldsymbol{P}\geqslant 0$。■

证明如下。

因为

$$\boldsymbol{P}_1 := \|\boldsymbol{x}_1-\hat{\boldsymbol{x}}_{1|0}\|_n^2 \geqslant \boldsymbol{0}=\boldsymbol{P}_0$$

及 $\boldsymbol{P}_0$ 和 $\boldsymbol{P}_1$ 都是对称的,根据引理 6.2 可得

$$\boldsymbol{P}_2=\boldsymbol{\Psi}(\boldsymbol{P}_1)\geqslant\boldsymbol{\Psi}(\boldsymbol{P}_0)=\boldsymbol{P}_1$$
$$\vdots$$
$$\boldsymbol{P}_{k+1}\geqslant\boldsymbol{P}_k,\quad k=0,1,\cdots$$

因此$\{\boldsymbol{P}_k\}$是单调不减的,并以 $\boldsymbol{W}$ 为界(见引理 6.1)。

对任意 n 维向量 $\boldsymbol{y}$,有

$$0\leqslant\boldsymbol{y}^{\mathrm{T}}\boldsymbol{P}_k\boldsymbol{y}\leqslant\boldsymbol{y}^{\mathrm{T}}\boldsymbol{W}\boldsymbol{y}$$

所以序列$\{\boldsymbol{y}^{\mathrm{T}}\boldsymbol{P}_k\boldsymbol{y}\}$是有界非负单调不减的实数序列,必定会收敛到某一非负实数。令

$$\boldsymbol{y}=[0\ \cdots\ 0\ 1\ 0\ \cdots\ 0]^{\mathrm{T}}$$

第 i 个元素为 1。设 $\boldsymbol{P}_k=[p_{ij}^{(k)}]$。存在非负数 p_{ii},当 $k\to\infty$时,

$$\boldsymbol{y}^{\mathrm{T}}\boldsymbol{P}_k\boldsymbol{y}=p_{ii}^{(k)}\to p_{ii}$$

令

$$\boldsymbol{y}=[0\ \cdots\ 0\ 1\ 0\ \cdots\ 0\ 1\ 0\ \cdots\ 0]^{\mathrm{T}}$$

其中第 i 和第 j 个元素为 1。则存在非负数 q,当 $k\to\infty$时,

$$\begin{aligned}\boldsymbol{y}^{\mathrm{T}}\boldsymbol{P}_k\boldsymbol{y}&=p_{ii}^{(k)}+p_{ij}^{(k)}+p_{ji}^{(k)}+p_{jj}^{(k)}\\&=p_{ii}^{(k)}+2p_{ij}^{(k)}+p_{jj}^{(k)}\to q\end{aligned}$$

因为 $p_{ii}^{(k)} \to p_{ii}$，故当 $k\to\infty$ 时，$p_{ij}^{(k)} \to \frac{1}{2}(q-p_{ii}-p_{jj})$，即 $\boldsymbol{P}_k \to \boldsymbol{P}$。

因为 $\boldsymbol{P}_k \geqslant 0$ 并且对称，所以 $\boldsymbol{P}$ 也一样。这就完成了引理的证明。

现在定义

$$\boldsymbol{G} = \lim_{k\to\infty} \boldsymbol{G}_k$$

式中 $\boldsymbol{G}_k = \boldsymbol{P}_k\boldsymbol{C}^{\mathrm{T}}(\boldsymbol{C}\boldsymbol{P}_k\boldsymbol{C}^{\mathrm{T}}+\boldsymbol{R})^{-1}$，则

$$\boldsymbol{G} = \boldsymbol{P}\boldsymbol{C}^{\mathrm{T}}(\boldsymbol{C}\boldsymbol{P}\boldsymbol{C}^{\mathrm{T}}+\boldsymbol{R})^{-1} \tag{6.8}$$

下面将说明，对于作为初始值的任意非负定对称矩阵 $\boldsymbol{P}_0$，$\{\boldsymbol{P}_k\}$ 仍然收敛到同样的 $\boldsymbol{P}$。因此引入一个任意的非负定对称矩阵 $\boldsymbol{P}_0$，定义 $\boldsymbol{P}_k = \boldsymbol{\Psi}(\boldsymbol{P}_{k-1})$，$k=1,2,\cdots$ 和 $\boldsymbol{P}=\boldsymbol{\Psi}(\boldsymbol{P})$。我们首先需要下面的结论。

引理 6.4　设线性系统(6.1)是可观测的，使得 $\boldsymbol{P}$ 可用引理 6.3 定义。则对所有的 $k=1,2,\cdots$，和任意非负定对称初始条件 $\boldsymbol{P}_0$，有

$$\boldsymbol{P}-\boldsymbol{P}_k = \boldsymbol{A}(\boldsymbol{I}-\boldsymbol{G}\boldsymbol{C})(\boldsymbol{P}-\boldsymbol{P}_{k-1})(\boldsymbol{I}-\boldsymbol{G}_{k-1}\boldsymbol{C})^{\mathrm{T}}\boldsymbol{A}^{\mathrm{T}} \tag{6.9}$$ ■

证明如下。

由 $\boldsymbol{G}_{k-1} = \boldsymbol{P}_{k-1}\boldsymbol{C}^{\mathrm{T}}(\boldsymbol{C}\boldsymbol{P}_{k-1}\boldsymbol{C}^{\mathrm{T}}+\boldsymbol{R})^{-1}$ 和 $\boldsymbol{P}_{k-1}^{\mathrm{T}} = \boldsymbol{P}_{k-1}$，可知矩阵 $\boldsymbol{G}_{k-1}\boldsymbol{C}\boldsymbol{P}_{k-1}$ 是非负定对称的，可得 $\boldsymbol{G}_{k-1}\boldsymbol{C}\boldsymbol{P}_{k-1} = \boldsymbol{P}_{k-1}\boldsymbol{C}^{\mathrm{T}}\boldsymbol{G}_{k-1}^{\mathrm{T}}$。根据式(6.5)和式(6.6)，有

$$\begin{aligned}\boldsymbol{P}-\boldsymbol{P}_k &= \boldsymbol{\Psi}(\boldsymbol{P})-\boldsymbol{\Psi}(\boldsymbol{P}_{k-1})\\ &= (\boldsymbol{A}\boldsymbol{P}\boldsymbol{A}^{\mathrm{T}}-\boldsymbol{A}\boldsymbol{G}\boldsymbol{C}\boldsymbol{P}\boldsymbol{A}^{\mathrm{T}})-(\boldsymbol{A}\boldsymbol{P}_{k-1}\boldsymbol{A}^{\mathrm{T}}-\boldsymbol{A}\boldsymbol{G}_{k-1}\boldsymbol{C}\boldsymbol{P}_{k-1}\boldsymbol{A}^{\mathrm{T}})\\ &= \boldsymbol{A}\boldsymbol{P}\boldsymbol{A}^{\mathrm{T}}-\boldsymbol{A}\boldsymbol{G}\boldsymbol{C}\boldsymbol{P}\boldsymbol{A}^{\mathrm{T}}-\boldsymbol{A}\boldsymbol{P}_{k-1}\boldsymbol{A}^{\mathrm{T}}+\boldsymbol{A}\boldsymbol{P}_{k-1}\boldsymbol{C}^{\mathrm{T}}\boldsymbol{G}_{k-1}^{\mathrm{T}}\boldsymbol{A}^{\mathrm{T}}\end{aligned} \tag{6.10}$$

现在

$$(\boldsymbol{I}-\boldsymbol{G}\boldsymbol{C})(\boldsymbol{P}-\boldsymbol{P}_{k-1})(\boldsymbol{I}-\boldsymbol{G}_{k-1}\boldsymbol{C})^{\mathrm{T}} = \boldsymbol{P}-\boldsymbol{P}_{k-1}+\boldsymbol{P}_{k-1}\boldsymbol{C}^{\mathrm{T}}\boldsymbol{G}_{k-1}^{\mathrm{T}}-\boldsymbol{G}\boldsymbol{C}\boldsymbol{P}+\boldsymbol{R}_e \tag{6.11}$$

式中

$$\boldsymbol{R}_e = \boldsymbol{G}\boldsymbol{C}\boldsymbol{P}_{k-1}-\boldsymbol{P}\boldsymbol{C}^{\mathrm{T}}\boldsymbol{G}_{k-1}^{\mathrm{T}}+\boldsymbol{G}\boldsymbol{C}\boldsymbol{P}\boldsymbol{C}^{\mathrm{T}}\boldsymbol{G}_{k-1}^{\mathrm{T}}-\boldsymbol{G}\boldsymbol{C}\boldsymbol{P}_{k-1}\boldsymbol{C}^{\mathrm{T}}\boldsymbol{G}_{k-1}^{\mathrm{T}} \tag{6.12}$$

因此，如果能够说明 $\boldsymbol{R}_e=\boldsymbol{0}$，则式(6.9)可从式(6.10)和式(6.11)推得。由 $\boldsymbol{G}_{k-1}$ 的定义，得 $\boldsymbol{G}_{k-1}(\boldsymbol{C}\boldsymbol{P}_{k-1}\boldsymbol{C}^{\mathrm{T}}+\boldsymbol{R}) = \boldsymbol{P}_{k-1}\boldsymbol{C}^{\mathrm{T}}$ 即 $(\boldsymbol{C}\boldsymbol{P}_{k-1}\boldsymbol{C}^{\mathrm{T}}+\boldsymbol{R})\boldsymbol{G}_{k-1} = \boldsymbol{C}\boldsymbol{P}_{k-1}$，所以

$$\boldsymbol{G}_{k-1}\boldsymbol{C}\boldsymbol{P}_{k-1}\boldsymbol{C}^{\mathrm{T}} = \boldsymbol{P}_{k-1}\boldsymbol{C}^{\mathrm{T}}-\boldsymbol{G}_{k-1}\boldsymbol{R} \tag{6.13}$$

即

$$\boldsymbol{C}\boldsymbol{P}_{k-1}\boldsymbol{C}^{\mathrm{T}}\boldsymbol{G}_{k-1}^{\mathrm{T}} = \boldsymbol{C}\boldsymbol{P}_{k-1}-\boldsymbol{R}\boldsymbol{G}_{k-1}^{\mathrm{T}} \tag{6.14}$$

式(6.13)中，取初始条件 $\boldsymbol{P}_0 := \boldsymbol{P}_{0,-1} = \boldsymbol{0}$，令 $k\to\infty$，有

$$\boldsymbol{G}\boldsymbol{C}\boldsymbol{P}\boldsymbol{C}^{\mathrm{T}} = \boldsymbol{P}\boldsymbol{C}^{\mathrm{T}}-\boldsymbol{G}\boldsymbol{R} \tag{6.15}$$

将式(6.14)和式(6.15)代入式(6.12)，可得 $\boldsymbol{R}_e=\boldsymbol{0}$。

这就完成了引理6.4的证明。

引理 6.5

$$P_k = [A(I - G_{k-1}C)]P_{k-1}[A(I - G_{k-1}C)]^T + [AG_{k-1}]R[AG_{k-1}]^T + \Gamma Q\Gamma^T \tag{6.16}$$

则对于初始条件为 $P_0 := P_{0,-1} = 0$ 的可观测系统,有

$$P = [A(I - GC)]P[A(I - GC)]^T + [AG]R[AG]^T + \Gamma Q\Gamma^T \tag{6.17}$$ ■

由定义有 $G_{k-1}(CP_{k-1}C^T + R) = P_{k-1}C^T$,从而有

$$G_{k-1}R = (I - G_{k-1}C)P_{k-1}C^T$$

因此

$$AG_{k-1}RG_{k-1}^T A^T = A(I - G_{k-1}C)P_{k-1}C^T G_{k-1}^T A^T$$

由矩阵 Riccati 方程 $P_k = \Psi(P_{k-1})$,可得

$$\begin{aligned} P_k &= A(I - G_{k-1}C)P_{k-1}A^T + \Gamma Q\Gamma^T \\ &= A(I - G_{k-1}C)P_{k-1}(I - G_{k-1}C)^T A^T + A(I - G_{k-1}C)P_{k-1}C^T G_{k-1}^T A^T + \Gamma Q\Gamma^T \\ &= A(I - G_{k-1}C)P_{k-1}(I - G_{k-1}C)^T A^T + AG_{k-1}RG_{k-1}^T A^T + \Gamma Q\Gamma^T \end{aligned}$$

即式(6.16)。

引理 6.6 设线性系统(6.1)(完全)可控(即矩阵

$$M_{A\Gamma} = [\Gamma \quad A\Gamma \quad \cdots \quad A^{n-1}\Gamma]$$

满秩)。则对于任意非负定对称初始矩阵 P_0,当 $k \geqslant n+1$ 时,有 $P_k > 0$,所以,$P > 0$。■

应用式(6.16)k 次,有

$$\begin{aligned} P_k = {} & \Gamma Q\Gamma^T + [A(I - G_{k-1}C)]\Gamma Q\Gamma^T[A(I - G_{k-1}C)]^T + \cdots + \\ & \{[A(I - G_{k-1}C)]\cdots[A(I - G_2C)]\}\Gamma Q\Gamma^T\{[A(I - G_{k-1}C)]\cdots[A(I - G_2C)]\}^T + \\ & [AG_{k-1}]R[AG_{k-1}]^T + [A(I - G_{k-1}C)][AG_{k-2}]R[AG_{k-2}]^T \cdot \\ & [A(I - G_{k-1}C)]^T + \cdots + \{[A(I - G_{k-1}C)]\cdots \\ & [A(I - G_2C)][AG_1]\}R\{[A(I - G_{k-1}C)]\cdots \\ & [A(I - G_2C)][AG_1]\}^T + \{[A(I - G_kC)]\cdots \\ & [A(I - G_1C)]\}P_0\{[A(I - G_KC)]\cdots[A(I - G_1C)]\}^T \end{aligned}$$

对于 $k \geqslant n+1$,要证明 $P_k > 0$,只需说明由 $y^T P_k y = 0$ 能得到 $y = 0$ 就足够了。令 y 是任意 n 维向量,满足 $y^T P_k y = 0$。由于 Q、R 和 P_0 都是非负定的,上式右边的每一项都必须为零。因此,有

$$y^T \Gamma Q\Gamma^T y = 0 \tag{6.18}$$

$$y^T[A(I - G_{k-1}C)]\Gamma Q\Gamma^T[A(I - G_{k-1}C)]^T y = 0 \tag{6.19}$$

$$\vdots$$

$$\boldsymbol{y}^{\mathrm{T}}\{[\boldsymbol{A}(\boldsymbol{I}-\boldsymbol{G}_{k-1}\boldsymbol{C})]\cdots[\boldsymbol{A}(\boldsymbol{I}-\boldsymbol{G}_2\boldsymbol{C})]\}\boldsymbol{\Gamma Q \Gamma}^{\mathrm{T}}\cdot$$
$$\{[\boldsymbol{A}(\boldsymbol{I}-\boldsymbol{G}_{k-1}\boldsymbol{C})]\cdots[\boldsymbol{A}(\boldsymbol{I}-\boldsymbol{G}_2\boldsymbol{C})]\}^{\mathrm{T}}\boldsymbol{y}=0 \tag{6.20}$$

和

$$\boldsymbol{y}^{\mathrm{T}}[\boldsymbol{A}\boldsymbol{G}_{k-1}\boldsymbol{C}]\boldsymbol{R}[\boldsymbol{A}\boldsymbol{G}_{k-1}]^{\mathrm{T}}\boldsymbol{y}=0 \tag{6.21}$$
$$\vdots$$
$$\boldsymbol{y}^{\mathrm{T}}\{[\boldsymbol{A}(\boldsymbol{I}-\boldsymbol{G}_{k-1}\boldsymbol{C})]\cdots[\boldsymbol{A}(\boldsymbol{I}-\boldsymbol{G}_3\boldsymbol{C})][\boldsymbol{A}\boldsymbol{G}_2]\}\boldsymbol{R}\cdot$$
$$\{[\boldsymbol{A}(\boldsymbol{I}-\boldsymbol{G}_{k-1}\boldsymbol{C})]\cdots[\boldsymbol{A}(\boldsymbol{I}-\boldsymbol{G}_3\boldsymbol{C})][\boldsymbol{A}\boldsymbol{G}_2]\}^{\mathrm{T}}\boldsymbol{y}=0 \tag{6.22}$$

因为 $\boldsymbol{R}>\boldsymbol{0}$,由式(6.21)和式(6.22),有

$$\boldsymbol{y}^{\mathrm{T}}\boldsymbol{A}\boldsymbol{G}_{k-1}=\boldsymbol{0} \tag{6.23}$$
$$\vdots$$
$$\boldsymbol{y}^{\mathrm{T}}[\boldsymbol{A}(\boldsymbol{I}-\boldsymbol{G}_{k-1}\boldsymbol{C})]\cdots[\boldsymbol{A}(\boldsymbol{I}-\boldsymbol{G}_2\boldsymbol{C})][\boldsymbol{A}\boldsymbol{G}_1]=\boldsymbol{0} \tag{6.24}$$

由 $\boldsymbol{Q}>\boldsymbol{0}$ 和式(6.18),有

$$\boldsymbol{y}^{\mathrm{T}}\boldsymbol{\Gamma}=\boldsymbol{0}$$

根据式(6.19)和式(6.23),可得

$$\boldsymbol{y}^{\mathrm{T}}\boldsymbol{A}\boldsymbol{\Gamma}=\boldsymbol{0}$$

以此类推,可得当 $k\geqslant n+1$,有

$$\boldsymbol{y}^{\mathrm{T}}\boldsymbol{A}^j\boldsymbol{\Gamma}=\boldsymbol{0},\quad j=0,1,\cdots,n-1$$

即

$$\boldsymbol{y}^{\mathrm{T}}\boldsymbol{M}_{A\Gamma}\boldsymbol{y}=\boldsymbol{y}^{\mathrm{T}}[\boldsymbol{\Gamma}\quad \boldsymbol{A\Gamma}\quad \cdots\quad \boldsymbol{A}^{n-1}\boldsymbol{\Gamma}]\boldsymbol{y}=0$$

因为系统是(完全)可控的,$\boldsymbol{M}_{A\Gamma}$是满秩的,必有 $\boldsymbol{y}=\boldsymbol{0}$。因此,对所有 $k\geqslant n+1$,有 $\boldsymbol{P}_k>\boldsymbol{0}$。这就完成了引理的证明。

现在,反复应用式(6.9),有

$$\boldsymbol{P}-\boldsymbol{P}_k=[\boldsymbol{A}(\boldsymbol{I}-\boldsymbol{G}\boldsymbol{C})]^{k-n-1}(\boldsymbol{P}-\boldsymbol{P}_{n+1})\boldsymbol{B}_k^{\mathrm{T}} \tag{6.25}$$

式中

$$\boldsymbol{B}_k=[\boldsymbol{A}(\boldsymbol{I}-\boldsymbol{G}_{k-1}\boldsymbol{C})]\cdots[\boldsymbol{A}(\boldsymbol{I}-\boldsymbol{G}_{n+1}\boldsymbol{C})],\quad k=n+2,n+3,\cdots$$

且有 $\boldsymbol{B}_{n+1}:=\boldsymbol{I}$。为证明 $k\to\infty$ 时,$\boldsymbol{P}_k\to\boldsymbol{P}$,只需证明 $k\to\infty$ 时,$[\boldsymbol{A}(\boldsymbol{I}-\boldsymbol{G}\boldsymbol{C})]^{k-n-1}\to\boldsymbol{0}$,且 $\boldsymbol{B}_k$ 是有界的。为此目的,我们需要下面的两个引理。

引理 6.7 设线性系统(6.1)可观测。则存在常数矩阵 $\boldsymbol{M}$,满足

$$\boldsymbol{B}_k\boldsymbol{B}_k^{\mathrm{T}}\leqslant\boldsymbol{M},\quad k\geqslant n+1$$

因此,如果 $\boldsymbol{B}_k=[b_{ij}^{(k)}]$,则对于常数 m 和对所有的 i、j、k,有

$$|b_{ij}^{(k)}|\leqslant m$$ ■

由引理 6.1,对于 $k\geqslant n+1$,$\boldsymbol{P}_k\leqslant\boldsymbol{W}$。反复应用引理 6.5,有

$$\begin{aligned}\boldsymbol{W}\geqslant\boldsymbol{P}_k&\geqslant[\boldsymbol{A}(\boldsymbol{I}-\boldsymbol{G}_{k-1}\boldsymbol{C})]\boldsymbol{P}_{k-1}[\boldsymbol{A}(\boldsymbol{I}-\boldsymbol{G}_{k-1}\boldsymbol{C})]^{\mathrm{T}}\\&\geqslant[\boldsymbol{A}(\boldsymbol{I}-\boldsymbol{G}_{k-1}\boldsymbol{C})][\boldsymbol{A}(\boldsymbol{I}-\boldsymbol{G}_{k-2}\boldsymbol{C})]\boldsymbol{P}_{k-2}[\boldsymbol{A}(\boldsymbol{I}-\boldsymbol{G}_{k-2}\boldsymbol{C})]^{\mathrm{T}}[\boldsymbol{A}(\boldsymbol{I}-\boldsymbol{G}_{k-1}\boldsymbol{C})]^{\mathrm{T}}\\&\ \vdots\\&\geqslant\boldsymbol{B}_k\boldsymbol{P}_{n+1}\boldsymbol{B}_k^{\mathrm{T}}\end{aligned}$$

因为 $\boldsymbol{P}_{n+1}$ 是实对称正定矩阵,由引理 6.6,其所有特征值是实数,且实际上是正的。令 $\lambda_{\min}$ 是 $\boldsymbol{P}_{n+1}$ 的最小特征值,则有 $\boldsymbol{P}_{n+1} \geqslant \lambda_{\min}\boldsymbol{I}$(见练习 6.3),从而有

$$\boldsymbol{W} \geqslant \boldsymbol{B}_k\lambda_{\min}\boldsymbol{I}\boldsymbol{B}_k^{\mathrm{T}} = \lambda_{\min}\boldsymbol{B}_k\boldsymbol{B}_k^{\mathrm{T}}$$

取 $\boldsymbol{M}=\lambda_{\min}^{-1}\boldsymbol{W}$,即可完成引理 6.7 的证明。

引理 6.8 设 λ 是 $\boldsymbol{A}(\boldsymbol{I}-\boldsymbol{G}\boldsymbol{C})$ 的任意特征值。如果系统(6.1)同时(完全)可控、可观,则 $|\lambda|<1$。 ■

注意到 λ 同时也是 $(\boldsymbol{I}-\boldsymbol{G}\boldsymbol{C})^{\mathrm{T}}\boldsymbol{A}^{\mathrm{T}}$ 的特征值。设 $\boldsymbol{y}$ 是相应的特征向量,则

$$(\boldsymbol{I}-\boldsymbol{G}\boldsymbol{C})^{\mathrm{T}}\boldsymbol{A}^{\mathrm{T}}\boldsymbol{y} = \lambda\boldsymbol{y} \tag{6.26}$$

根据式(6.17),有

$$\bar{\boldsymbol{y}}^{\mathrm{T}}\boldsymbol{P}\boldsymbol{y} = \bar{\lambda}\,\bar{\boldsymbol{y}}^{\mathrm{T}}\boldsymbol{P}\lambda\boldsymbol{y} + \bar{\boldsymbol{y}}^{\mathrm{T}}[\boldsymbol{A}\boldsymbol{G}]\boldsymbol{R}\,[\boldsymbol{A}\boldsymbol{G}]^{\mathrm{T}}\boldsymbol{y} + \bar{\boldsymbol{y}}^{\mathrm{T}}\boldsymbol{\Gamma}\boldsymbol{Q}\boldsymbol{\Gamma}^{\mathrm{T}}\boldsymbol{y}$$

因此

$$(1-|\lambda|^2)\,\bar{\boldsymbol{y}}^{\mathrm{T}}\boldsymbol{P}\boldsymbol{y} = \bar{\boldsymbol{y}}^{\mathrm{T}}[(\boldsymbol{A}\boldsymbol{G})\boldsymbol{R}\,(\boldsymbol{A}\boldsymbol{G})^{\mathrm{T}} + \boldsymbol{\Gamma}\boldsymbol{Q}\boldsymbol{\Gamma}^{\mathrm{T}}]\boldsymbol{y}$$

因为右边是非负的,且 $\bar{\boldsymbol{y}}^{\mathrm{T}}\boldsymbol{P}\boldsymbol{y}\geqslant 0$,必须有 $1-|\lambda|^2\geqslant 0$ 或 $|\lambda|\leqslant 1$。

假设 $|\lambda|=1$,则

$$\bar{\boldsymbol{y}}^{\mathrm{T}}[\boldsymbol{A}\boldsymbol{G}]\boldsymbol{R}\,[\boldsymbol{A}\boldsymbol{G}]^{\mathrm{T}}\boldsymbol{y} = 0 \quad 或 \quad \overline{[(\boldsymbol{A}\boldsymbol{G})^{\mathrm{T}}\boldsymbol{y}]}^{\mathrm{T}}\boldsymbol{R}[(\boldsymbol{A}\boldsymbol{G})^{\mathrm{T}}\boldsymbol{y}] = 0$$

且

$$\bar{\boldsymbol{y}}^{\mathrm{T}}\boldsymbol{\Gamma}\boldsymbol{Q}\boldsymbol{\Gamma}^{\mathrm{T}}\boldsymbol{y} = 0 \quad 或 \quad \overline{(\boldsymbol{\Gamma}^{\mathrm{T}}\boldsymbol{y})}^{\mathrm{T}}\boldsymbol{Q}(\boldsymbol{\Gamma}^{\mathrm{T}}\boldsymbol{y}) = 0$$

因为 $\boldsymbol{Q}>\boldsymbol{0}$ 和 $\boldsymbol{R}>\boldsymbol{0}$,有

$$\boldsymbol{G}^{\mathrm{T}}\boldsymbol{A}^{\mathrm{T}}\boldsymbol{y} = \boldsymbol{0} \tag{6.27}$$

$$\boldsymbol{\Gamma}^{\mathrm{T}}\boldsymbol{y} = \boldsymbol{0} \tag{6.28}$$

由式(6.26)可得 $\boldsymbol{A}^{\mathrm{T}}\boldsymbol{y}=\lambda\boldsymbol{y}$。因此

$$\boldsymbol{\Gamma}^{\mathrm{T}}(\boldsymbol{A}^j)^{\mathrm{T}}\boldsymbol{y} = \lambda^j\boldsymbol{\Gamma}^{\mathrm{T}}\boldsymbol{y} = \boldsymbol{0},\quad j=0,1,\cdots,n-1$$

可得

$$\boldsymbol{y}^{\mathrm{T}}\boldsymbol{M}_{A\Gamma} = \boldsymbol{y}^{\mathrm{T}}[\boldsymbol{\Gamma}\quad \boldsymbol{A}\boldsymbol{\Gamma}\quad \cdots\quad \boldsymbol{A}^{n-1}\boldsymbol{\Gamma}] = \boldsymbol{0}$$

分别取实部和虚部,有

$$[\mathrm{Re}(\boldsymbol{y})]^{\mathrm{T}}\boldsymbol{M}_{A\Gamma} = \boldsymbol{0},\quad [\mathrm{Im}(\boldsymbol{y})]^{\mathrm{T}}\boldsymbol{M}_{A\Gamma} = \boldsymbol{0}$$

因为 $\boldsymbol{y}\neq\boldsymbol{0}$,$\mathrm{Re}(\boldsymbol{y})$ 和 $\mathrm{Im}(\boldsymbol{y})$ 至少有一个不为零。因此 $\boldsymbol{M}_{A\Gamma}$ 是行相关的,与完全可控的假设矛盾。因此 $|\lambda|<1$。

这就完成了引理 6.8 的证明。

6.3　几何收敛

结合上面的结论，现在可以得到以下定理。

定理 6.1　设线性随机系统(6.1)同时(完全)可控可观。则对于任意初始状态 $\boldsymbol{x}_0$，$\boldsymbol{P}_0 := \boldsymbol{P}_{0,-1} = \mathrm{Var}(\boldsymbol{x}_0)$非负定对称，当 $k\to\infty$时，$\boldsymbol{P}_k := \boldsymbol{P}_{k,k-1} \to \boldsymbol{P}$，其中对称矩阵 $\boldsymbol{P}>\boldsymbol{0}$，且独立于 $\boldsymbol{x}_0$。此外，收敛的阶是几何的，即

$$\mathrm{tr}(\boldsymbol{P}_k - \boldsymbol{P})(\boldsymbol{P}_k - \boldsymbol{P})^{\mathrm{T}} \leqslant Cr^k \tag{6.29}$$

式中，$0<r<1$ 和 $C>0$ 独立于 k，所以

$$\mathrm{tr}(\boldsymbol{G}_k - \boldsymbol{G})(\boldsymbol{G}_k - \boldsymbol{G})^{\mathrm{T}} \leqslant Cr^k \tag{6.30}$$ ■

为证明该定理，令 $\boldsymbol{F}=\boldsymbol{A}(\boldsymbol{I}-\boldsymbol{G}\boldsymbol{C})$。根据引理 6.7 和式(6.25)，存在非负定对称常值矩阵$\boldsymbol{\Omega}$，满足

$$\begin{aligned}(\boldsymbol{P}_k - \boldsymbol{P})(\boldsymbol{P}_k - \boldsymbol{P})^{\mathrm{T}} &= \boldsymbol{F}^{k-n-1}(\boldsymbol{P}_{n+1} - \boldsymbol{P})\boldsymbol{B}_k\boldsymbol{B}_k^{\mathrm{T}}(\boldsymbol{P}_{n+1} - \boldsymbol{P})(\boldsymbol{F}^{k-n-1})^{\mathrm{T}} \\ &\leqslant \boldsymbol{F}^{k-n-1}\boldsymbol{\Omega}(\boldsymbol{F}^{k-n-1})^{\mathrm{T}}\end{aligned}$$

由引理 6.8，$\boldsymbol{F}$ 的所有特征值的绝对值都小于 1。因此 $k\to\infty$时，$\boldsymbol{F}^k\to\boldsymbol{0}$，以使得 $\boldsymbol{P}_k\to\boldsymbol{P}$(见练习 6.4)。

另一方面，由引理 6.6，$\boldsymbol{P}$ 是正定对称的且独立于 $\boldsymbol{P}_0$。

根据引理 1.7 和引理 1.10，有

$$\mathrm{tr}(\boldsymbol{P}_k - \boldsymbol{P})(\boldsymbol{P}_k - \boldsymbol{P})^{\mathrm{T}} \leqslant \mathrm{tr}\boldsymbol{F}^{k-n-1}(\boldsymbol{F}^{k-n-1})^{\mathrm{T}} \cdot \mathrm{tr}\boldsymbol{\Omega} \leqslant Cr^k$$

式中，$0<r<1$，并且 r，c 与 k 无关。

为证明式(6.30)，首先有

$$\begin{aligned}\boldsymbol{G}_k - \boldsymbol{G} &= \boldsymbol{P}_k\boldsymbol{C}^{\mathrm{T}}(\boldsymbol{C}\boldsymbol{P}_k\boldsymbol{C}^{\mathrm{T}} + \boldsymbol{R})^{-1} - \boldsymbol{P}\boldsymbol{C}^{\mathrm{T}}(\boldsymbol{C}\boldsymbol{P}\boldsymbol{C}^{\mathrm{T}} + \boldsymbol{R})^{-1} \\ &= (\boldsymbol{P}_k - \boldsymbol{P})\boldsymbol{C}^{\mathrm{T}}(\boldsymbol{C}\boldsymbol{P}_k\boldsymbol{C}^{\mathrm{T}} + \boldsymbol{R})^{-1} + \\ &\quad \boldsymbol{P}\boldsymbol{C}^{\mathrm{T}}[(\boldsymbol{C}\boldsymbol{P}_k\boldsymbol{C}^{\mathrm{T}} + \boldsymbol{R})^{-1} - (\boldsymbol{C}\boldsymbol{P}\boldsymbol{C}^{\mathrm{T}} + \boldsymbol{R})^{-1}] \\ &= (\boldsymbol{P}_k - \boldsymbol{P})\boldsymbol{C}^{\mathrm{T}}(\boldsymbol{C}\boldsymbol{P}_k\boldsymbol{C}^{\mathrm{T}} + \boldsymbol{R})^{-1} + \boldsymbol{P}\boldsymbol{C}^{\mathrm{T}}(\boldsymbol{C}\boldsymbol{P}_k\boldsymbol{C}^{\mathrm{T}} + \boldsymbol{R})^{-1} \cdot \\ &\quad [(\boldsymbol{C}\boldsymbol{P}\boldsymbol{C}^{\mathrm{T}} + \boldsymbol{R}) - (\boldsymbol{C}\boldsymbol{P}_k\boldsymbol{C}^{\mathrm{T}} + \boldsymbol{R})](\boldsymbol{C}\boldsymbol{P}\boldsymbol{C}^{\mathrm{T}} + \boldsymbol{R})^{-1} \\ &= (\boldsymbol{P}_k - \boldsymbol{P})\boldsymbol{C}^{\mathrm{T}}(\boldsymbol{C}\boldsymbol{P}_k\boldsymbol{C}^{\mathrm{T}} + \boldsymbol{R})^{-1} + \\ &\quad \boldsymbol{P}\boldsymbol{C}^{\mathrm{T}}(\boldsymbol{C}\boldsymbol{P}_k\boldsymbol{C}^{\mathrm{T}} + \boldsymbol{R})^{-1}\boldsymbol{C}(\boldsymbol{P} - \boldsymbol{P}_k)\boldsymbol{C}^{\mathrm{T}}(\boldsymbol{C}\boldsymbol{P}\boldsymbol{C}^{\mathrm{T}} + \boldsymbol{R})^{-1}\end{aligned}$$

因为对任意 $n\times n$ 矩阵 $\boldsymbol{A}$ 和 $\boldsymbol{B}$，都有

$$(\boldsymbol{A}+\boldsymbol{B})(\boldsymbol{A}+\boldsymbol{B})^{\mathrm{T}} \leqslant 2(\boldsymbol{A}\boldsymbol{A}^{\mathrm{T}} + \boldsymbol{B}\boldsymbol{B}^{\mathrm{T}})$$

(见练习 6.5)，则

$$(\boldsymbol{G}_k - \boldsymbol{G})(\boldsymbol{G}_k - \boldsymbol{G})^{\mathrm{T}}$$

$$
\begin{aligned}
&\leqslant 2(\boldsymbol{P}_k-\boldsymbol{P})\boldsymbol{C}^{\mathrm{T}}(\boldsymbol{C}\boldsymbol{P}_k\boldsymbol{C}^{\mathrm{T}}+\boldsymbol{R})^{-1}(\boldsymbol{C}\boldsymbol{P}_k\boldsymbol{C}^{\mathrm{T}}+\boldsymbol{R})^{-1}\boldsymbol{C}(\boldsymbol{P}_k-\boldsymbol{P})+\\
&\quad 2\boldsymbol{P}\boldsymbol{C}^{\mathrm{T}}(\boldsymbol{C}\boldsymbol{P}_k\boldsymbol{C}^{\mathrm{T}}+\boldsymbol{R})^{-1}\boldsymbol{C}(\boldsymbol{P}-\boldsymbol{P}_k)\boldsymbol{C}^{\mathrm{T}}(\boldsymbol{C}\boldsymbol{P}\boldsymbol{C}^{\mathrm{T}}+\boldsymbol{R})^{-1}\cdot\\
&\quad (\boldsymbol{C}\boldsymbol{P}\boldsymbol{C}^{\mathrm{T}}+\boldsymbol{R})^{-1}\boldsymbol{C}(\boldsymbol{P}-\boldsymbol{P}_k)\boldsymbol{C}^{\mathrm{T}}(\boldsymbol{C}\boldsymbol{P}_k\boldsymbol{C}^{\mathrm{T}}+\boldsymbol{R})^{-1}\boldsymbol{C}\boldsymbol{P}
\end{aligned}
\tag{6.31}
$$

因为 $\boldsymbol{P}_0\leqslant\boldsymbol{P}_k$,可得 $\boldsymbol{C}\boldsymbol{P}_0\boldsymbol{C}^{\mathrm{T}}+\boldsymbol{R}\leqslant\boldsymbol{C}\boldsymbol{P}_k\boldsymbol{C}^{\mathrm{T}}+\boldsymbol{R}$,从而由引理1.3得

$$(\boldsymbol{C}\boldsymbol{P}_k\boldsymbol{C}^{\mathrm{T}}+\boldsymbol{R})^{-1}\leqslant(\boldsymbol{C}\boldsymbol{P}_0\boldsymbol{C}^{\mathrm{T}}+\boldsymbol{R})^{-1}$$

由引理1.9,得

$$\mathrm{tr}\,(\boldsymbol{C}\boldsymbol{P}_k\boldsymbol{C}^{\mathrm{T}}+\boldsymbol{R})^{-1}(\boldsymbol{C}\boldsymbol{P}_k\boldsymbol{C}^{\mathrm{T}}+\boldsymbol{R})^{-1}\leqslant(\mathrm{tr}\,(\boldsymbol{C}\boldsymbol{P}_0\boldsymbol{C}^{\mathrm{T}}+\boldsymbol{R})^{-1})^2$$

最后,根据引理1.7,由式(6.31)可得

$$
\begin{aligned}
\mathrm{tr}(\boldsymbol{G}_k-\boldsymbol{G})(\boldsymbol{G}_k-\boldsymbol{G})^{\mathrm{T}}&\leqslant 2\mathrm{tr}(\boldsymbol{P}_k-\boldsymbol{P})(\boldsymbol{P}_k-\boldsymbol{P})^{\mathrm{T}}\cdot\\
&\quad \mathrm{tr}\boldsymbol{C}^{\mathrm{T}}\boldsymbol{C}(\mathrm{tr}(\boldsymbol{C}\boldsymbol{P}_0\boldsymbol{C}^{\mathrm{T}}+\boldsymbol{R})^{-1})^2+2\mathrm{tr}\boldsymbol{P}\boldsymbol{P}^{\mathrm{T}}\cdot\\
&\quad \mathrm{tr}\boldsymbol{C}^{\mathrm{T}}\boldsymbol{C}(\mathrm{tr}(\boldsymbol{C}\boldsymbol{P}_0\boldsymbol{C}^{\mathrm{T}}+\boldsymbol{R})^{-1})^2\cdot\mathrm{tr}\boldsymbol{C}\boldsymbol{C}^{\mathrm{T}}\cdot\mathrm{tr}(\boldsymbol{P}-\boldsymbol{P}_k)(\boldsymbol{P}-\boldsymbol{P}_k)^{\mathrm{T}}\cdot\\
&\quad \mathrm{tr}\boldsymbol{C}^{\mathrm{T}}\boldsymbol{C}\cdot\mathrm{tr}(\boldsymbol{C}\boldsymbol{P}\boldsymbol{C}^{\mathrm{T}}+\boldsymbol{R})^{-1}(\boldsymbol{C}\boldsymbol{P}\boldsymbol{C}^{\mathrm{T}}+\boldsymbol{R})^{-1}\\
&\leqslant C_1\,\mathrm{tr}(\boldsymbol{P}_k-\boldsymbol{P})(\boldsymbol{P}_k-\boldsymbol{P})^{\mathrm{T}}\\
&\leqslant Cr^k
\end{aligned}
$$

式中,C_1 和 C 是与 k 无关的常值。

这就完成了定理6.1的证明。

下面的结果说明 $\vec{\boldsymbol{x}}_k$ 是 $\boldsymbol{x}_k$ 的渐近最优估计。

定理6.2 设线性随机系统(6.1)同时(完全)可控可观,那么

$$\lim_{k\to\infty}\|\boldsymbol{x}_k-\vec{\boldsymbol{x}}_k\|_n^2=(\boldsymbol{P}^{-1}+\boldsymbol{C}^{\mathrm{T}}\boldsymbol{R}^{-1}\boldsymbol{C})^{-1}=\lim_{k\to\infty}\|\boldsymbol{x}_k-\hat{\boldsymbol{x}}_k\|_n^2 \qquad ■$$

定理6.2的第二个等式可以很容易证明。利用引理1.2(矩阵求逆引理),上式可写为

$$
\begin{aligned}
\lim_{k\to\infty}\|\boldsymbol{x}_k-\hat{\boldsymbol{x}}_k\|_n^2&=\lim_{k\to\infty}\boldsymbol{P}_{k,k}\\
&=\lim_{k\to\infty}(\boldsymbol{I}-\boldsymbol{G}_k\boldsymbol{C})\boldsymbol{P}_{k,k-1}\\
&=(\boldsymbol{I}-\boldsymbol{G}\boldsymbol{C})\boldsymbol{P}\\
&=\boldsymbol{P}-\boldsymbol{P}\boldsymbol{C}^{\mathrm{T}}(\boldsymbol{C}\boldsymbol{P}\boldsymbol{C}^{\mathrm{T}}+\boldsymbol{R})^{-1}\boldsymbol{C}\boldsymbol{P}\\
&=(\boldsymbol{P}^{-1}+\boldsymbol{C}^{\mathrm{T}}\boldsymbol{R}^{-1}\boldsymbol{C})^{-1}>\boldsymbol{0}
\end{aligned}
$$

而证明第一个等式,等价于证明 $k\to\infty$ 时,$\|\boldsymbol{x}_k-\vec{\boldsymbol{x}}_k\|_n^2\to(\boldsymbol{I}-\boldsymbol{G}\boldsymbol{C})\boldsymbol{P}$。首先有

$$
\begin{aligned}
\boldsymbol{x}_k-\vec{\boldsymbol{x}}_k&=(\boldsymbol{A}\boldsymbol{x}_{k-1}+\boldsymbol{\Gamma}\underline{\boldsymbol{\xi}}_{k-1})-(\boldsymbol{A}\vec{\boldsymbol{x}}_{k-1}+\boldsymbol{G}\boldsymbol{v}_k-\boldsymbol{G}\boldsymbol{C}\boldsymbol{A}\vec{\boldsymbol{x}}_{k-1})\\
&=(\boldsymbol{A}\boldsymbol{x}_{k-1}+\boldsymbol{\Gamma}\underline{\boldsymbol{\xi}}_{k-1})-\boldsymbol{A}\vec{\boldsymbol{x}}_{k-1}-\boldsymbol{G}(\boldsymbol{C}\boldsymbol{A}\boldsymbol{x}_{k-1}+\boldsymbol{C}\boldsymbol{\Gamma}\underline{\boldsymbol{\xi}}_{k-1}+\underline{\boldsymbol{\eta}}_k)+\boldsymbol{G}\boldsymbol{C}\boldsymbol{A}\vec{\boldsymbol{x}}_{k-1}\\
&=(\boldsymbol{I}-\boldsymbol{G}\boldsymbol{C})\boldsymbol{A}(\boldsymbol{x}_{k-1}-\vec{\boldsymbol{x}}_{k-1})+(\boldsymbol{I}-\boldsymbol{G}\boldsymbol{C})\boldsymbol{\Gamma}\underline{\boldsymbol{\xi}}_{k-1}-\boldsymbol{G}\underline{\boldsymbol{\eta}}_k
\end{aligned}
\tag{6.32}
$$

又

$$\langle \boldsymbol{x}_{k-1} - \vec{\boldsymbol{x}}_{k-1}, \underline{\boldsymbol{\xi}}_{k-1} \rangle = \boldsymbol{0} \tag{6.33}$$

$$\langle \boldsymbol{x}_{k-1} - \vec{\boldsymbol{x}}_{k-1}, \underline{\boldsymbol{\eta}}_{k} \rangle = \boldsymbol{0} \tag{6.34}$$

(见练习 6.6)。有

$$\begin{aligned}\| \boldsymbol{x}_k - \vec{\boldsymbol{x}}_k \|_n^2 = & (\boldsymbol{I} - \boldsymbol{GC})\boldsymbol{A} \| \boldsymbol{x}_{k-1} - \vec{\boldsymbol{x}}_{k-1} \|_n^2 \boldsymbol{A}^{\mathrm{T}} (\boldsymbol{I} - \boldsymbol{GC})^{\mathrm{T}} + \\ & (\boldsymbol{I} - \boldsymbol{GC}) \boldsymbol{\Gamma Q \Gamma}^{\mathrm{T}} (\boldsymbol{I} - \boldsymbol{GC})^{\mathrm{T}} + \boldsymbol{GRG}^{\mathrm{T}}\end{aligned} \tag{6.35}$$

另一方面,可以证明

$$\boldsymbol{P}_{k,k} = (\boldsymbol{I} - \boldsymbol{G}_k\boldsymbol{C})\boldsymbol{A}\boldsymbol{P}_{k-1,k-1}\boldsymbol{A}^{\mathrm{T}} (\boldsymbol{I} - \boldsymbol{G}_k\boldsymbol{C})^{\mathrm{T}} + (\boldsymbol{I} - \boldsymbol{G}_k\boldsymbol{C}) \boldsymbol{\Gamma Q \Gamma}^{\mathrm{T}} (\boldsymbol{I} - \boldsymbol{G}_k\boldsymbol{C})^{\mathrm{T}} + \boldsymbol{G}_k\boldsymbol{R}\boldsymbol{G}_k^{\mathrm{T}} \tag{6.36}$$

(见练习 6.7)。由于当 $k \to \infty$ 时,$\boldsymbol{P}_{k,k} = (\boldsymbol{I} - \boldsymbol{G}_k\boldsymbol{C})\boldsymbol{P}_{k,k-1} \to (\boldsymbol{I} - \boldsymbol{GC})\boldsymbol{P}$,取极限得到

$$\begin{aligned}(\boldsymbol{I} - \boldsymbol{GC})\boldsymbol{P} = & (\boldsymbol{I} - \boldsymbol{GC})\boldsymbol{A}[(\boldsymbol{I} - \boldsymbol{GC})\boldsymbol{P}]\boldsymbol{A}^{\mathrm{T}} (\boldsymbol{I} - \boldsymbol{GC})^{\mathrm{T}} + \\ & (\boldsymbol{I} - \boldsymbol{GC}) \boldsymbol{\Gamma Q \Gamma}^{\mathrm{T}} (\boldsymbol{I} - \boldsymbol{GC})^{\mathrm{T}} + \boldsymbol{GRG}^{\mathrm{T}}\end{aligned} \tag{6.37}$$

由式(6.35)减去(6.37),得

$$\begin{aligned}& \| \boldsymbol{x}_k - \vec{\boldsymbol{x}}_k \|_n^2 - (\boldsymbol{I} - \boldsymbol{GC})\boldsymbol{P} \\ = & (\boldsymbol{I} - \boldsymbol{GC})\boldsymbol{A}[\| \boldsymbol{x}_{k-1} - \vec{\boldsymbol{x}}_{k-1} \|_n^2 - (\boldsymbol{I} - \boldsymbol{GC})\boldsymbol{P}]\boldsymbol{A}^{\mathrm{T}} (\boldsymbol{I} - \boldsymbol{GC})^{\mathrm{T}}\end{aligned}$$

反复应用该公式 $k-1$ 次,得

$$\begin{aligned}& \| \boldsymbol{x}_k - \vec{\boldsymbol{x}}_k \|_n^2 - (\boldsymbol{I} - \boldsymbol{GC})\boldsymbol{P} \\ = & [(\boldsymbol{I} - \boldsymbol{GC})\boldsymbol{A}]^k [\| \boldsymbol{x}_0 - \vec{\boldsymbol{x}}_0 \|_n^2 - (\boldsymbol{I} - \boldsymbol{GC})\boldsymbol{P}] [\boldsymbol{A}^{\mathrm{T}} (\boldsymbol{I} - \boldsymbol{GC})^{\mathrm{T}}]^k\end{aligned}$$

最后,模仿引理 6.8 的证明,可以得到$(\boldsymbol{I} - \boldsymbol{GC})\boldsymbol{A}$ 的所有特征值的绝对值都小于 1(见练习 6.8)。因此,根据练习 6.4,当 $k \to \infty$ 时,有 $\| \boldsymbol{x}_k - \vec{\boldsymbol{x}}_k \|_n^2 - (\boldsymbol{I} - \boldsymbol{GC})\boldsymbol{P} \to \boldsymbol{0}$。这就完成了定理的证明。

下面说明误差$\hat{\boldsymbol{x}}_k - \vec{\boldsymbol{x}}_k$ 也以指数速率趋于零。

定理 6.3　设线性随机系统(6.1)同时(完全)可控可观,则存在分别独立于 k 的实数 $r(0<r<1)$和正的常数 C,使得

$$\mathrm{tr} \| \hat{\boldsymbol{x}}_k - \vec{\boldsymbol{x}}_k \|_n^2 \leqslant Cr^k$$

证明如下。

记$\underline{\boldsymbol{\varepsilon}}_k := \hat{\boldsymbol{x}}_k - \vec{\boldsymbol{x}}_k$,$\underline{\boldsymbol{\delta}}_k := \boldsymbol{x}_k - \hat{\boldsymbol{x}}_k$。由下列两个恒等式

$$\begin{aligned}\hat{\boldsymbol{x}}_k &= \boldsymbol{A}\hat{\boldsymbol{x}}_{k-1} + \boldsymbol{G}_k(\boldsymbol{v}_k - \boldsymbol{CA}\hat{\boldsymbol{x}}_{k-1}) \\ &= \boldsymbol{A}\hat{\boldsymbol{x}}_{k-1} + \boldsymbol{G}(\boldsymbol{v}_k - \boldsymbol{CA}\hat{\boldsymbol{x}}_{k-1}) + (\boldsymbol{G}_k - \boldsymbol{G})(\boldsymbol{v}_k - \boldsymbol{CA}\hat{\boldsymbol{x}}_{k-1}) \\ \vec{\boldsymbol{x}}_k &= \boldsymbol{A}\vec{\boldsymbol{x}}_{k-1} + \boldsymbol{G}(\boldsymbol{v}_k - \boldsymbol{CA}\vec{\boldsymbol{x}}_{k-1})\end{aligned}$$

得

$$\underline{\boldsymbol{\varepsilon}}_k = \hat{\boldsymbol{x}}_k - \vec{\boldsymbol{x}}_k$$

$$= \boldsymbol{A}(\hat{\boldsymbol{x}}_{k-1} - \vec{\boldsymbol{x}}_{k-1}) - \boldsymbol{GCA}(\hat{\boldsymbol{x}}_{k-1} - \vec{\boldsymbol{x}}_{k-1}) +$$
$$(\boldsymbol{G}_k - \boldsymbol{G})(\boldsymbol{CAx}_{k-1} + \boldsymbol{C\Gamma}\underline{\boldsymbol{\xi}}_{k-1} + \underline{\boldsymbol{\eta}}_k - \boldsymbol{CA}\,\hat{\boldsymbol{x}}_{k-1})$$
$$= (\boldsymbol{I} - \boldsymbol{GC})\boldsymbol{A}\,\underline{\boldsymbol{\varepsilon}}_{k-1} + (\boldsymbol{G}_k - \boldsymbol{G})(\boldsymbol{CA}\,\underline{\boldsymbol{\delta}}_{k-1} + \boldsymbol{C\Gamma}\underline{\boldsymbol{\xi}}_{k-1} + \underline{\boldsymbol{\eta}}_k)$$

又

$$\begin{cases} \langle \underline{\boldsymbol{\varepsilon}}_{k-1}, \underline{\boldsymbol{\xi}}_{k-1} \rangle = \boldsymbol{0}, \quad \langle \underline{\boldsymbol{\varepsilon}}_{k-1}, \underline{\boldsymbol{\eta}}_k \rangle = \boldsymbol{0} \\ \langle \underline{\boldsymbol{\delta}}_{k-1}, \underline{\boldsymbol{\xi}}_{k-1} \rangle = \boldsymbol{0}, \quad \langle \underline{\boldsymbol{\delta}}_{k-1}, \underline{\boldsymbol{\eta}}_k \rangle = \boldsymbol{0} \end{cases} \tag{6.38}$$

及$\langle \underline{\boldsymbol{\xi}}_{k-1}, \underline{\boldsymbol{\eta}}_k \rangle = \boldsymbol{0}$(见练习6.9),可得

$$\begin{aligned} \| \underline{\boldsymbol{\varepsilon}}_k \|_n^2 = & [(\boldsymbol{I} - \boldsymbol{GC})\boldsymbol{A}] \| \underline{\boldsymbol{\varepsilon}}_{k-1} \|_n^2 [(\boldsymbol{I} - \boldsymbol{GC})\boldsymbol{A}]^{\mathrm{T}} + \\ & (\boldsymbol{G}_k - \boldsymbol{G})\boldsymbol{CA} \| \underline{\boldsymbol{\delta}}_{k-1} \|_n^2 \boldsymbol{A}^{\mathrm{T}}\boldsymbol{C}^{\mathrm{T}} (\boldsymbol{G}_k - \boldsymbol{G})^{\mathrm{T}} + \\ & (\boldsymbol{G}_k - \boldsymbol{G})\boldsymbol{C\Gamma Q\Gamma}^{\mathrm{T}}\boldsymbol{C}^{\mathrm{T}} (\boldsymbol{G}_k - \boldsymbol{G})^{\mathrm{T}} + (\boldsymbol{G}_k - \boldsymbol{G})\boldsymbol{R} (\boldsymbol{G}_k - \boldsymbol{G})^{\mathrm{T}} + \\ & (\boldsymbol{I} - \boldsymbol{GC})\boldsymbol{A}\langle \underline{\boldsymbol{\varepsilon}}_{k-1}, \underline{\boldsymbol{\delta}}_{k-1} \rangle \boldsymbol{A}^{\mathrm{T}}\boldsymbol{C}^{\mathrm{T}} (\boldsymbol{G}_k - \boldsymbol{G})^{\mathrm{T}} + \\ & (\boldsymbol{G}_k - \boldsymbol{G})\boldsymbol{CA}\langle \underline{\boldsymbol{\delta}}_{k-1}, \underline{\boldsymbol{\varepsilon}}_{k-1} \rangle \boldsymbol{A}^{\mathrm{T}}(\boldsymbol{I} - \boldsymbol{GC})^{\mathrm{T}} \\ = & \boldsymbol{F} \| \underline{\boldsymbol{\varepsilon}}_{k-1} \|_n^2 \boldsymbol{F}^{\mathrm{T}} + (\boldsymbol{G}_k - \boldsymbol{G}) \boldsymbol{\Omega}_{k-1} (\boldsymbol{G}_k - \boldsymbol{G})^{\mathrm{T}} + \\ & \boldsymbol{FB}_{k-1} (\boldsymbol{G}_k - \boldsymbol{G})^{\mathrm{T}} + (\boldsymbol{G}_k - \boldsymbol{G})\boldsymbol{B}_{k-1}^{\mathrm{T}}\boldsymbol{F}^{\mathrm{T}} \end{aligned} \tag{6.39}$$

式中

$$\begin{aligned} \boldsymbol{F} &= (\boldsymbol{I} - \boldsymbol{GC})\boldsymbol{A} \\ \boldsymbol{B}_{k-1} &= \langle \underline{\boldsymbol{\varepsilon}}_{k-1}, \underline{\boldsymbol{\delta}}_{k-1} \rangle \boldsymbol{A}^{\mathrm{T}}\boldsymbol{C}^{\mathrm{T}} \\ \boldsymbol{\Omega}_{k-1} &= \boldsymbol{CA} \| \underline{\boldsymbol{\delta}}_{k-1} \|_n^2 \boldsymbol{A}^{\mathrm{T}}\boldsymbol{C}^{\mathrm{T}} + \boldsymbol{C\Gamma Q\Gamma}^{\mathrm{T}}\boldsymbol{C}^{\mathrm{T}} + \boldsymbol{R} \end{aligned}$$

反复应用式(6.39),可得

$$\begin{aligned} \| \underline{\boldsymbol{\varepsilon}}_k \|_n^2 = & \boldsymbol{F}^k \| \underline{\boldsymbol{\varepsilon}}_0 \|_n^2 (\boldsymbol{F}^k)^{\mathrm{T}} + \sum_{i=0}^{k-1} \boldsymbol{F}^i (\boldsymbol{G}_{k-i} - \boldsymbol{G}) \boldsymbol{\Omega}_{k-1-i} (\boldsymbol{G}_{k-i} - \boldsymbol{G})^{\mathrm{T}} (\boldsymbol{F}^i)^{\mathrm{T}} + \\ & \sum_{i=0}^{k-1} \boldsymbol{F}^i [\boldsymbol{FB}_{k-1-i} (\boldsymbol{G}_{k-i} - \boldsymbol{G})^{\mathrm{T}} + (\boldsymbol{G}_{k-i} - \boldsymbol{G})\boldsymbol{B}_{k-1-i}^{\mathrm{T}}\boldsymbol{F}^{\mathrm{T}}] (\boldsymbol{F}^i)^{\mathrm{T}} \end{aligned} \tag{6.40}$$

另一方面,由于$\boldsymbol{B}_j$的各分量一致有界(见练习6.10),可以证明,通过应用引理1.6、引理1.7和引理1.10,及定理6.1,对某些独立于k、i的r_1,$0<r_1<1$,及正常数C_1,有

$$\mathrm{tr}[\boldsymbol{FB}_{k-1-i} (\boldsymbol{G}_{k-i} - \boldsymbol{G})^{\mathrm{T}} + (\boldsymbol{G}_{k-i} - \boldsymbol{G})\boldsymbol{B}_{k-1-i}^{\mathrm{T}}\boldsymbol{F}^{\mathrm{T}}] \leqslant C_1 r_1^{k-i+1} \tag{6.41}$$

(见练习6.11)。

再次应用引理1.7和引理1.10以及定理6.1,可得

$$\begin{aligned}&\operatorname{tr}\|\underline{\boldsymbol{\varepsilon}}_k\|_n^2\leqslant\operatorname{tr}\|\underline{\boldsymbol{\varepsilon}}_0\|_n^2\cdot\operatorname{tr}\boldsymbol{F}^k(\boldsymbol{F}^k)^{\mathrm{T}}+\sum_{i=0}^{k-1}\operatorname{tr}\boldsymbol{F}^i(\boldsymbol{F}^i)^{\mathrm{T}}\cdot\\&\operatorname{tr}(\boldsymbol{G}_{k-i}-\boldsymbol{G})(\boldsymbol{G}_{k-i}-\boldsymbol{G})^{\mathrm{T}}\cdot\operatorname{tr}\boldsymbol{\Omega}_{k-1-i}+\\&\sum_{i=0}^{k-1}\operatorname{tr}\boldsymbol{F}^i(\boldsymbol{F}^i)^{\mathrm{T}}\cdot\operatorname{tr}[\boldsymbol{F}\boldsymbol{B}_{k-1-i}(\boldsymbol{G}_{k-i}-\boldsymbol{G})^{\mathrm{T}}+(\boldsymbol{G}_{k-i}-\boldsymbol{G})\boldsymbol{B}_{k-1-i}^{\mathrm{T}}\boldsymbol{F}^{\mathrm{T}}]\\&\leqslant\operatorname{tr}\|\underline{\boldsymbol{\varepsilon}}_0\|_n^2C_2r_2^k+\sum_{i=0}^{k-1}C_3r_3^iC_4r_4^{k-i}+\sum_{i=0}^{k-1}C_5r_5^iC_1r_1^{k-i+1}\\&\leqslant p(k)r_6^k\end{aligned}\tag{6.42}$$

式中，$0<r_2、r_3、r_4、r_5<1$，$r_6=\max(r_1、r_2、r_3、r_4、r_5)<1$，以及 $C_2、C_3、C_4、C_5$ 是分别独立于 k 和 i 的正常值，且 $p(k)$ 是 k 的多项式。因此，存在一个独立于 k 的实数 r，$r_6<r<1$，和一个正常数 C，满足 $p(k)(r_6/r)^k\leqslant C$，使得

$$\operatorname{tr}\|\underline{\boldsymbol{\varepsilon}}_k\|_n^2\leqslant Cr^k$$

这就完成了定理的证明。

6.4　实时应用

再次研究跟踪模型(3.26)，其状态空间模型：

$$\begin{cases}\boldsymbol{x}_{k+1}=\begin{bmatrix}1&h&h^2/2\\0&1&h\\0&0&1\end{bmatrix}\boldsymbol{x}_k+\underline{\boldsymbol{\xi}}_k\\ \boldsymbol{v}_k=[1\quad0\quad0]\boldsymbol{x}_k+\eta_k\end{cases}\tag{6.43}$$

式中 $h>0$ 为采样时间，$\{\underline{\boldsymbol{\xi}}_k\}$ 和 $\{\eta_k\}$ 是零均值高斯白噪声序列，且满足下列假设

$$E(\underline{\boldsymbol{\xi}}_k\underline{\boldsymbol{\xi}}_l^{\mathrm{T}})=\begin{bmatrix}\sigma_p&0&0\\0&\sigma_v&0\\0&0&\sigma_a\end{bmatrix}\delta_{kl},\quad E(\eta_k\eta_l)=\sigma_m\delta_{kl}$$

$$E(\underline{\boldsymbol{\xi}}_k\eta_l)=\mathbf{0},\quad E(\underline{\boldsymbol{\xi}}_k\boldsymbol{x}_0^{\mathrm{T}})=\mathbf{0},\quad E(\boldsymbol{x}_0\eta_k)=\mathbf{0}$$

且 $\sigma_p、\sigma_v、\sigma_a\geqslant0$，$\sigma_p+\sigma_v+\sigma_a>0$ 和 $\sigma_m>0$。

因为矩阵

$$\begin{aligned}\boldsymbol{M}_{A\Gamma}&=[\boldsymbol{\Gamma}\quad\boldsymbol{A}\boldsymbol{\Gamma}\quad\boldsymbol{A}^2\boldsymbol{\Gamma}]\\&=\begin{bmatrix}1&0&0&1&h&h^2/2&1&2h&2h^2\\0&1&0&0&1&h&0&1&2h\\0&0&1&0&0&1&0&0&1\end{bmatrix}\end{aligned}$$

$$N_{CA}=\begin{bmatrix}C\\CA\\CA^2\end{bmatrix}=\begin{bmatrix}1&0&0\\1&h&h^2/2\\1&2h&2h^2\end{bmatrix}$$

都满秩,所以系统(6.43)是完全可控可观的。根据定理6.1,存在正定对称矩阵$\boldsymbol{P}$,使得

$$\lim_{k\to\infty}\boldsymbol{P}_{k+1,k}=\boldsymbol{P}$$

式中

$$\boldsymbol{P}_{k+1,k}=\boldsymbol{A}(\boldsymbol{I}-\boldsymbol{G}_k\boldsymbol{C}^{\mathrm{T}})\boldsymbol{P}_{k,k-1}\boldsymbol{A}^{\mathrm{T}}+\begin{bmatrix}\sigma_p&0&0\\0&\sigma_v&0\\0&0&\sigma_a\end{bmatrix}$$

$$\boldsymbol{G}_k=\boldsymbol{P}_{k,k-1}\boldsymbol{C}(\boldsymbol{C}^{\mathrm{T}}\boldsymbol{P}_{k,k-1}\boldsymbol{C}+\sigma_m)^{-1}$$

将$\boldsymbol{G}_k$代入上面$\boldsymbol{P}_{k+1,k}$的表达式,然后取极限,可得下面的矩阵Riccati方程

$$\boldsymbol{P}=\boldsymbol{A}[\boldsymbol{P}-\boldsymbol{P}\boldsymbol{C}(\boldsymbol{C}^{\mathrm{T}}\boldsymbol{P}\boldsymbol{C}+\sigma_m)^{-1}\boldsymbol{C}^{\mathrm{T}}\boldsymbol{P}]\boldsymbol{A}^{\mathrm{T}}+\begin{bmatrix}\sigma_p&0&0\\0&\sigma_v&0\\0&0&\sigma_a\end{bmatrix}\tag{6.44}$$

现在求解这个正定矩阵$\boldsymbol{P}$的矩阵Riccati方程,得到极限卡尔曼增益:

$$\boldsymbol{G}=\boldsymbol{P}\boldsymbol{C}/(\boldsymbol{C}^{\mathrm{T}}\boldsymbol{P}\boldsymbol{C}+\sigma_m)$$

及极限(稳态)卡尔曼滤波方程:

$$\begin{cases}\vec{\boldsymbol{x}}_{k+1}=\boldsymbol{A}\vec{\boldsymbol{x}}_k+\boldsymbol{G}(\boldsymbol{v}_k-\boldsymbol{C}\boldsymbol{A}\vec{\boldsymbol{x}}_k)\\ \vec{\boldsymbol{x}}_0=E(\boldsymbol{x}_0)\end{cases}\tag{6.45}$$

因为矩阵Riccati方程(6.44)可以在滤波过程进行之前进行求解,该极限卡尔曼滤波给出了一个非常有效的实时跟踪器。由定理6.3可知,估计$\vec{\boldsymbol{x}}_k$和最优估计$\hat{\boldsymbol{x}}_k$非常接近。

练习

6.1 证明在$E(\tilde{\boldsymbol{x}}_{k-1})=E(\boldsymbol{x}_{k-1})$的条件下,式(6.7)的估计$\tilde{\boldsymbol{x}}_{k-1}$是$\boldsymbol{x}_{k-1}$的无偏估计。

6.2 证明:$\dfrac{\mathrm{d}}{\mathrm{d}s}\boldsymbol{A}^{-1}(s)=-\boldsymbol{A}^{-1}(s)\left[\dfrac{\mathrm{d}}{\mathrm{d}s}\boldsymbol{A}(s)\right]\boldsymbol{A}^{-1}(s)$。

6.3 证明若$\lambda_{\min}$是$\boldsymbol{P}$的最小特征值,则$\boldsymbol{P}\geqslant\lambda_{\min}\boldsymbol{I}$。类似地,若$\lambda_{\max}$是$\boldsymbol{P}$的最大特征值,则$\boldsymbol{P}\leqslant\lambda_{\max}\boldsymbol{I}$。

6.4　设 $\boldsymbol{F}$ 是一个 $n\times n$ 阶矩阵，并假设 $\boldsymbol{F}$ 的所有特征值的绝对值都小于1。证明当 $k\to\infty$ 时，$\boldsymbol{F}^k\to\boldsymbol{0}$。

6.5　证明对于任意 $n\times n$ 阶矩阵 $\boldsymbol{A}$ 和 $\boldsymbol{B}$，有 $(\boldsymbol{A}+\boldsymbol{B})(\boldsymbol{A}+\boldsymbol{B})^{\mathrm{T}}\leqslant 2(\boldsymbol{A}\boldsymbol{A}^{\mathrm{T}}+\boldsymbol{B}\boldsymbol{B}^{\mathrm{T}})$。

6.6　设 $\{\underline{\boldsymbol{\xi}}_k\}$ 和 $\{\underline{\boldsymbol{\eta}}_k\}$ 分别是系统和量测的零均值高斯白噪声序列，$\vec{\boldsymbol{x}}_k$ 由式(6.4)定义。证明：

$$\langle \boldsymbol{x}_{k-1}-\vec{\boldsymbol{x}}_{k-1},\underline{\boldsymbol{\xi}}_{k-1}\rangle=\boldsymbol{0}$$

$$\langle \boldsymbol{x}_{k-1}-\vec{\boldsymbol{x}}_{k-1},\underline{\boldsymbol{\eta}}_{k}\rangle=\boldsymbol{0}$$

6.7　证明对于卡尔曼增益 $\boldsymbol{G}_k$，有 $-(\boldsymbol{I}-\boldsymbol{G}_k\boldsymbol{C})\boldsymbol{P}_{k,k-1}\boldsymbol{C}^{\mathrm{T}}\boldsymbol{G}_k^{\mathrm{T}}+\boldsymbol{G}_k\boldsymbol{R}\boldsymbol{G}_k^{\mathrm{T}}=\boldsymbol{0}$，并应用此公式，证明：

$$\boldsymbol{P}_{k,k}=(\boldsymbol{I}-\boldsymbol{G}_k\boldsymbol{C})\boldsymbol{A}\boldsymbol{P}_{k-1,k-1}\boldsymbol{A}^{\mathrm{T}}(\boldsymbol{I}-\boldsymbol{G}_k\boldsymbol{C})^{\mathrm{T}}+(\boldsymbol{I}-\boldsymbol{G}_k\boldsymbol{C})\boldsymbol{\Gamma}\boldsymbol{Q}_k\boldsymbol{\Gamma}^{\mathrm{T}}(\boldsymbol{I}-\boldsymbol{G}_k\boldsymbol{C})^{\mathrm{T}}+\boldsymbol{G}_k\boldsymbol{R}\boldsymbol{G}_k^{\mathrm{T}}。$$

6.8　模仿引理6.8的证明过程，证明 $(\boldsymbol{I}-\boldsymbol{G}\boldsymbol{C})\boldsymbol{A}$ 的所有特征值的绝对值都小于1。

6.9　设 $\underline{\boldsymbol{\varepsilon}}_k=\hat{\boldsymbol{x}}_k-\vec{\boldsymbol{x}}_k$，其中 $\vec{\boldsymbol{x}}_k$ 由式(6.4)定义，令 $\underline{\boldsymbol{\delta}}_k=\boldsymbol{x}_k-\vec{\boldsymbol{x}}_k$，证明

$$\langle \underline{\boldsymbol{\varepsilon}}_{k-1},\underline{\boldsymbol{\xi}}_{k-1}\rangle=\boldsymbol{0},\quad \langle \underline{\boldsymbol{\varepsilon}}_{k-1},\underline{\boldsymbol{\eta}}_{k}\rangle=\boldsymbol{0}$$

$$\langle \underline{\boldsymbol{\delta}}_{k-1},\underline{\boldsymbol{\xi}}_{k-1}\rangle=\boldsymbol{0},\quad \langle \underline{\boldsymbol{\delta}}_{k-1},\underline{\boldsymbol{\eta}}_{k}\rangle=\boldsymbol{0}$$

式中 $\{\underline{\boldsymbol{\xi}}_k\}$ 和 $\{\underline{\boldsymbol{\eta}}_k\}$ 分别是系统和量测的零均值高斯白噪声序列。

6.10　设

$$\boldsymbol{B}_j=\langle \underline{\boldsymbol{\varepsilon}}_j,\underline{\boldsymbol{\delta}}_j\rangle\boldsymbol{A}^{\mathrm{T}}\boldsymbol{C}^{\mathrm{T}},\quad j=0,1,\cdots$$

式中，$\underline{\boldsymbol{\varepsilon}}_j=\hat{\boldsymbol{x}}_j-\vec{\boldsymbol{x}}_j$，$\underline{\boldsymbol{\delta}}_j=\boldsymbol{x}_j-\hat{\boldsymbol{x}}_j$，$\vec{\boldsymbol{x}}_j$ 由式(6.4)定义。证明 $\boldsymbol{B}_j$ 的各分量一致有界。

6.11　推导式(6.41)。

6.12　给出下面标量系统的极限(稳态)卡尔曼滤波的具体算法：

$$\begin{cases} x_{k+1}=ax_k+\gamma\xi_k \\ v_k=cx_k+\eta_k \end{cases}$$

式中 a、γ 和 c 是常数，$\{\xi_k\}$、$\{\eta_k\}$ 分别是方差为 q 和 r 的零均值高斯白噪声序列。

第 7 章

序贯算法和平方根算法

很明显，卡尔曼滤波过程中唯一耗时的操作就是卡尔曼增益矩阵的计算：

$$\boldsymbol{G}_k = \boldsymbol{P}_{k,k-1}\boldsymbol{C}_k^{\mathrm{T}}(\boldsymbol{C}_k\boldsymbol{P}_{k,k-1}\boldsymbol{C}_k^{\mathrm{T}} + \boldsymbol{R}_k)^{-1}$$

而实时性是卡尔曼滤波需要考虑的首要问题。因此在滤波过程中，极其重要的是在每个时刻不必直接对矩阵求逆就能计算出 $\boldsymbol{G}_k$，或者高效精确地执行修正操作，无论该操作是否包含矩阵求逆过程。我们首先讨论的序贯算法避免了对矩阵$(\boldsymbol{C}_k\boldsymbol{P}_{k,k-1}\boldsymbol{C}_k^{\mathrm{T}}+\boldsymbol{R}_k)$的直接求逆；其次研究的平方根算法只对三角矩阵进行求逆，并且求解可能非常大或者非常小数字的平方根时，可以提高计算精度。最后将这两种算法组合，得到一种可以满足实时应用的高效计算方案。

7.1 序贯算法

如果正定阵 $\boldsymbol{R}_k$ 是对角阵，即

$$\boldsymbol{R}_k = \mathrm{diag}[r_k^1, \cdots, r_k^q]$$

式中 $r_k^1,\cdots,r_k^q>0$，那么序贯算法的效率很高。如果 $\boldsymbol{R}_k$ 不是对角阵，那么可以确定正交阵 $\boldsymbol{T}_k$，使得转换矩阵 $\boldsymbol{T}_k^{\mathrm{T}}\boldsymbol{R}_k\boldsymbol{T}_k$ 是对角阵。

这样，状态空间描述的观测方程：

$$\boldsymbol{v}_k = \boldsymbol{C}_k\boldsymbol{x}_k + \underline{\boldsymbol{\eta}}_k$$

可以转换为

C. K. Chui and G. Chen, Kalman Filtering, DOI 10.1007/978-3-319-47612-4_1

$$\tilde{\boldsymbol{v}}_k = \widetilde{\boldsymbol{C}}_k \boldsymbol{x}_k + \underline{\tilde{\boldsymbol{\eta}}}_k$$

式中 $\tilde{\boldsymbol{v}}_k = \boldsymbol{T}_k^{\mathrm{T}} \boldsymbol{v}_k$，$\widetilde{\boldsymbol{C}}_k = \boldsymbol{T}_k^{\mathrm{T}} \boldsymbol{C}_k$，$\underline{\tilde{\boldsymbol{\eta}}}_k = \boldsymbol{T}_k^{\mathrm{T}} \underline{\boldsymbol{\eta}}_k$，并且

$$\mathrm{Var}(\underline{\tilde{\boldsymbol{\eta}}}_k) = \boldsymbol{T}_k^{\mathrm{T}} \boldsymbol{R}_k \boldsymbol{T}_k$$

在接下来的讨论中，假设 $\boldsymbol{R}_k$ 是对角阵。我们所感兴趣的只是计算卡尔曼增益矩阵 $\boldsymbol{G}_k$ 和 k 时刻状态向量 $\boldsymbol{x}_k$ 的最优估计 $\hat{\boldsymbol{x}}_{k|k}$。只要不引起混淆，可以去掉下标 k，例如：

$$\boldsymbol{v}_k = \begin{bmatrix} \boldsymbol{v}^1 \\ \vdots \\ \boldsymbol{v}^q \end{bmatrix}_{q\times 1}, \quad \boldsymbol{C}_k^{\mathrm{T}} = [\boldsymbol{c}^1 \quad \cdots \quad \boldsymbol{c}^q]_{n\times q}$$

$$\boldsymbol{R}_k = \mathrm{diag}[r^1, \cdots, r^q]$$

序贯算法描述如下。

定理 7.1　令 k 是固定的，设

$$\boldsymbol{P}^0 = \boldsymbol{P}_{k,k-1}, \quad \hat{\boldsymbol{x}}^0 = \hat{\boldsymbol{x}}_{k|k-1} \tag{7.1}$$

且对于 $i=1,\cdots,q$，计算

$$\begin{cases} \boldsymbol{g}^i = \dfrac{1}{(\boldsymbol{c}^i)^{\mathrm{T}} \boldsymbol{P}^{i-1} \boldsymbol{c}^i + r^i} \boldsymbol{P}^{i-1} \boldsymbol{c}^i \\ \hat{\boldsymbol{x}}^i = \hat{\boldsymbol{x}}^{i-1} + [\boldsymbol{v}^i - (\boldsymbol{c}^i)^{\mathrm{T}} \hat{\boldsymbol{x}}^{i-1}] \boldsymbol{g}^i \\ \boldsymbol{P}^i = \boldsymbol{P}^{i-1} - \boldsymbol{g}^i (\boldsymbol{c}^i)^{\mathrm{T}} \boldsymbol{P}^{i-1} \end{cases} \tag{7.2}$$

由此可得

$$\boldsymbol{G}_k = \boldsymbol{P}^q \boldsymbol{C}_k^{\mathrm{T}} \boldsymbol{R}_k^{-1} \tag{7.3}$$

$$\hat{\boldsymbol{x}}_{k|k} = \hat{\boldsymbol{x}}^q \tag{7.4}$$

（见图 7.1）。■

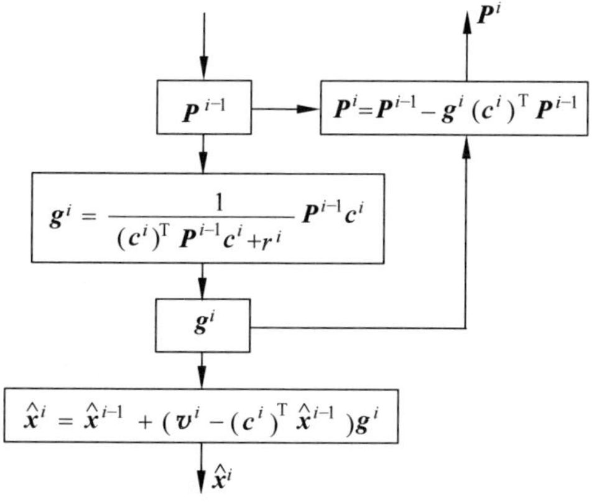

图 7.1　序贯算法

定理证明如下。

为了证明式(7.3),首先需证明:

$$G_k = P_{k,k}C_k^{\mathrm{T}}R_k^{-1} \tag{7.5}$$

该式可由滤波方程得到

$$\begin{aligned} P_{k,k} &= (I - G_kC_k)P_{k,k-1} \\ &= P_{k,k-1} - G_kC_kP_{k,k-1} \end{aligned}$$

故

$$\begin{aligned} G_k &= P_{k,k-1}C_k^{\mathrm{T}}(C_kP_{k,k-1}C_k^{\mathrm{T}} + R_k)^{-1} \\ &= (P_{k,k} + G_kC_kP_{k,k-1})C_k^{\mathrm{T}}(C_kP_{k,k-1}C_k^{\mathrm{T}} + R_k)^{-1} \end{aligned}$$

或者

$$G_k(C_kP_{k,k-1}C_k^{\mathrm{T}} + R_k) = (P_{k,k} + G_kC_kP_{k,k-1})C_k^{\mathrm{T}}$$

由该式可求得(7.5)。

因此,如果证得式(7.6)成立,即可证得式(7.3)成立。再来证

$$P_{k,k} = P^q \tag{7.6}$$

该等式的直接证明看来是不可得的,需借助矩阵求逆引理(引理1.2)。令$\varepsilon>0$,并设置正定阵$P_\varepsilon^0 = P_{k,k-1} + \varepsilon I$。同理,设置

$$P_\varepsilon^i = P_\varepsilon^{i-1} - g_\varepsilon^i(c^i)^{\mathrm{T}}P_\varepsilon^{i-1}$$

$$g_\varepsilon^i = \frac{1}{(c^i)^{\mathrm{T}}P_\varepsilon^{i-1}c^i + r^i}P_\varepsilon^{i-1}c^i$$

由$i=1$开始用归纳论证和矩阵求逆引理式(1.3)。可以看出,矩阵

$$P_\varepsilon^i = P_\varepsilon^{i-1} - P_\varepsilon^{i-1}c^i\left[(c^i)^{\mathrm{T}}P_\varepsilon^{i-1}c^i + r^i\right]^{-1}(c^i)^{\mathrm{T}}P_\varepsilon^{i-1}$$

是可逆的,且有

$$(P_\varepsilon^i)^{-1} = (P_\varepsilon^{i-1})^{-1} + c^i(r^i)^{-1}(c^i)^{\mathrm{T}}$$

对$i=q,q-1,\cdots,1$,依次应用所有这些方程,可得

$$\begin{aligned} (P_\varepsilon^q)^{-1} &= (P_\varepsilon^{q-1})^{-1} + c^q(r^q)^{-1}(c^q)^{\mathrm{T}} \\ &= \cdots \\ &= (P_\varepsilon^0)^{-1} + \sum_{i=1}^{q} c^i(r^i)^{-1}(c^i)^{\mathrm{T}} \\ &= (P_\varepsilon^0)^{-1} + C_k^{\mathrm{T}}R_k^{-1}C_k \end{aligned}$$

另一方面,再次使用矩阵求逆引理,可证矩阵

$$\widetilde{P}_\varepsilon := P_\varepsilon^0 - P_\varepsilon^0C_k(C_kP_\varepsilon^0C_k^{\mathrm{T}} + R_k)^{-1}P_\varepsilon^0$$

也是可逆的,且

$$\widetilde{P}_\varepsilon^{-1} = (P_\varepsilon^0)^{-1} + C_k^{\mathrm{T}}R_k^{-1}C_k$$

因此,有$\widetilde{P}_\varepsilon^{-1} = (P_\varepsilon^q)^{-1}$,所以

$$\widetilde{\boldsymbol{P}}_{\varepsilon} = \boldsymbol{P}_{\varepsilon}^{q}$$

随着 $\varepsilon \to 0$，由卡尔曼滤波方程，可得

$$\begin{aligned}\widetilde{\boldsymbol{P}}_{\varepsilon} &\to \boldsymbol{P}^{0} - \boldsymbol{P}^{0}\boldsymbol{C}_{k}(\boldsymbol{C}_{k}\boldsymbol{P}^{0}\boldsymbol{C}_{k}^{\mathrm{T}} + \boldsymbol{R}_{k})^{-1}\boldsymbol{P}^{0} \\ &= (\boldsymbol{I} - \boldsymbol{G}_{k}\boldsymbol{C}_{k})\boldsymbol{P}_{k,k-1} = \boldsymbol{P}_{k,k}\end{aligned}$$

从这个定义中，可以得到，$\varepsilon \to 0$ 时，

$$\boldsymbol{P}_{\varepsilon}^{q} \to \boldsymbol{P}^{q}$$

这意味着式(7.6)成立，从而式(7.3)得证。

为证明式(7.4)，首先注意到

$$\boldsymbol{g}^{i} = \boldsymbol{P}^{i}\boldsymbol{c}^{i}(r^{i})^{-1} \tag{7.7}$$

由式(7.2)中第三个方程，可得

$$\boldsymbol{P}^{i-1} = \boldsymbol{P}^{i} + \boldsymbol{g}^{i}(\boldsymbol{c}^{i})^{\mathrm{T}}\boldsymbol{P}^{i-1}$$

由式(7.2)中的第一个方程，可得

$$\boldsymbol{g}^{i} = \frac{1}{(\boldsymbol{c}^{i})^{\mathrm{T}}\boldsymbol{P}^{i-1}\boldsymbol{c}^{i} + r^{i}}(\boldsymbol{P}^{i} + \boldsymbol{g}^{i}(\boldsymbol{c}^{i})^{\mathrm{T}}\boldsymbol{P}^{i-1})\boldsymbol{c}^{i}$$

其简化形式是式(7.7)。

对于任意的 $i, 0 \leqslant i \leqslant q-1$，由式(7.2)中的第三个方程，可得

$$\begin{aligned}\boldsymbol{P}^{q} &= (\boldsymbol{I} - \boldsymbol{g}^{q}(\boldsymbol{c}^{q})^{\mathrm{T}})\boldsymbol{P}^{q-1} \\ &= \cdots = (\boldsymbol{I} - \boldsymbol{g}^{q}(\boldsymbol{c}^{q})^{\mathrm{T}})\cdots(\boldsymbol{I} - \boldsymbol{g}^{i+1}(\boldsymbol{c}^{i+1})^{\mathrm{T}})\boldsymbol{P}^{i}\end{aligned} \tag{7.8}$$

依次应用卡尔曼滤波校正方程式(7.3)、式(7.1)、式(7.8)和式(7.7)，有

$$\begin{aligned}\hat{\boldsymbol{x}}_{k|k} &= \hat{\boldsymbol{x}}_{k|k-1} + \boldsymbol{G}_{k}(\boldsymbol{v}_{k} - \boldsymbol{C}_{k}\hat{\boldsymbol{x}}_{k|k-1}) \\ &= (\boldsymbol{I} - \boldsymbol{G}_{k}\boldsymbol{C}_{k})\hat{\boldsymbol{x}}_{k|k-1}\boldsymbol{G}_{k}\boldsymbol{v}_{k} \\ &= (\boldsymbol{I} - \boldsymbol{P}^{q}\boldsymbol{C}_{k}^{\mathrm{T}}\boldsymbol{R}_{k}^{-1}\boldsymbol{C}_{k})\hat{\boldsymbol{x}}_{k|k-1} + \boldsymbol{P}^{q}\boldsymbol{C}_{k}^{\mathrm{T}}\boldsymbol{R}_{k}^{-1}\boldsymbol{v}_{k} \\ &= \left(\boldsymbol{I} - \sum_{i=1}^{q}\boldsymbol{P}^{q}\boldsymbol{c}^{i}(r^{i})^{-1}(\boldsymbol{c}^{i})^{\mathrm{T}}\right)\hat{\boldsymbol{x}}^{0} + \sum_{i=1}^{q}\boldsymbol{P}^{q}\boldsymbol{c}^{i}(r^{i})^{-1}v^{i} \\ &= \Big[(\boldsymbol{I} - \boldsymbol{P}^{q}\boldsymbol{c}^{q}(r^{q})^{-1}(\boldsymbol{c}^{q})^{\mathrm{T}}) - \sum_{i=1}^{q-1}(\boldsymbol{I} - \boldsymbol{g}^{q}(\boldsymbol{c}^{q})^{\mathrm{T}})\cdots \\ &\quad (\boldsymbol{I} - \boldsymbol{g}^{i+1}(\boldsymbol{c}^{i+1})^{\mathrm{T}})\boldsymbol{P}^{i}\boldsymbol{c}^{i}(r^{i})^{-1}(\boldsymbol{c}^{i})^{\mathrm{T}}\Big]\hat{\boldsymbol{x}}^{0} + \sum_{i=1}^{q-1}(\boldsymbol{I} - \boldsymbol{g}^{q}(\boldsymbol{c}^{q})^{\mathrm{T}})\cdots \\ &\quad (\boldsymbol{I} - \boldsymbol{g}^{i+1}(\boldsymbol{c}^{i+1})^{\mathrm{T}})\boldsymbol{P}^{i}\boldsymbol{c}^{i}(r^{i})^{-1}v^{i} + \boldsymbol{P}^{q}\boldsymbol{c}^{q}(r^{q})^{-1}v^{q} \\ &= \Big[\Big((\boldsymbol{I} - \boldsymbol{g}^{q}(\boldsymbol{c}^{q})^{\mathrm{T}}) - \sum_{i=1}^{q-1}(\boldsymbol{I} - \boldsymbol{g}^{q}(\boldsymbol{c}^{q})^{\mathrm{T}}\Big)\cdots \\ &\quad (\boldsymbol{I} - \boldsymbol{g}^{i+1}(\boldsymbol{c}^{i+1})^{\mathrm{T}})\boldsymbol{g}^{i}(\boldsymbol{c}^{i})^{\mathrm{T}}\Big]\hat{\boldsymbol{x}}^{0} + \sum_{i=1}^{q-1}(\boldsymbol{I} - \boldsymbol{g}^{q}(\boldsymbol{c}^{q})^{\mathrm{T}})\cdots\end{aligned}$$

$$(\boldsymbol{I}-\boldsymbol{g}^{i+1}(\boldsymbol{c}^{i+1})^{\mathrm{T}})\boldsymbol{g}^{i}v^{i}+\boldsymbol{g}^{q}v^{q}$$

$$=(\boldsymbol{I}-\boldsymbol{g}^{q}(\boldsymbol{c}^{q})^{\mathrm{T}})\cdot\cdots\cdot(\boldsymbol{I}-\boldsymbol{g}^{1}(\boldsymbol{c}^{1})^{\mathrm{T}})\hat{\boldsymbol{x}}_0+\sum_{i=1}^{q-1}(\boldsymbol{I}-\boldsymbol{g}^{q}(\boldsymbol{c}^{q})^{\mathrm{T}})\cdot\cdots\cdot(\boldsymbol{I}-\boldsymbol{g}^{i+1}(\boldsymbol{c}^{i+1})^{\mathrm{T}})\boldsymbol{g}^{i}v^{i}+\boldsymbol{g}^{q}v^{q}$$

另一方面,由式(7.2)中的第二个方程,可得

$$\begin{aligned}\hat{\boldsymbol{x}}^{q}&=(\boldsymbol{I}-\boldsymbol{g}^{q}(\boldsymbol{c}^{q})^{\mathrm{T}})\hat{\boldsymbol{x}}^{q-1}+\boldsymbol{g}^{q}v^{q}\\&=(\boldsymbol{I}-\boldsymbol{g}^{q}(\boldsymbol{c}^{q})^{\mathrm{T}})(\boldsymbol{I}-\boldsymbol{g}^{q-1}(\boldsymbol{c}^{q-1})^{\mathrm{T}})\hat{\boldsymbol{x}}^{q-2}+\\&\quad(\boldsymbol{I}-\boldsymbol{g}^{q}(\boldsymbol{c}^{q})^{\mathrm{T}})\boldsymbol{g}^{q-1}v^{q-1}+\boldsymbol{g}^{q}v^{q}\\&=\cdots\\&=(\boldsymbol{I}-\boldsymbol{g}^{q}(\boldsymbol{c}^{q})^{\mathrm{T}})\cdots(\boldsymbol{I}-\boldsymbol{g}^{1}(\boldsymbol{c}^{1})^{\mathrm{T}})\hat{\boldsymbol{x}}^{0}+\\&\quad\sum_{i=1}^{q-1}(\boldsymbol{I}-\boldsymbol{g}^{q}(\boldsymbol{c}^{q})^{\mathrm{T}})\cdots(\boldsymbol{I}-\boldsymbol{g}^{i+1}(\boldsymbol{c}^{i+1})^{\mathrm{T}})\boldsymbol{g}^{i}v^{i}+\boldsymbol{g}^{q}v^{q}\end{aligned}$$

该式与上面$\hat{\boldsymbol{x}}_{k|k}$的表达式是相同的,即证明了$\hat{\boldsymbol{x}}_{k|k}=\hat{\boldsymbol{x}}^{q}$。

这就完成了定理7.1的证明。

7.2 平方根算法

下面介绍平方根算法。由线性代数理论得出的以下结论对该算法至关重要。下面引理由读者证明(见练习7.1)。

引理7.1 对于任意的正定对称矩阵$\boldsymbol{A}$,有唯一的下三角矩阵$\boldsymbol{A}^{c}$,使得$\boldsymbol{A}=\boldsymbol{A}^{c}(\boldsymbol{A}^{c})^{\mathrm{T}}$。一般地,对于任意$n\times(n+p)$矩阵$\boldsymbol{A}$,存在$n\times n$矩阵$\widetilde{\boldsymbol{A}}$,使得$\widetilde{\boldsymbol{A}}\widetilde{\boldsymbol{A}}^{\mathrm{T}}=\boldsymbol{A}\boldsymbol{A}^{\mathrm{T}}$。

$\boldsymbol{A}^{c}$的特性使其可以作为$\boldsymbol{A}$的平方根。又因为$\boldsymbol{A}^{c}$是下三角阵,因此它的逆可以很方便得到(见练习7.3)。同样需要注意的是,在计算平方根时,非常小的数字会变得较大,非常大的数字会变得较小,因此计算会更精确。通过Cholesky因式分解(一种高斯消除方法),一个矩阵可以分解为一个下三角矩阵及其转置的乘积形式,这也是上标缩写为c的原因。对于一般情形,$\widetilde{\boldsymbol{A}}$称作$\boldsymbol{A}\boldsymbol{A}^{\mathrm{T}}$的平方根。

在下面讨论的平方根算法中,对此下三角因式求逆:

$$\boldsymbol{H}_k:=(\boldsymbol{C}_k\boldsymbol{P}_{k,k-1}\boldsymbol{C}_k^{\mathrm{T}}+\boldsymbol{R}_k)^{c}\tag{7.9}$$

为了提高算法的精度,我们用$\boldsymbol{R}_k^{c}$代替正定平方根$\boldsymbol{R}_k^{1/2}$。当然,如果$\boldsymbol{R}_k$是对角阵,则有$\boldsymbol{R}_k^{c}=\boldsymbol{R}_k^{1/2}$。

首先考虑下面的递推方案。令

$$\boldsymbol{J}_{0,0} = (\mathrm{Var}(\boldsymbol{x}_0))^{1/2}$$

$\boldsymbol{J}_{k,k-1}$是下列矩阵的平方根：

$$[\boldsymbol{A}_{k-1}\boldsymbol{J}_{k-1,k-1} \quad \boldsymbol{\Gamma}_{k-1}\boldsymbol{Q}_{k-1}^{1/2}]_{n\times(n+p)}\,[\boldsymbol{A}_{k-1}\boldsymbol{J}_{k-1,k-1} \quad \boldsymbol{\Gamma}_{k-1}\boldsymbol{Q}_{k-1}^{1/2}]_{n\times(n+p)}^{\mathrm{T}}$$

且有

$$\boldsymbol{J}_{k,k} = \boldsymbol{J}_{k,k-1}[\boldsymbol{I} - \boldsymbol{J}_{k,k-1}^{\mathrm{T}}\boldsymbol{C}_k^{\mathrm{T}}(\boldsymbol{H}_k^{\mathrm{T}})^{-1}(\boldsymbol{H}_k + \boldsymbol{R}_k^c)^{-1}\boldsymbol{C}_k\boldsymbol{J}_{k,k-1}], \quad k = 1,2,\cdots$$

式中$(\mathrm{Var}(\boldsymbol{x}_0))^{1/2}$和$\boldsymbol{Q}_{k-1}^{1/2}$分别是$\mathrm{Var}(\boldsymbol{x}_0)$和$\boldsymbol{Q}_{k-1}$的任意平方根。辅助矩阵$\boldsymbol{J}_{k,k-1}$和$\boldsymbol{J}_{k,k}$尽管不一定是下三角阵或者正定阵，但它们也是(分别是$\boldsymbol{P}_{k,k-1}$和$\boldsymbol{P}_{k,k}$的)平方根，即有下述定理。

定理 7.2　$\boldsymbol{J}_{0,0}\boldsymbol{J}_{0,0}^{\mathrm{T}} = \boldsymbol{P}_{0,0}$，且对于$k=1,2,\cdots$，有

$$\boldsymbol{J}_{k,k-1}\boldsymbol{J}_{k,k-1}^{\mathrm{T}} = \boldsymbol{P}_{k,k-1} \tag{7.10}$$

$$\boldsymbol{J}_{k,k}\boldsymbol{J}_{k,k}^{\mathrm{T}} = \boldsymbol{P}_{k,k} \tag{7.11}$$ ■

因为$\boldsymbol{P}_{0,0} = \mathrm{Var}(\boldsymbol{x}_0)$，所以定理中第一个结论显然成立。通过数学归纳法可以证明式(7.10)和式(7.11)。假定对于$k-1$，式(7.11)成立；然后利用卡尔曼滤波过程中$\boldsymbol{P}_{k,k-1}$和$\boldsymbol{P}_{k-1,k-1}$之间的关系，就能立即得到式(7.10)。对于同样的k，可以用式(7.10)验证式(7.11)。

由于

$$\boldsymbol{C}_k\boldsymbol{P}_{k,k-1}\boldsymbol{C}_k^{\mathrm{T}} = \boldsymbol{H}_k\boldsymbol{H}_k^{\mathrm{T}} - \boldsymbol{R}_k$$

有

$$\begin{aligned}
&(\boldsymbol{H}_k^{\mathrm{T}})^{-1}(\boldsymbol{H}_k + \boldsymbol{R}_k^c)^{-1} + [(\boldsymbol{H}_k + \boldsymbol{R}_k^c)^{\mathrm{T}}]^{-1}\boldsymbol{H}_k^{-1} - \\
&(\boldsymbol{H}_k^{\mathrm{T}})^{-1}(\boldsymbol{H}_k + \boldsymbol{R}_k^c)^{-1}\boldsymbol{C}_k\boldsymbol{P}_{k,k-1}\boldsymbol{C}_k^{\mathrm{T}}[(\boldsymbol{H}_k + \boldsymbol{R}_k^c)^{\mathrm{T}}]^{-1}\boldsymbol{H}_k^{-1} \\
=\ &(\boldsymbol{H}_k^{\mathrm{T}})^{-1}(\boldsymbol{H}_k + \boldsymbol{R}_k^c)^{-1}\{\boldsymbol{H}_k(\boldsymbol{H}_k + \boldsymbol{R}_k^c)^{\mathrm{T}} + (\boldsymbol{H}_k + \boldsymbol{R}_k^c)\boldsymbol{H}_k^{\mathrm{T}} - \boldsymbol{H}_k\boldsymbol{H}_k^{\mathrm{T}} + \boldsymbol{R}_k\}\cdot \\
&[(\boldsymbol{H}_k + \boldsymbol{R}_k^c)^{\mathrm{T}}]^{-1}\boldsymbol{H}_k^{-1} \\
=\ &(\boldsymbol{H}_k^{\mathrm{T}})^{-1}(\boldsymbol{H}_k + \boldsymbol{R}_k^c)^{-1}\{\boldsymbol{H}_k\boldsymbol{H}_k^{\mathrm{T}} + \boldsymbol{H}_k(\boldsymbol{R}_k^c)^{\mathrm{T}} + \boldsymbol{R}_k^c\boldsymbol{H}_k^{\mathrm{T}} + \boldsymbol{R}_k\}\cdot \\
&[(\boldsymbol{H}_k + \boldsymbol{R}_k^c)^{\mathrm{T}}]^{-1}\boldsymbol{H}_k^{-1} \\
=\ &(\boldsymbol{H}_k^{\mathrm{T}})^{-1}(\boldsymbol{H}_k + \boldsymbol{R}_k^c)^{-1}(\boldsymbol{H}_k + \boldsymbol{R}_k^c)(\boldsymbol{H}_k + \boldsymbol{R}_k^c)^{\mathrm{T}}[(\boldsymbol{H}_k + \boldsymbol{R}_k^c)^{\mathrm{T}}]^{-1}\boldsymbol{H}_k^{-1} \\
=\ &(\boldsymbol{H}_k^{\mathrm{T}})^{-1}\boldsymbol{H}_k^{-1} \\
=\ &(\boldsymbol{H}_k\boldsymbol{H}_k^{\mathrm{T}})^{-1}
\end{aligned}$$

由式(7.10)可得

$$\begin{aligned}
\boldsymbol{J}_{k,k}\boldsymbol{J}_{k,k}^{\mathrm{T}} &= \boldsymbol{J}_{k,k-1}[\boldsymbol{I} - \boldsymbol{J}_{k,k-1}^{\mathrm{T}}\boldsymbol{C}_k^{\mathrm{T}}(\boldsymbol{H}_k^{\mathrm{T}})^{-1}(\boldsymbol{H}_k + \boldsymbol{R}_k^c)^{-1}\boldsymbol{C}_k\boldsymbol{J}_{k,k-1}]\cdot \\
&\quad [\boldsymbol{I} - \boldsymbol{J}_{k,k-1}^{\mathrm{T}}\boldsymbol{C}_k^{\mathrm{T}}[(\boldsymbol{H}_k + \boldsymbol{R}_k^c)^{\mathrm{T}}]^{-1}\boldsymbol{H}_k^{-1}\boldsymbol{C}_k\boldsymbol{J}_{k,k-1}]\boldsymbol{J}_{k,k-1}^{\mathrm{T}} \\
&= \boldsymbol{J}_{k,k-1}\{\boldsymbol{I} - \boldsymbol{J}_{k,k-1}^{\mathrm{T}}\boldsymbol{C}_k^{\mathrm{T}}(\boldsymbol{H}_k^{\mathrm{T}})^{-1}(\boldsymbol{H}_k + \boldsymbol{R}_k^c)^{-1}\boldsymbol{C}_k\boldsymbol{J}_{k,k-1} - \\
&\quad \boldsymbol{J}_{k,k-1}^{\mathrm{T}}\boldsymbol{C}_k^{\mathrm{T}}[(\boldsymbol{H}_k + \boldsymbol{R}_k^c)^{\mathrm{T}}]^{-1}\boldsymbol{H}_k^{-1}\boldsymbol{C}_k\boldsymbol{J}_{k,k-1} + \\
&\quad \boldsymbol{J}_{k,k-1}^{\mathrm{T}}\boldsymbol{C}_k^{\mathrm{T}}(\boldsymbol{H}_k^{\mathrm{T}})^{-1}(\boldsymbol{H}_k + \boldsymbol{R}_k^c)^{-1}\boldsymbol{C}_k\boldsymbol{J}_{k,k-1}\boldsymbol{J}_{k,k-1}^{\mathrm{T}}\boldsymbol{C}_k^{\mathrm{T}}\cdot
\end{aligned}$$

$$
\begin{aligned}
&[(\boldsymbol{H}_k+\boldsymbol{R}_k^c)^{\mathrm{T}}]^{-1}\boldsymbol{H}_k^{-1}\boldsymbol{C}_k\boldsymbol{J}_{k,k-1}\}\boldsymbol{J}_{k,k-1}^{\mathrm{T}}\\
=&\boldsymbol{P}_{k,k-1}-\boldsymbol{P}_{k,k-1}\boldsymbol{C}_k^{\mathrm{T}}\{(\boldsymbol{H}_k^{\mathrm{T}})^{-1}(\boldsymbol{H}_k+\boldsymbol{R}_k^c)^{-1}+[(\boldsymbol{H}_k+\boldsymbol{R}_k^c)^{\mathrm{T}}]^{-1}\boldsymbol{H}_k^{-1}-\\
&(\boldsymbol{H}_k^{\mathrm{T}})^{-1}(\boldsymbol{H}_k+\boldsymbol{R}_k^c)^{-1}\boldsymbol{C}_k\boldsymbol{P}_{k,k-1}\boldsymbol{C}_k^{\mathrm{T}}[(\boldsymbol{H}_k+\boldsymbol{R}_k^c)^{\mathrm{T}}]^{-1}\boldsymbol{H}_k^{-1}\}\boldsymbol{C}_k\boldsymbol{P}_{k,k-1}\\
=&\boldsymbol{P}_{k,k-1}-\boldsymbol{P}_{k,k-1}\boldsymbol{C}_k^{\mathrm{T}}(\boldsymbol{H}_k\boldsymbol{H}_k^{\mathrm{T}})^{-1}\boldsymbol{C}_k\boldsymbol{P}_{k,k-1}\\
=&\boldsymbol{P}_{k,k}
\end{aligned}
$$

至此，归纳过程完成。

总的来说，平方根卡尔曼滤波算法归纳如下：

(i) 计算 $\boldsymbol{J}_{0,0}=(\mathrm{Var}(\boldsymbol{x}_0))^{1/2}$。

(ii) 对于 $k=1,2,\cdots$，计算 $\boldsymbol{J}_{k,k-1}$，它是

$$[\boldsymbol{A}_{k-1}\boldsymbol{J}_{k-1,k-1}\quad \boldsymbol{\Gamma}_{k-1}\boldsymbol{Q}_{k-1}^{1/2}]_{n\times(n+p)}[\boldsymbol{A}_{k-1}\boldsymbol{J}_{k-1,k-1}\quad \boldsymbol{\Gamma}_{k-1}\boldsymbol{Q}_{k-1}^{1/2}]_{n\times(n+p)}^{\mathrm{T}}$$

的平方根，且设置矩阵

$$\boldsymbol{H}_k=(\boldsymbol{C}_k\boldsymbol{J}_{k,k-1}\boldsymbol{J}_{k,k-1}^{\mathrm{T}}\boldsymbol{C}_k^{\mathrm{T}}+\boldsymbol{R}_k)^c$$

然后计算

$$\boldsymbol{J}_{k,k}=\boldsymbol{J}_{k,k-1}[\boldsymbol{I}-\boldsymbol{J}_{k,k-1}^{\mathrm{T}}\boldsymbol{C}_k^{\mathrm{T}}(\boldsymbol{H}_k^{\mathrm{T}})^{-1}(\boldsymbol{H}_k+\boldsymbol{R}_k^c)^{-1}\boldsymbol{C}_k\boldsymbol{J}_{k,k-1}]$$

(iii) 对于 $k=1,2,\cdots$，令 $\hat{\boldsymbol{x}}_{0|0}=E(\boldsymbol{x}_0)$，并由(ii)得到的结论，计算

$$\boldsymbol{G}_k=\boldsymbol{J}_{k,k-1}\boldsymbol{J}_{k,k-1}^{\mathrm{T}}\boldsymbol{C}_k^{\mathrm{T}}(\boldsymbol{H}_k^{\mathrm{T}})^{-1}\boldsymbol{H}_k^{-1}$$

和

$$\hat{\boldsymbol{x}}_{k|k}=\boldsymbol{A}_{k-1}\hat{\boldsymbol{x}}_{k-1|k-1}+\boldsymbol{G}_k(\boldsymbol{v}_k-\boldsymbol{C}_k\boldsymbol{A}_{k-1}\hat{\boldsymbol{x}}_{k-1|k-1})$$

（见图7.2）。

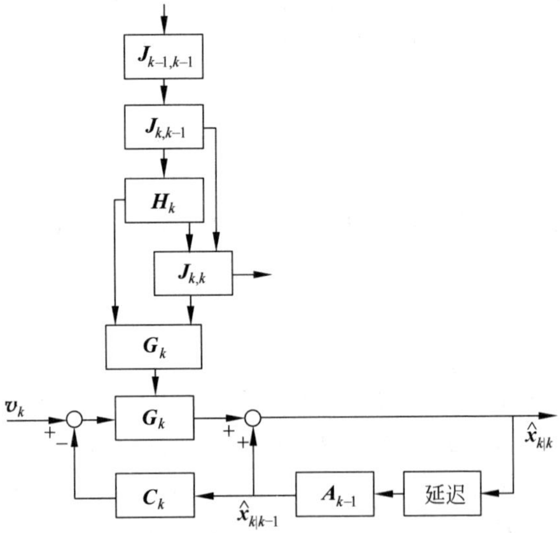

图7.2　平方根卡尔曼滤波算法

这里注意到，只需对三角阵进行求逆运算。此外，这些三角矩阵是另外一些矩阵的平方根，而这些矩阵可能有非常大或非常小的元素。

7.3　实时应用算法

特殊情况下，当

$$\boldsymbol{R}_k = \operatorname{diag}[r_k^1, \cdots, r_k^q]$$

是对角阵时，序贯算法和平方根算法可以融合成下面的新算法。这种新算法不需要对矩阵直接求逆。

(i) 计算 $\boldsymbol{J}_{0,0} = (\operatorname{Var}(\boldsymbol{x}_0))^{1/2}$。

(ii) 对于每一个固定的 $k=1,2,\cdots$，计算

(a) $\boldsymbol{J}_{k,k-1}$，它是矩阵

$$[\boldsymbol{A}_{k-1}\boldsymbol{J}_{k-1,k-1} \quad \boldsymbol{\Gamma}_{k-1}\boldsymbol{Q}_{k-1}^{1/2}]_{n\times(n+p)}[\boldsymbol{A}_{k-1}\boldsymbol{J}_{k-1,k-1} \quad \boldsymbol{\Gamma}_{k-1}\boldsymbol{Q}_{k-1}^{1/2}]_{n\times(n+p)}^{\mathrm{T}}$$

的平方根。

(b) 对于 $i=1,2,\cdots,k$，

$$\boldsymbol{g}_k^i = \frac{1}{(\boldsymbol{c}_k^i)^{\mathrm{T}}\boldsymbol{J}_{k,k-1}^{i-1}(\boldsymbol{J}_{k,k-1}^{i-1})^{\mathrm{T}}\boldsymbol{c}_k^i + r_k^i}\boldsymbol{J}_{k,k-1}^{i-1}(\boldsymbol{J}_{k,k-1}^{i-1})^{\mathrm{T}}\boldsymbol{c}_k^i,$$

$$\boldsymbol{J}_{k,k-1}^i = (\boldsymbol{J}_{k,k-1}^{i-1}(\boldsymbol{J}_{k,k-1}^{i-1})^{\mathrm{T}} - \boldsymbol{g}_k^i(\boldsymbol{c}_k^i)^{\mathrm{T}}\boldsymbol{J}_{k,k-1}^{i-1}(\boldsymbol{J}_{k,k-1}^{i-1})^{\mathrm{T}})^c$$

式中 $\boldsymbol{J}_{k,k-1}^0 := \boldsymbol{J}_{k,k-1}$，$\boldsymbol{J}_{k,k-1}^q = \boldsymbol{J}_{k,k}$，$\boldsymbol{C}_k^{\mathrm{T}} := [\boldsymbol{c}_k^1, \cdots, \boldsymbol{c}_k^q]$。

(iii) 计算 $\hat{\boldsymbol{x}}_{0|0} = E(\boldsymbol{x}_0)$。

(iv) 对于每一个固定的 $k=1,2,\cdots$，计算

(a) $\hat{\boldsymbol{x}}_{k|k-1} = \boldsymbol{A}_{k-1}\hat{\boldsymbol{x}}_{k-1|k-1}$。

(b) 对于 $i=1,2,\cdots,q$，且 $\hat{\boldsymbol{x}}_k^0 := \hat{\boldsymbol{x}}_{k|k-1}$，并利用(ii)(b)中的信息，计算

$$\hat{\boldsymbol{x}}_k^i = \hat{\boldsymbol{x}}_k^{i-1} + (v_k^i - (\boldsymbol{c}_k^i)^{\mathrm{T}}\hat{\boldsymbol{x}}_k^{i-1})\boldsymbol{g}_k^i$$

式中 $\boldsymbol{v}_k := [v_k^1, \cdots, v_k^q]^{\mathrm{T}}$，所以有

$$\hat{\boldsymbol{x}}_{k|k} = \hat{\boldsymbol{x}}_k^q$$

练习

7.1　给出引理 7.1 的证明。

7.2　寻找下三角矩阵 $\boldsymbol{L}$，使其满足：

$$(\mathrm{a})\ \boldsymbol{LL}^{\mathrm{T}}=\begin{bmatrix}1 & 2 & 3\\ 2 & 8 & 2\\ 3 & 2 & 14\end{bmatrix}$$

$$(\mathrm{b})\ \boldsymbol{LL}^{\mathrm{T}}=\begin{bmatrix}1 & 1 & 1\\ 1 & 3 & 2\\ 1 & 2 & 4\end{bmatrix}$$

7.3 (a) 推导下面的矩阵求逆公式：$\boldsymbol{L}=\begin{bmatrix}l_{11} & 0 & 0\\ l_{21} & l_{22} & 0\\ l_{31} & l_{32} & l_{33}\end{bmatrix}$，式中 l_{11}、l_{22}和 l_{33} 非零。

(b) 给出下面矩阵逆的表达式：

$$\boldsymbol{L}=\begin{bmatrix}l_{11} & 0 & 0 & \cdots & 0\\ l_{21} & l_{22} & 0 & & 0\\ \vdots & \vdots & \ddots & \ddots & \vdots\\ \vdots & \vdots & & \ddots & 0\\ l_{n1} & l_{n2} & \cdots & \cdots & l_{nn}\end{bmatrix}$$

式中 $l_{11},\cdots,l_{nn}$ 非零。

7.4 考虑卡尔曼滤波过程的计算机仿真。令 $\varepsilon\ll 1$ 是很小的正数，且

$$1-\varepsilon\not\approx 1$$
$$1-\varepsilon^2\approx 1$$

式中"≈"表示经过四舍五入之后的相等。假设有 $\boldsymbol{P}_{k,k}=\begin{bmatrix}\dfrac{\varepsilon^2}{1-\varepsilon^2} & 0\\ 0 & 1\end{bmatrix}$。对此例，比较标准卡尔曼滤波和平方根滤波。注意，此例说明平方根滤波改进了数值特性。

7.5 证明：对于任意的正定对称阵 $\boldsymbol{A}$，存在唯一的上三角阵 $\boldsymbol{A}^u$，使得 $\boldsymbol{A}=\boldsymbol{A}^u(\boldsymbol{A}^u)^{\mathrm{T}}$。

7.6 用上三角分解代替下三角分解，推导出新的平方根卡尔曼滤波。

7.7 结合序贯算法和上三角分解的平方根算法，推导出新的卡尔曼滤波算法。

第 8 章

扩展卡尔曼滤波和系统辨识

设计卡尔曼滤波过程是为了估计线性模型中的状态向量。如果模型是非线性的，通常在推导滤波方程时，增加线性化步骤。在状态估计时，对系统方程在前一状态估计值处做实时的线性泰勒近似；在预测步骤中，对量测方程在相应的预测位置也进行线性泰勒近似；所得到的卡尔曼滤波被称为扩展卡尔曼滤波。处理非线性模型的这一思想是很自然的，且滤波过程简单有效。此外，它有许多重要的实时应用，其中的一个应用是自适应系统辨识，本章对此也进行了简单介绍。最后，对卡尔曼滤波算法的线性化步骤进行改进，介绍了一种改进扩展卡尔曼滤波方案，该方案拥有并行的计算结构；并给出了两个数值例子来证明改进卡尔曼滤波在状态估计和系统参数辨识两方面都优于标准卡尔曼滤波。

8.1 扩展卡尔曼滤波

一个不一定是线性系统的状态空间描述称为是非线性系统模型。本章将研究形如下面的非线性模型：

$$\begin{cases} \boldsymbol{x}_{k+1} = \boldsymbol{f}_k(\boldsymbol{x}_k) + \boldsymbol{H}_k(\boldsymbol{x}_k)\,\underline{\boldsymbol{\xi}}_k \\ \boldsymbol{v}_k = \boldsymbol{g}_k(\boldsymbol{x}_k) + \underline{\boldsymbol{\eta}}_k \end{cases} \tag{8.1}$$

式中 $\boldsymbol{f}_k$ 和 $\boldsymbol{g}_k$ 分别是 $\mathbf{R}^n$ 和 $\mathbf{R}^q$ 上的向量值函数，$1 \leqslant q \leqslant n$，$\boldsymbol{H}_k$ 是 $\mathbf{R}^n \times \mathbf{R}^q$ 上的矩阵值函数，对于每个 k，$\boldsymbol{f}_k(\boldsymbol{x}_k)$ 和 $\boldsymbol{g}_k(\boldsymbol{x}_k)$ 对 $\boldsymbol{x}_k$ 所有分量的一阶偏导都是连续的。

C. K. Chui and G. Chen, Kalman Filtering, DOI 10.1007/978-3-319-47612-4_1

如常,设$\{\underline{\boldsymbol{\xi}}_k\}$和$\{\underline{\boldsymbol{\eta}}_k\}$为 $\mathbf{R}^p$ 和 $\mathbf{R}^q$ 上的零均值高斯白噪声序列,其中 $1\leqslant p、q\leqslant n$,且对于所有的 k 和 l,有

$$E(\underline{\boldsymbol{\xi}}_k\underline{\boldsymbol{\xi}}_l^{\mathrm{T}}) = \boldsymbol{Q}_k\delta_{kl}, \quad E(\underline{\boldsymbol{\eta}}_k\underline{\boldsymbol{\eta}}_l^{\mathrm{T}}) = \boldsymbol{R}_k\delta_{kl}$$

$$E(\underline{\boldsymbol{\xi}}_k\underline{\boldsymbol{\eta}}_l^{\mathrm{T}}) = \mathbf{0}, \qquad E(\underline{\boldsymbol{\xi}}_k\boldsymbol{x}_0^{\mathrm{T}}) = \mathbf{0}, \quad E(\underline{\boldsymbol{\eta}}_k\boldsymbol{x}_0^{\mathrm{T}}) = \mathbf{0}$$

实时线性化过程如下。

为了与线性模型保持一致,初始估计$\hat{\boldsymbol{x}}_0=\hat{\boldsymbol{x}}_{0|0}$和预测值$\hat{\boldsymbol{x}}_{1|0}$选择为

$$\hat{\boldsymbol{x}}_0 = E(\boldsymbol{x}_0), \quad \hat{\boldsymbol{x}}_{1|0} = \boldsymbol{f}_0(\hat{\boldsymbol{x}}_0)$$

应用式$\hat{\boldsymbol{x}}_k=\hat{\boldsymbol{x}}_{k|k}$,对于 $k=1,2,\cdots$,依次使用预测值,可得

$$\hat{\boldsymbol{x}}_{k+1|k} = \boldsymbol{f}_k(\hat{\boldsymbol{x}}_k) \tag{8.2}$$

及线性状态空间描述:

$$\begin{cases}\boldsymbol{x}_{k+1} = \boldsymbol{A}_k\boldsymbol{x}_k + \boldsymbol{u}_k + \boldsymbol{\Gamma}_k\underline{\boldsymbol{\xi}}_k \\ \boldsymbol{w}_k = \boldsymbol{C}_k\boldsymbol{x}_k + \underline{\boldsymbol{\eta}}_k\end{cases} \tag{8.3}$$

式中,$\boldsymbol{A}_k$、$\boldsymbol{u}_k$、$\boldsymbol{\Gamma}_k$、$\boldsymbol{w}_k$ 和 $\boldsymbol{C}_k$ 能够如以下计算实时求出。

对于 $j=0,1,\cdots,k$,假定$\hat{\boldsymbol{x}}_j$ 能够求出,那么$\hat{\boldsymbol{x}}_{j+1|j}$也能够用式(8.2)定义。考虑 $\boldsymbol{f}_k(\boldsymbol{x}_k)$在$\hat{\boldsymbol{x}}_k$ 处的线性泰勒近似和 $\boldsymbol{g}_k(\boldsymbol{x}_k)$在$\hat{\boldsymbol{x}}_{k|k-1}$处的线性泰勒近似:

$$\begin{cases}\boldsymbol{f}_k(\boldsymbol{x}_k) \approx \boldsymbol{f}_k(\hat{\boldsymbol{x}}_k) + \boldsymbol{A}_k(\boldsymbol{x}_k - \hat{\boldsymbol{x}}_k) \\ \boldsymbol{g}_k(\boldsymbol{x}_k) \approx \boldsymbol{g}_k(\hat{\boldsymbol{x}}_{k|k-1}) + \boldsymbol{C}_k(\boldsymbol{x}_k - \hat{\boldsymbol{x}}_{k|k-1})\end{cases} \tag{8.4}$$

式中

$$\boldsymbol{A}_k = \left[\frac{\partial \boldsymbol{f}_k}{\partial \boldsymbol{x}_k}(\hat{\boldsymbol{x}}_k)\right], \quad \boldsymbol{C}_k = \left[\frac{\partial \boldsymbol{g}_k}{\partial \boldsymbol{x}_k}(\hat{\boldsymbol{x}}_{k|k-1})\right] \tag{8.5}$$

此处及往后,对于任何向量值函数

$$\boldsymbol{h}(\boldsymbol{x}_k) = \begin{bmatrix} h_1(\boldsymbol{x}_k) \\ \vdots \\ h_m(\boldsymbol{x}_k)\end{bmatrix}$$

式中

$$\boldsymbol{x}_k = \begin{bmatrix} x_k^1 \\ \vdots \\ x_k^n\end{bmatrix}$$

令

$$\left[\frac{\partial \boldsymbol{h}}{\partial \boldsymbol{x}_k}(\boldsymbol{x}_k^*)\right] = \begin{bmatrix} \dfrac{\partial h_1}{\partial x_k^1}(\boldsymbol{x}_k^*) & \cdots & \dfrac{\partial h_1}{\partial x_k^n}(\boldsymbol{x}_k^*) \\ \vdots & & \vdots \\ \dfrac{\partial h_m}{\partial x_k^1}(\boldsymbol{x}_k^*) & \cdots & \dfrac{\partial h_m}{\partial x_k^n}(\boldsymbol{x}_k^*)\end{bmatrix} \tag{8.6}$$

并设置

$$\begin{cases}\boldsymbol{u}_k=\boldsymbol{f}_k(\hat{\boldsymbol{x}}_k)-\boldsymbol{A}_k\hat{\boldsymbol{x}}_k\\ \boldsymbol{\Gamma}_k=\boldsymbol{H}_k(\hat{\boldsymbol{x}}_k)\\ \boldsymbol{w}_k=\boldsymbol{v}_k-\boldsymbol{g}_k(\hat{\boldsymbol{x}}_{k|k-1})+\boldsymbol{C}_k\hat{\boldsymbol{x}}_{k|k-1}\end{cases}\tag{8.7}$$

在 k 时刻,使用式(8.5)和式(8.7)中定义的矩阵和向量,非线性模型(8.1)可以由线性模型(8.3)近似（见练习 8.2)。当然,只有$\hat{\boldsymbol{x}}_k$ 能够确定,线性化才能实现。我们已经获得$\hat{\boldsymbol{x}}_0$,所以可以得到 $k=0$ 时(8.3)的系统方程。那么使用数据$[\boldsymbol{v}_0^{\mathrm{T}}\quad \boldsymbol{w}_1^{\mathrm{T}}]^{\mathrm{T}}$,定义$\hat{\boldsymbol{x}}_1=\hat{\boldsymbol{x}}_{1|1}$作为线性模型(8.3)中 $\boldsymbol{x}_1$ 的最优无偏估计(采用最优权重)。则对 $k=1$,根据式(8.2),得到式(8.3)。同理类似地使用数据$[\boldsymbol{v}_0^{\mathrm{T}}\quad \boldsymbol{w}_1^{\mathrm{T}}\quad \boldsymbol{w}_2^{\mathrm{T}}]^{\mathrm{T}}$,可以得到$\hat{\boldsymbol{x}}_2=\hat{\boldsymbol{x}}_{2|2}$。从第 2 章和第 3 章中线性确定性状态空间描述的卡尔曼滤波结果(见式(2.18)和练习 3.6),可以得到“校正的”公式:

$$\begin{aligned}\hat{\boldsymbol{x}}_k&=\hat{\boldsymbol{x}}_{k|k-1}+\boldsymbol{G}_k(\boldsymbol{w}_k-\boldsymbol{C}_k\hat{\boldsymbol{x}}_{k|k-1})\\&=\hat{\boldsymbol{x}}_{k|k-1}+\boldsymbol{G}_k((\boldsymbol{v}_k-\boldsymbol{g}_k(\hat{\boldsymbol{x}}_{k|k-1})+\boldsymbol{C}_k\hat{\boldsymbol{x}}_{k|k-1})-\boldsymbol{C}_k\hat{\boldsymbol{x}}_{k|k-1})\\&=\hat{\boldsymbol{x}}_{k|k-1}+\boldsymbol{G}_k(\boldsymbol{v}_k-\boldsymbol{g}_k(\hat{\boldsymbol{x}}_{k|k-1}))\end{aligned}$$

式中 $\boldsymbol{G}_k$ 是 k 时刻线性模型(8.3)中的卡尔曼增益矩阵。

最终的滤波过程称为扩展卡尔曼滤波。滤波算法总结如下(见练习 8.3):

$$\begin{cases}\boldsymbol{P}_{0,0}=\mathrm{Var}(\boldsymbol{x}_0)\\ \hat{\boldsymbol{x}}_0=E(\boldsymbol{x}_0)\\ \text{对于 } k=1,2,\cdots\\ \boldsymbol{P}_{k,k-1}=\left[\dfrac{\partial \boldsymbol{f}_{k-1}}{\partial \boldsymbol{x}_{k-1}}(\hat{\boldsymbol{x}}_{k-1})\right]\boldsymbol{P}_{k-1,k-1}\left[\dfrac{\partial \boldsymbol{f}_{k-1}}{\partial \boldsymbol{x}_{k-1}}(\hat{\boldsymbol{x}}_{k-1})\right]^{\mathrm{T}}+\boldsymbol{H}_{k-1}(\hat{\boldsymbol{x}}_{k-1})\boldsymbol{Q}_{k-1}\boldsymbol{H}_{k-1}^{\mathrm{T}}(\hat{\boldsymbol{x}}_{k-1})\\ \hat{\boldsymbol{x}}_{k|k-1}=\boldsymbol{f}_{k-1}(\hat{\boldsymbol{x}}_{k-1})\\ \boldsymbol{G}_k=\boldsymbol{P}_{k,k-1}\left[\dfrac{\partial \boldsymbol{g}_k}{\partial \boldsymbol{x}_k}(\hat{\boldsymbol{x}}_{k|k-1})\right]^{\mathrm{T}}\cdot\left[\left[\dfrac{\partial \boldsymbol{g}_k}{\partial \boldsymbol{x}_k}(\hat{\boldsymbol{x}}_{k|k-1})\right]\boldsymbol{P}_{k,k-1}\left[\dfrac{\partial \boldsymbol{g}_k}{\partial \boldsymbol{x}_k}(\hat{\boldsymbol{x}}_{k|k-1})\right]^{\mathrm{T}}+\boldsymbol{R}_k\right]^{-1}\\ \boldsymbol{P}_{k,k}=\left[\boldsymbol{I}-\boldsymbol{G}_k\left[\dfrac{\partial \boldsymbol{g}_k}{\partial \boldsymbol{x}_k}(\hat{\boldsymbol{x}}_{k|k-1})\right]\right]\boldsymbol{P}_{k,k-1}\\ \hat{\boldsymbol{x}}_{k|k}=\hat{\boldsymbol{x}}_{k|k-1}+\boldsymbol{G}_k(\boldsymbol{v}_k-\boldsymbol{g}_k(\hat{\boldsymbol{x}}_{k|k-1}))\end{cases}\tag{8.8}$$

(见图 8.1)。

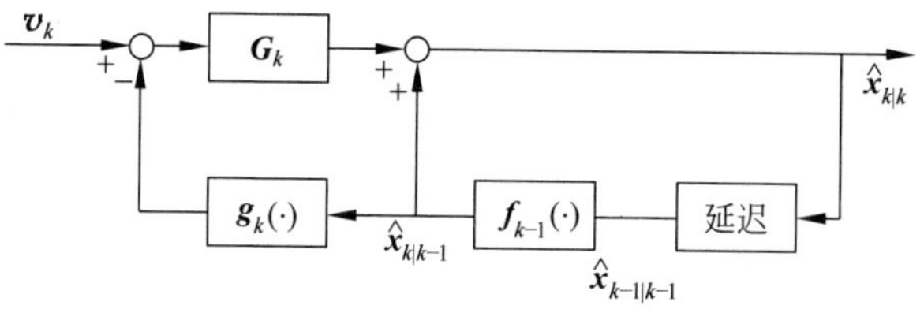

图 8.1　扩展卡尔曼滤波算法

8.2 卫星轨道估计

卫星的平面轨道估计给扩展卡尔曼滤波提供了一个有趣的例子。卫星在平面轨道上的运动控制方程为

$$\begin{cases}\ddot{r} = r\dot{\theta}^2 - mgr^{-2} + \xi_r \\ \ddot{\theta} = -2r^{-1}\dot{r}\dot{\theta} + r^{-1}\xi_\theta\end{cases} \tag{8.9}$$

式中 r 为卫星距离地球中心(被称作吸引点)的(径向)距离;θ 是以某个坐标轴为参考所测量的角度(被称作角位移);m、g 为常数,分别是地球质量和万有引力常数(见图 8.2)。此外,ξ_r 和 ξ_θ 假设为连续时间不相关的零均值高斯白噪声过程。令

$$\boldsymbol{x} = [r \quad \dot{r} \quad \theta \quad \dot{\theta}]^{\mathrm{T}} = [\boldsymbol{x}[1] \quad \boldsymbol{x}[2] \quad \boldsymbol{x}[3] \quad \boldsymbol{x}[4]]^{\mathrm{T}}$$

则式(8.9)的方程变为

$$\dot{\boldsymbol{x}} = \begin{bmatrix}\boldsymbol{x}[2] \\ \boldsymbol{x}[1]\boldsymbol{x}[4]^2 - mg/\boldsymbol{x}[1]^2 \\ \boldsymbol{x}[4] \\ -2\boldsymbol{x}[2]\boldsymbol{x}[4]/\boldsymbol{x}[1]\end{bmatrix} + \begin{bmatrix}1 & 0 & 0 & 0 \\ 0 & 1 & 0 & 0 \\ 0 & 0 & 1 & 0 \\ 0 & 0 & 0 & 1/\boldsymbol{x}[1]\end{bmatrix}\begin{bmatrix}0 \\ \xi_r \\ 0 \\ \xi_\theta\end{bmatrix}$$

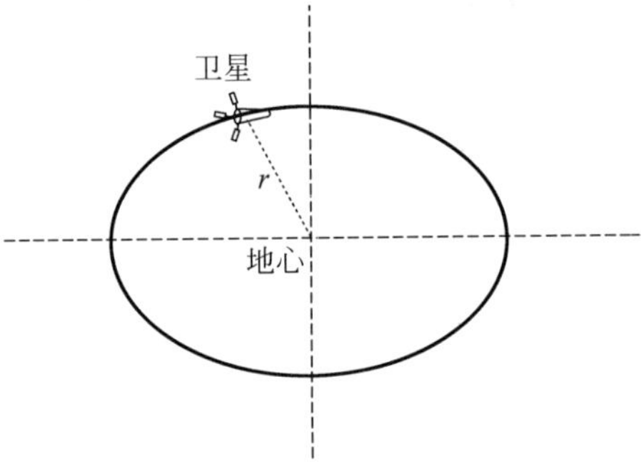

图 8.2 卫星轨道示意图

用 $\boldsymbol{x}_k$ 代替 $\boldsymbol{x}$,用 $(\boldsymbol{x}_{k+1} - \boldsymbol{x}_k)h^{-1}$ 代替 $\dot{\boldsymbol{x}}$,其中 $h>0$ 表示采样时间,得到离散非线性模型:

$$\boldsymbol{x}_{k+1} = \boldsymbol{f}(\boldsymbol{x}_k) + \boldsymbol{H}(\boldsymbol{x}_k)\underline{\boldsymbol{\xi}}_k$$

式中

$$\boldsymbol{f}(\boldsymbol{x}_k)=\begin{bmatrix}\boldsymbol{x}_k[1]+h\boldsymbol{x}_k[2]\\ \boldsymbol{x}_k[2]+h\boldsymbol{x}_k[1]\boldsymbol{x}_k[4]^2-hmg/\boldsymbol{x}_k[1]^2\\ \boldsymbol{x}_k[3]+h\boldsymbol{x}_k[4]\\ \boldsymbol{x}_k[4]-2h\boldsymbol{x}_k[2]\boldsymbol{x}_k[4]/\boldsymbol{x}_k[1]\end{bmatrix}$$

$$\boldsymbol{H}(\boldsymbol{x}_k)=\begin{bmatrix}h&0&0&0\\0&h&0&0\\0&0&h&0\\0&0&0&h/\boldsymbol{x}_k[1]\end{bmatrix}$$

$$\underline{\boldsymbol{\xi}}_k:=[0\quad \xi_r(k)\quad 0\quad \xi_\theta(k)]^{\mathrm{T}}$$

假设距离 r 已由测量得知，给出数据信息：

$$\boldsymbol{v}_k=\begin{bmatrix}1&0&0&0\\0&0&1&0\end{bmatrix}\boldsymbol{x}_k+\boldsymbol{\eta}_k$$

式中$\{\boldsymbol{\eta}_k\}$是零均值高斯白噪声序列，与$\{\xi_r(k)\}$和$\{\xi_\theta(k)\}$是相互独立的。则

$$\left[\frac{\partial\boldsymbol{f}}{\partial\boldsymbol{x}_{k-1}}(\hat{\boldsymbol{x}}_{k-1})\right]$$

$$=\begin{bmatrix}1&2hmg/\hat{\boldsymbol{x}}_{k-1}[1]^3+h\hat{\boldsymbol{x}}_{k-1}[4]^2&0&2h\hat{\boldsymbol{x}}_{k-1}[2]\hat{\boldsymbol{x}}_{k-1}[4]/\hat{\boldsymbol{x}}_{k-1}[1]^2\\ h&1&0&-2h\hat{\boldsymbol{x}}_{k-1}[4]/\hat{\boldsymbol{x}}_{k-1}[1]\\ 0&0&1&0\\ 0&2h\hat{\boldsymbol{x}}_{k-1}[1]\hat{\boldsymbol{x}}_{k-1}[4]&h&1-2h\hat{\boldsymbol{x}}_{k-1}[2]/\hat{\boldsymbol{x}}_{k-1}[1]\end{bmatrix}^{\mathrm{T}}$$

$$\boldsymbol{H}(\hat{\boldsymbol{x}}_{k-1|k-1})=\begin{bmatrix}h&0&0&0\\0&h&0&0\\0&0&h&0\\0&0&0&h/\hat{\boldsymbol{x}}_{k-1}[1]\end{bmatrix}$$

$$\left[\frac{\partial\boldsymbol{g}}{\partial\boldsymbol{x}_k}(\hat{\boldsymbol{x}}_{k|k-1})\right]=\begin{bmatrix}1&0&0&0\\0&0&1&0\end{bmatrix}$$

$$\boldsymbol{g}(\hat{\boldsymbol{x}}_{k|k-1})=\hat{\boldsymbol{x}}_{k|k-1}[1]$$

通过使用扩展卡尔曼滤波方程(8.8)中的这些变量，可以得到确定$\hat{\boldsymbol{x}}_k$ 的算法，据此可以估计出卫星平面轨道($\hat{\boldsymbol{x}}_k[1]$、$\hat{\boldsymbol{x}}_k[3]$)。

8.3 自适应系统辨识

作为扩展卡尔曼滤波的一个应用，下面我们讨论自适应系统辨识的问题。假设一个线性系统的状态空间描述为

$$\begin{cases} \boldsymbol{x}_{k+1} = \boldsymbol{A}_k(\underline{\boldsymbol{\theta}})\boldsymbol{x}_k + \boldsymbol{\Gamma}_k(\underline{\boldsymbol{\theta}})\underline{\boldsymbol{\xi}}_k \\ \boldsymbol{v}_k = \boldsymbol{C}_k(\underline{\boldsymbol{\theta}})\boldsymbol{x}_k + \underline{\boldsymbol{\eta}}_k \end{cases} \tag{8.10}$$

式中，$\boldsymbol{x}_k \in \mathbf{R}^n$，$\underline{\boldsymbol{\xi}}_k \in \mathbf{R}^p$，$\underline{\boldsymbol{\eta}}_k \in \mathbf{R}^q$，$1 \leqslant p$、$q \leqslant n$，$\{\underline{\boldsymbol{\xi}}_k\}$和$\{\underline{\boldsymbol{\eta}}_k\}$是不相关的高斯白噪声序列。在这个应用中，假定$\boldsymbol{A}_k(\underline{\boldsymbol{\theta}})$、$\boldsymbol{\Gamma}_k(\underline{\boldsymbol{\theta}})$和$\boldsymbol{C}_k(\underline{\boldsymbol{\theta}})$是某个未知常向量$\underline{\boldsymbol{\theta}}$的已知矩阵值函数。目标是"辨识"$\underline{\boldsymbol{\theta}}$。

因为$\underline{\boldsymbol{\theta}}$是一个常值向量，故此应该有$\underline{\boldsymbol{\theta}}_{k+1} = \underline{\boldsymbol{\theta}}_k = \underline{\boldsymbol{\theta}}$。但是这个假设并不能帮助我们解决任何问题，这一点我们在下面及下节的简单例子中也会发现。事实上，$\underline{\boldsymbol{\theta}}$必须被当作一个随机常向量，例如：

$$\underline{\boldsymbol{\theta}}_{k+1} = \underline{\boldsymbol{\theta}}_k + \underline{\boldsymbol{\zeta}}_k \tag{8.11}$$

式中$\{\underline{\boldsymbol{\zeta}}_k\}$是任意零均值高斯白噪声序列，并与$\{\underline{\boldsymbol{\eta}}_k\}$不相关，且其方差可以被预先设置成正定阵$\mathrm{Var}(\underline{\boldsymbol{\zeta}}_k) = \boldsymbol{S}_k$。在应用中，对于所有$k$，可以选择$\boldsymbol{S}_k = \boldsymbol{S} > \boldsymbol{0}$(参考8.4节)。现在，具备假设(8.11)的系统(8.10)可以改写为非线性模型：

$$\begin{cases} \begin{bmatrix} \boldsymbol{x}_{k+1} \\ \underline{\boldsymbol{\theta}}_{k+1} \end{bmatrix} = \begin{bmatrix} \boldsymbol{A}_k(\underline{\boldsymbol{\theta}}_k)\boldsymbol{x}_k \\ \underline{\boldsymbol{\theta}}_k \end{bmatrix} + \begin{bmatrix} \boldsymbol{\Gamma}_k(\underline{\boldsymbol{\theta}}_k)\underline{\boldsymbol{\xi}}_k \\ \underline{\boldsymbol{\zeta}}_k \end{bmatrix} \\ \boldsymbol{v}_k = \begin{bmatrix} \boldsymbol{C}_k(\underline{\boldsymbol{\theta}}_k) & \boldsymbol{0} \end{bmatrix} \begin{bmatrix} \boldsymbol{x}_k \\ \underline{\boldsymbol{\theta}}_k \end{bmatrix} + \underline{\boldsymbol{\eta}}_k \end{cases} \tag{8.12}$$

扩展卡尔曼滤波可以用来估计状态向量，$\underline{\boldsymbol{\theta}}_k$是该向量的分量。也就是说，$\underline{\boldsymbol{\theta}}_k$以一种自适应的方式被最优估计。为了应用卡尔曼滤波过程(8.8)，仍需初始化$\hat{\underline{\boldsymbol{\theta}}}_0 := \hat{\underline{\boldsymbol{\theta}}}_{0|0}$。一种方法是使用状态空间描述(8.10)。例如，由于$E(\boldsymbol{v}_0) = \boldsymbol{C}_0(\underline{\boldsymbol{\theta}})E(\boldsymbol{x}_0)$，则$\boldsymbol{v}_0 - \boldsymbol{C}_0(\underline{\boldsymbol{\theta}})E(\boldsymbol{x}_0)$均值为零，从而可以从$k=0$开始，求出下面改进"观测方程"两侧的方差：

$$\boldsymbol{v}_0 - \boldsymbol{C}_0(\underline{\boldsymbol{\theta}})E(\boldsymbol{x}_0) = \boldsymbol{C}_0(\underline{\boldsymbol{\theta}})\boldsymbol{x}_0 - \boldsymbol{C}_0(\underline{\boldsymbol{\theta}})E(\boldsymbol{x}_0) + \underline{\boldsymbol{\eta}}_0$$

并使用$\mathrm{Var}(\boldsymbol{v}_0 - \boldsymbol{C}_0(\underline{\boldsymbol{\theta}})E(\boldsymbol{x}_0))$的估计值$[\boldsymbol{v}_0 - \boldsymbol{C}_0(\underline{\boldsymbol{\theta}})E(\boldsymbol{x}_0)][\boldsymbol{v}_0 - \boldsymbol{C}_0(\underline{\boldsymbol{\theta}})E(\boldsymbol{x}_0)]^{\mathrm{T}}$(见练习2.12)，近似得到

$$\begin{aligned} &\boldsymbol{v}_0\boldsymbol{v}_0^{\mathrm{T}} - \boldsymbol{C}_0(\underline{\boldsymbol{\theta}})\boldsymbol{E}(\boldsymbol{x}_0)\boldsymbol{v}_0^{\mathrm{T}} - \boldsymbol{v}_0(\boldsymbol{C}_0(\underline{\boldsymbol{\theta}})E(\boldsymbol{x}_0))^{\mathrm{T}} + \\ &\boldsymbol{C}_0(\underline{\boldsymbol{\theta}})(E(\boldsymbol{x}_0)E(\boldsymbol{x}_0^{\mathrm{T}}) - \mathrm{Var}(\boldsymbol{x}_0))\boldsymbol{C}_0^{\mathrm{T}}(\underline{\boldsymbol{\theta}}) - \boldsymbol{R}_0 = \boldsymbol{0} \end{aligned} \tag{8.13}$$

(见练习8.4)。现在来求解$\underline{\boldsymbol{\theta}}$，并设置"最合适的"一个解作为初始估计$\hat{\underline{\boldsymbol{\theta}}}_0$。如果(8.13)关于$\underline{\boldsymbol{\theta}}$无解，则可以借助方程

$$\begin{aligned}\boldsymbol{v}_1 &= \boldsymbol{C}_1(\underline{\boldsymbol{\theta}})\boldsymbol{x}_1 + \underline{\boldsymbol{\eta}}_1 \\ &= \boldsymbol{C}_1(\underline{\boldsymbol{\theta}})(\boldsymbol{A}_0(\underline{\boldsymbol{\theta}})\boldsymbol{x}_0 + \boldsymbol{\Gamma}_0(\underline{\boldsymbol{\theta}})\underline{\boldsymbol{\xi}}_0) + \underline{\boldsymbol{\eta}}_1\end{aligned}$$

并使用相同的步骤,近似得到

$$\begin{aligned}&\boldsymbol{v}_1\boldsymbol{v}_1^{\mathrm{T}} - \boldsymbol{C}_1(\underline{\boldsymbol{\theta}})\boldsymbol{A}_0(\underline{\boldsymbol{\theta}})\boldsymbol{E}(\boldsymbol{x}_0)\boldsymbol{v}_1^{\mathrm{T}} - \boldsymbol{v}_1(\boldsymbol{C}_1(\underline{\boldsymbol{\theta}})\boldsymbol{A}_0(\underline{\boldsymbol{\theta}})\boldsymbol{E}(\boldsymbol{x}_0))^{\mathrm{T}} - \\ &\boldsymbol{C}_1(\underline{\boldsymbol{\theta}})\boldsymbol{\Gamma}_0(\underline{\boldsymbol{\theta}})\boldsymbol{Q}_0(\boldsymbol{C}_1(\underline{\boldsymbol{\theta}})\boldsymbol{\Gamma}_0(\underline{\boldsymbol{\theta}}))^{\mathrm{T}} + \boldsymbol{C}_1(\underline{\boldsymbol{\theta}})\boldsymbol{A}_0(\underline{\boldsymbol{\theta}})[\boldsymbol{E}(\boldsymbol{x}_0)\boldsymbol{E}(\boldsymbol{x}_0^{\mathrm{T}}) - \\ &\mathrm{Var}(\boldsymbol{x}_0)]\boldsymbol{A}_0^{\mathrm{T}}(\underline{\boldsymbol{\theta}})\boldsymbol{C}_1^{\mathrm{T}}(\underline{\boldsymbol{\theta}}) - \boldsymbol{R}_1 = \boldsymbol{0}\end{aligned} \tag{8.14}$$

(见练习 8.5)。

一旦选定$\hat{\underline{\boldsymbol{\theta}}}_0$,应用扩展卡尔曼滤波过程(8.8),便得到以下算法:

$$\left\{\begin{aligned}
&\begin{bmatrix}\hat{\boldsymbol{x}}_0\\ \hat{\underline{\boldsymbol{\theta}}}_0\end{bmatrix} = \begin{bmatrix}E(\boldsymbol{x}_0)\\ \hat{\underline{\boldsymbol{\theta}}}_0\end{bmatrix}\\
&\boldsymbol{P}_{0,0} = \begin{bmatrix}\mathrm{Var}(\boldsymbol{x}_0) & \boldsymbol{0}\\ \boldsymbol{0} & \boldsymbol{S}_0\end{bmatrix}\\
&\text{对于 } k = 1,2,\cdots,\text{计算}\\
&\begin{bmatrix}\hat{\boldsymbol{x}}_{k|k-1}\\ \hat{\underline{\boldsymbol{\theta}}}_{k|k-1}\end{bmatrix} = \begin{bmatrix}\boldsymbol{A}_{k-1}(\hat{\underline{\boldsymbol{\theta}}}_{k-1})\hat{\boldsymbol{x}}_{k-1}\\ \hat{\underline{\boldsymbol{\theta}}}_{k-1}\end{bmatrix}\\
&\boldsymbol{P}_{k,k-1} = \begin{bmatrix}\boldsymbol{A}_{k-1}(\hat{\underline{\boldsymbol{\theta}}}_{k-1}) & \dfrac{\partial}{\partial\underline{\boldsymbol{\theta}}}[\boldsymbol{A}_{k-1}(\hat{\underline{\boldsymbol{\theta}}}_{k-1})\hat{\boldsymbol{x}}_{k-1}]\\ \boldsymbol{0} & \boldsymbol{I}\end{bmatrix}\boldsymbol{P}_{k-1,k-1}\cdot\\
&\qquad\begin{bmatrix}\boldsymbol{A}_{k-1}(\hat{\underline{\boldsymbol{\theta}}}_{k-1}) & \dfrac{\partial}{\partial\underline{\boldsymbol{\theta}}}[\boldsymbol{A}_{k-1}(\hat{\underline{\boldsymbol{\theta}}}_{k-1})\hat{\boldsymbol{x}}_{k-1}]\\ \boldsymbol{0} & \boldsymbol{I}\end{bmatrix}^{\mathrm{T}} +\\
&\qquad\begin{bmatrix}\boldsymbol{\Gamma}_{k-1}(\hat{\underline{\boldsymbol{\theta}}}\hat{\underline{\boldsymbol{\theta}}}_{k-1})\boldsymbol{Q}_{k-1}\boldsymbol{\Gamma}_{k-1}^{\mathrm{T}}(\hat{\underline{\boldsymbol{\theta}}}_{k-1}) & \boldsymbol{0}\\ \boldsymbol{0} & \boldsymbol{S}_{k-1}\end{bmatrix}\\
&\boldsymbol{G}_k = \boldsymbol{P}_{k,k-1}\begin{bmatrix}\boldsymbol{C}_k(\hat{\underline{\boldsymbol{\theta}}}_{k|k-1}) & \boldsymbol{0}\end{bmatrix}^{\mathrm{T}}\cdot\left[\begin{bmatrix}\boldsymbol{C}_k(\hat{\underline{\boldsymbol{\theta}}}_{k|k-1}) & \boldsymbol{0}\end{bmatrix}\boldsymbol{P}_{k,k-1}\begin{bmatrix}\boldsymbol{C}_k(\hat{\underline{\boldsymbol{\theta}}}_{k|k-1}) & \boldsymbol{0}\end{bmatrix}^{\mathrm{T}} + \boldsymbol{R}_k\right]^{-1}\\
&\boldsymbol{P}_{k,k} = \left[\boldsymbol{I} - \boldsymbol{G}_k\begin{bmatrix}\boldsymbol{C}_k(\hat{\underline{\boldsymbol{\theta}}}_{k|k-1}) & \boldsymbol{0}\end{bmatrix}\right]\boldsymbol{P}_{k,k-1}\\
&\begin{bmatrix}\hat{\boldsymbol{x}}_k\\ \hat{\underline{\boldsymbol{\theta}}}_k\end{bmatrix} = \begin{bmatrix}\hat{\boldsymbol{x}}_{k|k-1}\\ \hat{\underline{\boldsymbol{\theta}}}_{k|k-1}\end{bmatrix} + \boldsymbol{G}_k(\boldsymbol{v}_k - \boldsymbol{C}_k(\hat{\underline{\boldsymbol{\theta}}}_{k|k-1})\hat{\boldsymbol{x}}_{k|k-1})
\end{aligned}\right. \tag{8.15}$$

(见练习 8.6)。

我们注意到,如果未知常向量$\underline{\boldsymbol{\theta}}$是确定的,也就是说$\underline{\boldsymbol{\theta}}_{k+1}=\underline{\boldsymbol{\theta}}_k=\underline{\boldsymbol{\theta}}$,因而有$\boldsymbol{S}_k=\boldsymbol{0}$,然后对于所有$k$,步骤(8.15)只能得到与观测数据无关的$\hat{\underline{\boldsymbol{\theta}}}_k=\hat{\underline{\boldsymbol{\theta}}}_{k-1}$(见练习8.7),并不能给出关于$\hat{\underline{\boldsymbol{\theta}}}_k$的任何信息。换句话说,如果$\boldsymbol{S}_k=\boldsymbol{0}$,则未知系统参数向量$\underline{\boldsymbol{\theta}}$不能由扩展卡尔曼滤波技术辨识出来。

8.4 一个常值参数辨识的例子①

下面的简单例子能够说明扩展卡尔曼滤波如何能够很好地完成自适应系统辨识,甚至是在初始估计$\hat{\underline{\boldsymbol{\theta}}}_0$是任意选取的情况。

考虑一个线性系统,其状态空间描述为

$$\begin{cases} x_{k+1} = a x_k \\ v_k = x_k + \eta_k \end{cases}$$

式中a是需要辨识的未知参数。现在,将a作为一个随机变量;即,我们认为:

$$a_{k+1} = a_k + \zeta_k$$

式中a_k是a在k时刻的值,$E(\zeta_k)=0$,$\mathrm{Var}(\zeta_k)=0.01$。假如$E(x_0)=1$,$\mathrm{Var}(x_0)=0.01$,$\{\eta_k\}$是零均值高斯白噪声序列,且有$\mathrm{Var}(\eta_k)=0.01$。我们的目标是通过执行卡尔曼滤波,来估计未知参数$a_k$。在系统方程中,用$a_k$代替$a$,那么上面的方程可变为下面的非线性状态空间描述:

$$\begin{cases} \begin{bmatrix} x_{k+1} \\ a_{k+1} \end{bmatrix} = \begin{bmatrix} a_k x_k \\ a_k \end{bmatrix} + \begin{bmatrix} 0 \\ \zeta_k \end{bmatrix} \\ v_k = \begin{bmatrix} 1 & 0 \end{bmatrix} \begin{bmatrix} x_k \\ a_k \end{bmatrix} + \eta_k \end{cases} \tag{8.16}$$

对该模型应用(8.15)可得

$$\begin{cases} \boldsymbol{P}_{k,k-1} = \begin{bmatrix} \hat{a}_{k-1} & \hat{x}_{k-1} \\ 0 & 1 \end{bmatrix} \boldsymbol{P}_{k-1,k-1} \begin{bmatrix} \hat{a}_{k-1} & 0 \\ \hat{x}_{k-1} & 1 \end{bmatrix} + \begin{bmatrix} 0 & 0 \\ 0 & 0.01 \end{bmatrix} \\ \boldsymbol{G}_k = \boldsymbol{P}_{k,k-1} \begin{bmatrix} 1 \\ 0 \end{bmatrix} \left[\begin{bmatrix} 1 & 0 \end{bmatrix} \boldsymbol{P}_{k,k-1} \begin{bmatrix} 1 \\ 0 \end{bmatrix} + 0.01 \right]^{-1} \\ \boldsymbol{P}_{k,k} = \left[\begin{bmatrix} 1 & 0 \\ 0 & 1 \end{bmatrix} - \boldsymbol{G}_k \begin{bmatrix} 1 & 0 \end{bmatrix} \right] \boldsymbol{P}_{k,k-1} \\ \begin{bmatrix} \hat{x}_k \\ \hat{a}_k \end{bmatrix} = \begin{bmatrix} \hat{a}_{k-1} \hat{x}_{k-1} \\ \hat{a}_{k-1} \end{bmatrix} + \boldsymbol{G}_k (v_k - \hat{a}_{k-1} \hat{x}_{k-1}) \end{cases} \tag{8.17}$$

① 在本书的翻译过程中,原作者对本节做了少量更正和修改。

式中，x_0 的初始估计是$\hat{x}_0=E(x_0)=1$，但是$\hat{a}_0$ 未知。

为了测试该自适应系统辨识算法，我们制造两个伪随机序列$\{\eta_k\}$和$\{\zeta_k\}$，它们的均值为零，方差为上面的给定值并且假定 a 的值为-1 用于生成数据$\{v_k\}$。

为了应用(8.17)中描述的算法，需要 a 的初始估计$\hat{a}_0$。对已生成的数据 $v_1=-1.1$，应用式(8.14)。可得

$$0.09a^2+2.2a+1.2=0$$

或者

$$a_0=-1.261,-0.961$$

事实上，初始估计$\hat{a}_0$ 可以任意选取。在图 8.3 中，我们画出了$\hat{a}_0$ 取 10 种不同的值时$\hat{a}_k$ 的曲线(当然也可以取-1.261、-0.961 等)。可以看出当 $k\geqslant 15$ 时，基于任何一个初始条件所产生的估计$\hat{a}_k$，都非常接近真实值 $a=-1$。

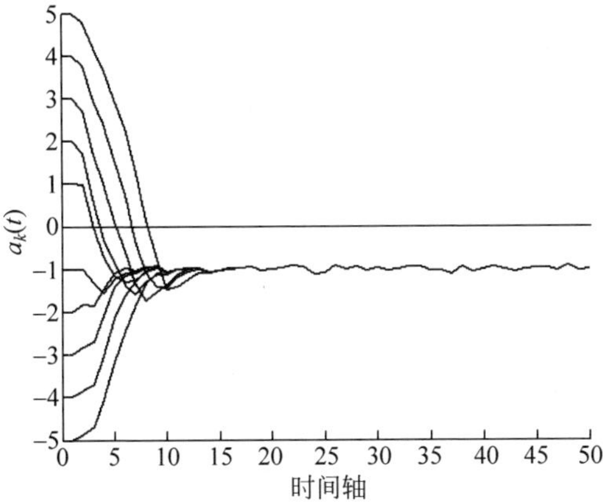

图 8.3　系统辨识

假如 a 是确定的，从而有 $a_{k+1}=a_k$，则式(8.16)变为

$$\begin{cases}\begin{bmatrix}x_{k+1}\\a_{k+1}\end{bmatrix}=\begin{bmatrix}a_kx_k\\a_k\end{bmatrix}\\ v_k=[1\quad 0]\begin{bmatrix}x_k\\a_k\end{bmatrix}+\eta_k\end{cases}$$

则卡尔曼增益矩阵变为

$$\boldsymbol{G}_k=\begin{bmatrix}g_k\\0\end{bmatrix}$$

g_k 为常值，并由滤波算法中的“相关”公式，有

$$\begin{bmatrix}\hat{x}_k\\ \hat{a}_k\end{bmatrix}=\begin{bmatrix}\hat{a}_{k-1}\ \hat{x}_{k-1}\\ \hat{a}_{k-1}\end{bmatrix}+\begin{bmatrix}g_k\\ 0\end{bmatrix}(v_k-\hat{a}_{k-1}\ \hat{x}_{k-1})$$

注意到，因为$\hat{a}_k=\hat{a}_{k-1}=\hat{a}_0$ 不依赖于数据$\{v_k\}$，所以不能辨识出 a 的值。

8.5 改进的扩展卡尔曼滤波

在本节将改进前面章节中讨论的扩展卡尔曼滤波算法，并介绍一个效率更高的并行计算方案，用于系统参数辨识。改进是通过一个线性化步骤完成的。改进卡尔曼滤波算法能够应用于实时系统参数辨识，甚至可以用于时变随机系统。给出两个数例并进行计算机仿真，来证明改进滤波方案比原始扩展卡尔曼滤波算法效率更高。

所考虑的非线性时变系统如下：

$$\begin{cases}\begin{bmatrix}\boldsymbol{x}_{k+1}\\ \boldsymbol{y}_{k+1}\end{bmatrix}=\begin{bmatrix}\boldsymbol{F}_k(\boldsymbol{y}_k)\boldsymbol{x}_k\\ \boldsymbol{H}_k(\boldsymbol{x}_k,\boldsymbol{y}_k)\end{bmatrix}+\begin{bmatrix}\boldsymbol{\Gamma}_k^1(\boldsymbol{x}_k,\boldsymbol{y}_k) & \boldsymbol{0}\\ \boldsymbol{\Gamma}_k^2(\boldsymbol{x}_k,\boldsymbol{y}_k) & \boldsymbol{\Gamma}_k^3(\boldsymbol{x}_k,\boldsymbol{y}_k)\end{bmatrix}\begin{bmatrix}\underline{\boldsymbol{\xi}}_k^1\\ \underline{\boldsymbol{\xi}}_k^2\end{bmatrix}\\ \boldsymbol{v}_k=[\boldsymbol{C}_k(\boldsymbol{x}_k,\boldsymbol{y}_k)\quad \boldsymbol{0}]\begin{bmatrix}\boldsymbol{x}_k\\ \boldsymbol{y}_k\end{bmatrix}+\underline{\boldsymbol{\eta}}_k\end{cases}\tag{8.18}$$

式中 $\boldsymbol{x}_k$、$\boldsymbol{y}_k$ 分别是 n 维和 m 维向量，$\left\{\begin{bmatrix}\underline{\boldsymbol{\xi}}_k^1\\ \underline{\boldsymbol{\xi}}_k^2\end{bmatrix}\right\}$和$\{\underline{\boldsymbol{\eta}}_k\}$是不相关的零均值高斯白噪声序列，方差阵分别为

$$\boldsymbol{Q}_k=\operatorname{Var}\begin{bmatrix}\underline{\boldsymbol{\xi}}_k^1\\ \underline{\boldsymbol{\xi}}_k^2\end{bmatrix},\quad \boldsymbol{R}_k=\operatorname{Var}(\underline{\boldsymbol{\eta}}_k)$$

$\boldsymbol{F}_k$、$\boldsymbol{H}_k$、$\boldsymbol{\Gamma}_k^1$、$\boldsymbol{\Gamma}_k^2$、$\boldsymbol{\Gamma}_k^3$和$\boldsymbol{C}_k$ 分别是非线性矩阵值函数。假设 $\boldsymbol{F}_k$ 和$\boldsymbol{C}_k$ 是可微的。

改进卡尔曼滤波算法包括两个子算法。下面介绍的算法Ⅰ是前面讨论的扩展卡尔曼滤波的一个改进。它和以前算法的不同之处是实时线性泰勒近似不是在前一估计处完成的，为了提高性能，泰勒近似是在由标准卡尔曼滤波算法(在下面被称作算法Ⅱ)得到的 $\boldsymbol{x}_k$ 的最优估计处完成的，它是根据(8.18)的子系统

$$\begin{cases}\boldsymbol{x}_{k+1}=\boldsymbol{F}_k(\tilde{\boldsymbol{y}}_k)\boldsymbol{x}_k+\boldsymbol{\Gamma}_k^1(\tilde{\boldsymbol{x}}_k,\tilde{\boldsymbol{y}}_k)\,\underline{\boldsymbol{\xi}}_k^1\\ \boldsymbol{v}_k=\boldsymbol{C}(\tilde{\boldsymbol{x}}_k,\tilde{\boldsymbol{y}}_k)\boldsymbol{x}_k+\underline{\boldsymbol{\eta}}_k\end{cases}\tag{8.19}$$

由算法Ⅰ中的估计值$(\tilde{\boldsymbol{x}}_k,\tilde{\boldsymbol{y}}_k)$计算。换句话说，这两个算法以相同的初始估计并行运行，如图8.4所示，其中算法Ⅰ(即改进卡尔曼滤波算法)产生估计$\begin{bmatrix}\tilde{\boldsymbol{x}}_k\\ \tilde{\boldsymbol{y}}_k\end{bmatrix}$，其输入$\hat{\boldsymbol{x}}_{k-1}$则由算法Ⅱ(即线性系统(8.19)中的标准卡尔曼滤波算法)给出；算法Ⅱ用于产生估计$\hat{\boldsymbol{x}}_k$，其输入$\begin{bmatrix}\tilde{\boldsymbol{x}}_{k-1}\\ \tilde{\boldsymbol{y}}_{k-1}\end{bmatrix}$由算法Ⅰ给出。两个算法的合成被称作并行算法(Ⅰ和Ⅱ)。

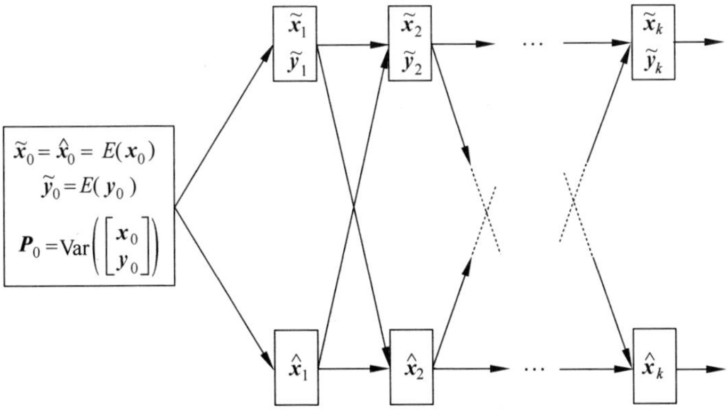

图8.4 改进的扩展卡尔曼滤波并行算法

算法Ⅰ

设置

$$\begin{bmatrix}\tilde{\boldsymbol{x}}_0\\ \tilde{\boldsymbol{y}}_0\end{bmatrix}=\begin{bmatrix}E(\boldsymbol{x}_0)\\ E(\boldsymbol{y}_0)\end{bmatrix},\quad \boldsymbol{P}_0=\mathrm{Var}\left(\begin{bmatrix}\boldsymbol{x}_0\\ \boldsymbol{y}_0\end{bmatrix}\right)$$

对于$k=1,2,\cdots$，计算：

$$\boldsymbol{P}_{k,k-1}=\left[\frac{\partial}{\partial\begin{bmatrix}\boldsymbol{x}_{k-1}\\ \boldsymbol{y}_{k-1}\end{bmatrix}}\begin{bmatrix}\boldsymbol{F}_{k-1}(\tilde{\boldsymbol{y}}_{k-1})\,\hat{\boldsymbol{x}}_{k-1}\\ \boldsymbol{H}_{k-1}(\hat{\boldsymbol{x}}_{k-1},\tilde{\boldsymbol{y}}_{k-1})\end{bmatrix}\right]\boldsymbol{P}_{k-1}\left[\frac{\partial}{\partial\begin{bmatrix}\boldsymbol{x}_{k-1}\\ \boldsymbol{y}_{k-1}\end{bmatrix}}\begin{bmatrix}\boldsymbol{F}_{k-1}(\tilde{\boldsymbol{y}}_{k-1})\,\hat{\boldsymbol{x}}_{k-1}\\ \boldsymbol{H}_{k-1}(\hat{\boldsymbol{x}}_{k-1},\tilde{\boldsymbol{y}}_{k-1})\end{bmatrix}\right]^{\mathrm{T}}+$$

$$\begin{bmatrix}\boldsymbol{\Gamma}_{k-1}^{1}(\tilde{\boldsymbol{x}}_{k-1},\tilde{\boldsymbol{y}}_{k-1}) & \boldsymbol{0}\\ \boldsymbol{\Gamma}_{k-1}^{2}(\tilde{\boldsymbol{x}}_{k-1},\tilde{\boldsymbol{y}}_{k-1}) & \boldsymbol{\Gamma}_{k-1}^{3}(\tilde{\boldsymbol{x}}_{k-1},\tilde{\boldsymbol{y}}_{k-1})\end{bmatrix}\cdot$$

$$\boldsymbol{Q}_{k-1}\begin{bmatrix}\boldsymbol{\Gamma}_{k-1}^{1}(\tilde{\boldsymbol{x}}_{k-1},\tilde{\boldsymbol{y}}_{k-1}) & \boldsymbol{0}\\ \boldsymbol{\Gamma}_{k-1}^{2}(\tilde{\boldsymbol{x}}_{k-1},\tilde{\boldsymbol{y}}_{k-1}) & \boldsymbol{\Gamma}_{k-1}^{3}(\tilde{\boldsymbol{x}}_{k-1},\tilde{\boldsymbol{y}}_{k-1})\end{bmatrix}^{\mathrm{T}}$$

$$\begin{bmatrix}\tilde{\boldsymbol{x}}_{k|k-1}\\ \tilde{\boldsymbol{y}}_{k|k-1}\end{bmatrix}=\begin{bmatrix}\boldsymbol{F}_{k-1}(\tilde{\boldsymbol{y}}_{k-1})\,\hat{\boldsymbol{x}}_{k-1}\\ \boldsymbol{H}_{k-1}(\hat{\boldsymbol{x}}_{k-1},\tilde{\boldsymbol{y}}_{k-1})\end{bmatrix}$$

$$\begin{aligned}\boldsymbol{G}_k =& \boldsymbol{P}_{k,k-1}\left[\frac{\partial}{\partial\begin{bmatrix}\boldsymbol{x}_k\\ \boldsymbol{y}_k\end{bmatrix}}\boldsymbol{C}_k(\tilde{\boldsymbol{x}}_{k|k-1},\tilde{\boldsymbol{y}}_{k|k-1})\right]^{\mathrm{T}}\left\{\left[\frac{\partial}{\partial\begin{bmatrix}\boldsymbol{x}_k\\ \boldsymbol{y}_k\end{bmatrix}}\boldsymbol{C}_k(\tilde{\boldsymbol{x}}_{k|k-1},\tilde{\boldsymbol{y}}_{k|k-1})\right]\cdot\right.\\ & \left.\boldsymbol{P}_{k,k-1}\left[\frac{\partial}{\partial\begin{bmatrix}\boldsymbol{x}_k\\ \boldsymbol{y}_k\end{bmatrix}}\boldsymbol{C}_k(\tilde{\boldsymbol{x}}_{k|k-1},\tilde{\boldsymbol{y}}_{k|k-1})\right]^{\mathrm{T}}+\boldsymbol{R}_k\right\}^{-1}\end{aligned}$$

$$\boldsymbol{P}_k = \left[\boldsymbol{I}-\boldsymbol{G}_k\left[\frac{\partial}{\partial\begin{bmatrix}\boldsymbol{x}_k\\ \boldsymbol{y}_k\end{bmatrix}}\boldsymbol{C}_k(\tilde{\boldsymbol{x}}_{k|k-1},\tilde{\boldsymbol{y}}_{k|k-1})\right]\right]\boldsymbol{P}_{k,k-1}$$

$$\begin{bmatrix}\tilde{\boldsymbol{x}}_k\\ \tilde{\boldsymbol{y}}_k\end{bmatrix}=\begin{bmatrix}\tilde{\boldsymbol{x}}_{k|k-1}\\ \tilde{\boldsymbol{y}}_{k|k-1}\end{bmatrix}+\boldsymbol{G}_k(\boldsymbol{v}_k-\boldsymbol{C}_k(\tilde{\boldsymbol{x}}_{k|k-1},\tilde{\boldsymbol{y}}_{k|k-1})\,\tilde{\boldsymbol{x}}_{k|k-1})$$

式中 $\boldsymbol{Q}_k=\mathrm{Var}\left(\begin{bmatrix}\underline{\boldsymbol{\xi}}_k^1\\ \underline{\boldsymbol{\xi}}_k^2\end{bmatrix}\right)$，$\boldsymbol{R}_k=\mathrm{Var}(\underline{\boldsymbol{\eta}}_k)$，$\hat{\boldsymbol{x}}_{k-1}$ 由下面的算法Ⅱ得出。

算法Ⅱ

设置

$$\hat{\boldsymbol{x}}_0 = E(\boldsymbol{x}_0),\quad \boldsymbol{P}_0 = \mathrm{Var}(\boldsymbol{x}_0)$$

对于 $k=1,2,\cdots$，计算：

$$\begin{aligned}\boldsymbol{P}_{k,k-1} &= [\boldsymbol{F}_{k-1}(\tilde{\boldsymbol{y}}_{k-1})]\boldsymbol{P}_{k-1}[\boldsymbol{F}_{k-1}(\tilde{\boldsymbol{y}}_{k-1})]^{\mathrm{T}}+\\ &\quad [\boldsymbol{\Gamma}_{k-1}^1(\tilde{\boldsymbol{x}}_{k-1},\tilde{\boldsymbol{y}}_{k-1})]\boldsymbol{Q}_{k-1}[\boldsymbol{\Gamma}_{k-1}^1(\tilde{\boldsymbol{x}}_{k-1},\tilde{\boldsymbol{y}}_{k-1})]^{\mathrm{T}}\\ \hat{\boldsymbol{x}}_{k|k-1} &= [\boldsymbol{F}_{k-1}(\tilde{\boldsymbol{y}}_{k-1})]\,\hat{\boldsymbol{x}}_{k-1}\\ \boldsymbol{G}_k &= \boldsymbol{P}_{k,k-1}[\boldsymbol{C}_k(\tilde{\boldsymbol{x}}_{k-1},\tilde{\boldsymbol{y}}_{k-1})]^{\mathrm{T}}\cdot\\ &\quad [[\boldsymbol{C}_k(\tilde{\boldsymbol{x}}_{k-1},\tilde{\boldsymbol{y}}_{k-1})]\boldsymbol{P}_{k,k-1}[\boldsymbol{C}_k(\tilde{\boldsymbol{x}}_{k-1},\tilde{\boldsymbol{y}}_{k-1})]^{\mathrm{T}}+\boldsymbol{R}_k]^{-1}\\ \boldsymbol{P}_k &= [\boldsymbol{I}-\boldsymbol{G}_k[\boldsymbol{C}_k(\tilde{\boldsymbol{x}}_{k-1},\tilde{\boldsymbol{y}}_{k-1})]]\boldsymbol{P}_{k,k-1}\\ \hat{\boldsymbol{x}}_k &= \hat{\boldsymbol{x}}_{k|k-1}+\boldsymbol{G}_k(\boldsymbol{v}_k-[\boldsymbol{C}_k(\tilde{\boldsymbol{x}}_{k-1},\tilde{\boldsymbol{y}}_{k-1})]\,\hat{\boldsymbol{x}}_{k|k-1})\end{aligned}$$

其中 $\boldsymbol{Q}_k=\mathrm{Var}(\underline{\boldsymbol{\xi}}_k^1)$，$\boldsymbol{R}_k=\mathrm{Var}(\underline{\boldsymbol{\eta}}_k)$，$(\tilde{\boldsymbol{x}}_{k-1},\tilde{\boldsymbol{y}}_{k-1})$ 由算法Ⅰ得到。

这里使用了下面的符号

$$\left[\frac{\partial}{\partial\begin{bmatrix}\boldsymbol{x}_{k-1}\\ \boldsymbol{y}_{k-1}\end{bmatrix}}\begin{bmatrix}\boldsymbol{F}_{k-1}(\tilde{\boldsymbol{y}}_{k-1})\,\hat{\boldsymbol{x}}_{k-1}\\ \boldsymbol{H}_{k-1}(\hat{\boldsymbol{x}}_{k-1},\tilde{\boldsymbol{y}}_{k-1})\end{bmatrix}\right]=\left[\frac{\partial}{\partial\begin{bmatrix}\boldsymbol{x}_{k-1}\\ \boldsymbol{y}_{k-1}\end{bmatrix}}\begin{bmatrix}\boldsymbol{F}_k(\boldsymbol{y}_{k-1})\boldsymbol{x}_{k-1}\\ \boldsymbol{H}_{k-1}(\boldsymbol{x}_{k-1},\boldsymbol{y}_{k-1})\end{bmatrix}\right]_{\substack{\boldsymbol{x}_{k-1}=\hat{\boldsymbol{x}}_{k-1}\\ \boldsymbol{y}_{k-1}=\tilde{\boldsymbol{y}}_{k-1}}}$$

改进卡尔曼滤波算法（即算法Ⅰ）不同于原始卡尔曼滤波算法之处在于：在每一个时刻，（非线性）向量值函数 $\boldsymbol{F}_{k-1}(\boldsymbol{y}_{k-1})\boldsymbol{x}_{k-1}$ 的雅克比矩阵和预测值

$\begin{bmatrix}\tilde{\boldsymbol{x}}_{k|k-1}\\ \tilde{\boldsymbol{y}}_{k|k-1}\end{bmatrix}$都在最优估计$\hat{\boldsymbol{x}}_{k-1}$处进行估计。其中$\hat{\boldsymbol{x}}_{k-1}$由标准卡尔曼滤波算法(算法Ⅱ)确定。

下面给出改进卡尔曼滤波算法的一个推导。令$\hat{\boldsymbol{x}}_k$是线性系统(8.19)中状态向量$\boldsymbol{x}_k$的最优估计。对于使用了所有数据信息$\boldsymbol{v}_1,\cdots,\boldsymbol{v}_k$的$\boldsymbol{x}_k$的所有线性无偏估计$\boldsymbol{z}_k$,有下式:

$$\mathrm{Var}(\hat{\boldsymbol{x}}_k-\boldsymbol{x}_k)\leqslant \mathrm{Var}(\boldsymbol{z}_k-\boldsymbol{x}_k) \tag{8.20}$$

因为(8.19)是原始系统在$(\tilde{\boldsymbol{x}}_k,\tilde{\boldsymbol{y}}_k)$处的子系统,正如推导扩展卡尔曼滤波一样,有

$$\mathrm{Var}(\hat{\boldsymbol{X}}_k-\boldsymbol{X}_k)\leqslant \mathrm{Var}(\tilde{\boldsymbol{X}}_k-\boldsymbol{X}_k) \tag{8.21}$$

式中

$$\boldsymbol{X}_k=\begin{bmatrix}\boldsymbol{x}_k\\ \boldsymbol{y}_k\end{bmatrix},\quad \hat{\boldsymbol{X}}_k=\begin{bmatrix}\hat{\boldsymbol{x}}_k\\ \tilde{\boldsymbol{y}}_k\end{bmatrix},\quad \tilde{\boldsymbol{X}}_k=\begin{bmatrix}\tilde{\boldsymbol{x}}_k\\ \tilde{\boldsymbol{y}}_k\end{bmatrix}$$

现在,考虑定义在$\mathbf{R}^{n+m}$上的一个$(n+m)$维非线性可微向量值函数:

$$\boldsymbol{Z}=\boldsymbol{f}(\boldsymbol{X}) \tag{8.22}$$

因为目的是从$\boldsymbol{X}_k$的某个(最优)估计$\hat{\boldsymbol{X}}_k$中估计:

$$\boldsymbol{Z}_k=\boldsymbol{f}(\boldsymbol{X}_k)$$

以$\hat{\boldsymbol{X}}_k$作为线性泰勒近似的中心点。进行以上操作后,选择$\boldsymbol{X}_k$中一个更好的估计作为中心点将会得到$\boldsymbol{Z}_k$更好的估计值。换句话说,如果用$\hat{\boldsymbol{X}}_k$代替$\tilde{\boldsymbol{X}}_k$作为$\boldsymbol{Z}_k$线性泰勒近似的中心点,将会得到$\boldsymbol{Z}_k$更好的估计值,如图8.5所示。在这里,$\tilde{\boldsymbol{X}}_k$被用来作为标准卡尔曼滤波中线性泰勒近似的中心点。

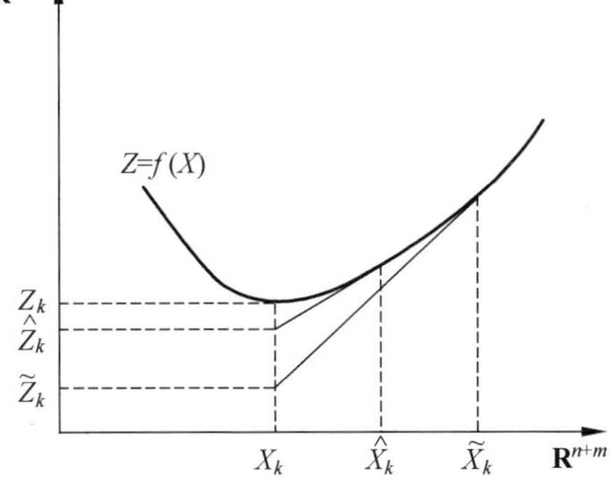

图8.5　线性化示意图

如果 $\boldsymbol{f}(\boldsymbol{X})$ 在 $\boldsymbol{X}$ 处的雅克比矩阵是 $\boldsymbol{f}'(\boldsymbol{X})$，那么以 $\hat{\boldsymbol{X}}_k$ 为中心点，$\boldsymbol{Z}_k$ 的线性泰勒估计 $\hat{\boldsymbol{Z}}_k$ 可以由下式给出：

$$\hat{\boldsymbol{Z}}_k = \boldsymbol{f}(\hat{\boldsymbol{X}}_k) + \boldsymbol{f}'(\hat{\boldsymbol{X}}_k)(\boldsymbol{X}_k - \hat{\boldsymbol{X}}_k)$$

或者写成

$$\hat{\boldsymbol{Z}}_k = \boldsymbol{f}'(\hat{\boldsymbol{X}}_k)\boldsymbol{X}_k + (\boldsymbol{f}(\hat{\boldsymbol{X}}_k) - \boldsymbol{f}'(\hat{\boldsymbol{X}}_k)\,\hat{\boldsymbol{X}}_k) \tag{8.23}$$

下面回到非线性模型(8.18)，并将线性公式(8.23)应用到下式定义的 $\boldsymbol{f}_k$：

$$\boldsymbol{f}_k\left(\begin{bmatrix}\boldsymbol{x}_k\\ \boldsymbol{y}_k\end{bmatrix}\right) = \begin{bmatrix}\boldsymbol{F}_k(\boldsymbol{y}_k)\boldsymbol{x}_k\\ \boldsymbol{H}_k(\boldsymbol{x}_k,\boldsymbol{y}_k)\end{bmatrix} \tag{8.24}$$

假设 $(\tilde{\boldsymbol{x}}_k,\tilde{\boldsymbol{y}}_k)$ 和 $\hat{\boldsymbol{x}}_k$ 能够在 k 时刻由并行算法(Ⅰ和Ⅱ)求出。转到第 $k+1$ 步，以 $\begin{bmatrix}\hat{\boldsymbol{x}}_k\\ \tilde{\boldsymbol{y}}_k\end{bmatrix}$ $\left(代替\begin{bmatrix}\tilde{\boldsymbol{x}}_k\\ \tilde{\boldsymbol{y}}_k\end{bmatrix}\right)$ 为中心点，根据式(8.23)，并使用雅克比矩阵对模型(8.18)进行线性化：

$$\boldsymbol{f}'_k\left(\begin{bmatrix}\hat{\boldsymbol{x}}_k\\ \tilde{\boldsymbol{y}}_k\end{bmatrix}\right) = \left[\frac{\partial}{\partial\begin{bmatrix}\boldsymbol{x}_k\\ \boldsymbol{y}_k\end{bmatrix}}\begin{bmatrix}\boldsymbol{F}_k(\tilde{\boldsymbol{y}}_k)\,\hat{\boldsymbol{x}}_k\\ \boldsymbol{H}_k(\hat{\boldsymbol{x}}_k,\tilde{\boldsymbol{y}}_k)\end{bmatrix}\right]$$

此外，正如在标准扩展卡尔曼滤波中常做的那样，在模型(8.18)的线性化中，对于矩阵 $\boldsymbol{C}_k(\boldsymbol{x}_k,\boldsymbol{y}_k)$、$\boldsymbol{\Gamma}^i_k(\boldsymbol{x}_k,\boldsymbol{y}_k)(i=1,2,3)$，分别做零阶泰勒近似，得到 $\boldsymbol{C}_k(\tilde{\boldsymbol{x}}_k,\tilde{\boldsymbol{y}}_k)$、$\boldsymbol{\Gamma}^i_k(\tilde{\boldsymbol{x}}_k,\tilde{\boldsymbol{y}}_k)$。可得下面的线性状态空间描述：

$$\begin{cases}\begin{bmatrix}\boldsymbol{x}_{k+1}\\ \boldsymbol{y}_{k+1}\end{bmatrix} = \left[\dfrac{\partial}{\partial\begin{bmatrix}\boldsymbol{x}_k\\ \boldsymbol{y}_k\end{bmatrix}}\begin{bmatrix}\boldsymbol{F}_k(\tilde{\boldsymbol{y}}_k)\,\hat{\boldsymbol{x}}_k\\ \boldsymbol{H}_k(\hat{\boldsymbol{x}}_k,\tilde{\boldsymbol{y}}_k)\end{bmatrix}\right]\begin{bmatrix}\boldsymbol{x}_k\\ \boldsymbol{y}_k\end{bmatrix} + \boldsymbol{u}_k + \begin{bmatrix}\boldsymbol{\Gamma}^1_k(\tilde{\boldsymbol{x}}_k,\tilde{\boldsymbol{y}}_k) & \boldsymbol{0}\\ \boldsymbol{\Gamma}^2_k(\tilde{\boldsymbol{x}}_k,\tilde{\boldsymbol{y}}_k) & \boldsymbol{\Gamma}^3_k(\tilde{\boldsymbol{x}}_k,\tilde{\boldsymbol{y}}_k)\end{bmatrix}\begin{bmatrix}\underline{\boldsymbol{\xi}}^1_k\\ \underline{\boldsymbol{\xi}}^2_k\end{bmatrix}\\ \boldsymbol{v}_k = \begin{bmatrix}\boldsymbol{C}_k(\tilde{\boldsymbol{x}}_k,\tilde{\boldsymbol{y}}_k) & \boldsymbol{0}\end{bmatrix}\begin{bmatrix}\boldsymbol{x}_k\\ \boldsymbol{y}_k\end{bmatrix} + \underline{\boldsymbol{\eta}}_k\end{cases} \tag{8.25}$$

式中，常值向量

$$\boldsymbol{u}_k = \begin{bmatrix}\boldsymbol{F}_k(\tilde{\boldsymbol{y}}_k)\,\hat{\boldsymbol{x}}_k\\ \boldsymbol{H}_k(\hat{\boldsymbol{x}}_k,\tilde{\boldsymbol{y}}_k)\end{bmatrix} - \left[\frac{\partial}{\partial\begin{bmatrix}\boldsymbol{x}_k\\ \boldsymbol{y}_k\end{bmatrix}}\begin{bmatrix}\boldsymbol{F}_k(\tilde{\boldsymbol{y}}_k)\,\hat{\boldsymbol{x}}_k\\ \boldsymbol{H}_k(\hat{\boldsymbol{x}}_k,\tilde{\boldsymbol{y}}_k)\end{bmatrix}\right]\begin{bmatrix}\hat{\boldsymbol{x}}_k\\ \tilde{\boldsymbol{y}}_k\end{bmatrix}$$

是确定性控制输入。因此，类似于标准卡尔曼滤波的推导，得到系统(8.25)的算法Ⅰ。其中算法Ⅰ的预测项 $\begin{bmatrix}\tilde{\boldsymbol{x}}_{k|k-1}\\ \tilde{\boldsymbol{y}}_{k|k-1}\end{bmatrix}$ 是唯一包含 $\boldsymbol{u}_k$ 的项，如下式所示：

$$\begin{bmatrix}\tilde{\boldsymbol{x}}_{k|k-1}\\ \tilde{\boldsymbol{y}}_{k|k-1}\end{bmatrix}=\left[\frac{\partial}{\partial\begin{bmatrix}\boldsymbol{x}_{k-1}\\ \boldsymbol{y}_{k-1}\end{bmatrix}}\begin{bmatrix}\boldsymbol{F}_{k-1}(\tilde{\boldsymbol{y}}_{k-1})\hat{\boldsymbol{x}}_{k-1}\\ \boldsymbol{H}_{k-1}(\hat{\boldsymbol{x}}_{k-1},\tilde{\boldsymbol{y}}_{k-1})\end{bmatrix}\right]\begin{bmatrix}\hat{\boldsymbol{x}}_{k-1}\\ \tilde{\boldsymbol{y}}_{k-1}\end{bmatrix}+\boldsymbol{u}_{k-1}$$

$$=\left[\frac{\partial}{\partial\begin{bmatrix}\boldsymbol{x}_{k-1}\\ \boldsymbol{y}_{k-1}\end{bmatrix}}\begin{bmatrix}\boldsymbol{F}_{k-1}(\tilde{\boldsymbol{y}}_{k-1})\hat{\boldsymbol{x}}_{k-1}\\ \boldsymbol{H}_{k-1}(\hat{\boldsymbol{x}}_{k-1},\tilde{\boldsymbol{y}}_{k-1})\end{bmatrix}\right]\begin{bmatrix}\hat{\boldsymbol{x}}_{k-1}\\ \tilde{\boldsymbol{y}}_{k-1}\end{bmatrix}+\begin{bmatrix}\boldsymbol{F}_{k-1}(\tilde{\boldsymbol{y}}_{k-1})\hat{\boldsymbol{x}}_{k-1}\\ \boldsymbol{H}_{k-1}(\hat{\boldsymbol{x}}_{k-1},\tilde{\boldsymbol{y}}_{k-1})\end{bmatrix}-$$

$$\left[\frac{\partial}{\partial\begin{bmatrix}\boldsymbol{x}_{k-1}\\ \boldsymbol{y}_{k-1}\end{bmatrix}}\begin{bmatrix}\boldsymbol{F}_{k-1}(\tilde{\boldsymbol{y}}_{k-1})\hat{\boldsymbol{x}}_{k-1}\\ \boldsymbol{H}_{k-1}(\hat{\boldsymbol{x}}_{k-1},\tilde{\boldsymbol{y}}_{k-1})\end{bmatrix}\right]\begin{bmatrix}\hat{\boldsymbol{x}}_{k-1}\\ \tilde{\boldsymbol{y}}_{k-1}\end{bmatrix}$$

$$=\begin{bmatrix}\boldsymbol{F}_{k-1}(\tilde{\boldsymbol{y}}_{k-1})\hat{\boldsymbol{x}}_{k-1}\\ \boldsymbol{H}_{k-1}(\hat{\boldsymbol{x}}_{k-1},\tilde{\boldsymbol{y}}_{k-1})\end{bmatrix}$$

8.6　时变参数辨识

在本节中，给出两个数值例子，来说明改进的扩展卡尔曼滤波相比于标准卡尔曼滤波在状态估计和系统参数辨识方面的优势。

给出一个非线性系统

$$\begin{cases}\begin{bmatrix}x_{k+1}\\ y_{k+1}\\ z_{k+1}\end{bmatrix}=\begin{bmatrix}\begin{bmatrix}1 & z_k\\ -0.1 & 1\end{bmatrix}\begin{bmatrix}x_k\\ y_k\end{bmatrix}\\ z_k\end{bmatrix}+\begin{bmatrix}\boldsymbol{\xi}_k^1\\ \boldsymbol{\xi}_k^2\\ \boldsymbol{\xi}_k^3\end{bmatrix}, & \begin{bmatrix}x_0\\ y_0\\ z_0\end{bmatrix}=\begin{bmatrix}1.0\\ 1.0\\ 0.1\end{bmatrix}\\ v_k=x_k+\eta_k\end{cases}$$

式中 $\boldsymbol{\xi}_k$ 和 η_k 是不相关的零均值高斯白噪声序列，且对所有 k，有 $\mathrm{Var}(\boldsymbol{\xi}_k)=0.1\boldsymbol{I}_3$ 和 $\mathrm{Var}(\eta_k)=0.01$。

产生两个伪随机噪声序列，并用

$$\begin{bmatrix}\hat{x}_0\\ \hat{y}_0\\ \hat{z}_0\end{bmatrix}=\begin{bmatrix}\tilde{x}_0\\ \tilde{y}_0\\ \tilde{z}_0\end{bmatrix}=\begin{bmatrix}100\\ 100\\ 1.0\end{bmatrix}\quad 和\quad \boldsymbol{P}_0=\boldsymbol{I}_3$$

作为比较扩展卡尔曼滤波算法和并行算法（Ⅰ和Ⅱ）时的初值。

计算机仿真结果表明，两种方法都能够精确估计状态向量的实际分量 x_k。

但是，比起标准的扩展卡尔曼滤波算法，并行算法（Ⅰ和Ⅱ）能更好地估计 y_k 和 z_k 分量。

在图 8.6 和图 8.7 中，分别用标准的扩展卡尔曼滤波算法和并行算法画出 y_k 的估计值并与 y_k 的实际值做比较。同样，用两种方法分别画出 z_k 部分的估计值，如图 8.8 和图 8.9 所示。

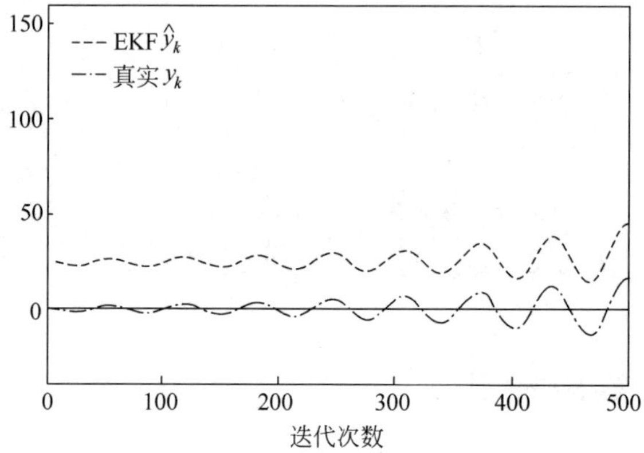

图 8.6　扩展卡尔曼滤波对 y_k 的辨识结果

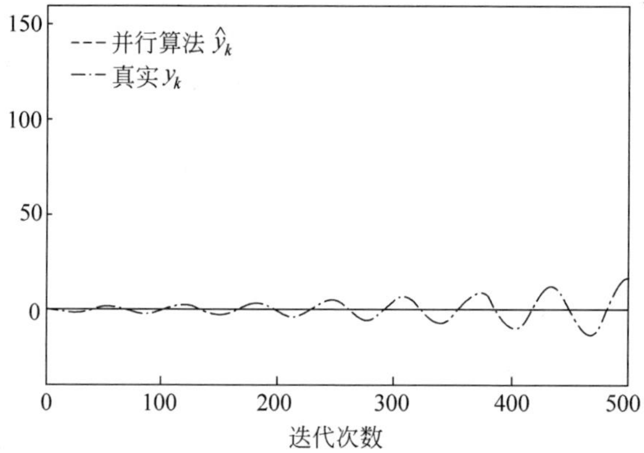

图 8.7　并行算法对 y_k 的辨识结果

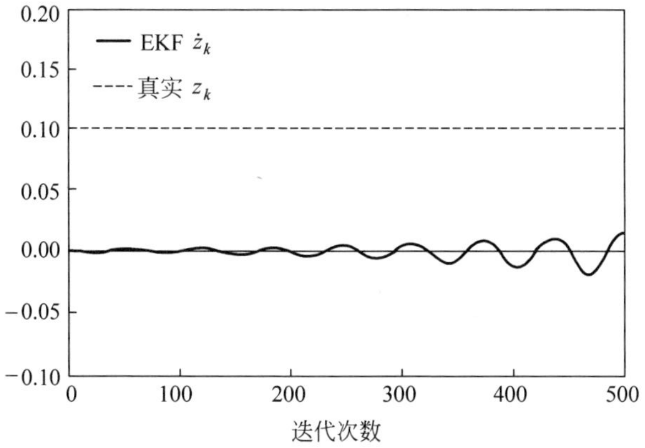

图 8.8 扩展卡尔曼滤波对 z_k 的辨识结果

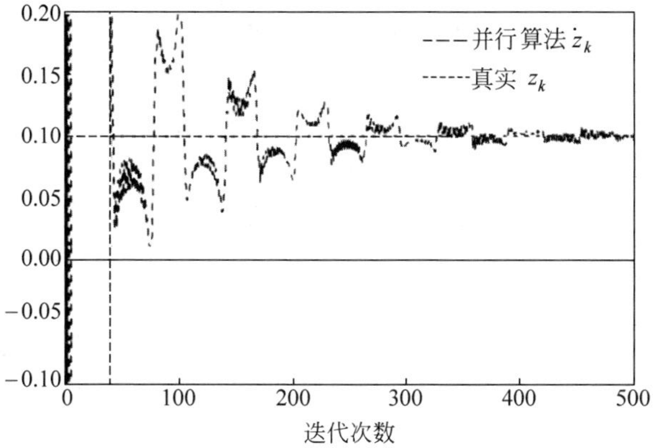

图 8.9 并行算法对 z_k 的辨识结果

第二个例子,考虑以下系统参数识别问题,时变随机系统(8.19)含有一个未知的时变参数向量$\underline{\boldsymbol{\theta}}_k$。通常,只假设$\underline{\boldsymbol{\theta}}_k$ 是一个零均值随机向量。用$\underline{\boldsymbol{\theta}}_k$ 取代非线性模型(8.25)中的 $\boldsymbol{y}_k$。对该模型应用改进的扩展卡尔曼滤波算法,可得

算法Ⅰ′ 令 $\mathrm{Var}(\underline{\boldsymbol{\theta}}_0)>\mathbf{0}$,且设置

$$\begin{bmatrix}\tilde{\boldsymbol{x}}_0\\ \tilde{\underline{\boldsymbol{\theta}}}_0\end{bmatrix}=\begin{bmatrix}E(\boldsymbol{x}_0)\\ \mathbf{0}\end{bmatrix},\quad \boldsymbol{P}_{0,0}=\begin{bmatrix}\mathrm{Var}(\boldsymbol{x}_0) & \mathbf{0}\\ \mathbf{0} & \mathrm{Var}(\underline{\boldsymbol{\theta}}_0)\end{bmatrix}$$

当 $k=1,2,\cdots$时,计算:

$$\begin{bmatrix}\tilde{\boldsymbol{x}}_{k|k-1}\\ \tilde{\underline{\boldsymbol{\theta}}}_{k|k-1}\end{bmatrix}=\begin{bmatrix}\boldsymbol{A}_{k-1}(\tilde{\underline{\boldsymbol{\theta}}}_{k-1})\hat{\boldsymbol{x}}_{k-1}\\ \tilde{\underline{\boldsymbol{\theta}}}_{k-1}\end{bmatrix}$$

$$\boldsymbol{P}_{k,k-1}=\begin{bmatrix}\boldsymbol{A}_{k-1}(\tilde{\underline{\boldsymbol{\theta}}}_{k-1}) & \dfrac{\partial}{\partial\underline{\boldsymbol{\theta}}}[\boldsymbol{A}_{k-1}(\tilde{\underline{\boldsymbol{\theta}}}_{k-1})\hat{\boldsymbol{x}}_{k-1}]\\ \boldsymbol{0} & \boldsymbol{I}\end{bmatrix}\boldsymbol{P}_{k-1,k-1}\cdot$$
$$\begin{bmatrix}\boldsymbol{A}_{k-1}(\tilde{\underline{\boldsymbol{\theta}}}_{k-1}) & \dfrac{\partial}{\partial\underline{\boldsymbol{\theta}}}[\boldsymbol{A}_{k-1}(\tilde{\underline{\boldsymbol{\theta}}}_{k-1})\hat{\boldsymbol{x}}_{k-1}]\\ \boldsymbol{0} & \boldsymbol{I}\end{bmatrix}^{\mathrm{T}}+$$
$$\begin{bmatrix}\boldsymbol{\Gamma}_{k-1}(\tilde{\underline{\boldsymbol{\theta}}}_{k-1})\boldsymbol{Q}_{k-1}\boldsymbol{\Gamma}_{k-1}^{\mathrm{T}}(\tilde{\underline{\boldsymbol{\theta}}}_{k-1}) & \boldsymbol{0}\\ \boldsymbol{0} & \boldsymbol{0}\end{bmatrix}$$

$$\boldsymbol{G}_k=\boldsymbol{P}_{k,k-1}[\boldsymbol{C}_k(\tilde{\underline{\boldsymbol{\theta}}}_{k|k-1})\quad\boldsymbol{0}]^{\mathrm{T}}\cdot$$
$$[[\boldsymbol{C}_k(\tilde{\underline{\boldsymbol{\theta}}}_{k|k-1})\quad\boldsymbol{0}]\boldsymbol{P}_{k,k-1}[\boldsymbol{C}_k(\tilde{\underline{\boldsymbol{\theta}}}_{k|k-1})\quad\boldsymbol{0}]^{\mathrm{T}}+\boldsymbol{R}_k]^{-1}$$

$$\boldsymbol{P}_{k,k}=[\boldsymbol{I}-\boldsymbol{G}_k[\boldsymbol{C}_k(\tilde{\underline{\boldsymbol{\theta}}}_{k|k-1})\quad\boldsymbol{0}]]\boldsymbol{P}_{k,k-1}$$

$$\begin{bmatrix}\tilde{\boldsymbol{x}}_k\\ \tilde{\underline{\boldsymbol{\theta}}}_k\end{bmatrix}=\begin{bmatrix}\tilde{\boldsymbol{x}}_{k|k-1}\\ \tilde{\underline{\boldsymbol{\theta}}}_{k|k-1}\end{bmatrix}+\boldsymbol{G}_k(\boldsymbol{v}_k-\boldsymbol{C}_k(\tilde{\underline{\boldsymbol{\theta}}}_{k|k-1})\tilde{\boldsymbol{x}}_{k|k-1})$$

式中,$\hat{\boldsymbol{x}}_k$ 是在并行算法Ⅱ中用$\tilde{\underline{\boldsymbol{\theta}}}_k$ 代替$\tilde{\boldsymbol{y}}_k$ 得到的。

为了检验并行算法(Ⅰ′和Ⅱ)的性能,考虑下面含有未知系统参数 θ_k 的随机系统:

$$\begin{cases}\boldsymbol{x}_{k+1}=\begin{bmatrix}1 & 1\\ 0 & \theta_k\end{bmatrix}\boldsymbol{x}_k+\underline{\boldsymbol{\xi}}_k, \quad \boldsymbol{x}_0=\begin{bmatrix}1\\ 1\end{bmatrix}\\ v_k=[1\quad 0]\boldsymbol{x}_k+\eta_k\end{cases}$$

计算机仿真时,使用由下式给出的变值参数 θ_k

$$\theta_k=\begin{cases}1.0, & 0\leqslant k\leqslant 20\\ 1.2, & 20<k\leqslant 40\\ 1.5, & 40<k\leqslant 60\\ 2.0, & 60<k\leqslant 80\\ 2.3, & 80<k\end{cases}\quad 及\quad \hat{\theta}_0=5.0$$

现在的问题是辨识这些未知量。事实证明标准的扩展卡尔曼滤波算法不能合理估计 θ_k,且估计值可能随着 k 的增大而成指数增长。在图 8.10 中,θ_k 的估计值是应用并行算法(Ⅰ′和Ⅱ)得到的,其初始差值为(i) $\mathrm{Var}(\theta_0)=0.1$;(ii) $\mathrm{Var}(\theta_0)=1.0$;(iii) $\mathrm{Var}(\theta_0)=50$。

最后指出,所有现有的扩展卡尔曼滤波算法设计都是有针对性的,这是由于推导结果使用了不同的线性化方法引起的。因此，通常没有严格的理论能保证扩展或改进的扩展卡尔曼滤波算法的最优性。

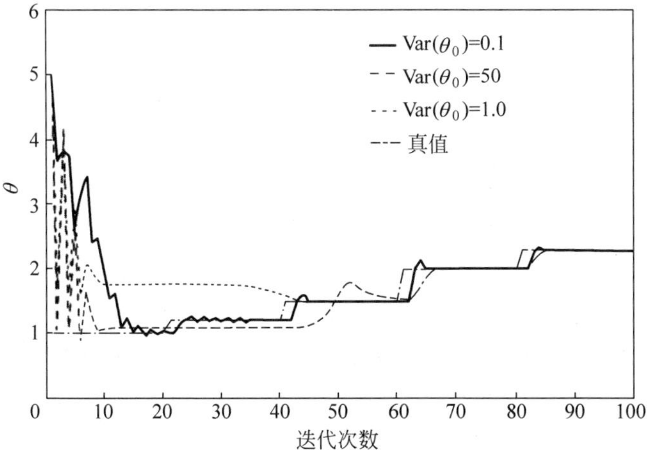

图 8.10　时变参数辨识结果

练习

8.1　考虑图 8.11 所示的二维雷达跟踪系统。为了简便，假设导弹在 y 轴的正向运动，则 $\dot{x}=0$，$\dot{y}=v$ 和 $\ddot{y}=a$，其中 v 和 a 分别表示导弹的速度和加速度。

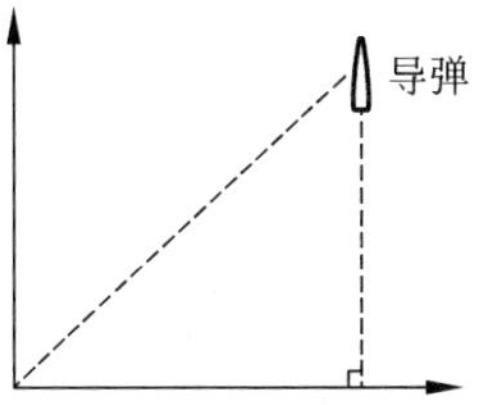

图 8.11　雷达跟踪系统

(a) 假设雷达安装在原点，测量值为距离 r 和角位移 θ，(r,θ) 为极坐标表示。推导这个雷达跟踪模型的非线性方程：

$$\begin{cases}\dot{r}=v\sin\theta \\ \dot{\theta}=\dfrac{v}{r}\cos\theta\end{cases},\quad \begin{cases}\ddot{r}=a\sin\theta+\dfrac{v^2}{r^2}\cos^2\theta \\ \ddot{\theta}=\left(\dfrac{ar-v^2\sin\theta}{r^2}\right)\cos\theta-\dfrac{v^2}{r^2}\sin\theta\cos\theta\end{cases}$$

(b) 给定状态向量 $\mathbf{x}:=\begin{bmatrix} r \\ \dot{r} \\ \theta \\ \dot{\theta} \end{bmatrix}$,建立一个该模型的基于向量的非线性微分方程;

(c) 假设只有距离 r 能够观测,系统和观测方程都分别受到随机干扰$\{\underline{\boldsymbol{\xi}}\}$和$\{\eta\}$。分别用 $\mathbf{x}_k$、$(\mathbf{x}_{k+1}-\mathbf{x}_k)h^{-1}$、$\underline{\boldsymbol{\xi}}_k$ 和 η_k 替换 $\mathbf{x}$、$\dot{\mathbf{x}}$、$\underline{\boldsymbol{\xi}}$ 和 η,其中 $h>0$ 表示采样时间,建立上面模型的离散时间非线性系统;

(d) 假设上面系统中的$\{\underline{\boldsymbol{\xi}}_k\}$、$\{\eta_k\}$是零均值不相关的高斯白噪声序列。描述该非线性系统的扩展卡尔曼滤波算法。

8.2　用式(8.5)和式(8.7)定义的矩阵和向量,验证非线性模型(8.1)可以用线性模型(8.3)近似。

8.3　验证通过对线性模型(8.3)应用标准卡尔曼方程(2.17)或方程(3.25),可以得到非线性模型(8.1)的扩展卡尔曼滤波算法,如式(8.8)所示。

8.4　验证方程(8.13)。

8.5　验证方程(8.14)。

8.6　验证(8.15)给出的算法。

8.7　证明:如果系统(8.10)中的未知常值向量$\underline{\boldsymbol{\theta}}$是确定性的话(即,对所有 k,有$\underline{\boldsymbol{\theta}}_{k+1}=\underline{\boldsymbol{\theta}}_k$),则算法(8.15)将不能辨识出$\underline{\boldsymbol{\theta}}$。

8.8　考虑一维模型:$\begin{cases} x_{k+1}=x_k+\xi_k \\ v_k=cx_k+\eta_k \end{cases}$,式中 $E(x_0)=x^0$,$\mathrm{Var}(x_0)=p_0$,$\{\xi_k\}$和$\{\eta_k\}$都是零均值高斯白噪声序列,满足:

$$E(\xi_k\xi_l)=q_k\delta_{kl},\quad E(\eta_k\eta_l)=r_k\delta_{kl}$$
$$E(\xi_k\eta_l)=E(\xi_k x_0)=E(\eta_k x_0)=0$$

假设未知常数 c 是一个随机常数,即:$c_{k+1}=c_k+\zeta_k$,式中 ζ_k 也是零均值高斯白噪声序列,且已知方差 $\mathrm{Var}(\zeta_k)=s_k$。

给出估计 c 的算法,并讨论特殊情况 $s_k=s>0$。

第 9 章

滤波方程解耦

极限(或稳态)卡尔曼滤波器为实时估算线性时不变系统的状态向量提供了一个非常有效的方法。如果状态向量具有非常高的维数 n,但是只对很少的一部分感兴趣时,这种滤波器将提供大量无用的信息。如果能去除这些,可以提高滤波过程的效率。为此本章介绍了一种解耦方法。它可以将一个 n 维的极限卡尔曼滤波算法分解为 n 个独立的一维递推公式,从而可以去掉不关心的项。

9.1 解耦公式

考虑一个线性时不变随机系统:

$$\begin{cases} \boldsymbol{x}_{k+1} = \boldsymbol{A}\boldsymbol{x}_k + \boldsymbol{\Gamma}\underline{\boldsymbol{\xi}}_k \\ \boldsymbol{v}_k = \boldsymbol{C}\boldsymbol{x}_k + \underline{\boldsymbol{\eta}}_k \end{cases} \tag{9.1}$$

所有项的定义与第 6 章相同(见 6.1 节)。则极限卡尔曼增益矩阵为

$$\boldsymbol{G} = \boldsymbol{P}\boldsymbol{C}^{\mathrm{T}}(\boldsymbol{C}\boldsymbol{P}\boldsymbol{C}^{\mathrm{T}} + \boldsymbol{R})^{-1} \tag{9.2}$$

式中 $\boldsymbol{P}$ 是矩阵 Riccati 方程

$$\boldsymbol{P} = \boldsymbol{A}[\boldsymbol{P} - \boldsymbol{P}\boldsymbol{C}^{\mathrm{T}}(\boldsymbol{C}\boldsymbol{P}\boldsymbol{C}^{\mathrm{T}} + \boldsymbol{R})^{-1}\boldsymbol{C}\boldsymbol{P}]\boldsymbol{A}^{\mathrm{T}} + \boldsymbol{\Gamma}\boldsymbol{Q}\boldsymbol{\Gamma}^{\mathrm{T}} \tag{9.3}$$

的正定解,且 $\boldsymbol{x}_k$ 的稳态估计 $\vec{\boldsymbol{x}}_k$ 为

$$\begin{aligned} \vec{\boldsymbol{x}}_k &= \boldsymbol{A}\vec{\boldsymbol{x}}_{k-1} + \boldsymbol{G}(\boldsymbol{v}_k - \boldsymbol{C}\boldsymbol{A}\vec{\boldsymbol{x}}_{k-1}) \\ &= (\boldsymbol{I} - \boldsymbol{G}\boldsymbol{C})\boldsymbol{A}\vec{\boldsymbol{x}}_{k-1} + \boldsymbol{G}\boldsymbol{v}_k \end{aligned} \tag{9.4}$$

C. K. Chui and G. Chen, Kalman Filtering, DOI 10.1007/978-3-319-47612-4_1

(见6.4节)。式中,$\boldsymbol{Q}$、$\boldsymbol{R}$ 均为方差阵,且由下式定义:

$$\boldsymbol{Q} = E(\underline{\boldsymbol{\xi}}_k \underline{\boldsymbol{\xi}}_k^{\mathrm{T}}), \quad \boldsymbol{R} = E(\underline{\boldsymbol{\eta}}_k \underline{\boldsymbol{\eta}}_k^{\mathrm{T}})$$

对所有 k 都适用(见6.1节)。

令 $\boldsymbol{\Phi} = (\boldsymbol{I} - \boldsymbol{GC})\boldsymbol{A} := [\phi_{ij}]_{n\times n}$, $\boldsymbol{G} = [g_{ij}]_{n\times q}$, $1 \leqslant q \leqslant n$,设

$$\vec{\boldsymbol{x}}_k = \begin{bmatrix} x_{k,1} \\ \vdots \\ x_{k,n} \end{bmatrix}, \quad \boldsymbol{v}_k = \begin{bmatrix} v_{k,1} \\ \vdots \\ v_{k,q} \end{bmatrix}$$

现在考虑 z-变换:

$$\begin{cases} \boldsymbol{X}_j = \boldsymbol{X}_j(z) = \sum_{k=0}^{\infty} x_{k,j} z^{-k}, & j = 1,2,\cdots,n \\ \boldsymbol{V}_j = \boldsymbol{V}_j(z) = \sum_{k=0}^{\infty} v_{k,j} z^{-k}, & j = 1,2,\cdots,n \end{cases} \tag{9.5}$$

分别对应于$\{\vec{\boldsymbol{x}}_k\}$和$\{\boldsymbol{v}_k\}$的第 j 个分量。

对于 $k=0,1,\cdots$,式(9.4)可以改写为

$$x_{k+1,j} = \sum_{i=1}^{n} \phi_{ji} x_{k,i} + \sum_{i=1}^{q} g_{ji} v_{k+1,i}$$

由上式可得

$$z\boldsymbol{X}_j = \sum_{i=1}^{n} \phi_{ji} \boldsymbol{X}_i + z \sum_{i=1}^{q} g_{ji} \boldsymbol{V}_i$$

令

$$\boldsymbol{\Lambda} = \boldsymbol{\Lambda}(z) = (z\boldsymbol{I} - \boldsymbol{\Phi})$$

可得

$$\boldsymbol{\Lambda} \begin{bmatrix} \boldsymbol{X}_1 \\ \vdots \\ \boldsymbol{X}_n \end{bmatrix} = z\boldsymbol{G} \begin{bmatrix} \boldsymbol{V}_1 \\ \vdots \\ \boldsymbol{V}_q \end{bmatrix} \tag{9.6}$$

对于大的$|z|$值,$\boldsymbol{\Lambda}$ 是对角线占优矩阵,因此也是可逆的。克莱姆(Cramer)法则可以用来求解式(9.6)中的 $\boldsymbol{X}_1, \cdots, \boldsymbol{X}_n$。设$\boldsymbol{\Lambda}_i$ 为把$\boldsymbol{\Lambda}$ 的第 i 列用下式代替所得到的结果:

$$z\boldsymbol{G} \begin{bmatrix} \boldsymbol{V}_1 \\ \vdots \\ \boldsymbol{V}_q \end{bmatrix}$$

$\det\boldsymbol{\Lambda}$ 和 $\det\boldsymbol{\Lambda}_i$ 都是 z 的 n 阶多项式,且

$$(\det\boldsymbol{\Lambda})\boldsymbol{X}_i(z) = \det\boldsymbol{\Lambda}_i \tag{9.7}$$

式中,$i=1,\cdots,n$。此外,还可以写出

$$\det\boldsymbol{\Lambda} = z^n + b_1 z^{n-1} + b_2 z^{n-2} + \cdots + b_{n-1} z + b_n \tag{9.8}$$

式中

$$\begin{aligned} b_1 &= -(\lambda_1 + \lambda_2 + \cdots + \lambda_n) \\ b_2 &= (\lambda_1\lambda_2 + \lambda_1\lambda_3 + \cdots + \lambda_1\lambda_n + \lambda_2\lambda_3 + \cdots + \lambda_{n-1}\lambda_n) \\ &\vdots \\ b_n &= (-1)^n \lambda_1\lambda_2\cdots\lambda_n \end{aligned}$$

这里，$\lambda_i(i=1,2,\cdots,n)$是矩阵$\boldsymbol{\Phi}$的特征值。

同理可得

$$\det\boldsymbol{\Lambda}_i = \left(\sum_{l=0}^{n} c_l^1 z^{n-l}\right)\boldsymbol{V}_1 + \cdots + \left(\sum_{l=0}^{n} c_l^q z^{n-l}\right)\boldsymbol{V}_l \tag{9.9}$$

式中 $c_l^i(l=0,1,\cdots,n,i=1,2,\cdots,q)$也可以精确地计算出来。

现在，将式(9.8)和式(9.9)代入式(9.7)，并对两边取 z-反变换，得到如下递推(去耦)公式：

$$\begin{aligned} x_{k,i} = &-b_1 x_{k-1,i} - b_2 x_{k-2,i} - \cdots - b_n x_{k-n,i} + \\ &c_0^1 v_{k,1} + c_1^1 v_{k-1,1} + \cdots + c_n^1 v_{k-n,1} \cdots + \\ &c_0^q v_{k,q} + c_1^q v_{k-1,q} + \cdots + c_n^q v_{k-n,q} \end{aligned} \tag{9.10}$$

$i=1,2,\cdots,n$。

在滤波过程之前，可以计算出系数 $b_1,b_2,\cdots,b_n$ 和 $c_0^i,c_1^i,\cdots,c_n^i,i=1,2,\cdots,q$。而在式(9.10)中，每个 $x_{k,i}$ 只取决于之前的状态变量 $x_{k-1,i},x_{k-2,i},\cdots,x_{k-n,i}$ 和数据信息，而与任何其他的状态 $x_{k-l,j}$ 无关($j\neq i$)。这意味着滤波公式(9.4)已分解成 n 个一维递推公式。

9.2 实时跟踪

现以 3.5 节研究的实时跟踪为例，详细说明解耦技术。与 3.5 节和练习 3.8 一致，该实时跟踪模型可以简化为

$$\begin{cases} \boldsymbol{x}_{k+1} = \boldsymbol{A}\boldsymbol{x}_k + \underline{\boldsymbol{\xi}}_k \\ v_k = \boldsymbol{C}\boldsymbol{x}_k + \eta_k \end{cases} \tag{9.11}$$

式中

$$\boldsymbol{A} = \begin{bmatrix} 1 & h & h^2/2 \\ 0 & 1 & h \\ 0 & 0 & 1 \end{bmatrix}, \quad \boldsymbol{C} = [1 \quad 0 \quad 0], \quad h > 0$$

$\{\underline{\boldsymbol{\xi}}_k\}$和$\{\eta_k\}$分别是零均值高斯白噪声序列,且满足

$$E(\underline{\boldsymbol{\xi}}_k\underline{\boldsymbol{\xi}}_l^{\mathrm{T}}) = \begin{bmatrix}\sigma_p & 0 & 0\\ 0 & \sigma_v & 0\\ 0 & 0 & \sigma_a\end{bmatrix}\delta_{kl}, \quad E(\eta_k\eta_l) = \sigma_m\delta_{kl}$$

$$E(\underline{\boldsymbol{\xi}}_k\eta_l) = \mathbf{0}, \quad E(\underline{\boldsymbol{\xi}}_k\boldsymbol{x}_0^{\mathrm{T}}) = \mathbf{0}, \quad E(\eta_k\boldsymbol{x}_0) = \mathbf{0}$$

式中 σ_p、σ_v、$\sigma_a \geqslant 0$,$\sigma_p+\sigma_v+\sigma_a>0$,$\sigma_m>0$。

在第6章也介绍了该系统的极限卡尔曼滤波:

$$\begin{cases}\vec{\boldsymbol{x}}_k = \boldsymbol{\Phi}\vec{\boldsymbol{x}}_{k-1} + v_k\boldsymbol{G}\\ \vec{\boldsymbol{x}}_0 = E(\boldsymbol{x}_0)\end{cases}$$

式中,$\boldsymbol{\Phi}=(\boldsymbol{I}-\boldsymbol{GC})\boldsymbol{A}$,且

$$\boldsymbol{G} = \begin{bmatrix}g_1\\ g_2\\ g_3\end{bmatrix} = \boldsymbol{PC}/(\boldsymbol{C}^{\mathrm{T}}\boldsymbol{PC}+\sigma_m) = \frac{1}{\boldsymbol{P}[1,1]+\sigma_m}\begin{bmatrix}\boldsymbol{P}[1,1]\\ \boldsymbol{P}[2,1]\\ \boldsymbol{P}[3,1]\end{bmatrix}$$

$\boldsymbol{P}=[\boldsymbol{P}[i,j]]_{3\times 3}$是下面矩阵 Riccati 方程的正定解:

$$\boldsymbol{P} = \boldsymbol{A}[\boldsymbol{P}-\boldsymbol{PC}(\boldsymbol{C}^{\mathrm{T}}\boldsymbol{PC}+\sigma_m)^{-1}\boldsymbol{C}^{\mathrm{T}}\boldsymbol{P}]\boldsymbol{A}^{\mathrm{T}} + \begin{bmatrix}\sigma_p & 0 & 0\\ 0 & \sigma_v & 0\\ 0 & 0 & \sigma_a\end{bmatrix}$$

或

$$\boldsymbol{P} = \boldsymbol{A}\left[\boldsymbol{P}-\frac{1}{\boldsymbol{P}[1,1]+\sigma_m}\boldsymbol{P}\begin{bmatrix}1 & 0 & 0\\ 0 & 0 & 0\\ 0 & 0 & 0\end{bmatrix}\boldsymbol{P}\right]\boldsymbol{A}^{\mathrm{T}} + \begin{bmatrix}\sigma_p & 0 & 0\\ 0 & \sigma_v & 0\\ 0 & 0 & \sigma_a\end{bmatrix} \tag{9.12}$$

又

$$\boldsymbol{\Phi} = (\boldsymbol{I}-\boldsymbol{GC})\boldsymbol{A} = \begin{bmatrix}1-g_1 & (1-g_1)h & (1-g_1)h^2/2\\ -g_2 & 1-g_2h & h-g_2h^2/2\\ -g_3 & -g_3h & 1-g_3h^2/2\end{bmatrix}$$

则式(9.6)变为

$$\begin{bmatrix}z-1+g_1 & -h+hg_1 & -h^2/2+h^2g_1/2\\ g_2 & z-1+hg_2 & -h+h^2g_2/2\\ g_3 & hg_3 & z-1+h^2g_3/2\end{bmatrix}\begin{bmatrix}X_1\\ X_2\\ X_3\end{bmatrix} = z\begin{bmatrix}g_1\\ g_2\\ g_3\end{bmatrix}V$$

根据克莱姆法则,有

$$X_i = H_iV$$

$i=1,2,3$,式中

$$
\begin{aligned}
H_1 = &\{g_1 + (g_3h^2/2 + g_2h - 2g_1)z^{-1} + (g_3h^2/2 - g_2h + g_1)z^{-2}\} \cdot \\
&\{1 + ((g_1 - 3) + g_2h + g_3h^2/2)z^{-1} + \\
&((3 - 2g_1) - g_2h + g_3h^2/2)z^{-2} + (g_1 - 1)z^{-3}\} \\
H_2 = &\{g_2 + (hg_3 - 2g_2)z^{-1} + (g_2 - hg_3)z^{-2}\} \cdot \\
&\{1 + ((g_1 - 3) + g_2h + g_3h^2/2)z^{-1} + \\
&((3 - 2g_1) - g_2h + g_3h^2/2)z^{-2} + (g_1 - 1)z^{-3}\} \\
H_3 = &\{g_3 - 2g_3z^{-1} + g_3z^{-2}\} \cdot \\
&\{1 + ((g_1 - 3) + g_2h + g_3h^2)z^{-1} + \\
&((3 - 2g_1) - g_2h + g_3h^2/2)z^{-2} + (g_1 - 1)z^{-3}\}
\end{aligned}
$$

因此，设

$$
\vec{\boldsymbol{x}}_k = \begin{bmatrix} x_k \\ \dot{x}_k \\ \ddot{x}_k \end{bmatrix}
$$

使用 z-反变换，有

$$
\begin{aligned}
x_k =& -((g_1 - 3) + g_2h + g_3h^2/2)x_{k-1} - ((3 - 2g_1) - g_2h + g_3h^2/2)x_{k-2} - \\
&(g_1 - 1)x_{k-3} + g_1v_k + (g_3h^2/2 + g_2h - 2g_1)v_{k-1} + \\
&(g_3h^2/2 - g_2h + g_1)v_{k-2} \\
\dot{x}_k =& -((g_1 - 3) + g_2h + g_3h^2/2)\dot{x}_{k-1} - ((3 - 2g_1) - g_2h + g_3h^2/2)\dot{x}_{k-2} - \\
&(g_1 - 1)\dot{x}_{k-3} + g_2v_k + (hg_3 - 2g_2)v_{k-1} + (g_2 - hg_3)v_{k-2} \\
\ddot{x}_k =& -((g_1 - 3) + g_2h + g_3h^2/2)\ddot{x}_{k-1} - ((3 - 2g_1) - g_2h + g_3h^2/2)\ddot{x}_{k-2} - \\
&(g_1 - 1)\ddot{x}_{k-3} + g_3v_k - 2g_3v_{k-1} + g_3v_{k-2}
\end{aligned}
$$

$k=0,1,\cdots$，初始条件为 x_{-1}、$\dot{x}_{-1}$、$\ddot{x}_{-1}$，式中 $k<0$ 时 $v_k=0$，$k<-1$ 时 $x_k=\dot{x}_k=\ddot{x}_k=0$（见练习 9.2）。

9.3　α-β-γ 跟踪器

α-β-γ 跟踪器是最常见的跟踪器之一，这是一个“次优”滤波器，可以表示为

$$
\begin{cases}
\check{\boldsymbol{x}}_k = \boldsymbol{A}\check{\boldsymbol{x}}_{k-1} + \boldsymbol{H}(v_k - \boldsymbol{CA}\check{\boldsymbol{x}}_{k-1}) \\
\check{\boldsymbol{x}}_0 = E(\boldsymbol{x}_0)
\end{cases}
\tag{9.13}
$$

式中，$\boldsymbol{H}=[\alpha \quad \beta/h \quad \gamma/h^2]^{\mathrm{T}}$($\alpha$、$\beta$、$\gamma$ 为常数，见图 9.1)。在实际应用中，α、β、γ 根据物理模型来选取，并依赖于使用者的经验。

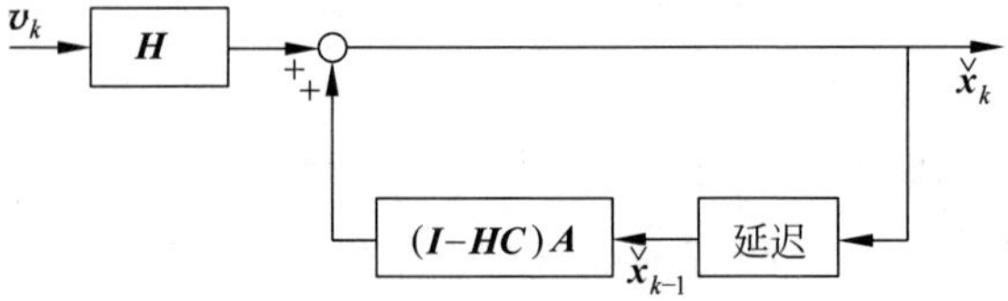

图 9.1 α-β-γ 跟踪器

在这里，考虑下面的例子

$$\boldsymbol{A}=\begin{bmatrix}1 & h & h^2/2\\0 & 1 & h\\0 & 0 & 1\end{bmatrix} \quad 和 \quad \boldsymbol{C}=[1 \quad 0 \quad 0]$$

设

$$g_1=\alpha, \quad g_2=\beta/h, \quad g_3=\gamma/h^2$$

根据 9.2 节推导的解耦滤波公式，可以得到一个解耦 α-β-γ 跟踪器。可以看到在一定的 α、β 和 γ 值的条件下，时不变系统(9.11)的 α-β-γ 跟踪器实质上是一个极限卡尔曼滤波器，由这些条件可以保证跟踪器的"近似最优"性。

由于式(9.12)中的矩阵 $\boldsymbol{P}$ 是对称的，可以写为

$$\boldsymbol{P}=\begin{bmatrix}p_{11} & p_{21} & p_{31}\\p_{21} & p_{22} & p_{32}\\p_{31} & p_{32} & p_{33}\end{bmatrix}$$

则式(9.12)变为

$$\boldsymbol{P}=\boldsymbol{A}\left[\boldsymbol{P}-\frac{1}{p_{11}+\sigma_m}\boldsymbol{P}\begin{bmatrix}1 & 0 & 0\\0 & 0 & 0\\0 & 0 & 0\end{bmatrix}\boldsymbol{P}\right]\boldsymbol{A}^{\mathrm{T}}+\begin{bmatrix}\sigma_p & 0 & 0\\0 & \sigma_v & 0\\0 & 0 & \sigma_a\end{bmatrix} \tag{9.14}$$

$$\boldsymbol{G}=\boldsymbol{PC}/(\boldsymbol{C}^{\mathrm{T}}\boldsymbol{PC}+\sigma_m)=\frac{1}{p_{11}+\sigma_m}\begin{bmatrix}p_{11}\\p_{21}\\p_{31}\end{bmatrix} \tag{9.15}$$

α-β-γ 跟踪器(9.13)成为一个极限卡尔曼滤波器的必要条件是 $\boldsymbol{H}=\boldsymbol{G}$，等价于

$$\begin{bmatrix}\alpha\\\beta/h\\\gamma/h^2\end{bmatrix}=\frac{1}{p_{11}+\sigma_m}\begin{bmatrix}p_{11}\\p_{21}\\p_{31}\end{bmatrix}$$

从而

$$\begin{bmatrix} p_{11} \\ p_{21} \\ p_{31} \end{bmatrix} = \frac{\sigma_m}{1-\alpha} \begin{bmatrix} \alpha \\ \beta/h \\ \gamma/h^2 \end{bmatrix} \tag{9.16}$$

另一方面，通过简单的代数运算，由式(9.14)、式(9.15)和式(9.16)，可得

$$\begin{bmatrix} p_{11} & p_{21} & p_{31} \\ p_{21} & p_{22} & p_{32} \\ p_{31} & p_{32} & p_{33} \end{bmatrix}$$

$$= \begin{bmatrix} \begin{matrix} p_{11}+2hp_{21}+h^2p_{31} \\ +h^2p_{22}+h^3p_{32}+h^4p_{33}/4 \end{matrix} & \begin{matrix} p_{21}+hp_{31}+hp_{22} \\ +3h^2p_{32}/2+h^3p_{33}/2 \end{matrix} & \begin{matrix} p_{31}+hp_{32} \\ +h^2p_{33}/2 \end{matrix} \\ \begin{matrix} p_{21}+hp_{31}+hp_{22} \\ +3h^2p_{32}/2+h^3p_{33}/2 \end{matrix} & p_{22}+2hp_{32}+h^2p_{33} & p_{32}+hp_{33} \\ p_{31}+hp_{32}+h^2p_{33}/2 & p_{32}+hp_{33} & p_{33} \end{bmatrix} -$$

$$\frac{1}{p_{11}+\sigma_m} \begin{bmatrix} \begin{matrix} (\alpha+\beta)^2 \\ +\gamma(\alpha+\beta+\gamma/4) \end{matrix} & \begin{matrix} (\alpha\beta+\alpha\gamma+\beta^2 \\ +3\beta\gamma/2+\gamma^2/2)/h \end{matrix} & \gamma(\alpha+\beta+\gamma/2)/h^2 \\ \begin{matrix} (\alpha\beta+\alpha\gamma+\beta^2 \\ +3\beta\gamma/2+\gamma^2/2)/h \end{matrix} & (\beta+\gamma)^2/h^2 & \gamma(\beta+\gamma)/h^3 \\ \gamma(\alpha+\beta+\gamma/2)/h^2 & \gamma(\beta+\gamma)/h^3 & \gamma^2/h^4 \end{bmatrix} +$$

$$\begin{bmatrix} \sigma_p & 0 & 0 \\ 0 & \sigma_v & 0 \\ 0 & 0 & \sigma_a \end{bmatrix}$$

将式(9.16)代入上面的方程，得到

$$\begin{cases} \dfrac{h^4}{\gamma^2}\sigma_a = p_{11}+\sigma_m \\ p_{11} = \dfrac{h^4(\beta+\gamma)^2}{\gamma^3(2\alpha+2\beta+\gamma)}\sigma_a - \dfrac{h}{\gamma(2\alpha+2\beta+\gamma)}\sigma_v \\ 2hp_{21}+h^2p_{31}+h^2p_{22} = \dfrac{h^4}{4\gamma^2}(4\alpha^2+8\alpha\beta+2\beta^2+4\alpha\gamma+\beta\gamma)\sigma_a + \dfrac{h^2}{2}\sigma_v - \sigma_p \\ p_{31}+p_{22} = \dfrac{h^4}{4\gamma^2}(4\alpha+\beta)(\beta+\gamma)\sigma_a + \dfrac{3}{4}\sigma_v \end{cases} \tag{9.17}$$

及

$$\begin{cases} p_{22}=\dfrac{\sigma_m}{(1-\alpha)h^2}[\beta(\alpha+\beta+\gamma/4)-\gamma(2+\alpha)/2] \\ p_{32}=\dfrac{\sigma_m}{(1-\alpha)h^3}\gamma(\alpha+\beta/2) \\ p_{33}=\dfrac{\sigma_m}{(1-\alpha)h^4}\gamma(\beta+\gamma) \end{cases} \tag{9.18}$$

联立式(9.16)、式(9.17)和式(9.18),可得

$$\begin{cases} \dfrac{\sigma_p}{\sigma_m}=\dfrac{1}{1-\alpha}(\alpha^2+\alpha\beta+\alpha\gamma/2-2\beta) \\ \dfrac{\sigma_v}{\sigma_m}=\dfrac{1}{1-\alpha}(\beta^2-2\alpha\gamma)h^{-2} \\ \dfrac{\sigma_a}{\sigma_m}=\dfrac{1}{1-\alpha}\gamma^2h^{-4} \end{cases} \tag{9.19}$$

及

$$\boldsymbol{P}=\frac{\sigma_m}{1-\alpha}\begin{bmatrix} \alpha & \beta/h & \gamma/h^2 \\ \beta/h & (\beta(\alpha+\beta+\gamma/4)-\gamma(2+\alpha)/2)/h^2 & \gamma(\alpha+\beta/2)/h^3 \\ \gamma/h^2 & \gamma(\alpha+\beta/2)/h^3 & \gamma(\beta+\gamma)/h^4 \end{bmatrix} \tag{9.20}$$

(见练习 9.4)。因为 $\boldsymbol{P}$ 必须是正定的(见定理 6.1),α、β 和 γ 的值由下面的方法计算(见练习 9.5)。

定理 9.1 设 α、β 和 γ 的值满足式(9.19)的条件,并假设 $\sigma_m>0$。则当且仅当下面的条件满足时,α-β-γ 跟踪器是极限卡尔曼滤波器:

(i) $0<\alpha<1,\gamma>0$;

(ii) $\sqrt{2\alpha\gamma}\leqslant\beta\leqslant\dfrac{\alpha}{2-\alpha}(\alpha+\gamma/2)$;

(iii) 下面的矩阵非负定:

$$\widetilde{\boldsymbol{P}}=\begin{bmatrix} \alpha & \beta & \gamma \\ \beta & \beta(\alpha+\beta+\gamma/4)-\gamma(2+\gamma)/2 & \gamma(\alpha+\beta/2) \\ \gamma & \gamma(\alpha+\beta/2) & \gamma(\beta+\gamma) \end{bmatrix}$$ ■

9.4 一个例子

现在考虑实时跟踪系统(9.11)中 $\sigma_p=\sigma_v=0$,σ_a、$\sigma_m>0$ 的特殊情形。综合运用式(9.16)~(9.18),可得

$$\begin{cases}\alpha = 1 - s\gamma^2 \\ \beta^2 = 2\alpha\gamma \\ \alpha^2 + \alpha\beta + \alpha\gamma/2 - 2\beta = 0\end{cases} \tag{9.21}$$

式中

$$s = \frac{\sigma_m}{\sigma_a} h^{-4}$$

(见练习 9.6)。对式(9.21)做简单的代数运算,可得

$$f(\gamma) := s^3\gamma^6 + s^2\gamma^5 - 3s(s - 1/12)\gamma^4 + 6s\gamma^3 + 3(s - 1/12)\gamma^2 + \gamma - 1 = 0 \tag{9.22}$$

(见练习 9.7)。

为满足定理 9.1 的条件(i),式(9.22)的解 γ 必须为正。注意到 $f(0) = -1$ 和 $f(+\infty) = +\infty$,则方程至少存在一个正的根 γ。此外,由笛卡儿正负号法则可知,式(9.22)最多存在 3 个实根。

下面给出选择不同 s 时的 γ 值:

s	0.09	0.08	0.07	0.06	0.05	0.04	0.03	0.02	0.01
γ	0.755	0.778	0.804	0.835	0.873	0.919	0.979	1.065	1.211

练习

9.1 考虑二维实时跟踪系统:

$$\begin{cases}\boldsymbol{x}_{k+1} = \begin{bmatrix}1 & h \\ 0 & 1\end{bmatrix}\boldsymbol{x}_k + \underline{\boldsymbol{\xi}}_k \\ v_k = \begin{bmatrix}1 & 0\end{bmatrix}\boldsymbol{x}_k + \eta_k\end{cases}$$

式中,$h>0$,$\{\underline{\boldsymbol{\xi}}_k\}$、$\{\eta_k\}$是不相关的零均值高斯白噪声序列。与该系统相关的 α-β 跟踪器定义为

$$\begin{cases}\check{\boldsymbol{x}}_k = \begin{bmatrix}1 & h \\ 0 & 1\end{bmatrix}\check{\boldsymbol{x}}_{k-1} + \begin{bmatrix}\alpha \\ \beta/h\end{bmatrix}\left(v_k - \begin{bmatrix}1 & 0\end{bmatrix}\begin{bmatrix}1 & h \\ 0 & 1\end{bmatrix}\check{\boldsymbol{x}}_{k-1}\right) \\ \check{\boldsymbol{x}}_0 = E(\boldsymbol{x}_0)\end{cases}$$

(a) 推导该 α-β 跟踪器的解耦卡尔曼滤波算法;

(b) 给出该 α-β 跟踪器是极限卡尔曼滤波器的条件。

9.2 验证 9.2 节的实时跟踪系统(9.11)的 x_k、$\dot{x}_k$ 和$\ddot{x}_k$ 的解耦公式。

9.3 考虑三维雷达跟踪系统:

$$\begin{cases} \boldsymbol{x}_{k+1} = \begin{bmatrix} 1 & h & h^2/2 \\ 0 & 1 & h \\ 0 & 0 & 1 \end{bmatrix} \boldsymbol{x}_k + \underline{\boldsymbol{\xi}}_k \\ v_k = [1 \quad 0 \quad 0] \boldsymbol{x}_k + w_k \end{cases}$$

其中$\{w_k\}$是有色噪声序列,定义为 $w_k = s w_{k-1} + \eta_k$,$\{\underline{\boldsymbol{\xi}}_k\}$,$\{\eta_k\}$与第 5 章定义的一致,为不相关零均值高斯白噪声序列。该系统相应的 α-β-γ 跟踪器通过下面的算法定义:

$$\begin{cases} \check{\boldsymbol{X}}_k = \begin{bmatrix} \boldsymbol{A} & \boldsymbol{0} \\ \boldsymbol{0} & s \end{bmatrix} \check{\boldsymbol{X}}_{k-1} + \begin{bmatrix} \alpha \\ \beta/h \\ \gamma/h^2 \\ \theta \end{bmatrix} \left\{ v_k - [1 \quad 0 \quad 0] \begin{bmatrix} \boldsymbol{A} & \boldsymbol{0} \\ \boldsymbol{0} & s \end{bmatrix} \check{\boldsymbol{X}}_{k-1} \right\} \\ \check{\boldsymbol{X}}_0 = \begin{bmatrix} E(\boldsymbol{x}_0) \\ \boldsymbol{0} \end{bmatrix} \end{cases}$$

式中 α、β、γ 和 θ 是常值。(见图 9.2)

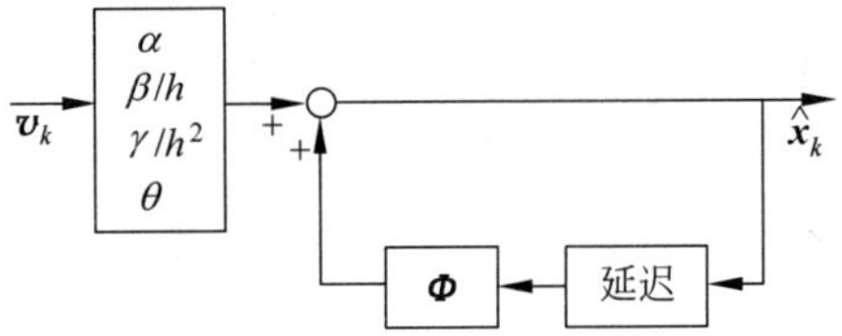

图 9.2 三维雷达跟踪系统

(a) 计算矩阵

$$\boldsymbol{\Phi} = \left\{ \boldsymbol{I} - \begin{bmatrix} \alpha \\ \beta/h \\ \gamma/h^2 \\ \theta \end{bmatrix} [1 \quad 0 \quad 0] \right\} \begin{bmatrix} \boldsymbol{A} & \boldsymbol{0} \\ \boldsymbol{0} & s \end{bmatrix}$$

(b) 应用克莱姆法则,求解系统

$$[z\boldsymbol{I} - \boldsymbol{\Phi}] \begin{bmatrix} \widetilde{X}_1 \\ \widetilde{X}_2 \\ \widetilde{X}_3 \\ W \end{bmatrix} = z \begin{bmatrix} \alpha \\ \beta/h \\ \gamma/h^2 \\ \theta \end{bmatrix} V$$

中的$\widetilde{X}_1$、$\widetilde{X}_2$、$\widetilde{X}_3$ 和 W(由 α-β-γ-θ 滤波器的 z-变换,可以得到上面的系统);

(c) 由$\widetilde{X}_1$、$\widetilde{X}_2$、$\widetilde{X}_3$ 和 W 的 z-反变换,给出 α-β-γ-θ 滤波器的解耦滤波方程;

(d) 验证当有色噪声$\{\eta_k\}$变为白噪声,即 $s=0$,$\theta=0$ 时,(c)的解耦滤波方程可简化为在 9.2 节得到的形式,其中 $g_1=\alpha$,$g_2=\beta/h$ 和 $g_3=\gamma/h^2$。

9.4 验证方程(9.17)~(9.20)。

9.5 证明定理 9.1,且条件(i)~(iii)与采样时间 h 无关。

9.6 验证方程(9.21)。

9.7 验证方程(9.22)。

第 10 章

区间系统的卡尔曼滤波

如果系统的一些参数，如系统矩阵的某些元素，不能确定或随时间改变，这时卡尔曼滤波算法就不能直接应用。在这种情况下，就需要具有处理不确定性能力的鲁棒卡尔曼滤波。本章将介绍一种鲁棒卡尔曼滤波算法。

考虑系统：

$$\begin{cases} \boldsymbol{x}_{k+1} = \boldsymbol{A}_k \boldsymbol{x}_k + \boldsymbol{\Gamma}_k \underline{\boldsymbol{\xi}}_k \\ \boldsymbol{v}_k = \boldsymbol{C}_k \boldsymbol{x}_k + \underline{\boldsymbol{\eta}}_k \end{cases} \tag{10.1}$$

式中 $\boldsymbol{A}_k$、$\boldsymbol{\Gamma}_k$ 和 $\boldsymbol{C}_k$ 分别是已知的 $n\times n$、$n\times p$ 和 $q\times n$ 阶矩阵，$1\leqslant p$、$q\leqslant n$。且

$$E(\underline{\boldsymbol{\xi}}_k) = \boldsymbol{0}, \quad E(\underline{\boldsymbol{\xi}}_k \underline{\boldsymbol{\xi}}_l^{\mathrm{T}}) = \boldsymbol{Q}_k \delta_{kl}$$

$$E(\underline{\boldsymbol{\eta}}_k) = \boldsymbol{0}, \quad E(\underline{\boldsymbol{\eta}}_k \underline{\boldsymbol{\eta}}_l^{\mathrm{T}}) = \boldsymbol{R}_k \delta_{kl}$$

$$E(\underline{\boldsymbol{\xi}}_k \underline{\boldsymbol{\eta}}_l^{\mathrm{T}}) = \boldsymbol{0}, \quad E(\boldsymbol{x}_0 \underline{\boldsymbol{\xi}}_k^{\mathrm{T}}) = \boldsymbol{0}, \quad E(\boldsymbol{x}_0 \underline{\boldsymbol{\eta}}_k^{\mathrm{T}}) = \boldsymbol{0}$$

对所有的 k、$l=0,1,\cdots$，$\boldsymbol{Q}_k$ 和 $\boldsymbol{R}_k$ 是正定对称矩阵。

如果所有的常值矩阵 $\boldsymbol{A}_k$、$\boldsymbol{\Gamma}_k$ 和 $\boldsymbol{C}_k$ 都已知，卡尔曼滤波就能应用到式(10.1)所示的系统。这样递推地使用量测数据$\{\boldsymbol{v}_k\}$，就可以得到未知状态向量$\{\boldsymbol{x}_k\}$的最优估计值$\{\hat{\boldsymbol{x}}_k\}$。然而，如果系统矩阵中的某些元素是未知的或不确定的，就必须对整个滤波过程进行修改。假设仅知道所有未知参数的范围，则对于 $k=0,1,\cdots$，可记

$$\boldsymbol{A}_k^I = \boldsymbol{A}_k + \Delta\boldsymbol{A}_k = [\boldsymbol{A}_k - |\Delta\boldsymbol{A}_k|, \boldsymbol{A}_k + |\Delta\boldsymbol{A}_k|]$$

$$\boldsymbol{\Gamma}_k^I = \boldsymbol{\Gamma}_k + \Delta\boldsymbol{\Gamma}_k = [\boldsymbol{\Gamma}_k - |\Delta\boldsymbol{\Gamma}_k|, \boldsymbol{\Gamma}_k + |\Delta\boldsymbol{\Gamma}_k|]$$

C. K. Chui and G. Chen, Kalman Filtering, DOI 10.1007/978-3-319-47612-4_1

$$C_k^I = C_k + \Delta C_k = [C_k - |\Delta C_k|, C_k + |\Delta C_k|]$$

式中，$|\Delta A_k|$、$|\Delta \Gamma_k|$和$|\Delta C_k|$是固定的不确定范围。

对于$k=0,1,\cdots$，相应的系统

$$\begin{cases} x_{k+1} = A_k^I x_k + \Gamma_k^I \underline{\xi}_k \\ v_k = C_k^I x_k + \underline{\eta}_k \end{cases} \tag{10.2}$$

称为区间系统。

在此框架下，如何改进原始的卡尔曼滤波算法并应用到式(10.2)的区间系统上，这一问题将在本章内讨论。

10.1　区间数学

本节将给出在本章要用到的区间算术和区间分析的基本结论。

10.1.1　区间及其特性

定义在$R=(-\infty,\infty)$上的有界闭子集$[\underline{x},\bar{x}]$称为是一个区间。在特殊情况下，一个单独的点$x\in R$也可以被认为是一个退化了的区间，其$\underline{x}=\bar{x}=x$。

下面说明一些关于区间的概念和特性。

(a) 相等：当且仅当$\underline{x}_1=\underline{x}_2$，$\bar{x}_1=\bar{x}_2$时，两个区间$[\underline{x}_1,\bar{x}_1]$和$[\underline{x}_2,\bar{x}_2]$相等，可以表示为

$$[\underline{x}_1,\bar{x}_1] = [\underline{x}_2,\bar{x}_2]$$

(b) 交：两个区间$[\underline{x}_1,\bar{x}_1]$和$[\underline{x}_2,\bar{x}_2]$的交可以表示为

$$[\underline{x}_1,\bar{x}_1] \cap [\underline{x}_2,\bar{x}_2] = [\max\{\underline{x}_1,\underline{x}_2\},\min\{\bar{x}_1,\bar{x}_2\}]$$

当且仅当$\underline{x}_1>\bar{x}_2$或$\underline{x}_2>\bar{x}_1$时，这两个区间不相交，表示为

$$[\underline{x}_1,\bar{x}_1] \cap [\underline{x}_2,\bar{x}_2] = \varnothing$$

(c) 并：两个相交区间$[\underline{x}_1,\bar{x}_1]$和$[\underline{x}_2,\bar{x}_2]$的并可以表示为

$$[\underline{x}_1,\bar{x}_1] \cup [\underline{x}_2,\bar{x}_2] = [\min\{\underline{x}_1,\underline{x}_2\},\max\{\bar{x}_1,\bar{x}_2\}]$$

注意：只有两个区间相交时，并才有意义，也就是

$$[\underline{x}_1,\bar{x}_1] \cap [\underline{x}_2,\bar{x}_2] \neq \varnothing$$

否则是没有意义的，因为其结果不是一个区间。

(d) 不等式：当且仅当$\bar{x}_1 < \underline{x}_2$(或$\underline{x}_1 > \bar{x}_2$)，区间$[\underline{x}_1, \bar{x}_1]$小于(或大于)区间$[\underline{x}_2, \bar{x}_2]$，并且表示为

$$[\underline{x}_1, \bar{x}_1] < [\underline{x}_2, \bar{x}_2]\text{(或}[\underline{x}_1, \bar{x}_1] > [\underline{x}_2, \bar{x}_2]\text{)}$$

否则就不能对它们进行比较。注意在区间中≤以及≥是没有定义的。

(e) 包含：当且仅当$\underline{x}_2 \leqslant \underline{x}_1$且$\bar{x}_1 \leqslant \bar{x}_2$，即当且仅当$[\underline{x}_1, \bar{x}_1]$是$[\underline{x}_2, \bar{x}_2]$的子集(子空间)时，区间$[\underline{x}_1, \bar{x}_1]$被包含在区间$[\underline{x}_2, \bar{x}_2]$中，表示为

$$[\underline{x}_1, \bar{x}_1] \subseteq [\underline{x}_2, \bar{x}_2]$$

例如，有三个给定的区间$X_1 = [-1, 0]$，$X_2 = [-1, 2]$和$X_3 = [2, 10]$，则

$$\begin{aligned}
X_1 \cap X_2 &= [-1,0] \cap [-1,2] = [-1,0] \\
X_1 \cap X_3 &= [-1,0] \cap [2,10] = \varnothing \\
X_2 \cap X_3 &= [-1,2] \cap [2,10] = [2,2] = 2 \\
X_1 \cup X_2 &= [-1,0] \cup [-1,2] = [-1,2] \\
X_1 \cup X_3 &= [-1,0] \cup [2,10] \text{ 没有定义} \\
X_2 \cup X_3 &= [-1,2] \cup [2,10] = [-1,10] \\
X_1 &= [-1,0] < [2,10] = X_3 \\
X_1 &= [-1,0] \subset [-1,10] = X_2
\end{aligned}$$

10.1.2 区间运算

设$[\underline{x}, \bar{x}]$，$[\underline{x}_1, \bar{x}_1]$和$[\underline{x}_2, \bar{x}_2]$是区间，区间的基本运算操作可以定义如下。

(a) 加

$$[\underline{x}_1, \bar{x}_1] + [\underline{x}_2, \bar{x}_2] = [\underline{x}_1 + \underline{x}_2, \bar{x}_1 + \bar{x}_2]$$

(b) 减

$$[\underline{x}_1, \bar{x}_1] - [\underline{x}_2, \bar{x}_2] = [\underline{x}_1 - \bar{x}_2, \bar{x}_1 - \underline{x}_2]$$

(c) 逆

$$\begin{cases}
[\underline{x}, \bar{x}]^{-1} = [1/\bar{x}, 1/\underline{x}], & 0 \notin [\underline{x}, \bar{x}] \\
[\underline{x}, \bar{x}]^{-1} \text{ 没有定义}, & 0 \in [\underline{x}, \bar{x}]
\end{cases}$$

(d) 乘

$$[\underline{x}_1, \bar{x}_1] \cdot [\underline{x}_2, \bar{x}_2] = [\underline{y}, \bar{y}]$$

式中

$$\underline{y} = \min\{\underline{x}_1 \underline{x}_2, \underline{x}_1 \bar{x}_2, \bar{x}_1 \underline{x}_2, \bar{x}_1 \bar{x}_2\}$$

$$\bar{y} = \max\{\underline{x}_1\underline{x}_2, \underline{x}_1\bar{x}_2, \bar{x}_1\underline{x}_2, \bar{x}_1\bar{x}_2\}$$

(e) 除

$$\begin{cases} [\underline{x}_1, \bar{x}_1]/[\underline{x}_2, \bar{x}_2] = [\underline{x}_1, \bar{x}_1] \cdot [\underline{x}_2, \bar{x}_2]^{-1}, & 0 \notin [\underline{x}_2, \bar{x}_2] \\ \text{无意义}, & 0 \in [\underline{x}_2, \bar{x}_2] \end{cases}$$

对于三个区间 $X=[\underline{x},\bar{x}]$、$Y=[\underline{y},\bar{y}]$和 $Z=[\underline{z},\bar{z}]$，考虑区间的加(+)、减(−)、乘(·)和除(/)操作，也就是

$$Z = X * Y, \quad * \in \{+, -, \cdot, /\}$$

很明显 $X*Y$ 也是一个区间。换句话说，区间在四种代数运算操作$\{+,-,\cdot,/\}$下是封闭的。同理，实数 x、y、z…和退化区间$[x,x]$、$[y,y]$、$[z,z]$…是相同的。所以可以简单地将点区间操作$[x,x]*Y$ 表示为 $x*Y$。此外，为了表示的简便，乘法运算符号"·"通常可以省略。

与常规算术类似，区间算术遵从以下的基本算术性质(见练习 10.1)：

$X+Y=Y+X$

$Z+(X+Y)=(Z+X)+Y$

$XY=YX$

$Z(XY)=(ZX)Y$

$X+0=0+X=X$，$X0=0X=0$，其中 $0=[0,0]$

$XI=IX=X$，其中 $I=[1,1]$

$Z(X+Y)\subseteq ZX+ZY$，其中"="只有下列条件之一满足时才成立：

(a) $Z=[z,z]$

(b) $X=Y=0$

(c) 对所有的 $x\in X$ 和 $y\in Y$，$xy\geqslant 0$

此外，下面的区间操作重要特性被称为单调包含特性。

定理 10.1　设区间 X_1、X_2、Y_1 和 Y_2，有

$$X_1 \subseteq Y_1, \quad X_2 \subseteq Y_2$$

则对于任意操作 $*\in\{+,-,\cdot,/\}$，都有

$$X_1 * X_2 \subseteq Y_1 * Y_2$$ ■

此特性可以由 $X_1\subseteq Y_1$ 和 $X_2\subseteq Y_2$ 直接得出，即

$$\begin{aligned} X_1 * X_2 &= \{x_1 * x_2 \mid x_1 \in X_1, x_2 \in X_2\} \\ &\subseteq \{y_1 * y_2 \mid y_1 \in Y_1, y_2 \in Y_2\} \\ &= Y_1 * Y_2 \end{aligned}$$

推论 10.1　设有区间 X 和 Y，且有 $x\in X$ 和 $y\in Y$，则

$$x * y \subseteq X * Y, \text{对所有的 } * \in \{+, -, \cdot, /\}$$ ■

从表面上看,上面的定理和推论对有些运算,如求逆、减和除,好像不满足这样的单调包含特性。然而,除了上面的证明,考虑关于区间 $X=[0.2,0.4]$ 和 $Y=[0.1,0.5]$ 的简单例子。很明显,$X\subseteq Y$。首先来看 $\frac{I}{X}\subseteq\frac{I}{Y}$,其中 $I=[1.0,1.0]$,事实上,

$$\frac{1}{X} = \frac{[1.0,1.0]}{[0.2,0.4]} = [2.5,5.0], \quad \frac{1}{Y} = \frac{[1.0,1.0]}{[0.1,0.5]} = [2.0,10.0]$$

通过计算得

$$I - X = [1.0,1.0] - [0.2,0.4] = [0.6,0.8]$$

和

$$I - Y = [1.0,1.0] - [0.1,0.5] = [0.5,0.9]$$

还可以验证 $I-X\subseteq I-Y$。

更进一步,将上面两个操作组合:

$$\frac{I}{I-X} = \left[\frac{5}{4},\frac{5}{3}\right], \quad \frac{I}{I-Y} = \left[\frac{10}{9},2\right]$$

依然可得 $\frac{I}{I-X}\subseteq\frac{I}{I-Y}$

下面将区间的概念和区间算术扩展到区间向量和区间矩阵。区间向量和区间矩阵有着相似的定义。例如:

$$\boldsymbol{A}^I = \begin{bmatrix} [2,3] & [0,1] \\ [1,2] & [2,3] \end{bmatrix}, \quad \boldsymbol{b}^I = \begin{bmatrix} [0,10] \\ [-6,1] \end{bmatrix}$$

分别是区间矩阵和区间向量。

设 $\boldsymbol{A}^I=[a_{ij}^I]$、$\boldsymbol{B}^I=[b_{ij}^I]$ 是 $n\times m$ 阶区间矩阵。如果对于所有的 $i=1,\cdots,n$ 和 $j=1,2,\cdots,m$,都有 $a_{ij}^I=b_{ij}^I$,则说 $\boldsymbol{A}^I$ 和 $\boldsymbol{B}^I$ 相等。如果对于所有的 $i=1,\cdots,n$ 和 $j=1,2,\cdots,m$,都有 $a_{ij}^I\subseteq b_{ij}^I$,则说 $\boldsymbol{A}^I$ 包含于 $\boldsymbol{B}^I$,表示为 $\boldsymbol{A}^I\subseteq\boldsymbol{B}^I$,尤其当 $\boldsymbol{A}^I=\boldsymbol{A}$ 是普通的常值矩阵时,表示为 $\boldsymbol{A}\in\boldsymbol{B}^I$。

区间矩阵的基本操作包括如下方面。

(a) 加法和减法

$$\boldsymbol{A}^I \pm \boldsymbol{B}^I = [a_{ij}^I \pm b_{ij}^I]$$

(b) 乘法:对于两个 $n\times r$ 和 $r\times m$ 矩阵 $\boldsymbol{A}^I$ 和 $\boldsymbol{B}^I$,

$$\boldsymbol{A}^I\boldsymbol{B}^I = \left[\sum_{k=1}^{r} a_{ik}^I b_{kj}^I\right]$$

(c) 求逆:对于 $n\times n$ 阶区间矩阵 $\boldsymbol{A}^I$,其行列式的值 $\det[\boldsymbol{A}^I]\neq 0$,则

$$[\boldsymbol{A}^I]^{-1} = \frac{\mathrm{adj}[\boldsymbol{A}^I]}{\det[\boldsymbol{A}^I]}$$

比如，$\boldsymbol{A}^I=\begin{bmatrix}[2,3] & [0,1]\\ [1,2] & [2,3]\end{bmatrix}$，则

$$\begin{aligned}[\boldsymbol{A}^I]^{-1} &= \frac{\mathrm{adj}[\boldsymbol{A}^I]}{\det[\boldsymbol{A}^I]}\\ &= \frac{\begin{bmatrix}[2,3] & -[0,1]\\ -[1,2] & [2,3]\end{bmatrix}}{[2,3][2,3]-[0,1][1,2]}\\ &= \begin{bmatrix}[2/9,3/2] & [-1/2,0]\\ [-1,-1/9] & [2/9,3/2]\end{bmatrix}\end{aligned}$$

区间矩阵(包括区间向量)和区间一样，服从许多算术运算规则(见练习10.2)。

10.1.3 有理区间函数

设 S_1 和 S_2 是 R 上的区间，$f: S_1 \to S_2$ 是普通的单变量(如，点到点)实值函数，分别用 $\sum_{S_1}$ 和 $\sum_{S_2}$ 表示 S_1 和 S_2 的所有子区间族。区间到区间的函数 f^I：$\sum_{S_1} \to \sum_{S_2}$，定义

$$f^I(X) = \left\{f(x) \in S_2 : x \in X, X \in \sum\nolimits_{S_1}\right\}$$

称为点到点函数 f 在区间 S_1 上一致扩展。很明显，其值域是

$$f^I(X) = \bigcup_{x\in X}\{f(x)\}$$

这是包含单点 $f(x)(x\in X)$ 的 S_2 所有子集的集合。

一致扩展 f^I：$\sum_{S_1} \to \sum_{S_2}$ 的特性可以直接从定义得到，即

$$X,Y \in \sum\nolimits_{S_1} \text{ 和 } X \subseteq Y \Rightarrow f^I(X) \subseteq f^I(Y)$$

通常，n 维变量 $X_1,\cdots,X_n$ 的区间到区间的函数 F 被称为具有单调包含特性，如果

$$X_i \subseteq Y_i, \quad \forall i = 1,\cdots,n \Rightarrow F(X_1,\cdots,X_n) \subseteq F(Y_1,\cdots,Y_n)$$

注意，并不是所有的区间到区间的函数都具有这样的特性。

然而，所有的一致扩展都具有单调包含特性，因为对于加、减、乘和除($+,-,\cdot,/$)，区间算术函数是实值算术函数的一致扩展。正如前面讨论的(见定理10.1和推论10.1)，区间算术具有单调包含特性。

一个区间到区间的函数就简称为区间函数。区间向量和区间矩阵具有相似的定义。一个区间函数称为有理区间函数，如果它的值是由有限个区间算术运

算定义的。有理区间函数的例子如：对于区间 X、Y 和 Z，$X+Y^2+Z^3$ 和 $(X^2+Y^2)/Z$ 等，对于后一个，假设 $0\notin Z$。

根据"$\subseteq$"的传递性，可以得到所有的有理区间函数都具有单调包含特性。这可以通过数学归纳法证明。

下面，设 $f=f(x_1,\cdots,x_n)$ 是一普通 n 维变量实值函数，$X_1,\cdots,X_n$ 是区间。如果

$$F(x_1,\cdots,x_n)=f(x_1,\cdots,x_n),\quad \forall x_i\in X_i,\quad i=1,\cdots,n$$

则区间函数 $F=F(X_1,\cdots,X_n)$ 称为是 f 的区间扩展。同时注意并非所有的区间扩展都具有单调包含特性。

可以证明下面的结论(见练习 10.3)。

定理 10.2 如果 F 是 f 的区间扩展，并且具有单调包含特性，则 f 的一致扩展 f^I 满足：

$$f^I(X_1,\cdots,X_n)\subseteq F(X_1,\cdots,X_n) \qquad \blacksquare$$

因为有理区间函数具有单调包含特性，故有：

推论 10.2 如果 F 是有理区间函数，并且是 f 的区间扩展，则

$$f^I(X_1,\cdots,X_n)\subseteq F(X_1,\cdots,X_n) \qquad \blacksquare$$

这个推论针对定义在 $\mathbf{R}^n$ 上的一个 n 维普通有理函数，给出了函数值的上界和下界的极限值。

现在举一个具有单调包含特性的实值区间函数的例子。考虑计算下面的函数：

$$f^I(X,A)=\frac{AX}{I-X}$$

对于 $X_1=[2,3]$，$A_1=[0,2]$ 和 $X_2=[2,4]$，$A_2=[0,3]$ 两种情况，这里 $X_1\subset X_2$、$A_1\subset A_2$，通过直接计算可以得到

$$f_1^I(X_1,A_1)=\frac{[0,2]\cdot[2,3]}{[1,1]-[2,3]}=[-6,0]$$

$$f_2^I(X_2,A_2)=\frac{[0,3]\cdot[2,4]}{[1,1]-[2,4]}=[-12,0]$$

与期望的一致，确实得到了 $f_1^I(X_1,A_1)\subset f_2^I(X_2,A_2)$。

最后，基于推论 10.2，当 X^I 不包含零时，对于形如 X^I/X^I 的区间除法，可以首先检验与其对应的普通函数的运算可以得到 $x/x=1$，然后回到区间集合得到最后的结论。所以，作为区间计算中的一个习惯，对于不包含零的区间 X^I，可以象征性地写为 $X^I/X^I=1$。

10.1.4 区间期望和方差

设 $f(x)$ 是定义在某个区间 X 上的普通函数。对于一些不依赖于 $x,y\in X$ 的正的常数 L，如果 f 满足通常的利普希茨(Lipschitz)条件：

$$|f(x)-f(y)| \leqslant L|x-y|$$

则函数 f 的一致扩展 f^I 称为 f 在区间 X 上的利普希茨区间扩展。

设 $B(X)$是定义在 X 上的一类在数值计算中经常使用的函数,例如四种算术函数($+,-,\cdot,/$)以及初等函数如 $e^{(\cdot)}$,$\ln(\cdot)$,$\sqrt{\cdot}$ 等。本章中将仅使用这些常用的基本函数中的一部分,$B(X)$只是为了表示方便。

设 N 是一个正整数。将区间$[a,b]\subseteq X$ 细分为 N 个子区间,$X_1=[\underline{X}_1,\overline{X}_1],\cdots,X_N=[\underline{X}_N,\overline{X}_N]$,使得

$$a=\underline{X}_1<\overline{X}_1=\underline{X}_2<\overline{X}_2=\cdots=\underline{X}_N<\overline{X}_N=b$$

此外,对于任意 $f\in B(X)$,设 F 是 f 的一个定义在所有 $X_i(i=1,\cdots,N)$上的利普希茨区间扩展,并假设 F 满足单调包含特性,记

$$S_N(F;[a,b])=\frac{b-a}{N}\sum_{i=1}^{N}F(X_i)$$

则有

$$\int_a^b f(t)\mathrm{d}t=\bigcap_{N=1}^{\infty}S_N(F;[a,b])=\lim_{N\to\infty}S_N(F;[a,b])$$

注意到,如果递推地定义

$$\begin{cases}Y_1=S_1\\ Y_{k+1}=S_{k+1}\cap Y_k, \quad k=1,2,\cdots\end{cases}$$

式中,$S_k=S_k(F;[a,b])$,则$\{Y_k\}$是收敛到积分$\int_a^b f(t)\mathrm{d}t$ 真实值的区间套序列。

注意到这里使用的利普希茨区间扩展 F 具有以下特性,即对于任何实数 $x\in\mathbf{R}$,$F(x)$都是一个实数。然而,对于其他具有单调包含特性但不是利普希茨的区间函数,即使 x 是实数,其相应的函数 $F(x)$也可能有区间函数。

基于前面介绍的区间数学,接下来介绍几个重要的概念。

设 X 是具有实值随机变量的区间,并设

$$f(x)=\frac{1}{\sqrt{2\pi}\sigma_x}\exp\left\{\frac{-(x-\mu_x)^2}{2\sigma_x^2}\right\}, \quad x\in X$$

是具有已知 μ_x、$\sigma_x>0$ 的普通高斯密度函数,则 $f(x)$ 具有利普希茨区间扩展。定义区间期望为

$$E(X)=\int_{-\infty}^{\infty}xf(x)\mathrm{d}x=\int_{-\infty}^{\infty}\frac{x}{\sqrt{2\pi}\sigma_x}\exp\left\{\frac{-(x-\mu_x)^2}{2\sigma_x^2}\right\}\mathrm{d}x, \quad x\in X \tag{10.3}$$

以及区间方差为

$$\begin{aligned}\mathrm{Var}(X) &= E([X-E(X)]^2) = \int_{-\infty}^{+\infty}(x-\mu_x)^2 f(x)\mathrm{d}x \\ &= \int_{-\infty}^{\infty}\frac{(x-\mu_x)^2}{\sqrt{2\pi}\sigma_x}\exp\left\{\frac{-(x-\mu_x)^2}{2\sigma_x^2}\right\}\mathrm{d}x \quad x\in X\end{aligned} \tag{10.4}$$

容易验证,当 $a\to-\infty$ 和 $b\to\infty$ 时,从前面定义的定积分便可以得到这两个定义。

同理,对于另一实值随机变量区间 Y 定义条件区间期望

$$\begin{aligned}E(X\mid y\in Y) &= \int_{-\infty}^{\infty}xf(x\mid y)\mathrm{d}x = \int_{-\infty}^{\infty}x\frac{f(x,y)}{f(y)}\mathrm{d}x \\ &= \int_{-\infty}^{\infty}\frac{x}{\sqrt{2\pi}\sigma_{xy}}\exp\left\{\frac{-(x-\mu_{xy})^2}{2\sigma_{xy}^2}\right\}\mathrm{d}x, \quad x\in X\end{aligned} \tag{10.5}$$

和条件方差

$$\begin{aligned}\mathrm{Var}(X\mid y\in Y) &= E((x-\mu_x)^2\mid y\in Y) \\ &= \int_{-\infty}^{\infty}[x-E(x\mid y\in Y)]^2 f(x\mid y)\mathrm{d}x \\ &= \int_{-\infty}^{\infty}[x-E(x\mid y\in Y)]^2\frac{f(x,y)}{f(y)}\mathrm{d}x \\ &= \int_{-\infty}^{\infty}\frac{[x-E(x\mid y\in Y)]^2}{\sqrt{2\pi}\tilde{\sigma}}\exp\left\{\frac{-(x-\tilde{\mu})^2}{2\tilde{\sigma}^2}\right\}\mathrm{d}x, \quad x\in X\end{aligned} \tag{10.6}$$

同理,可以通过定义的区间除法操作(注意零不包含在高斯区间密度函数的分母中)验证上述两个定义。

在上面的定义中,

$$\tilde{\mu} = \mu_x + \sigma_{xy}^2(y-\mu_y)/\sigma_y^2, \quad \tilde{\sigma}^2 = \sigma_x^2 - \sigma_{xy}^2\sigma_{yx}^2/\sigma_y^2$$

式中

$$\sigma_{xy}^2 = \sigma_{yx}^2 = E(XY)-E(X)E(Y) = E(xy)-E(x)E(y), \quad x\in X$$

还可以验证(见练习 10.4):

$$E(X\mid y\in Y) = E(x)+\sigma_{xy}^2[y-E(y)]/\sigma_y^2, \quad x\in X \tag{10.7}$$

$$\mathrm{Var}(X\mid y\in Y) = \mathrm{Var}(x)-\sigma_{xy}^2\sigma_{yx}^2/\sigma_y^2, \quad x\in X \tag{10.8}$$

所有这些量都是典型的有理区间函数,所以可以应用推论 10.2。

10.2 区间卡尔曼滤波

现在回到(10.2)所示的区间系统。可以看出该系统有一个由区间矩阵的所有上界元素定义的上界系统:

$$\begin{cases} \boldsymbol{x}_{k+1} = [\boldsymbol{A}_k + |\Delta \boldsymbol{A}_k|]\boldsymbol{x}_k + [\boldsymbol{\Gamma}_k + |\Delta \boldsymbol{\Gamma}_k|]\underline{\boldsymbol{\xi}}_k \\ \boldsymbol{v}_k = [\boldsymbol{C}_k + |\Delta \boldsymbol{C}_k|]\boldsymbol{x}_k + \underline{\boldsymbol{\eta}}_k \end{cases} \tag{10.9}$$

及一个由区间矩阵的所有下界元素确定的下界系统：

$$\begin{cases} \boldsymbol{x}_{k+1} = [\boldsymbol{A}_k - |\Delta \boldsymbol{A}_k|]\boldsymbol{x}_k + [\boldsymbol{\Gamma}_k - |\Delta \boldsymbol{\Gamma}_k|]\underline{\boldsymbol{\xi}}_k \\ \boldsymbol{v}_k = [\boldsymbol{C}_k - |\Delta \boldsymbol{C}_k|]\boldsymbol{x}_k + \underline{\boldsymbol{\eta}}_k \end{cases} \tag{10.10}$$

但对这两个边界系统应用标准卡尔曼滤波算法，得到的两个滤波轨迹不一定能包围区间系统(10.2)的所有可能最优解(见练习 10.5)。事实上，在这两个边界轨迹和所有最优滤波解的集合间并没有确定的关系：因为噪声的干扰，这两个边界轨迹和它们相邻的轨迹常常会互相交叉。所以迫切需要一种能够提供包含区间系统所有估计值轨迹的新滤波算法。下面将要介绍的区间卡尔曼滤波方案能够满足这样的需求。

10.2.1　区间卡尔曼滤波方案

回顾在第 3 章介绍的标准卡尔曼滤波算法的推导过程，其中只应用到了矩阵代数运算(加、减、乘、除)和(条件)期望和方差。由前面讨论可知，所有这些运算在区间矩阵和有理区间函数中都有定义，所以可以采用相同的方式来推导区间系统(10.2)的卡尔曼滤波算法。该区间卡尔曼滤波算法简单介绍如下：

区间卡尔曼滤波算法

主过程

$$\begin{aligned} &\hat{\boldsymbol{x}}_0^I = \boldsymbol{E}(\boldsymbol{x}_0^I) \\ &\hat{\boldsymbol{x}}_k^I = \boldsymbol{A}_{k-1}^I \hat{\boldsymbol{x}}_{k-1}^I + \boldsymbol{G}_k^I[\boldsymbol{v}_k^I - \boldsymbol{C}_k^I \boldsymbol{A}_{k-1}^I \hat{\boldsymbol{x}}_{k-1}^I] \\ &k = 1,2,\cdots \end{aligned} \tag{10.11}$$

从过程

$$\begin{cases} \boldsymbol{P}_0^I = \mathrm{Var}(\boldsymbol{x}_0^I) \\ \boldsymbol{M}_{k-1}^I = \boldsymbol{A}_{k-1}^I \boldsymbol{P}_{k-1}^I [\boldsymbol{A}_{k-1}^I]^{\mathrm{T}} + \boldsymbol{B}_{k-1}^I \boldsymbol{Q}_{k-1} [\boldsymbol{B}_{k-1}^I]^{\mathrm{T}} \\ \boldsymbol{G}_k^I = \boldsymbol{M}_{k-1}^I [\boldsymbol{C}_k^I]^{\mathrm{T}} [[\boldsymbol{C}_k^I] \boldsymbol{M}_{k-1}^I [\boldsymbol{C}_k^I]^{\mathrm{T}} + \boldsymbol{R}_k]^{-1} \\ \boldsymbol{P}_k^I = [\boldsymbol{I} - \boldsymbol{G}_k^I \boldsymbol{C}_k^I] \boldsymbol{M}_{k-1}^I [\boldsymbol{I} - \boldsymbol{G}_k^I \boldsymbol{C}_k^I]^{\mathrm{T}} + [\boldsymbol{G}_k^I] \boldsymbol{R}_k [\boldsymbol{G}_k^I]^{\mathrm{T}} \\ k = 1,2,\cdots \end{cases} \tag{10.12}$$

将该算法和式(3.25)的标准卡尔曼滤波算法比较，可以发现除了所有的矩阵和向量在算法(10.11)～(10.12)中为区间，它们在形式上是严格相似的。要注意，区间估计轨迹可能会快速地分开。但这归咎于保守的区间建模,而不是新的滤波算法。

需要注意的是,通过理论分析该区间卡尔曼滤波算法对于区间系统(10.2)是最优的,和标准卡尔曼滤波算法一样,因为在这个推导过程中没有任何近似。区间卡尔曼滤波算法的滤波结果是区间估计的序列$\{\hat{\boldsymbol{x}}_k^I\}$,它包含了区间系统可能产生的状态$\{\boldsymbol{x}_k\}$的所有可能的最优估计$\{\hat{\boldsymbol{x}}_k\}$。因此,为了使得区间估计的结果能包含所有可能的最优解,其范围通常比较宽。该区间卡尔曼滤波算法的滤波结果包含了一切可能的结果,但是比较保守。

同样应该注意到类似于通常情况下的随机向量(量测数据)$\boldsymbol{v}_k$,在前面的区间卡尔曼滤波算法中,区间数据向量$\boldsymbol{v}_k^I$在实现之前是个不确定的区间向量(例如,在该数据实际获取之前),但是在其被测量并获得之后,就成为一个普通的常值向量。这在算法的实现过程中应该避免混淆。

10.2.2 次优区间卡尔曼滤波

为了改进区间卡尔曼滤波算法(10.11)~(10.12)的计算效率,需要做一些适当的近似。在本节中,将介绍一种次优区间卡尔曼滤波方案,把区间矩阵的逆用其最坏逆代替,而保持其他所有的项不变。

设

$$\boldsymbol{C}_k^I = \boldsymbol{C}_k + \Delta\boldsymbol{C}_k, \quad \boldsymbol{M}_{k-1}^I = \boldsymbol{M}_{k-1} + \Delta\boldsymbol{M}_{k-1}$$

其中$\boldsymbol{C}_k$是$\boldsymbol{C}_k^I$的中点,$\boldsymbol{M}_{k-1}$是$\boldsymbol{M}_{k-1}^I$的中点(例如,区间矩阵的标称值)。

记

$$\begin{aligned}[[\boldsymbol{C}_k^I]\boldsymbol{M}_{k-1}^I[\boldsymbol{C}_k^I]^{\mathrm{T}} + \boldsymbol{R}_k]^{-1} &= [[\boldsymbol{C}_k + \Delta\boldsymbol{C}_k][\boldsymbol{M}_{k-1} + \Delta\boldsymbol{M}_{k-1}][\boldsymbol{C}_k + \Delta\boldsymbol{C}_k]^{\mathrm{T}} + \boldsymbol{R}_k]^{-1} \\ &= [\boldsymbol{C}_k\boldsymbol{M}_{k-1}\boldsymbol{C}_k^{\mathrm{T}} + \Delta\boldsymbol{R}_k]^{-1}\end{aligned}$$

式中

$$\begin{aligned}\Delta\boldsymbol{R}_k = {}& \boldsymbol{C}_k\boldsymbol{M}_{k-1}[\Delta\boldsymbol{C}_k]^{\mathrm{T}} + \boldsymbol{C}_k[\Delta\boldsymbol{M}_{k-1}]\boldsymbol{C}_k^{\mathrm{T}} + \boldsymbol{C}_k[\Delta\boldsymbol{M}_{k-1}][\Delta\boldsymbol{C}_k]^{\mathrm{T}} + \\ & [\Delta\boldsymbol{C}_k]\boldsymbol{M}_{k-1}\boldsymbol{C}_k^{\mathrm{T}} + [\Delta\boldsymbol{C}_k]\boldsymbol{M}_{k-1}[\Delta\boldsymbol{C}_k]^{\mathrm{T}} + [\Delta\boldsymbol{C}_k][\Delta\boldsymbol{M}_{k-1}]\boldsymbol{C}_k^{\mathrm{T}} + \\ & [\Delta\boldsymbol{C}_k][\Delta\boldsymbol{M}_{k-1}][\Delta\boldsymbol{C}_k]^{\mathrm{T}} + \boldsymbol{R}_k\end{aligned}$$

这样,在算法(10.11)~(10.12)中,将$\Delta\boldsymbol{R}_k$用其上界矩阵$|\Delta\boldsymbol{R}_k|$代替,它由$\Delta\boldsymbol{R}_k=[[-r_k(i,j),r_k(i,j)]]$区间元素的上限组成,即

$$|\Delta\boldsymbol{R}_k| = [r_k(i,j)], \quad r_k(i,j) \geqslant \boldsymbol{0} \tag{10.13}$$

需要注意,这里$|\Delta\boldsymbol{R}_k|$是普通矩阵(不是区间矩阵),所以当用普通矩阵求逆$[\boldsymbol{C}_k\boldsymbol{M}_{k-1}\boldsymbol{C}_k^{\mathrm{T}}+\Delta\boldsymbol{R}_k]^{-1}$来替换区间矩阵求逆$[[\boldsymbol{C}_k^I]\boldsymbol{M}_{k-1}^I[\boldsymbol{C}_k^I]^{\mathrm{T}}+\boldsymbol{R}_k]^{-1}$时,矩阵的逆变得更容易。更重要的是,当式(10.13)中的扰动矩阵$\Delta\boldsymbol{C}_k=\boldsymbol{0}$时,意味着式(10.2)所示系统的量测方程和式(10.1)所示的标称系统模型一样是准确的,有$|\Delta\boldsymbol{R}_k|=\boldsymbol{R}_k$。

因此，用 $|\Delta \boldsymbol{R}_k|$ 代替 $\Delta \boldsymbol{R}_k$，可以得到下面的次优区间卡尔曼滤波方案。

一种次优区间卡尔曼滤波算法

主过程

$$\begin{cases} \hat{\boldsymbol{x}}_0^I = \boldsymbol{E}(\boldsymbol{x}_0^I) \\ \hat{\boldsymbol{x}}_k^I = \boldsymbol{A}_k^I \hat{\boldsymbol{x}}_{k-1}^I + \boldsymbol{G}_k^I [\boldsymbol{v}_k^I - \boldsymbol{C}_k^I \boldsymbol{A}_{k-1}^I \hat{\boldsymbol{x}}_{k-1}^I] \\ k = 1, 2, \cdots \end{cases} \tag{10.14}$$

从过程

$$\begin{cases} \boldsymbol{P}_0^I = \mathrm{Var}(\boldsymbol{x}_0^I) \\ \boldsymbol{M}_{k-1}^I = \boldsymbol{A}_{k-1}^I \boldsymbol{P}_{k-1}^I [\boldsymbol{A}_{k-1}^I]^{\mathrm{T}} + \boldsymbol{B}_{k-1}^I \boldsymbol{Q}_{k-1} [\boldsymbol{B}_{k-1}^I]^{\mathrm{T}} \\ \boldsymbol{G}_k^I = \boldsymbol{M}_{k-1}^I [\boldsymbol{C}_k^I]^{\mathrm{T}} [\boldsymbol{C}_k \boldsymbol{M}_{k-1} \boldsymbol{C}_k^{\mathrm{T}} + |\Delta \boldsymbol{R}_k|]^{-1} \\ \boldsymbol{P}_k^I = [\boldsymbol{I} - \boldsymbol{G}_k^I \boldsymbol{C}_k^I] \boldsymbol{M}_{k-1}^I [\boldsymbol{I} - \boldsymbol{G}_k^I \boldsymbol{C}_k^I]^{\mathrm{T}} + [\boldsymbol{G}_k^I] \boldsymbol{R}_k [\boldsymbol{G}_k^I]^{\mathrm{T}} \\ k = 1, 2, \cdots \end{cases} \tag{10.15}$$

最后，注意到式(10.13)给出的最坏情况下的矩阵 $|\Delta \boldsymbol{R}_k|$ 包含了最大的可能干扰。在某种意义上，是能够给出稳态数值逆的“最好的”矩阵。另一个可能的近似为，如果 $\Delta \boldsymbol{C}_k$ 很小，可以简单地使用 $|\Delta \boldsymbol{R}_k| \approx \boldsymbol{R}_k$。在一些像后面章节中将要讨论的雷达跟踪系统的特殊系统中，特殊的技术也可能用来改善次优区间滤波的速度或精度。

10.2.3　目标跟踪的例子

本节介绍一个计算机仿真的例子来比较区间卡尔曼滤波和标准卡尔曼滤波。对雷达跟踪系统(3.26)的简化，可以参考式(4.22)、式(5.22)、式(6.43)：

$$\begin{cases} \boldsymbol{x}_{k+1} = \begin{bmatrix} 1 & h^I \\ 0 & 1 \end{bmatrix} \boldsymbol{x}_k + \underline{\boldsymbol{\xi}}_k \\ v_k = [1 \quad 0] \boldsymbol{x}_k + \eta_k \end{cases} \tag{10.16}$$

式中的基本假设与系统(10.2)中介绍的一致。

假定系统有一个小区间不确定性：

$$h^I = [h - \Delta h, h + \Delta h] = [0.01 - 0.001, 0.01 + 0.001] = [0.009, 0.011]$$

式中建模误差 Δh 取为设定值 $h = 0.01$ 的 10%。

假设其他的给定数据为

$$\boldsymbol{E}(\boldsymbol{x}_0) = \begin{bmatrix} x_{01} \\ x_{02} \end{bmatrix} = \begin{bmatrix} 1 \\ 1 \end{bmatrix}, \quad \mathrm{Var}(\boldsymbol{x}_0) = \begin{bmatrix} P_{00} & P_{01} \\ P_{10} & P_{11} \end{bmatrix} = \begin{bmatrix} 0.5 & 0.0 \\ 0.0 & 0.5 \end{bmatrix}$$

$$\boldsymbol{Q}_k = \begin{bmatrix} q & 0 \\ 0 & q \end{bmatrix} = \begin{bmatrix} 0.1 & 0.0 \\ 0.0 & 0.1 \end{bmatrix}, \quad R_k = r = 0.1$$

对于该模型,应用区间卡尔曼滤波(10.11)～(10.12),有

$$\boldsymbol{M}_{k-1}^I=\begin{bmatrix} h^I[2P_{k-1}^I(1,0)+h^IP_{k-1}^I(1,1)]+P_{k-1}^I(0,0)+q & P_{k-1}^I(0,1)+h^IP_{k-1}^I(1,1) \\ P_{k-1}^I(1,0)+h^IP_{k-1}^I(1,1) & P_{k-1}^I(1,1)+q \end{bmatrix}$$

$$:=\begin{bmatrix} M_{k-1}^I(0,0) & M_{k-1}^I(0,1) \\ M_{k-1}^I(1,0) & M_{k-1}^I(1,1) \end{bmatrix}$$

$$\boldsymbol{G}_k^I=\begin{bmatrix} 1-r/(M_{00}^I+r) \\ M_{10}^I/(M_{00}^I+r) \end{bmatrix}:=\begin{bmatrix} G_{k,1}^I \\ G_{k,2}^I \end{bmatrix}$$

$$\boldsymbol{P}_k^I=\begin{bmatrix} rG_{k,1}^I & rG_{k,2}^I \\ rG_{k,2}^I & q+[P_{k-1}^I(1,1)[P_{k-1}^I(0,0)+q+r]-[P_{k-1}^I(0,1)]^2]/(M_{k-1}^I(0,0)+r) \end{bmatrix}$$

$$:=\begin{bmatrix} P_k^I(0,0) & P_k^I(0,1) \\ P_k^I(1,0) & P_k^I(1,1) \end{bmatrix}$$

在上面的式子中,矩阵 $\boldsymbol{M}_{k-1}^I$ 和 $\boldsymbol{P}_k^I$ 都是对称矩阵,所以,$M_{k-1}^I(0,1)=M_{k-1}^I(1,0)$,$P_{k-1}^I(0,1)=P_{k-1}^I(1,0)$,根据滤波算法可以得到:

$$\begin{bmatrix} \hat{x}_{k,1}^I \\ \hat{x}_{k,2}^I \end{bmatrix}=\begin{bmatrix} [r(\hat{x}_{k-1,1}^I+h^I\hat{x}_{k-1,2}^I)+M_{k-1}^I(0,0)y_k]/M_{k-1}^I(0,0) \\ \hat{x}_{k-1,2}^I+G_{k,1}^I(y_k-\hat{x}_{k-1,1}^I-h^I\hat{x}_{k-1,2}^I) \end{bmatrix}$$

区间卡尔曼滤波和标准卡尔曼滤波的 $\hat{x}_{k,1}$ 仿真结果及比较见图 10.1 和图 10.2,其中标准卡尔曼滤波用了确定值 h。从这两幅图可以看出,算法(10.11)～(10.12)介绍的新方法得到的信号估计轨迹的上界和下界,包含了利用式(3.25)标准卡尔曼滤波算法得到的信号估计轨迹。这两条界线包含了区间系统(10.2)的所有可能的最优估计。

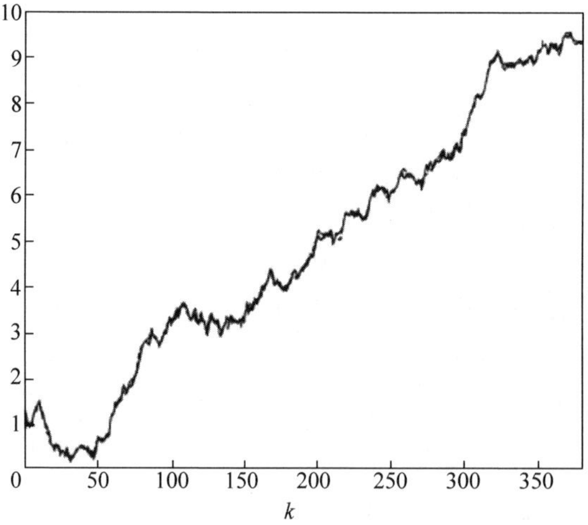

图 10.1　区间卡尔曼滤波估计结果(状态分量 1)

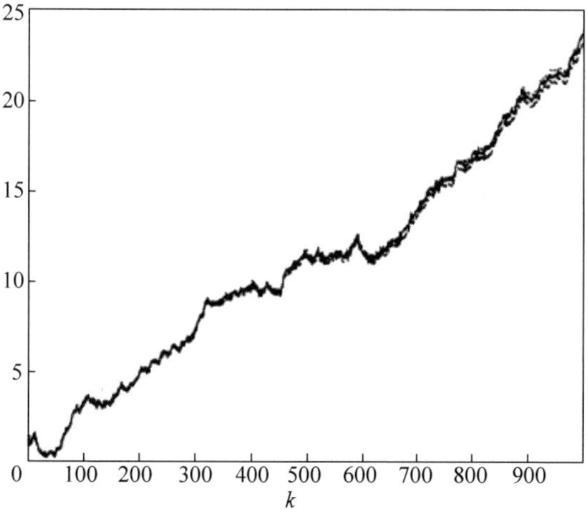

图 10.2　区间卡尔曼滤波估计结果(状态分量 2)

10.3　加权平均区间卡尔曼滤波

从图 10.1 和图 10.2 可以看出,区间卡尔曼滤波能够产生标准卡尔曼滤波算法所有可能得到的最优轨迹的上界和下界。但是,随着递推的不断进行,上下界逐渐分开。这里应该再次强调,这个看上去发散的结果不是因为滤波算法,而是由于区间系统模型。也就是说,即使模型没有噪声也没有进行滤波,区间系统的上下界轨迹本身也会逐渐分开。所以这种现象是区间系统固有的,虽然它本身是用来对不确定动态系统建模。

为了避免使用区间系统模型的这种发散,一个可行方案是对两条边界包含的所有可能的最优估计轨迹进行加权平均。一个更简便的方法是简单地对两条边界估计进行加权平均。例如,取图 10.1 和图 10.2 中两个区间滤波估计的某个加权平均,可以分别得到图 10.3 和图 10.4。

最后,非常重要的是,该平均与分别对两个边界系统(10.9)和(10.10)采用两个标准卡尔曼滤波所得到的轨迹进行平均是有着本质上的不同的。主要是因为,图 10.1 和图 10.2 所示的滤波轨迹的两个边界,包含了所有可能的最优估计,但是对两个边界系统应用标准卡尔曼滤波的估计,并没有覆盖所有的解(正如前面指出的,见习题 10.5)。

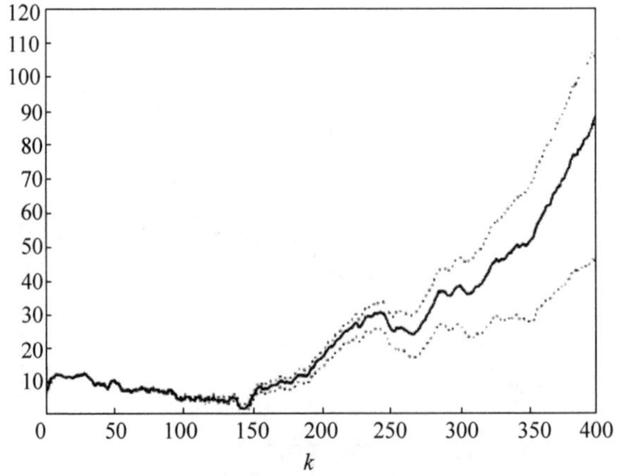

图 10.3 加权平均区间卡尔曼滤波(状态分量 1)

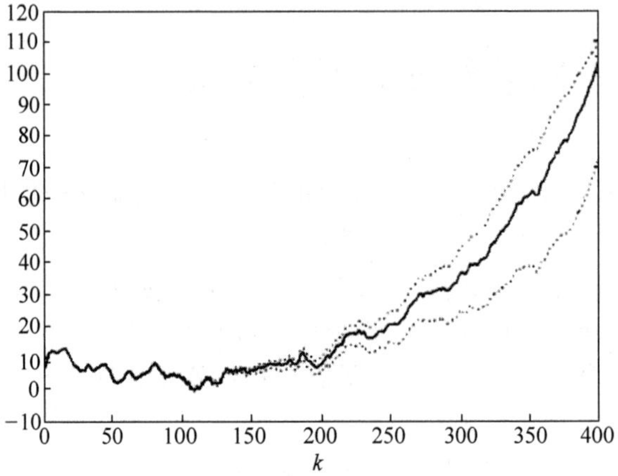

图 10.4 加权平均区间卡尔曼滤波(状态分量 2)

练习

10.1 对于三个区间 X、Y 和 Z,证明:

$X+Y=Y+X$;

$Z+(X+Y)=(Z+X)+Y$;

$XY=YX$;

$Z(XY)=(ZX)Y$；

$X+0=0+X=X$ 和 $X0=0X=0$，其中 $0=[0,0]$；

$XI=IX=X$，其中 $I=[1,1]$；

$Z(X+Y)\subseteq ZX+ZY$,其中“$=$”只在下面条件下成立：

(a) $Z=[z,z]$；

(b) $X=Y=0$；

(c) 对所有 $x\in X$ 和 $y\in Y$, $xy\geqslant 0$。

10.2　设 $\boldsymbol{A}$、$\boldsymbol{B}$ 和 $\boldsymbol{C}$ 分别是适当维数的普通常值矩阵，$\boldsymbol{A}^I$、$\boldsymbol{B}^I$ 和 $\boldsymbol{C}^I$ 分别是适当维数的区间矩阵。验证：

(a) $\boldsymbol{A}^I\pm\boldsymbol{B}^I=\{\boldsymbol{A}\pm\boldsymbol{B}\mid\boldsymbol{A}\in\boldsymbol{A}^I,\boldsymbol{B}\in\boldsymbol{B}^I\}$；

(b) $\boldsymbol{A}^I\boldsymbol{B}=\{\boldsymbol{A}\boldsymbol{B}\mid\boldsymbol{A}\in\boldsymbol{A}^I\}$；

(c) $\boldsymbol{A}^I+\boldsymbol{B}^I=\boldsymbol{B}^I+\boldsymbol{A}^I$；

(d) $\boldsymbol{A}^I+(\boldsymbol{B}^I+\boldsymbol{C}^I)=(\boldsymbol{A}^I+\boldsymbol{B}^I)+\boldsymbol{C}^I$；

(e) $\boldsymbol{A}^I+\boldsymbol{0}=\boldsymbol{0}+\boldsymbol{A}^I=\boldsymbol{A}^I$；

(f) $\boldsymbol{A}^I\boldsymbol{I}=\boldsymbol{I}\boldsymbol{A}^I=\boldsymbol{A}^I$；

(g) 分配率

(g.1) $(\boldsymbol{A}^I+\boldsymbol{B}^I)\boldsymbol{C}^I\subseteq\boldsymbol{A}^I\boldsymbol{C}^I+\boldsymbol{B}^I\boldsymbol{C}^I$；

(g.2) $\boldsymbol{C}^I(\boldsymbol{A}^I+\boldsymbol{B}^I)\subseteq\boldsymbol{C}^I\boldsymbol{A}^I+\boldsymbol{C}^I\boldsymbol{B}^I$；

(h) $(\boldsymbol{A}^I+\boldsymbol{B}^I)\boldsymbol{C}=\boldsymbol{A}^I\boldsymbol{C}+\boldsymbol{B}^I\boldsymbol{C}$；

(i) $\boldsymbol{C}(\boldsymbol{A}^I+\boldsymbol{B}^I)=\boldsymbol{C}\boldsymbol{A}^I+\boldsymbol{C}\boldsymbol{B}^I$；

(j) 结合律

(j.1) $\boldsymbol{A}^I(\boldsymbol{B}\boldsymbol{C})\subseteq(\boldsymbol{A}^I\boldsymbol{B})\boldsymbol{C}$；

(j.2) 如果 $\boldsymbol{C}^I=-\boldsymbol{C}^I$，则 $(\boldsymbol{A}\boldsymbol{B}^I)\boldsymbol{C}^I\subseteq\boldsymbol{A}(\boldsymbol{B}^I\boldsymbol{C}^I)$；

(j.3) $\boldsymbol{A}(\boldsymbol{B}^I\boldsymbol{C})=(\boldsymbol{A}\boldsymbol{B}^I)\boldsymbol{C}$；

(j.4) 如果 $\boldsymbol{B}^I=-\boldsymbol{B}^I$ 且 $\boldsymbol{C}^I=-\boldsymbol{C}^I$，则 $\boldsymbol{A}^I(\boldsymbol{B}^I\boldsymbol{C}^I)=(\boldsymbol{A}^I\boldsymbol{B}^I)\boldsymbol{C}^I$。

10.3　证明定理 10.2。

10.4　证明式(10.7)和式(10.8)。

10.5　举一个一维的简单例子，说明对区间系统(10.2)的两个边界系统(10.9)～(10.10)应用标准卡尔曼滤波，得到的两个滤波轨迹不能包含区间系统的所有可能的最优估计解。

10.6　考虑跟踪一个具有不确定输入的弹道导弹的目标跟踪问题。这个物理问题可以用下面的简化的区间模型描述：

$$\begin{cases}\boldsymbol{x}_{k+1}^I=\boldsymbol{A}_k^I\boldsymbol{x}_k^I+\underline{\boldsymbol{\xi}}_k\\[2ex]\boldsymbol{v}_k^I=\boldsymbol{C}_k^I\boldsymbol{x}_k^I+\underline{\boldsymbol{\eta}}_k\end{cases}$$

式中 $\boldsymbol{x}^I=[x_1^I \quad \cdots \quad x_7^I]^{\mathrm{T}}$。

$$A_{11}=A_{12}=A_{13}=1, \qquad A_{44}=-\frac{1}{2}gx_7\frac{z^2+x_4^2}{z}$$

$$A_{45}=A_{54}=-\frac{1}{2}g\frac{x_7x_4x_5}{z}, \qquad A_{46}=A_{64}=-\frac{1}{2}g\frac{x_7x_4x_6}{z}$$

$$A_{47}=-\frac{1}{2}gx_4z, \qquad A_{55}=-\frac{1}{2}gx_7\frac{z^2+x_5^2}{z}$$

$$A_{56}=A_{65}=-\frac{1}{2}g\frac{x_7x_5x_6}{z}, \qquad A_{57}=-\frac{1}{2}gx_5z$$

$$A_{66}=-\frac{1}{2}gx_7\frac{z^2+x_6^2}{z}, \qquad A_{67}=-\frac{1}{2}gx_6z$$

$$A_{76}=-K^Ix_7, \qquad A_{77}=-K^Ix_6$$

其他所有的 $A_{ij}=0$，其中 K^I 是不确定系统参数，g 是重力常数，$z=\sqrt{x_4^2+x_5^2+x_6^2}$，又

$$\boldsymbol{C}=\begin{bmatrix}1 & 0 & 0 & 0 & 0 & 0 & 0\\ 0 & 1 & 0 & 0 & 0 & 0 & 0\\ 0 & 0 & 1 & 0 & 0 & 0 & 0\end{bmatrix}$$

系统噪声和量测噪声序列为相互独立的零均值高斯噪声，分别有方差$\{\boldsymbol{Q}_k\}$和$\{\boldsymbol{R}_k\}$。用下面的数据，对该模型应用区间卡尔曼滤波算法：

$$g=0.981$$

$$K^I=[2.3\times10^{-5}, 3.5\times10^{-5}]$$

$$\boldsymbol{x}_0^I=[3.2\times10^5, 3.2\times10^5, 2.1\times10^5, -1.5\times10^4, -1.5\times10^4-8.1\times10^3, 5\times10^{-10}]^{\mathrm{T}}$$

$$\boldsymbol{P}_0^I=\mathrm{diag}\{10^6, 10^6, 10^6, 10^6, 10^6, 1.286\times10^{-13}\exp\{-23.616\}\}$$

$$\boldsymbol{Q}_k=\frac{1}{k+1}\mathrm{diag}\{0,0,0,100,100,100,2.0\times10^{-18}\}$$

$$\boldsymbol{R}_k=\frac{1}{k+1}\mathrm{diag}\{150,150,150\}$$

第 11 章

小波卡尔曼滤波

除了前面章节讨论的卡尔曼滤波算法之外，还有很多其他可用的时域数字滤波计算方案。在这些方案中，最令人激动的可能就是小波算法，它可以用于多尺度信号处理（估计或滤波）和信号多分辨率分析。本章将专门介绍小波卡尔曼滤波这一有效的技术，通过解决一个随机信号的同时估计和分解的具体应用例子，来说明采用小波的卡尔曼滤波器组的方案。

11.1 小波初步

小波的概念是 20 世纪 80 年代初被提出来的，通过两个简单的操作“平移”和“伸缩”，由一个“小波基”函数族来实现。设 $\psi(t)$ 是这样的一个小波基函数，结合伸缩常数 a 和平移常数 b，可以得到一系列形式为 $\psi((t-b)/a)$ 的小波函数。以这一系列小波函数为积分核来定义一种积分变换，称为小波积分变换（IWT，integral wavelet transform）：

$$(W_{\psi}f)(b,a)=|a|^{-1/2}\int_{-\infty}^{\infty}f(t)\overline{\psi((t-b)/a)}\mathrm{d}t,\quad f\in L^2 \tag{11.1}$$

可以根据 a 和 b 的值在不同的位置和不同的尺度来分析函数（或信号）。注意小波基 $\psi(t)$ 起到了时间窗口的作用，其宽度随着公式（11.1）中尺度因子 a 的减小而变窄。因此，如果其傅里叶变换 $\hat{\psi}(\omega)$ 的频率 ω 和尺度因子 a 成反比，这样由 $\psi(t)$ 产生的时间窗口变窄，可以用来研究高频信号，或时间窗口变宽来对低

C. K. Chui and G. Chen, Kalman Filtering, DOI 10.1007/978-3-319-47612-4_1

频情况进行观测。此外,小波基 $\psi(t)$ 的傅里叶变换也是一个窗口函数。那么IWT的 $(W_\psi f)(b,a)$ 就可以在 $t=b$ 附近及尺度因子 a 所定义的频带宽度内用来对 $f(t)$ 进行时域与频域定位和分析。

11.1.1 小波基础

"多分辨率分析"为研究小波提供了一个简洁方式。设 L^2 是连续时间域 $(-\infty,\infty)$ 内的实值能量有限函数的空间,其内积定义为 $\langle f,g\rangle=\int_{-\infty}^{\infty} f(t)\bar{g}(t)\mathrm{d}t$,模定义为 $\|f\|_{L^2}=\sqrt{|\langle f,f\rangle|}$。如果存在一些窗口函数(见练习11.1) $\phi(t)\in L^2$,满足下列特性,则 L^2 上闭子空间组成的区间套 $\{V_k\}$ 称为 L^2 的一个多分辨率分析:

(i) 对于每一个整数 k,集合

$$\{\phi_{kj}(t):=\phi(2^k t-j):j=\cdots,-1,0,1,\cdots\}$$

是 V_k 的 Riesz 基,也就是说其线性张开在 V_k 中是稠密的,并且对所有的 $\{c_j\}\in l^2$ 和每一个 k,均有

$$\alpha\|\{c_j\}\|_{l^2}^2\leqslant\left\|\sum_{j=-\infty}^{\infty}c_j\phi_{kj}\right\|_{L^2}^2\leqslant\beta\|\{c_j\}\|_{l^2}^2 \tag{11.2}$$

式中 $\|\{c_j\}\|_{l^2}=\sqrt{\sum_{j=-\infty}^{\infty}|c_j|^2}$;

(ii) V_k 的组合在 L^2 中是稠密的;

(iii) 所有 V_k 的交集是零函数;

(iv) 当且仅当 $f(2t)\in V_{k+1}$ 时,$f(t)\in V_k$。

设 V_{k+1} 为 V_k 及其正交补 W_k 的直和,表示为

$$V_{k+1}=V_k\oplus W_k \tag{11.3}$$

则对于所有的 $k\neq n$,有 $W_k\perp W_n$,并且整个 L^2 空间是子空间 W_k 的正交和,即

$$L^2=\bigoplus_{k=-\infty}^{\infty}W_k \tag{11.4}$$

假设存在一个函数 $\psi(t)\in W_0$,使得每个 $\psi(t)$ 及其傅里叶变换 $\hat{\psi}(\omega)$ 在 $\pm\infty$ 处都能足够快的衰减(见练习11.2),并且对于任一整数 k,

$$\{\psi_{kj}(t):=2^{k/2}\psi(2^k t-j):j=\cdots,-1,0,1\cdots\} \tag{11.5}$$

是 W_k 的一个标准正交基,则 $\psi(t)$ 称为是一个小波(见练习11.3)。

设 $\tilde{\psi}(t)\in W_0$ 是 $\psi(t)$ 的对偶,即

$$\int_{-\infty}^{\infty}\tilde{\psi}(t-i)\overline{\psi(t-j)}\mathrm{d}t=\delta_{ij}\quad i,j=\cdots,-1,0,1,\cdots$$

则 $\tilde{\psi}(t)$ 和 $\hat{\tilde{\psi}}(\omega)$ 在时间域和频率域都分别是窗口函数。如果 $\tilde{\psi}(t)$ 在 IWT 分析中用作小波基，可以得到实时算法，由 $b=j/2^k$ 时刻和 $a=2^{-k}$ 尺度定义的第 k 个频率带来确定 $(W_{\tilde{\psi}}f)(b,a)$。同样，$f(t)$ 也可以根据这些位置的 $(W_{\tilde{\psi}}f)(b,a)$ 的信息来实时重构。

更加精确地，由定义

$$\psi_{kj}(t) = 2^{k/2}\psi(2^k t - j) \tag{11.6}$$

任何函数 $f(t)\in L^2$ 都可以表示为小波分量的线性线合

$$f(t) = \sum_{k=-\infty}^{\infty}\sum_{j=-\infty}^{\infty} d_j^k \psi_{k,j}(t) \tag{11.7}$$

式中

$$d_j^k = (W_{\tilde{\psi}}f)(j2^{-k}, 2^{-k}) \tag{11.8}$$

由式(11.3)，在 l^2 中存在两个序列 $\{a_j\}$ 和 $\{b_j\}$，使得对所有的整数 l，

$$\phi(2t-l) = \sum_{j=-\infty}^{\infty}[a_{l-2j}\phi(t-j) + b_{l-2j}\psi(t-j)] \tag{11.9}$$

从特性(i)和式 (11.3)可以看出，l^2 中存在唯一确定的两个序列 $\{p_j\}$ 和 $\{q_j\}$，满足

$$\phi(t) = \sum_{j=-\infty}^{\infty} p_j\phi(2t-j) \tag{11.10}$$

$$\psi(t) = \sum_{j=-\infty}^{\infty} q_j\phi(2t-j) \tag{11.11}$$

由序列对 $(\{a_j\},\{b_j\})$ 得到小波变换 $\{d_j^k\}$ 的金字塔分解算法，而由序列对 $(\{p_j\},\{q_j\})$ 得到小波变换 $\{d_j^k\}$，组成重新构建 $f(t)$ 的金字塔合成算法。

注意到，如果 $\phi(t)$ 选择为一个 B 样条函数，则可以得到一个紧支撑的小波 $\psi(t)$，其对偶值 $\tilde{\psi}(t)$ 在 $\pm\infty$ 处指数衰减，并且 $\tilde{\psi}(t)$ 的 IWT 具有线性相位。进一步地，$\{a_j\}$ 和 $\{b_j\}$ 具有较快的指数衰减，同时序列 $\{p_j\}$ 和 $\{q_j\}$ 是有限的。需要提及的是，样条小波 $\psi(t)$ 和 $\tilde{\psi}(t)$ 有显式表示，并且可以很容易实现。

11.1.2　离散小波变换和滤波器组

对于给定的确定标量信号 $\{x(i,n)\}\in l^2$，在固定的尺度 i，通过脉冲响应为 $\{h(n)\}$ 的半宽低通滤波器，可以得到较低分辨率的信号。或者说，低分辨率信号序列(用 L 表示)可以通过对低通滤波器的输出下采样获得，即 $h(n)\to h(2n)$。因此，

$$x_L(i-1,n) = \sum_{k=-\infty}^{\infty} h(2n-k)x(i,k) \tag{11.12}$$

式(11.12)定义了一个从 l^2 到其自身的映射。作为 $x_L(i-1,n)$ 的补充，小波系

数为$\{x_H(i-1,n)\}$,可以通过一个脉冲响应为$\{g(n)\}$的高通滤波器,再对高通滤波的输出进行下采样计算得到。这样就有

$$x_H(i-1,n)=\sum_{k=-\infty}^{\infty}g(2n-k)x(i,k) \tag{11.13}$$

原始信号$\{x(i,n)\}$可以由滤波和采样(低分辨率)信号$\{x_L(i-1,n)\}$和$\{x_H(i-1,n)\}$重构。为了生成完好的重构信号,滤波器$\{h(n)\}$和$\{g(n)\}$必须满足一些约束条件。最重要的约束条件就是滤波器脉冲响应组成正交集。因此,式(11.12)和式(11.13)可以被看作原始信号在正交基上的分解,而重构可以认为是正交投影的和,见下式:

$$x(i,n)=\sum_{k=-\infty}^{\infty}h(2k-n)x_L(i-1,k)+\sum_{k=-\infty}^{\infty}g(2k-n)x_H(i-1,k) \tag{11.14}$$

式(11.12)和式(11.13)定义的操作称为离散(前向)小波变换,而离散小波逆变换可以由式(11.14)来定义。

为了能对$\{h(n)\}$和$\{g(n)\}$都使用FIR(finite impulse response)滤波器(也就是说,这两个序列有有限长度,L),规定

$$g(n)=(-1)^n h(L-1-n) \tag{11.15}$$

式中L必须是满足这一关系的偶数。

显然,一旦低通滤波器$\{h(n)\}$确定了,高通滤波器也就确定了。

离散小波变换可以通过倍频滤波器组来实现,如图11.1(b)所示,其中只描述了三层变换。在不同层不同分解的尺度见图11.1(a)。

对于有限长度的确定信号序列,用算子形式来描述小波变换更方便。考虑序列信号在第i层长度为M的分解:

$$\underline{\boldsymbol{X}}_k^i=[x(i,k-M+1),x(i,k-M+2),\cdots,x(i,k)]^{\mathrm{T}}$$

式(11.12)和式(11.13)可以写为以下的算子形式:

$$\underline{\boldsymbol{X}}_{k_L}^{i-1}=\boldsymbol{H}^{i-1}\,\underline{\boldsymbol{X}}_k^i,\quad \underline{\boldsymbol{X}}_{k_H}^{i-1}=\boldsymbol{G}^{i-1}\,\underline{\boldsymbol{X}}_k^i$$

式中,算子$\boldsymbol{H}^{i-1}$和$\boldsymbol{G}^{i-1}$为低通和高通滤波器(式(11.12)和式(11.13)中的$\{h(n)\}$和$\{g(n)\}$),第i层映射到第$i-1$层的响应。同理,从第$i-1$层映射到第i层,式(11.14)的算子形式可以写为(见练习11.4)

$$\underline{\boldsymbol{X}}_k^i=(\boldsymbol{H}^{i-1})^{\mathrm{T}}\,\underline{\boldsymbol{X}}_{k_L}^{i-1}+(\boldsymbol{G}^{i-1})^{\mathrm{T}}\,\underline{\boldsymbol{X}}_{k_H}^{i-1} \tag{11.16}$$

另一方面,正交约束也可以用算子的形式表示:

$$(\boldsymbol{H}^{i-1})^{\mathrm{T}}\boldsymbol{H}^{i-1}+(\boldsymbol{G}^{i-1})^{\mathrm{T}}\boldsymbol{G}^{i-1}=\boldsymbol{I}$$

$$\begin{bmatrix}\boldsymbol{H}^{i-1}\,(\boldsymbol{H}^{i-1})^{\mathrm{T}} & \boldsymbol{H}^{i-1}\,(\boldsymbol{G}^{i-1})^{\mathrm{T}}\\ \boldsymbol{G}^{i-1}\,(\boldsymbol{H}^{i-1})^{\mathrm{T}} & \boldsymbol{G}^{i-1}\,(\boldsymbol{G}^{i-1})^{\mathrm{T}}\end{bmatrix}=\begin{bmatrix}\boldsymbol{I} & 0\\ 0 & \boldsymbol{I}\end{bmatrix}$$

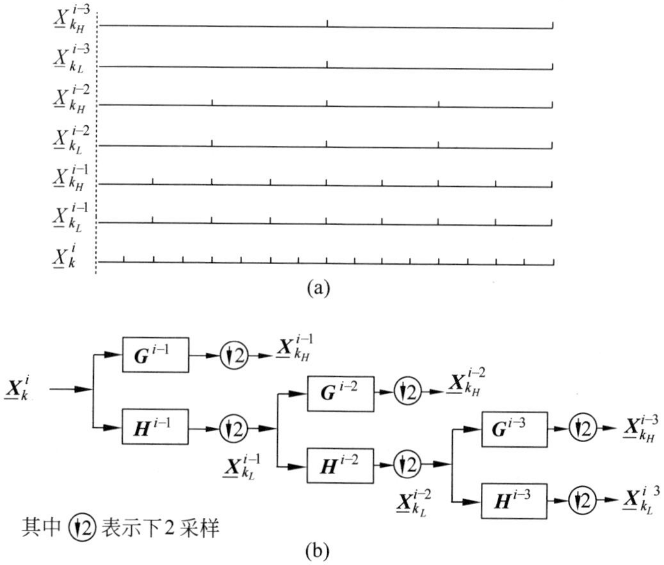

图 11.1　离散小波变换

(a) 信号分解；(b) 两通道滤波器组

信号的多层同时分解可以通过滤波器组来实现。例如，将 $\underline{\boldsymbol{X}}_k^i$ 分解为三层，如图 11.1 所示，可以应用下面的综合变换：

$$\begin{bmatrix} \underline{\boldsymbol{X}}_{k_L}^{i-3} \\ \underline{\boldsymbol{X}}_{k_H}^{i-3} \\ \underline{\boldsymbol{X}}_{k_H}^{i-2} \\ \underline{\boldsymbol{X}}_{k_H}^{i-1} \end{bmatrix} = \boldsymbol{T}^{i-3|i} \underline{\boldsymbol{X}}_k^i$$

式中

$$\boldsymbol{T}^{i-3|i} = \begin{bmatrix} \boldsymbol{H}^{i-3} \boldsymbol{H}^{i-2} \boldsymbol{H}^{i-1} \\ \boldsymbol{G}^{i-3} \boldsymbol{H}^{i-2} \boldsymbol{H}^{i-1} \\ \boldsymbol{G}^{i-2} \boldsymbol{H}^{i-1} \\ \boldsymbol{G}^{i-1} \end{bmatrix}$$

是一个正交矩阵，同时将 $\underline{\boldsymbol{X}}_k^i$ 映射到滤波器组的三层。

11.2　信号估计和分解

在随机信号估计和分解中，通用的方法是先用量测数据估计未知信号，然后根据分辨率需求来分解所估计的信号。这两步通常是离线的，在实时应用中是不可取的。

本节将介绍随机信号的同时最优估计和多分辨率分解技术，用来作为小波卡尔曼滤波的一个例子。基于离散小波变换，并用卡尔曼滤波器组推导出同时完成估计和分解的算法。该算法保持了卡尔曼滤波方案在估计时的优点，得到了未知信号的最优（线性、无偏、最小误差方差）估计，以递推的方式应用从含噪声信号中采样获得的数据。

本节所提出的方案具有以下特性：首先，一步就确定了被估计信号，而不是原来的两步方法，并且得到的信号具有所希望的分解；其次，该算法中采用了递推卡尔曼滤波方案，以便同时得到未知并且含噪声信号的最优估计和分解；最后，整个信号处理过程是在线的，即是实时的，对输入一批新的量测数据，能以需要的分解形式输出信号的估计。在这个过程中，信号首先被分解为块，然后对数据块进行滤波。该方案基于当前的量测数据和之前的最优估计值，就可以得到当前的估计值。这里，数据块的长度由需要分解的层数来决定。倍频滤波器组被用作多分辨分析的有效工具。

11.2.1 随机信号的估计和分解

考虑一个一维随机信号序列$\{x(N,k)\}$的最高分辨率层（N层），它符合下式：

$$x(N,k+1)=A(N,k)x(N,k)+\xi(N,k) \tag{11.17}$$

量测为

$$v(N,k)=C(N,k)x(N,k)+\eta(N,k) \tag{11.18}$$

式中$\{\xi(N,k)\}$和$\{\eta(N,k)\}$是相互独立的零均值高斯噪声序列，方差分别为$Q(N,k)$和$R(N,k)$。

给定一个量测序列$\{v(N,k)\}$，估计和分解随机信号$\{X(N,k)\}$的常规方法是按次序进行：首先，在最高分辨率水平找到一个估计$\hat{x}(N,k)$；其次，应用小波变换将其分解到不同的分辨率上去。

下面将要介绍同时完成随机信号的估计和分解任务的算法。为了简便，仅讨论两层分解和估计，例如，从N层到$N-1$和$N-2$层。而在其他所有层，同时进行估计和分解的过程是完全一样的。

选择长度为$M=2^2=4$的数据块，选择基2是为了便于设计一个倍频滤波器组，指数2为小波分解的层数。在k时刻，有

$$\underline{\boldsymbol{X}}_k^N=[x(N,k-3),x(N,k-2),x(N,k-1),x(N,k)]^{\mathrm{T}}$$

其数据块形式的等效动态系统进一步讨论如下。

为了理论上的方便，系统方程和量测方程式(11.17)和式(11.18)假设是时

不变的，并在分解层 N 上进行讨论。以长度 M 为间隔实现该过程，则

$$x(N,k+1)=Ax(N,k)+\xi(N,k) \tag{11.19}$$

或

$$x(N,k+1)=A^2x(N,k-1)+A\xi(N,k-1)+\xi(N,k) \tag{11.20}$$

或

$$x(N,k+1)=A^3x(N,k-2)+A^2\xi(N,k-2)+A\xi(N,k-1)+\xi(N,k) \tag{11.21}$$

或

$$\begin{aligned}x(N,k+1)=&A^4x(N,k-3)+A^3\xi(N,k-3)+A^2\xi(N,k-2)+\\&A\xi(N,k-1)+\xi(N,k)\end{aligned} \tag{11.22}$$

取式(11.19)、(11.20)、(11.21)和(11.22)的平均，可得

$$\begin{aligned}x(N,k+1)=&\frac{1}{4}A^4x(N,k-3)+\frac{1}{4}A^3x(N,k-2)+\\&\frac{1}{4}A^2x(N,k-1)+\frac{1}{4}Ax(N,k)+\xi(1)\end{aligned}$$

式中

$$\xi(1)=\frac{1}{4}A^3\xi(N,k-3)+\frac{1}{2}A^2\xi(N,k-2)+\frac{3}{4}A\xi(N,k-1)+\xi(N,k) \tag{11.23}$$

同理，所有的过程都采用上述相同的方法，最后可以得到下面的一个数据块形式的动态系统(见练习 11.5)：

$$\underbrace{\begin{bmatrix}x(N,k+1)\\x(N,k+2)\\x(N,k+3)\\x(N,k+4)\end{bmatrix}}_{\underline{\boldsymbol{x}}_{k+1}^N}=\underbrace{\begin{bmatrix}\frac{1}{4}A^4 & \frac{1}{4}A^3 & \frac{1}{4}A^2 & \frac{1}{4}A\\0 & \frac{1}{3}A^4 & \frac{1}{3}A^3 & \frac{1}{3}A^2\\0 & 0 & \frac{1}{2}A^4 & \frac{1}{2}A^3\\0 & 0 & 0 & A^4\end{bmatrix}}_{\bar{A}}\times\underbrace{\begin{bmatrix}x(N,k-3)\\x(N,k-2)\\x(N,k-1)\\x(N,k)\end{bmatrix}}_{\underline{\boldsymbol{x}}_k^N}+\underbrace{\begin{bmatrix}\xi(1)\\\xi(2)\\\xi(3)\\\xi(4)\end{bmatrix}}_{\underline{\overline{W}}_k^N} \tag{11.24}$$

式中 $\xi(i)$，$i=2,3,4$，具有相似的定义，且

$$E\{\underline{\overline{\boldsymbol{W}}}_k^N\}=\mathbf{0},\quad E\{\underline{\overline{\boldsymbol{W}}}_k^N(\underline{\overline{\boldsymbol{W}}}_k^N)^{\mathrm{T}}\}=\bar{\boldsymbol{Q}}$$

其中 $\bar{\boldsymbol{Q}}$ 的元素由下式给出：

$$\bar{q}_{11}=\frac{1}{16}A^6Q+\frac{1}{4}A^4Q+\frac{9}{16}A^2Q+Q,\quad \bar{q}_{12}=\frac{1}{6}A^5Q+\frac{1}{2}A^3Q+AQ$$

$$\bar{q}_{13}=\frac{3}{8}A^4Q+A^2Q,\quad \bar{q}_{14}=A^3Q,\quad \bar{q}_{21}=\bar{q}_{12}$$

$$\bar{q}_{22}=\frac{1}{9}A^6Q+\frac{4}{9}A^4Q+A^2Q+Q,\quad \bar{q}_{23}=\frac{1}{3}A^5Q+A^3Q+AQ$$

$$\bar{q}_{24}=A^4Q+A^2Q,\quad \bar{q}_{31}=\bar{q}_{13},\quad \bar{q}_{32}=\bar{q}_{23}$$

$$\bar{q}_{33}=\frac{1}{4}A^6Q+A^4Q+A^2Q+Q,\quad \bar{q}_{34}=A^5Q+A^3Q+AQ$$

$$\bar{q}_{41}=\bar{q}_{14},\quad \bar{q}_{42}=\bar{q}_{24},\quad \bar{q}_{43}=\bar{q}_{34},\quad \bar{q}_{44}=A^6Q+A^4Q+A^2Q+Q$$

与式(11.24)相关的量测方程可以很容易地得出。

$$\underbrace{\begin{bmatrix}\boldsymbol{v}(N,k-3)\\ \boldsymbol{v}(N,k-2)\\ \boldsymbol{v}(N,k-1)\\ \boldsymbol{v}(N,k)\end{bmatrix}}_{\underline{V}_k^N}=\underbrace{\begin{bmatrix}C&0&0&0\\0&C&0&0\\0&0&C&0\\0&0&0&C\end{bmatrix}}_{\bar{C}}\underbrace{\begin{bmatrix}x(N,k-3)\\x(N,k-2)\\x(N,k-1)\\x(N,k)\end{bmatrix}}_{\underline{X}_k^N}+\underbrace{\begin{bmatrix}\boldsymbol{\eta}(N,k-3)\\ \boldsymbol{\eta}(N,k-2)\\ \boldsymbol{\eta}(N,k-1)\\ \boldsymbol{\eta}(N,k)\end{bmatrix}}_{\underline{\Pi}_k^N}$$

(11.25)*

式中

$$E\{\underline{\Pi}_k^N\}=\mathbf{0},\quad E\{\underline{\Pi}_k^N(\underline{\Pi}_k^N)^{\mathrm{T}}\}=\boldsymbol{R}=\mathrm{diag}\{R,R,R,R\}$$

采用两层分解,可以得到

$$\begin{bmatrix}\underline{X}_{k_L}^{N-2}\\ \underline{X}_{k_H}^{N-2}\\ \underline{X}_{k_H}^{N-1}\end{bmatrix}=\begin{bmatrix}\boldsymbol{H}^{N-2}\boldsymbol{H}^{N-1}\\ \boldsymbol{G}^{N-2}\boldsymbol{H}^{N-1}\\ \boldsymbol{G}^{N-1}\end{bmatrix}\underline{X}_k^N=\boldsymbol{T}^{N-2|N}\underline{X}_k^N \tag{11.26}$$

将式(11.26)代入式(11.24),可得

$$\begin{bmatrix}\underline{X}_{k+1_L}^{N-2}\\ \underline{X}_{k+1_H}^{N-2}\\ \underline{X}_{k+1_H}^{N-1}\end{bmatrix}=\mathbf{A}\begin{bmatrix}\underline{X}_{k_L}^{N-2}\\ \underline{X}_{k_H}^{N-2}\\ \underline{X}_{k_H}^{N-1}\end{bmatrix}+\underline{W}_k^N \tag{11.27}$$

式中

$$\underline{W}_k^N=\boldsymbol{T}^{N-2|N}\overline{\underline{W}}_k^N,\quad E\{\underline{W}_k^N\}=0,\quad E\{\underline{W}_k^N(\underline{W}_k^N)^{\mathrm{T}}\}=\boldsymbol{Q}$$

$$\mathbf{A}=\boldsymbol{T}^{N-2|N}\bar{\mathbf{A}}(\boldsymbol{T}^{N-2|N})^{\mathrm{T}},\quad \boldsymbol{Q}=\boldsymbol{T}^{N-2|N}\bar{\boldsymbol{Q}}(\boldsymbol{T}^{N-2|N})^{\mathrm{T}}$$

式(11.27)描述了一个可分解的动态系统。其相关的量测方程同样可以通过把式(11.26)代入式(11.25)得到,有

$$\underline{\boldsymbol{V}}_k^N=\boldsymbol{C}\begin{bmatrix}\underline{X}_{k_L}^{N-2}\\ \underline{X}_{k_H}^{N-2}\\ \underline{X}_{k_H}^{N-1}\end{bmatrix}+\underline{\boldsymbol{\Pi}}_k^N \tag{11.28}$$

---

* 译者注:此处式号原著似有误,译者适当调整。

式中

$$\boldsymbol{C} = \bar{\boldsymbol{C}}(\boldsymbol{T}^{N-2|N})^{\mathrm{T}}$$

如此得到了系统方程和量测方程式(11.27)和式(11.28)的各个分解量。下一个任务是利用量测数据估计这些量。对式(11.27)和式(11.28)应用卡尔曼滤波,可以得到这些分解量的最优估计。

11.2.2　一个随机游走的例子

本小节将研究一个一维有色噪声过程(也叫做布朗随机游走)。该随机过程可以表示为

$$x(N,k+1) = x(N,k) + \xi(N,k) \tag{11.29}$$

量测为

$$\boldsymbol{v}(N,k) = x(N,k) + \eta(N,k) \tag{11.30}$$

式中$\{\xi(N,k)\}$、$\{\eta(N,k)\}$是相互独立的零均值高斯噪声序列,方差分别是$Q(N,k)=0.1$、$R(N,k)=1.0$。

真实值$\{x(N,k)\}$和量测值$\{\boldsymbol{v}(N,k)\}$的最高分辨率如图 11.2(a)和(b)所示。采用模型(11.27)、(11.28),在滤波器组应用 Haar 小波,对前面给出的过程应用标准卡尔曼滤波,可得到两层估计:$\hat{\underline{X}}_{k_L}^{N-2}$、$\hat{\underline{X}}_{k_H}^{N-2}$和$\hat{\underline{X}}_{k_H}^{N-1}$。在线计算结果见图 11.2(c)(d)和图 11.3(a)。

初看时,$\hat{\underline{X}}_{k_H}^{N-2}$和$\hat{\underline{X}}_{k_H}^{N-1}$都像某种噪声。实际上,$\hat{\underline{X}}_{k_H}^{N-2}$和$\hat{\underline{X}}_{k_H}^{N-1}$为真实信号高频部分的估计。可以通过把这些高频部分"加"到低频部分来构成多层估计。例如,$\hat{\underline{X}}_{k_L}^{N-1}$是按下式,通过组合$\hat{\underline{X}}_{k_L}^{N-2}$和$\hat{\underline{X}}_{k_H}^{N-2}$重构而成的:

$$\hat{\underline{X}}_{k_L}^{N-1} = [(\boldsymbol{H}^{N-2})^{\mathrm{T}}(\boldsymbol{G}^{N-2})^{\mathrm{T}}]\begin{bmatrix}\hat{\underline{X}}_{k_L}^{N-2} \\ \hat{\underline{X}}_{k_H}^{N-2}\end{bmatrix} \tag{11.31}$$

见图 11.3(b)。

同理,$\hat{\underline{X}}_{k_L}^{N}$(在最高分辨率水平)可以通过组合$\hat{\underline{X}}_{k_L}^{N-1}$和$\hat{\underline{X}}_{k_H}^{N-1}$来获得,见图 11.3(c)。

为了比较性能,标准卡尔曼滤波被直接应用到系统(11.29)和(11.30),结果见图 11.3(d)。可以看出通过组合分解量的估计和通过卡尔曼滤波得到的在最高分辨率估计非常相似。为了在数量上比较这两种方法,进行 200 次的蒙特卡罗仿真。这时估计和分解算法的平方根误差为 0.2940,而标准卡尔曼滤波为 0.3104。这表明即使只有两层分解和估计,前者比直接卡尔曼滤波效果好。如果允许分解的层数增加,两者的差别将更加显著。

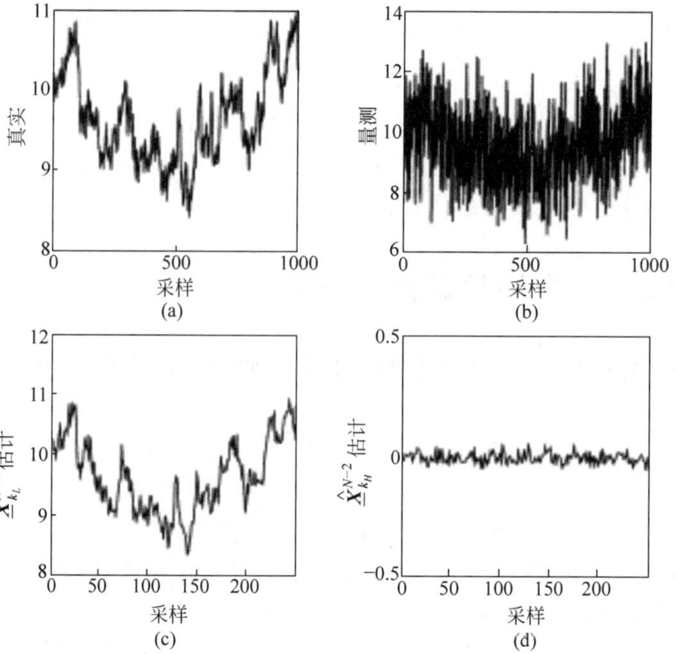

图 11.2　信号的小波分解

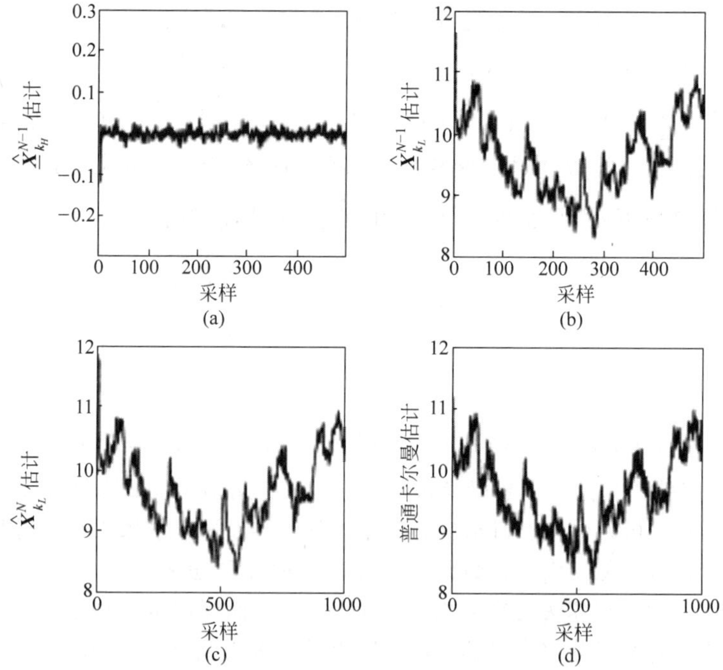

图 11.3　信号估计结果

练习

11.1　下面的 Haar 和三角函数是典型的时域窗函数：

$$\phi_H(t)=\begin{cases}1, & 0\leqslant t<1\\ 0, & \text{其他}\end{cases}$$

$$\phi_T(t)=\begin{cases}t, & 0\leqslant t<1\\ 2-t, & 1\leqslant t<2\\ 0, & \text{其他}\end{cases}$$

观察这两个函数，然后证明：

$$\phi_T(t)=\int_{-\infty}^{\infty}\phi_H(\tau)\phi_H(t-\tau)\mathrm{d}\tau$$

其中 $\phi_H(t)$和 $\phi_T(t)$分别称为 0 度 B 样条和 1 度 B 样条。n 度 B 样条由下式生成：

$$\phi_n(t)=\int_0^1\phi_{n-1}(t-\tau)\mathrm{d}\tau,\quad n=2,3,\cdots$$

计算并描述 $\phi_2(t)$和 $\phi_3(t)$（注意 $\phi_0=\phi_H$ 和 $\phi_1=\phi_T$）。

11.2　给出上面定义的 $\phi_H(t)$和 $\phi_T(t)$的傅里叶变换。

11.3　根据 $\phi_H(t)$和 $\phi_T(t)$的图示，画出 $\phi_{1,0}(t)=\phi_H(2t)$、$\phi_{1,1}(t)=\phi_H(2t-1)$和 $\Phi(t)=\phi_{1,0}(t)+\phi_{1,1}(t)$。更进一步画出小波：

$$\Psi_H(t)=\phi_H(2t)-\phi_H(2t-1)$$

$$\Psi_T(t)=-\frac{1}{2}\phi_T(2t)-\frac{1}{2}\phi_T(2t-2)+\phi_T(2t-1)$$

11.4　证明式(11.16)。

11.5　证明式(11.24)和式(11.26)。

第 12 章

传感器网络的分布式估计

本章研究了资源有限无线传感器网络中的分布式状态估计问题。介绍了采用随机传感器激活方案来减少传感器通信时的能量需求。在该方案下，根据传感器网络要完成的任务需求，每个传感器以一定的概率被激活。当一个传感器被激活时，将观测并估计目标的某些状态，并且可能与邻近的传感器交换观测值及状态估计值；或者什么也不做，只是接收邻近传感器发送过来的状态估计值。通过最小化相应的均方估计误差，为每个传感器设计一个最优估计器。为此，推导了估计误差方差的有限上界和下界。最后，提出了每个传感器的耦合强度增益，以及激活概率下界的估计方法，同时给出数值例子来进行仿真说明。

12.1 背景

无线传感器网络(wireless sensor network，WSN)由在地域上广泛分布的大量传感器节点组成。每个传感器能够测量某些感兴趣的参数，如温度、湿度，或者载体的位置和速度。基于 WSN 的分布式状态估计有着广泛的工程应用，包括战场监察、智能交通、环境监测、卫生保健等。

在典型的 WSN 中，考虑到各种设计和实现的限制，如电池容量小和通信带宽窄等，传感器只具有有限的通信和计算能力。例如，用于数据采集和传输的能量常常是有限的。因为传感器可能只需要间或的传输数据，让传感器一直处于开机状态是很不经济的。另外，及时更换电池或给电池充电是一个极大的负担。所以合理规划传感器的激活显得非常重要，且常常是必需的。为了达到该目的，特别是严酷环境下，必须要估计目标的状态。这就激发了本章关于 WSN 中传感器状态估计和激活策略的研究。

12.2　问题描述

考虑下面的离散时间线性时不变系统：

$$\boldsymbol{x}(k+1)=\boldsymbol{A}\boldsymbol{x}(k)+\boldsymbol{\omega}(k) \tag{12.1}$$

其中，$\boldsymbol{x}(k)\in\mathbf{R}^m$ 是状态向量；$\boldsymbol{\omega}(k)\in\mathbf{R}^m$ 是过程噪声，假设为零均值高斯白噪声，协方差矩阵为 $\boldsymbol{Q}>0$；初始状态 $\boldsymbol{x}(0)$ 也是零均值高斯噪声，协方差为 $\Pi_0>0$，并且在所有的 $k\geqslant 0$ 与 $\boldsymbol{\omega}(k)$ 相互独立。

在所有的 $k>0$ 时，应用一个由 n 个传感器组成的无线传感器网络来测量 $\boldsymbol{x}(k)$。第 i 个传感器的测量方程为

$$\boldsymbol{y}_i(k)=\gamma^i(k)(\boldsymbol{H}^i x(k)+\boldsymbol{v}^i(k)) \tag{12.2}$$

其中，$\boldsymbol{v}^i(k)\in\mathbf{R}^m$ 是零均值高斯白噪声，协方差为 $\boldsymbol{R}_i>\mathbf{0}$，且与 $\boldsymbol{x}(0)$ 和 $\boldsymbol{\omega}(k)$ 都相互独立（对所有的 k 和 i），并且当 $i\neq j$ 或 $k\neq s$ 时，与 $\boldsymbol{v}^j(s)$ 相互独立；$\gamma^i(k)$（为 0 或 1）是决定第 i 个传感器是否激活的决策变量。也就是说，如果 $\gamma^i(k)=1$，则第 i 个传感器是激活的，开始测量系统状态，并且跟与其相邻的传感器交换估计结果；如果 $\gamma^i(k)=0$，则第 i 个传感器只接收来自其相邻传感器的估计结果。

在本章中，我们介绍了一个随机激活策略。假设 $\gamma^i(k)$ 为独立同分布随机变量，且 $E[\gamma^i(k)=1]=q$。为此，我们还假设对所有 $i=1,2,\cdots,n$ 和 $k=1,2,\cdots$，$\gamma^i(k)$、$\boldsymbol{\omega}(k)$、$v^i(k)$ 以及初始状态 $\boldsymbol{x}(0)$ 相互独立。

我们应用有向图 $G=(V,E)$ 来对传感器网络建模，其中节点 $V=\{1,2,\cdots,n\}$ 表示传感器，边 $E\subset V\times V$ 表示节点间的通信链路。边 (i,j) 存在表示第 i 个传感器从第 j 个传感器接收数据。第 i 个传感器的相邻传感器集合表示为 $N_i=\{j:(i,j)\in E\}$，$d_i=|N_i|$ 表示与第 i 个传感器相邻传感器的个数。假设该图是强联通的，也就是说该图包含一个有向生成树，该树包含一个能发送信息到网络中所有其他传感器节点的根（基站）。

在此重申，如果 $\gamma^i(k)=0$，则在 k 时刻，第 i 个传感器不能发送信息给其邻近的传感器。记第 k 步的图 G 为 G_k，并定义 G_k 的拉普拉斯矩阵为 $L_k=[l_{ij}(k)]$，其中

$$l_{ij}(k)=\begin{cases}-\gamma^j(k), & \text{如果}(i,j)\in E, i\neq j\\ -\sum\limits_{j\in N_i} l_{ij}(k), & \text{如果 } i=j\\ 0, & \text{其他}\end{cases}$$

我们现在考虑第 i 个传感器的分布式状态估计器:①

$$\hat{\boldsymbol{x}}^i(k+1 \mid k)=\boldsymbol{A}\hat{\boldsymbol{x}}^i(k \mid k-1)+\boldsymbol{K}^i(k)(y_i(k)-\gamma^i(k)\boldsymbol{H}^i\hat{\boldsymbol{x}}^i(k \mid k-1))-\varepsilon\boldsymbol{A}\sum_{j\in N_i}\gamma^j(k)[\hat{x}^i(k \mid k-1)-\hat{x}^j(k \mid k-1))] \tag{12.3}$$

对于所有的 $i=1,2,\cdots,n$,$\hat{\boldsymbol{x}}^i(0|-1)=0$,在式(12.3)中,$\varepsilon>0$ 是耦合强度,称为一致增益,并且假设其范围为$(0,1/\Delta)$,$\Delta=\max_i(d_i)$,d_i 表示第 i 个传感器的邻近传感器个数,$\boldsymbol{K}^i(k)$为估计器增益。

下面,我们通过最小化一步预测的均方估计误差来设计 $\boldsymbol{K}^i(k)$:

$$E\{[\boldsymbol{x}(k+1)-\hat{\boldsymbol{x}}^i(k+1 \mid k)][\boldsymbol{x}(k+1)-\hat{\boldsymbol{x}}^i(k+1 \mid k)]^{\mathrm{T}}\} \tag{12.4}$$

其中,$E\{\cdot\}$对 $i=1,2,\cdots,n$ 的所有传感器的$\boldsymbol{\omega}$ 、$\boldsymbol{v}^i$ 和 γ^i 求取期望。

定义第 i 个传感器的估计误差为

$$\boldsymbol{e}^i(k \mid k-1)=\hat{\boldsymbol{x}}^i(k \mid k-1)-\boldsymbol{x}(k)$$

为了简化符号,下面将简记为 $\boldsymbol{e}^i(k|k-1)=\boldsymbol{e}_k^i$。

从(12.3)可以看出 $\boldsymbol{e}_k^i$ 的更新为

$$\begin{aligned}\boldsymbol{e}_{k+1}^i=&\boldsymbol{A}\boldsymbol{e}_k^i-\varepsilon\boldsymbol{A}\sum_{j\in N_i}\gamma^j(k)(e_k^i-e_k^j)-\\&\boldsymbol{K}^i(k)\gamma^i(k)\boldsymbol{H}^i\boldsymbol{e}_k^i+\boldsymbol{K}^i(k)\gamma^i(k)\boldsymbol{v}^i(k)-\boldsymbol{\omega}(k)\end{aligned} \tag{12.5}$$

令 $\boldsymbol{F}_i(k)=\boldsymbol{A}-\gamma^i(k)\boldsymbol{K}^i(k)\boldsymbol{H}^i$。根据式(12.5)可以得到②

$$\begin{aligned}&\boldsymbol{e}_{k+1}^i\boldsymbol{e}_{k+1}^{j\mathrm{T}}\\&=\boldsymbol{F}_i(k)\boldsymbol{e}_k^i\boldsymbol{e}_k^{j\mathrm{T}}\boldsymbol{F}_j^{\mathrm{T}}(k)-\varepsilon\boldsymbol{F}_i(k)\sum_{s\in N_j}\gamma^s(k)(\boldsymbol{e}_k^i\boldsymbol{e}_k^{j\mathrm{T}}-\boldsymbol{e}_k^i\boldsymbol{e}_k^{s\mathrm{T}})\boldsymbol{A}^{\mathrm{T}}+\\&\varepsilon\boldsymbol{\omega}(k)\sum_{s\in N_j}\gamma^s(k)(\boldsymbol{e}_k^{j\mathrm{T}}-\boldsymbol{e}_k^{s\mathrm{T}})\boldsymbol{A}^{\mathrm{T}}-\\&\varepsilon\boldsymbol{A}\sum_{r\in N_i}\gamma^r(k)(\boldsymbol{e}_k^i\boldsymbol{e}_k^{j\mathrm{T}}-\boldsymbol{e}_k^r\boldsymbol{e}_k^{j\mathrm{T}})\boldsymbol{F}_j^{\mathrm{T}}(k)+\boldsymbol{\omega}(k)\boldsymbol{\omega}^{\mathrm{T}}(k)-\\&\varepsilon\boldsymbol{A}\sum_{r\in N_i}\gamma^r(k)(\boldsymbol{e}_k^i-\boldsymbol{e}_k^r)\gamma^j(k)\boldsymbol{v}^{j\mathrm{T}}(k)\boldsymbol{K}^{j\mathrm{T}}(k)-\\&\varepsilon\gamma^i(k)\boldsymbol{K}^i(k)\boldsymbol{v}^i(k)\sum_{s\in N_j}\gamma^s(k)(\boldsymbol{e}_k^{j\mathrm{T}}-\boldsymbol{e}_k^{s\mathrm{T}})\boldsymbol{A}^{\mathrm{T}}+\\&\varepsilon^2\boldsymbol{A}\sum_{r\in N_i}\sum_{s\in N_j}\gamma^r(k)\gamma^s(k)[\boldsymbol{e}_k^i\boldsymbol{e}_k^{j\mathrm{T}}-\boldsymbol{e}_k^i\boldsymbol{e}_k^{s\mathrm{T}}-\boldsymbol{e}_k^r\boldsymbol{e}_k^{j\mathrm{T}}+\boldsymbol{e}_k^r\boldsymbol{e}_k^{s\mathrm{T}}]\boldsymbol{A}^{\mathrm{T}}+\\&\gamma^j(k)\boldsymbol{F}_i(k)\boldsymbol{e}_k^i\boldsymbol{v}^{j\mathrm{T}}(k)\boldsymbol{K}^{j\mathrm{T}}(k)+\gamma^i(k)\boldsymbol{K}^i(k)\boldsymbol{v}^i(k)\boldsymbol{e}_k^{j\mathrm{T}}\boldsymbol{F}_j^{\mathrm{T}}(k)-\\&\boldsymbol{F}_i(k)\boldsymbol{e}_k^i\boldsymbol{\omega}^{\mathrm{T}}(k)-\boldsymbol{\omega}(k)\boldsymbol{e}_k^{j\mathrm{T}}\boldsymbol{F}_j^{\mathrm{T}}(k)+\varepsilon\boldsymbol{A}\sum_{r\in N_i}\gamma^r(k)(\boldsymbol{e}_k^i-\boldsymbol{e}_k^r)\boldsymbol{\omega}^{\mathrm{T}}(k)+\end{aligned}$$

---

① 原著在公式(12.3)最后的"]"前多了个")"。

② 在后面的公式中,统一将所有的右上标转置符号"T"都放到了时间"(k)"的前面。

$$\gamma^i(k)\gamma^j(k)\boldsymbol{K}^i(k)\boldsymbol{v}^i(k)\boldsymbol{v}^j(k)\boldsymbol{K}^{j\mathrm{T}}(k) \tag{12.6}$$

因为 $\boldsymbol{P}_{i,j}(k)=E\{\boldsymbol{e}_k^i\boldsymbol{e}_k^{j\mathrm{T}}\}$，我们有

$$\begin{aligned}\boldsymbol{P}_{i,j}(k+1)=&\bar{\boldsymbol{F}}_i(k)\boldsymbol{P}_{i,j}(k)\bar{\boldsymbol{F}}_j^{\mathrm{T}}(k)+\boldsymbol{Q}+q^2\boldsymbol{K}^i(k)\boldsymbol{R}_{i,j}\boldsymbol{K}^{j\mathrm{T}}(k)+\\&\varepsilon^2\boldsymbol{A}\sum_{r\in N_i}\sum_{s\in N_j}q^2[\boldsymbol{P}_{i,j}(k)-\boldsymbol{P}_{i,s}(k)-\boldsymbol{P}_{r,j}(k)+\boldsymbol{P}_{r,s}(k)]\boldsymbol{A}^{\mathrm{T}}-\\&\varepsilon\bar{\boldsymbol{F}}_i(k)\sum_{s\in N_j}q(\boldsymbol{P}_{i,j}(k)-\boldsymbol{P}_{i,s}(k))\boldsymbol{A}^{\mathrm{T}}-\\&\varepsilon\boldsymbol{A}\sum_{r\in N_i}q(\boldsymbol{P}_{i,j}(k)-\boldsymbol{P}_{r,j}(k))\bar{\boldsymbol{F}}_j^{\mathrm{T}}(k)\end{aligned} \tag{12.7}$$

其中 $\bar{\boldsymbol{F}}_i(k)=\boldsymbol{A}-q\boldsymbol{K}^i(k)\boldsymbol{H}^i$。令 $i=j$，式(12.6)两边对 $\gamma^i(k)$、$\boldsymbol{\omega}(k)$和$\boldsymbol{v}^i(k)$求期望，得

$$\begin{aligned}E\{\boldsymbol{e}_{k+1}^i\boldsymbol{e}_{k+1}^{jT}\}=&(1-d_iq\varepsilon)^2\boldsymbol{A}\boldsymbol{P}_i(k)\boldsymbol{A}^{\mathrm{T}}+\\&2(q\varepsilon-q^2\varepsilon^2)\boldsymbol{A}\sum_{s\in N_i}\boldsymbol{P}_{i,s}(k)\boldsymbol{A}^{\mathrm{T}}+\\&q^2\varepsilon^2\boldsymbol{A}\sum_{r,s\in N_i}\boldsymbol{P}_{r,s}(k)\boldsymbol{A}^{\mathrm{T}}+\boldsymbol{Q}-q^2\boldsymbol{A}\{\boldsymbol{P}_i(k)+\\&q\varepsilon\sum_{s\in N_i}[\boldsymbol{P}_{i,s}(k)-\boldsymbol{P}_i(k)]\}\boldsymbol{H}^i\boldsymbol{M}_i^{-1}(k)\times\\&\boldsymbol{H}^{i\mathrm{T}}\{\boldsymbol{P}_i(k)+\varepsilon\sum_{s\in N_i}[\boldsymbol{P}_{i,s}(k)-\boldsymbol{P}_i(k)]\}^{\mathrm{T}}A^T+\\&[\boldsymbol{K}^i(k)-\boldsymbol{K}^{i*}(k)]\boldsymbol{M}(k)[\boldsymbol{K}^i(k)-\boldsymbol{K}^{i*}(k)]^{\mathrm{T}}\end{aligned} \tag{12.8}$$

其中

$$\begin{aligned}&\boldsymbol{P}_i(k)=E\{\boldsymbol{e}_k^i\boldsymbol{e}_k^{i\mathrm{T}}\},\quad \boldsymbol{P}_{i,s}(k)=E\{\boldsymbol{e}_k^i\boldsymbol{e}_k^{s\mathrm{T}}\},\\&\boldsymbol{K}^{i*}(k)=q\boldsymbol{A}\{\boldsymbol{P}_i(k)+q\varepsilon\sum_{s\in N_i}[\boldsymbol{P}_{i,s}(k)-\boldsymbol{P}_i(k)]\}\boldsymbol{H}^{i\mathrm{T}}\boldsymbol{M}_i^{-1}(k)\end{aligned} \tag{12.9}$$

$$\boldsymbol{M}_i(k)=q\boldsymbol{H}^i\boldsymbol{P}_i(k)\boldsymbol{H}^{i\mathrm{T}}+q\boldsymbol{R}_i \tag{12.10}$$

注意到 $q\varepsilon<1$，得到 $2q\varepsilon-sq^2\varepsilon^2>0$。所以，当 $\boldsymbol{K}^i(k)=\boldsymbol{K}^{i*}(k)$时，$E\{\boldsymbol{e}_{k+1}^i\boldsymbol{e}_{k+1}^{i\mathrm{T}}\}$能取到最小值，此时的 $\boldsymbol{K}^i(k)$为 k 时刻($k=1,2,\cdots$)(12.9)的最优估计增益。

注意到，我们可以将(12.6)重新写为

$$\begin{aligned}\boldsymbol{P}_i(k+1)=&\bar{\boldsymbol{F}}_i(k)\boldsymbol{P}_i(k)\bar{\boldsymbol{F}}_j^{\mathrm{T}}(k)+\\&q(1-q)(\boldsymbol{K}^i(k)\boldsymbol{H}^i)\boldsymbol{P}_i(k)(\boldsymbol{K}^i(k)\boldsymbol{H}^i)^{\mathrm{T}}+\\&\boldsymbol{Q}+q\boldsymbol{K}^i(k)\boldsymbol{R}_i\boldsymbol{K}^{i\mathrm{T}}(k)+\Delta\boldsymbol{P}(k)\end{aligned} \tag{12.11}$$

其中

$$\begin{aligned}\Delta\boldsymbol{P}(k)=&-q\varepsilon\bar{\boldsymbol{F}}_i(k)\sum_{s\in N_i}[\boldsymbol{P}_i(k)-\boldsymbol{P}_{i,s}(k)]\boldsymbol{A}^{\mathrm{T}}-\\&q\varepsilon\boldsymbol{A}\sum_{r\in N_i}[\boldsymbol{P}_i(k)-\boldsymbol{P}_{r,i}(k)]\bar{\boldsymbol{F}}_j^{\mathrm{T}}(k)+\end{aligned}$$

$$q^2\varepsilon^2\boldsymbol{A}\sum_{r,s\in N_i}[\boldsymbol{P}_i(k)-\boldsymbol{P}_{i,s}(k)-\boldsymbol{P}_{r,i}(k)+\boldsymbol{P}_{r,s}(k)]\boldsymbol{A}^{\mathrm{T}}$$

如果 $\varepsilon=0$,则

$$\boldsymbol{K}^{i*}(k)=q\boldsymbol{A}\boldsymbol{P}_i(k)\boldsymbol{H}^{i\mathrm{T}}\boldsymbol{M}_i^{-1}(k)$$

$$\boldsymbol{P}_i(k+1)=\bar{\boldsymbol{F}}_i(k)\boldsymbol{P}_i(k)\bar{\boldsymbol{F}}_j^{\mathrm{T}}(k)+\boldsymbol{Q}+q\boldsymbol{K}^i(k)\boldsymbol{R}_i\boldsymbol{K}^{i\mathrm{T}}(k)+ q(1-q)(\boldsymbol{K}^i(k)\boldsymbol{H}^i)\boldsymbol{P}_i(k)(\boldsymbol{K}^i(k)\boldsymbol{H}^i)^{\mathrm{T}}$$

这分别是次优的卡尔曼增益和估计误差协方差。

12.3 算法收敛性

本节我们将分析式(12.9)给出的最优估计增益条件下,估计器(12.3)的稳定性。

因为相邻传感器估计误差间存在耦合,很难像集中式卡尔曼滤波一样,证明估计误差协方差收敛到一个唯一正定矩阵。作为备选方案,我们推导了稳态估计误差协方差的上界和下界。更精确地说,搜索 ε 的上界,来确保在任意给定的 q 时,估计误差协方差的范围。当 ε 给定时,可以得到 q 的下界,以确保估计误差协方差的范围。

令 $\boldsymbol{e}_k=[\boldsymbol{e}_k^1,\boldsymbol{e}_k^2,\cdots,\boldsymbol{e}_k^n]^{\mathrm{T}}$ 和 $\boldsymbol{v}_k=[\boldsymbol{v}_k^1,\boldsymbol{v}_k^2,\cdots,\boldsymbol{v}_k^n]^{\mathrm{T}}$,把所有估计误差组成一个向量,可以得到

$$\boldsymbol{e}_{k+1}=(\boldsymbol{I}_n\otimes\boldsymbol{A})\boldsymbol{e}_k-\varepsilon(\boldsymbol{L}_k\otimes\boldsymbol{A})\boldsymbol{e}_k-\mathrm{diag}\{\gamma^i(k)\boldsymbol{K}^i(k)\boldsymbol{H}^i\}\boldsymbol{e}_k+ \gamma^i(k)\mathrm{diag}\{\boldsymbol{K}^i(k)\}\boldsymbol{v}_k-\boldsymbol{1}_n\otimes\boldsymbol{\omega}_k\Gamma(k)\boldsymbol{e}_k+\boldsymbol{W}(k) \tag{12.12}$$

其中

$$\Gamma(k)=\boldsymbol{I}_n\otimes\boldsymbol{A}-\varepsilon\boldsymbol{L}_k\otimes\boldsymbol{A}-\mathrm{diag}\{\gamma^i(k)\boldsymbol{K}^i(k)\boldsymbol{H}^i\}$$

$$\boldsymbol{W}(k)=\mathrm{diag}\{\gamma^i(k)\boldsymbol{K}^i(k)\}\boldsymbol{v}_k-\boldsymbol{1}_n\otimes\boldsymbol{\omega}_k$$

设 $\boldsymbol{P}(k)=E\{\boldsymbol{e}_k\boldsymbol{e}_k^{\mathrm{T}}\}$,我们有

$$\boldsymbol{P}(k+1)=\bar{\Gamma}(k)\boldsymbol{P}(k)\bar{\Gamma}^{\mathrm{T}}(k)+E\{\boldsymbol{W}(k)\boldsymbol{W}^{\mathrm{T}}(k)\} \tag{12.13}$$

其中 $\bar{\Gamma}(k)=\boldsymbol{I}_n\otimes\boldsymbol{A}-\varepsilon q\boldsymbol{L}\otimes\boldsymbol{A}-q\cdot\mathrm{diag}\{\boldsymbol{K}^i(k)\boldsymbol{H}^i\}$,这里 $\boldsymbol{L}$ 是物理传感器网络的拉普拉斯矩阵。如果第 i 个传感器有到第 j 个传感器的通信链接,则 $l_{ij}=-1$,否则 $l_{ij}=0,i,j=1,2,\cdots,n$。

现在我们介绍两个在后面将非常有用的概念。

如果存在具有常值矩阵 $\boldsymbol{K}$ 的反馈控制器 $\boldsymbol{u}(k)=\boldsymbol{K}\boldsymbol{x}(k)$,对于任意 $\boldsymbol{x}_0\in\mathbf{R}^m$,闭环系统:

$$\boldsymbol{x}(k+1)=[\boldsymbol{A}^{\mathrm{T}}+\boldsymbol{H}^{\mathrm{T}}\boldsymbol{K}]\boldsymbol{x}(k)+(\boldsymbol{A}_0^{\mathrm{T}}+\boldsymbol{H}_0^{\mathrm{T}}\boldsymbol{K})\boldsymbol{x}(k)\boldsymbol{\omega}(k),\quad \boldsymbol{x}(0)=\boldsymbol{x}_0$$

是渐近均方稳定的，则系统($\boldsymbol{A}^{\mathrm{T}},\boldsymbol{H}^{\mathrm{T}},\boldsymbol{A}_0^{\mathrm{T}},\boldsymbol{H}_0^{\mathrm{T}}$)被称为是稳定的。

同样，对系统

$$\boldsymbol{x}(k+1)=\boldsymbol{A}^{\mathrm{T}}\boldsymbol{x}(k)+\boldsymbol{A}_0^{\mathrm{T}}\boldsymbol{x}(k)\boldsymbol{\omega}(k)$$
$$\boldsymbol{y}(k)=\boldsymbol{H}^{\mathrm{T}}\boldsymbol{x}(k)$$

满足

$$\boldsymbol{y}(k)\equiv 0\ a.s.\ \forall k\in\{0,1,\cdots,\}\Rightarrow \boldsymbol{x}_0=0$$

则称为是严格可观测的。

在后文中，我们都遵从下面两个假设。

假设 12.1 系统($\boldsymbol{A}^{\mathrm{T}},q\boldsymbol{H}^{i\mathrm{T}},0,\boldsymbol{H}^{i\mathrm{T}}$)，$0<q<1$ 对所有的 $i=0,1,\cdots,n$ 是稳定的。

假设 12.2 系统($\boldsymbol{A}^{\mathrm{T}},0,\boldsymbol{Q}^{1/2}$)是严格可观测的。

为了证明，需要下面的三个引理。

引理 12.1 考虑具有下面矩阵方程形式的系统

$$\boldsymbol{X}_{k+1}=\boldsymbol{A}(k)\boldsymbol{X}_k\boldsymbol{A}(k)^*+\boldsymbol{B}(k)$$

其中 $\boldsymbol{A}(k)$是稳定矩阵，对所有的 $k=0,1,\cdots$，$\boldsymbol{X}_k$ 是常值矩阵。如果 $k\to\infty$时，$\boldsymbol{A}(k)$和 $\boldsymbol{B}(k)$分别收敛到唯一的 $\boldsymbol{A}$ 和 $\boldsymbol{B}$，则 $\boldsymbol{X}_k$ 收敛到 $\boldsymbol{X}$，它是下面李雅普诺夫方程的解：

$$\boldsymbol{X}=\boldsymbol{AXA}^*+\boldsymbol{B}$$

该引理的证明留为练习(见练习 12.1)。

引理 12.2 给定常数 q。对于任意的 $0<\varepsilon<\bar{\varepsilon}$，在假设 12.1、假设 12.2 下，式(12.13)中的矩阵 $\boldsymbol{P}(k)$对所有大的 k 都是有界的，其中 $\bar{\varepsilon}$ 是下列优化问题的解

$$\bar{\varepsilon}=\operatorname{argmax}_{\varepsilon}\Phi_{\varepsilon}(\boldsymbol{L},\boldsymbol{A})>0,\quad 0<\varepsilon<1/\Delta$$

$$\Phi_{\varepsilon}(\boldsymbol{L},\boldsymbol{A})=\begin{bmatrix}\boldsymbol{I}_{nm} & \boldsymbol{I}_{nm}-\varepsilon q\boldsymbol{L}\otimes\boldsymbol{A}\\(\boldsymbol{I}_{nm}-\varepsilon q\boldsymbol{L}\otimes\boldsymbol{A})^{\mathrm{T}} & \boldsymbol{I}_{nm}\end{bmatrix}$$

其中 $\Delta=\max_i(d_i)$，d_i 表示第 i 个传感器的邻近传感器个数。

该引理容易地证明。事实上，基于假设 12.1 我们可以考虑某个常值矩阵 $\boldsymbol{K}_c^i$，使得 $\boldsymbol{A}-q\boldsymbol{K}_c^i\boldsymbol{H}^i$ 对所有 $i=0,1,\cdots,n$ 是稳定的。其相应的估计误差协方差为

$$\boldsymbol{P}^c(k+1)=\bar{\Gamma}^c(k)\boldsymbol{P}^c(k)\bar{\Gamma}^{c\mathrm{T}}(k)+E\{\boldsymbol{W}^c(k)\boldsymbol{W}^{c\mathrm{T}}(k)\}$$

其中 $\bar{\Gamma}^c(k)=\boldsymbol{I}_n\otimes\boldsymbol{A}-\varepsilon q\boldsymbol{L}\otimes\boldsymbol{A}-q\cdot\operatorname{diag}\{\boldsymbol{K}_c^i(k)\boldsymbol{H}^i\}$，且 $\boldsymbol{W}^c(k)=\operatorname{diag}\{\boldsymbol{K}_c^i\boldsymbol{H}^i\}\boldsymbol{v}_k-\boldsymbol{I}_n\otimes\boldsymbol{\omega}(k)$。注意到，总能找到一个足够小的 ε，使得 $\rho(\bar{\Gamma}^c(k))<1$。根据引理 12.1，

$\boldsymbol{P}^c(k+1)$ 收敛到一个常值矩阵。因为式(12.11)给出的 $\boldsymbol{P}(k)$ 是与最优估计器相关的最小估计误差协方差,我们有 $\boldsymbol{P}^c(k)\geqslant \boldsymbol{P}(k)\geqslant 0$,这表明 $\boldsymbol{P}(k)$对于所有大的 k 是有界的。注意到

$$\bar{\Gamma}^c(k) < \boldsymbol{I}_{nm} - \varepsilon q \boldsymbol{L} \otimes \boldsymbol{A}$$

因为 $\boldsymbol{A}-q\boldsymbol{K}_c^i\boldsymbol{H}^i$ 是稳定的(见练习 12.2)。还得注意到图是强连通的,拉普拉斯矩阵 $\boldsymbol{L}$ 只有一个零特征值。所以 $\rho(\bar{\Gamma}^c(k))<1$ 的充分条件是

$$\| \boldsymbol{I}_{nm} - \varepsilon q \boldsymbol{L} \otimes \boldsymbol{A} \|_2 < 1$$

据此,ε 的上界,表示为 $\bar{\varepsilon}$,可以通过求解引理中的优化问题得到。

引理 12.3 如果$(\boldsymbol{A},\boldsymbol{B})$稳定,则下面方程的解有上界

$$\boldsymbol{P}^e(k+1) = \boldsymbol{A}\boldsymbol{P}^e(k)\boldsymbol{A}^{\mathrm{T}} + \boldsymbol{B}\boldsymbol{P}^e(k)\boldsymbol{B}^{\mathrm{T}} + \boldsymbol{Q} + \Delta\boldsymbol{P}(k)$$

这是因为 $\boldsymbol{P}(k)$ 对所有大的 k 是有界的,总存在足够小的 $\varepsilon>0$,对于某常值 $\kappa>0$,有 $\|\Delta\boldsymbol{P}(k)\|<\kappa$ 且 $\boldsymbol{Q}-\kappa\boldsymbol{I}_m>0$。定义一个辅助方程:

$$\boldsymbol{P}(k+1) = \boldsymbol{A}\boldsymbol{P}(k)\boldsymbol{A}^{\mathrm{T}} + \boldsymbol{B}\boldsymbol{P}(k)\boldsymbol{B}^{\mathrm{T}} + \boldsymbol{Q} + \kappa\boldsymbol{I}_m \tag{12.14}$$

初始条件为 $\boldsymbol{P}^e(0)=\boldsymbol{P}(0)\geqslant 0$。则根据 $\|\Delta\boldsymbol{P}(k)\|<\kappa$,有

$$\boldsymbol{P}^e(1) < \boldsymbol{P}(1)$$

下面假设 $\boldsymbol{P}^e(k)<\boldsymbol{P}(k)$。则可以证明 $\boldsymbol{P}^e(k+1)<\boldsymbol{P}(k+1)$。所以在式(12.14)中 $\boldsymbol{P}^e(k)$ 收敛到唯一解 $\boldsymbol{P}\geqslant 0$。因此对所有 $k=0,1,\cdots$,$\boldsymbol{P}^e(k)$ 有界。

为了推导 $\boldsymbol{P}_i(k)$的上下界,我们定义一个代数黎卡提方程(Riccati equation):

$$\begin{aligned}\hat{\boldsymbol{P}}_i(k+1) = {} & \bar{\boldsymbol{F}}_i^{\kappa}(k)\hat{\boldsymbol{P}}_i(k)\bar{\boldsymbol{F}}_i^{\kappa\mathrm{T}}(k) + \\ & q(1-q)(\boldsymbol{K}^{i\kappa}(k)\boldsymbol{H}^i)\hat{\boldsymbol{P}}_i(k)(\boldsymbol{K}^{i\kappa}(k)\boldsymbol{H}^i)^{\mathrm{T}} + \\ & \boldsymbol{Q} + q\boldsymbol{K}^{i\kappa}(k)\boldsymbol{R}_i\boldsymbol{K}^{i\kappa\mathrm{T}} + \kappa\boldsymbol{I}_m\end{aligned}$$

其中

$$\bar{\boldsymbol{F}}_i^{\kappa}(k) = \boldsymbol{A} - q\boldsymbol{K}^{i\kappa}(k)\boldsymbol{H}^i$$

$$\boldsymbol{K}^{i\kappa}(k) = q\boldsymbol{A}\{\hat{\boldsymbol{P}}_i(k) + q\varepsilon\sum_{s\in N_i}[\hat{\boldsymbol{P}}_{i,s}(k) - \hat{\boldsymbol{P}}_i(k)]\}\boldsymbol{H}^{i\mathrm{T}}\boldsymbol{M}_i^{-1}(k)$$

然后根据类似的论证,我们可以证明上面的方程收敛到一个极限值$\hat{\boldsymbol{P}}_i$。因此,可以得到下面的方程有唯一解 $\breve{\boldsymbol{P}}_i$:

$$\begin{aligned}\breve{\boldsymbol{P}}_i(k+1) = {} & \bar{\boldsymbol{F}}_i^{\kappa}(k)\breve{\boldsymbol{P}}_i(k)\bar{\boldsymbol{F}}_i^{\kappa\mathrm{T}}(k) + \\ & q(1-q)(\boldsymbol{K}^{i\kappa}(k)\boldsymbol{H}^i)\breve{\boldsymbol{P}}_i(k)(\boldsymbol{K}^{i\kappa}(k)\boldsymbol{H}^i)^{\mathrm{T}} + \\ & \boldsymbol{Q} + q\boldsymbol{K}^{i\kappa}(k)\mathbf{R}^i\boldsymbol{K}^{i\kappa\mathrm{T}} - \kappa\boldsymbol{I}_m\end{aligned}$$

我们现在可以得到下面的主要结果。

定理 12.1　对于同样的初始值 $\boldsymbol{P}_i(0)=\hat{\boldsymbol{P}}_i(0)=\breve{\boldsymbol{P}}_i(0)$，令第 i 个节点 N_i 的所有邻近传感器 j，有 $\boldsymbol{P}_{i,j}(0)=\hat{\boldsymbol{P}}_{i,j}(0)=\breve{\boldsymbol{P}}_{i,j}(0)$，则对于所有大的 k，在假设 12.1、假设 12.2 下，式(12.11)中的矩阵 $\boldsymbol{P}_i(k)$ 以 $\hat{\boldsymbol{P}}_i$ 为上界，以 $\breve{\boldsymbol{P}}_i$ 为下界。

为了证明该定理，回顾引理 12.2 的证明，$(\boldsymbol{A}-q\boldsymbol{K}_c^i\boldsymbol{H}^i,-\boldsymbol{K}_c^i\boldsymbol{H}^i)$ 是均方稳定的。根据引理 12.3，估计误差协方差为

$$\begin{aligned}\boldsymbol{P}_i^c(k+1)=&\bar{\boldsymbol{F}}_i(k)\boldsymbol{P}_i^c(k)\bar{\boldsymbol{F}}_i^{\mathrm{T}}(k)+\boldsymbol{Q}+q\boldsymbol{K}_i^c\boldsymbol{R}_i\boldsymbol{K}_i^{c\mathrm{T}}+\\&q(1-q)(\boldsymbol{K}_i^c\boldsymbol{H}^i)\boldsymbol{P}_i^c(k)(\boldsymbol{K}_i^c\boldsymbol{H}^i)^{\mathrm{T}}+\Delta\boldsymbol{P}(k)\end{aligned}$$

这是有界的。因为 $\boldsymbol{P}(k)$ 是与最优估计相关的最小估计误差协方差，我们有 $\boldsymbol{P}_i^c(k)>\boldsymbol{P}_i(k)\geqslant 0$。因此，对所有 $i=0,1,\cdots,n$ 和 $k=0,1,\cdots$，$\boldsymbol{P}_i(k)$ 是有界的。

前面证明了 $\Delta\boldsymbol{P}(k)\leqslant\kappa\boldsymbol{I}_m$。基于同样的初始条件，容易证明 $\boldsymbol{P}_i(1)<\hat{\boldsymbol{P}}_i(1)$，对 $k,k-1,\cdots,1$ 假设 $\boldsymbol{P}_i(k)<\hat{\boldsymbol{P}}_i(k)$。则

$$\begin{aligned}\hat{\boldsymbol{P}}_i(k+1)=&\bar{\boldsymbol{F}}_i^{\kappa}(k)\hat{\boldsymbol{P}}_i(k)\bar{\boldsymbol{F}}_i^{\kappa\mathrm{T}}(k)+\boldsymbol{Q}+q\boldsymbol{K}^{i\kappa}(k)\boldsymbol{R}_i\boldsymbol{K}^{i\kappa\mathrm{T}}(k)+\\&q(1-q)(\boldsymbol{K}^{i\kappa}(k)\boldsymbol{H}^i)\hat{\boldsymbol{P}}_i(k)(\boldsymbol{K}^{i\kappa}(k)\boldsymbol{H}^i)^{\mathrm{T}}+\kappa\boldsymbol{I}_m\\\geqslant&\bar{\boldsymbol{F}}_i^{\kappa}(k)\boldsymbol{P}_i(k)\bar{\boldsymbol{F}}_i^{\kappa\mathrm{T}}(k)+\boldsymbol{Q}+q\boldsymbol{K}^{i\kappa}(k)\boldsymbol{R}_i\boldsymbol{K}^{i\kappa\mathrm{T}}(k)+\\&q(1-q)(\boldsymbol{K}^{i\kappa}(k)\boldsymbol{H}^i)\boldsymbol{P}_i(k)(\boldsymbol{K}^{i\kappa}(k)\boldsymbol{H}^i)^{\mathrm{T}}+\kappa\boldsymbol{I}_m\\\geqslant&\bar{\boldsymbol{F}}_i(k)\boldsymbol{P}_i(k)\bar{\boldsymbol{F}}_i^{\mathrm{T}}(k)+\boldsymbol{Q}+q\boldsymbol{K}^i(k)\boldsymbol{R}_i\boldsymbol{K}^{i\mathrm{T}}(k)+\\&q(1-q)(\boldsymbol{K}^i(k)\boldsymbol{H}^i)\boldsymbol{P}_i(k)(\boldsymbol{K}^i(k)\boldsymbol{H}^i)^{\mathrm{T}}+\kappa\boldsymbol{I}_m\\\geqslant&\bar{\boldsymbol{F}}_i(k)\boldsymbol{P}_i(k)\bar{\boldsymbol{F}}_i^{\mathrm{T}}(k)+\boldsymbol{Q}+q\boldsymbol{K}^i(k)\boldsymbol{R}_i\boldsymbol{K}^{i\mathrm{T}}(k)+\\&q(1-q)(\boldsymbol{K}^i(k)\boldsymbol{H}^i)\boldsymbol{P}_i(k)(\boldsymbol{K}^i(k)\boldsymbol{H}^i)^{\mathrm{T}}+\Delta\boldsymbol{P}(k)\\=&\boldsymbol{P}_i(k+1)\end{aligned}$$

因此，对所有大的 k，$\boldsymbol{P}_i(k)$ 以 $\hat{\boldsymbol{P}}_i$ 为上界。注意到式(12.11)相当于

$$\boldsymbol{P}_i(k+1)=\boldsymbol{A}\boldsymbol{P}_i(k)\boldsymbol{A}^{\mathrm{T}}+\boldsymbol{Q}-\boldsymbol{K}^i(k)\boldsymbol{M}_i(k)\boldsymbol{K}^i(k)+\Delta\boldsymbol{P}(k)$$

此外，通过比较上式和式(12.8)的每一项，我们发现，如果 $\sum_{s\in N_i}[\boldsymbol{P}_i(k)-\boldsymbol{P}_{i,s}(k)]>0$ [①]，则可以得到 $\Delta\boldsymbol{P}(k)<0$。因此，通过与推导上界类似的论证，我们可以得到下界 $\breve{\boldsymbol{P}}_i$，$i=0,1,\cdots,n$。

---

① 原著为：$\sum_{S\in N_i}\boldsymbol{P}_i(k)-\boldsymbol{P}_{i,s}(k)>0$。

12.4 仿真算例

考虑一个传感器个数为 $n=30$ 的无线传感器网络,其最大度为 $\Delta=17$。离散时间系统和传感器参数为①

$$\boldsymbol{A}=\begin{bmatrix}1.01 & 0\\ 0 & 1.01\end{bmatrix},\quad \boldsymbol{Q}=\begin{bmatrix}2 & 0\\ 0 & 2\end{bmatrix}$$

$$\boldsymbol{H}^i=\begin{bmatrix}2\delta_i & 0\\ 0 & 2\delta_i\end{bmatrix},\quad \boldsymbol{R}_i=\begin{bmatrix}2\nu_i & 0\\ 0 & 2\nu_i\end{bmatrix}$$

对所有 $i=0,1,\cdots,n$,有 $\delta_i,\nu_i\in(0,1]$。我们选择一个无向网络拓扑 G 来描述该网络,该网络的拉普拉斯矩阵 L 的第二个(最小非零)特征值 $\lambda_2(L)=1.2483$。还有,对于激活因子 $\gamma_i(k)$,我们考虑 $Pr\{\gamma_k^i=1\}=0.9$,$\Pr\{\gamma_k^i=0\}=0.1$。最后,我们设 $\varepsilon=0.01$。

如图 12.1 所示,所有传感器都能够跟踪不稳定目标系统(12.1)的状态。更进一步,图 12.2 说明对所有 $i=1,2,\cdots,30$,当 $k\to\infty$ 时 $P_i(k)$ 确实能够收敛。

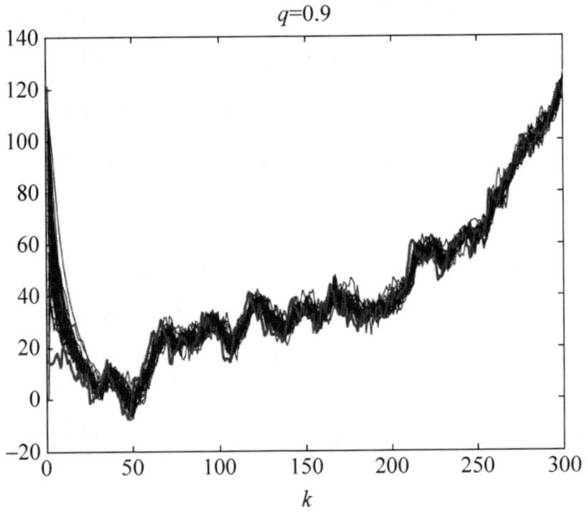

图 12.1 通过传感器跟踪不稳定目标的状态

① 原著中为 $\boldsymbol{R}_i=\begin{bmatrix}v_i & 0\\ 0 & 2v_i\end{bmatrix}$。

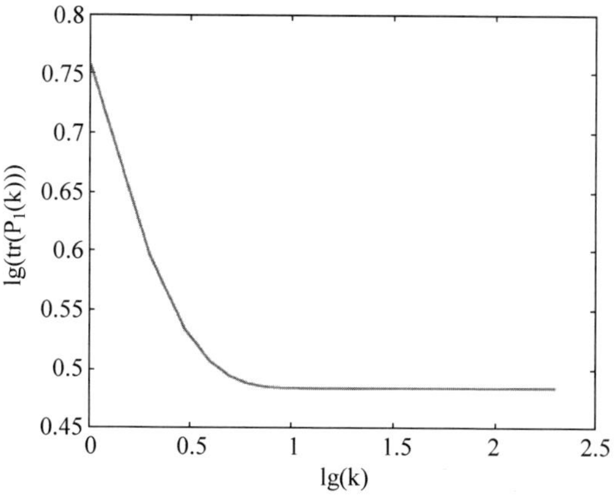

图 12.2 协方差矩阵的收敛

练习

12.1 证明引理 12.1.

12.2 通过验证其中的关键推导,完成引理 12.2 的证明。

第 13 章

附 录

这本教科书的目的是给出卡尔曼滤波理论基本但严密的介绍，同时简单涉及它的一些实时应用。全书没有期望覆盖该理论的所有基本原理，并且只包含了很有限的一些应用。在参考文献中有介绍不同应用的很多著作，包括 Anderson 和 Moore(1979)，Balakrishnan(1984，1987)，Brammer 和 Sifflin (1989)，Catlin(1989)，Chen(1985)，Chen，Chen and Hsu(1995)，Goodwin 和 Sin(1984)，Haykin(1986)，Lewis(1986)，Mendel(1987)，Ruymgaart 和 Soong (1985，1989)，Sorenson(1985)，Stengel(1986)，和 Young(1984)。遗憾的是，在我们的详细介绍过程中，不得不忽略许多重要的主题。这一章将简要地介绍其中的一些主题，感兴趣的读者可以根据本书提供的参考文献进一步学习和研究。

13.1 卡尔曼平滑器

假设数据信息是在某一离散时间区间$\{1,2,\cdots,N\}$上获得的。对于任意满足 $1\leqslant K<N$ 的 K，使用该时间区间上的所有数据信息(例如，过去的、现在的和将来的所有信息都使用)的状态向量 $\boldsymbol{x}_K$ 的最优估计$\hat{\boldsymbol{x}}_{K|N}$，称为是 $\boldsymbol{x}_K$ 的一个(数字)平滑估计(对照第 2 章定义 2.1)。虽然该平滑问题稍微不同于本书中考虑的实时估计问题，但是仍有许多实际的应用。一个典型的应用就是对卫星轨道的确定，其中卫星轨道的估计允许在某个确定的时间周期之后进行。更精确地，

C. K. Chui and G. Chen，Kalman Filtering，DOI 10.1007/978-3-319-47612-4_1

考虑下面的具有固定终点时间 N 的线性确定/随机系统：

$$\begin{cases}\boldsymbol{x}_{k+1}=\boldsymbol{A}_k\boldsymbol{x}_k+\boldsymbol{B}_k\boldsymbol{u}_k+\boldsymbol{\Gamma}_k\boldsymbol{\xi}_k\\ \boldsymbol{v}_k=\boldsymbol{C}_k\boldsymbol{x}_k+\boldsymbol{D}_k\boldsymbol{u}_k+\boldsymbol{\eta}_k\end{cases}$$

式中 $1\leqslant k<N$。这里假设对于所有 k，$\boldsymbol{\xi}_k$ 的方差矩阵 $\boldsymbol{Q}_k$ 都是正定的（对照第2章和第3章，其中 $\boldsymbol{Q}_k$ 只假设为非负定）。

卡尔曼滤波过程被用来寻找最优平滑估计 $\hat{\boldsymbol{x}}_{K|N}$，其中"最优"仍是最小方差意义下的。首先，定义利用数据信息 $\{\boldsymbol{v}_1,\cdots,\boldsymbol{v}_K\}$ 的常规卡尔曼滤波估计 $\hat{\boldsymbol{x}}_{K|K}$ 为 $\hat{\boldsymbol{x}}_K^f$，上标 f 表示该估计是一个前向（forward）过程。类似的，定义 $\hat{\boldsymbol{x}}_K^b=\hat{\boldsymbol{x}}_{K|K+1}$ 为利用数据信息 $\{\boldsymbol{v}_{K+1},\cdots,\boldsymbol{v}_N\}$ 估计状态向量 $\boldsymbol{x}_K$ 时所获得的后向（backward）最优预测。然后，通过利用时间区间 $\{1,2,\cdots,N\}$ 上的所有数据信息得到最优平滑估计 $\hat{\boldsymbol{x}}_{K|N}$（常称为卡尔曼平滑估计）（更详细的介绍见 Lewis（1986）和 Balakrishnan(1984,1987))：

$$\begin{cases}\boldsymbol{G}_K=\boldsymbol{P}_K^f\boldsymbol{P}_K^b\,(\boldsymbol{I}+\boldsymbol{P}_K^f\boldsymbol{P}_K^b)^{-1}\\ \boldsymbol{P}_K=(\boldsymbol{I}-\boldsymbol{G}_K)\boldsymbol{P}_K^f\\ \hat{\boldsymbol{x}}_{K|N}=(\boldsymbol{I}-\boldsymbol{G}_K)\,\hat{\boldsymbol{x}}_K^f+\boldsymbol{P}_K\,\hat{\boldsymbol{x}}_K^b\end{cases}$$

式中，$\boldsymbol{P}_K^f$、$\hat{\boldsymbol{x}}_K^f$ 和 $\boldsymbol{P}_K^b$、$\hat{\boldsymbol{x}}_K^b$ 分别利用下面的方法递推计算：

$$\begin{cases}\boldsymbol{P}_0^f=\mathrm{Var}(\boldsymbol{x}_0)\\ \boldsymbol{P}_{k,k-1}^f=\boldsymbol{A}_{k-1}\boldsymbol{P}_{k-1}^f\boldsymbol{A}_{k-1}^{\mathrm{T}}+\boldsymbol{\Gamma}_{k-1}\boldsymbol{Q}_{k-1}\boldsymbol{\Gamma}_{k-1}^{\mathrm{T}}\\ \boldsymbol{G}_k^f=\boldsymbol{P}_{k,k-1}^f\boldsymbol{C}_k^{\mathrm{T}}\,(\boldsymbol{C}_k\boldsymbol{P}_{k,k-1}^f\boldsymbol{C}_k^{\mathrm{T}}+\boldsymbol{R}_k)^{-1}\\ \boldsymbol{P}_k^f=(\boldsymbol{I}-\boldsymbol{G}_k^f\boldsymbol{C}_k)\boldsymbol{P}_{k,k-1}^f\\ \hat{\boldsymbol{x}}_0^f=E(\boldsymbol{x}_0)\\ \hat{\boldsymbol{x}}_k^f=\boldsymbol{A}_{k-1}\,\hat{\boldsymbol{x}}_{k-1}^f+\boldsymbol{B}_{k-1}\boldsymbol{u}_{k-1}+\boldsymbol{G}_k^f(\boldsymbol{v}_k-\boldsymbol{C}_k\boldsymbol{A}_{k-1}\,\hat{\boldsymbol{x}}_{k-1}^f-\boldsymbol{D}_k\boldsymbol{u}_{k-1})\\ k=1,2,\cdots,K\end{cases}$$

及

$$\begin{cases}\boldsymbol{P}_N^b=\boldsymbol{0}\\ \boldsymbol{P}_{k+1,N}^b=\boldsymbol{P}_{k+1}^b+\boldsymbol{C}_{k+1}^{\mathrm{T}}\boldsymbol{R}_{k+1}^{-1}\boldsymbol{C}_{k+1}\\ \boldsymbol{G}_k^b=\boldsymbol{P}_{k+1,N}^b\boldsymbol{\Gamma}_{k+1}^{\mathrm{T}}(\boldsymbol{\Gamma}_{k+1}+\boldsymbol{P}_{k+1,N}^b\boldsymbol{\Gamma}_{k+1}^{\mathrm{T}}+\boldsymbol{Q}_{k+1}^{-1})^{-1}\\ \boldsymbol{P}_k^b=\boldsymbol{A}_{k+1}^{\mathrm{T}}(\boldsymbol{I}-\boldsymbol{G}_k^b\boldsymbol{\Gamma}_{k+1}^{\mathrm{T}})\boldsymbol{P}_{k,N}^b\boldsymbol{A}_{k+1}\\ \hat{\boldsymbol{x}}_N^b=\boldsymbol{0}\\ \hat{\boldsymbol{x}}_k^b=\boldsymbol{A}_{k+1}^{\mathrm{T}}(\boldsymbol{I}-\boldsymbol{G}_k^b\boldsymbol{\Gamma}_{k+1}^{\mathrm{T}})\{\hat{\boldsymbol{x}}_{k+1}^b+\boldsymbol{C}_{k+1}^{\mathrm{T}}\boldsymbol{R}_{k+1}^{-1}\boldsymbol{v}_{k+1}-(\boldsymbol{C}_{k+1}^{\mathrm{T}}\boldsymbol{R}_{k+1}^{-1}\boldsymbol{D}_{k+1}+\boldsymbol{P}_{k+1,N}^b\boldsymbol{B}_{k+1})\boldsymbol{u}_{k+1}\}\\ k=N-1,N-2,\cdots,K\end{cases}$$

13.2 α-β-γ-θ 跟踪器

考虑一个用状态空间表示的、以有色噪声为输入的线性时不变随机系统：

$$\begin{cases} \boldsymbol{x}_{k+1} = \boldsymbol{A}\boldsymbol{x}_k + \boldsymbol{\Gamma}\underline{\boldsymbol{\xi}}_k \\ \boldsymbol{v}_k = \boldsymbol{C}\boldsymbol{x}_k + \underline{\boldsymbol{\eta}}_k \end{cases}$$

式中 $\boldsymbol{A}$、$\boldsymbol{C}$、$\boldsymbol{\Gamma}$ 分别是 $n\times n$、$q\times n$、$n\times p$ 阶常值矩阵，$1\leqslant p$、$q\leqslant n$，且

$$\begin{cases} \underline{\boldsymbol{\xi}}_k = \boldsymbol{M}\underline{\boldsymbol{\xi}}_{k-1} + \underline{\boldsymbol{\beta}}_k \\ \underline{\boldsymbol{\eta}}_k = \boldsymbol{N}\underline{\boldsymbol{\eta}}_{k-1} + \underline{\boldsymbol{\gamma}}_k \end{cases}$$

其中 $\boldsymbol{M}$ 和 $\boldsymbol{N}$ 是常值矩阵，$\{\underline{\boldsymbol{\beta}}_k\}$ 和 $\{\underline{\boldsymbol{\gamma}}_k\}$ 是独立的高斯白噪声序列，且满足

$$E(\underline{\boldsymbol{\beta}}_k\underline{\boldsymbol{\beta}}_l^{\mathrm{T}}) = \boldsymbol{Q}\delta_{kl},\quad E(\underline{\boldsymbol{\gamma}}_k\underline{\boldsymbol{\gamma}}_l^{\mathrm{T}}) = \boldsymbol{R}\delta_{kl},\quad E(\underline{\boldsymbol{\beta}}_k\underline{\boldsymbol{\gamma}}_l^{\mathrm{T}}) = \boldsymbol{0}$$

$$E(\boldsymbol{x}_0\underline{\boldsymbol{\beta}}_k^{\mathrm{T}}) = \boldsymbol{0},\quad E(\boldsymbol{x}_0\underline{\boldsymbol{\gamma}}_k^{\mathrm{T}}) = \boldsymbol{0},\quad \underline{\boldsymbol{\xi}}_{-1} = \underline{\boldsymbol{\eta}}_{-1} = \boldsymbol{0}$$

针对该系统的 α-β-γ-θ 跟踪器，定义为下面的算法：

$$\begin{cases} \check{\boldsymbol{X}}_k = \begin{bmatrix} \boldsymbol{A} & \boldsymbol{I} & \boldsymbol{0} \\ \boldsymbol{0} & \boldsymbol{M} & \boldsymbol{0} \\ \boldsymbol{0} & \boldsymbol{0} & \boldsymbol{N} \end{bmatrix}\check{\boldsymbol{X}}_{k-1} + \begin{bmatrix} \alpha \\ \beta \\ \gamma \\ \theta \end{bmatrix}\left[\boldsymbol{v}_k - [\boldsymbol{C} \quad \boldsymbol{0} \quad \boldsymbol{I}]\begin{bmatrix} \boldsymbol{A} & \boldsymbol{I} & \boldsymbol{0} \\ \boldsymbol{0} & \boldsymbol{M} & \boldsymbol{0} \\ \boldsymbol{0} & \boldsymbol{0} & \boldsymbol{N} \end{bmatrix}\check{\boldsymbol{X}}_{k-1}\right] \\ \check{\boldsymbol{X}}_0 = \begin{bmatrix} E(\boldsymbol{x}_0) \\ \boldsymbol{0} \\ \boldsymbol{0} \end{bmatrix} \end{cases}$$

式中 α、β、γ、θ 是确定的常值，且 $\boldsymbol{X}_k := [\boldsymbol{x}_k^{\mathrm{T}}\ \underline{\boldsymbol{\xi}}_k^{\mathrm{T}}\ \underline{\boldsymbol{\eta}}_k^{\mathrm{T}}]^{\mathrm{T}}$。

对于9.2节讨论的包含有色量测噪声输入的实时跟踪系统，参数为

$$\boldsymbol{A} = \begin{bmatrix} 1 & h & h^2/2 \\ 0 & 1 & h \\ 0 & 0 & 1 \end{bmatrix}$$

$$\boldsymbol{C} = [1 \quad 0 \quad 0]$$

$$\boldsymbol{\Gamma} = \boldsymbol{I}_3$$

$$\boldsymbol{Q} = \begin{bmatrix} \sigma_p & 0 & 0 \\ 0 & \sigma_v & 0 \\ 0 & 0 & \sigma_a \end{bmatrix}$$

$$R=[\sigma_m]>0$$
$$M=0$$
$$N=[r]>0$$

其中 $h>0$ 是采样时间，当且仅当下面的条件满足时，该 α-β-γ-θ 跟踪器是(近似最优)极限卡尔曼滤波：$\sigma_a>0$，且

(1) $\gamma(2\alpha+2\beta+\gamma)>0$

(2) $\alpha(r-1)(r-1-r\theta)+r\beta\theta-r(r+1)\gamma\theta/2(r-1)>0$

(3) $(4\alpha+\beta)(\beta+\gamma)+3(\beta^2-2\alpha\gamma)-4\gamma(r-1-\gamma\theta)/(r-1)\geqslant 0$

(4) $\gamma(\beta+\gamma)\geqslant 0$

(5) $\alpha(r+1)(r-1+r\theta)+r(r+1)\beta\theta/(r-1)+r\gamma(r+1)^2/2(r-1)^2-r^2+1\geqslant 0$

(6) $\sigma_v/\sigma_a=(\beta^2-2\alpha\gamma)/2h^2\gamma^2$

(7) $\sigma_p/\sigma_a=[\alpha(2\alpha+2\beta+\gamma)-4\beta(r-1-r\theta)/(r-1)-4r\gamma\theta/(r-1)^2]h^4/(2\gamma^2)$

(8) $\sigma_m/\sigma_a=[\alpha(r+1)(r-1+r\theta)+1-r^2+r^2\theta^2+r(r+1)\beta\theta/(r-1)+r\gamma(r+1)^2/2(r-1)^2]h^4/\gamma^2$

(9) 矩阵$[p_{ij}]_{4\times 4}$是非负定对称的，其中：

$$p_{11}=\frac{1}{r-1}\left[\alpha(r-1-r\theta)+\frac{r\beta\theta}{r-1}-\frac{r\gamma\theta(r+1)}{2(r-1)^2}\right]$$

$$p_{12}=\frac{1}{r-1}\left[\beta(r-1-r\theta)+\frac{r\gamma\theta}{r-1}\right]$$

$$p_{13}=\frac{1}{r-1}\gamma(r-1-r\theta)$$

$$p_{14}=\frac{r\theta}{r-1}\left[\alpha-\frac{\beta}{r-1}+\frac{\gamma(r+1)}{2(r-1)^2}\right]$$

$$p_{22}=\frac{1}{4}(4\alpha+\beta)(\beta+\gamma)+\frac{3}{4}(\beta^2-2\alpha\gamma)-\frac{\gamma(r-1-r\theta)}{r-1}$$

$$p_{23}=\gamma(\alpha+\beta/2)$$

$$p_{24}=\frac{r\theta}{r-1}(\beta-\gamma/(r-1))$$

$$p_{33}=\gamma(\beta+\gamma)$$

$$p_{34}=r\gamma\theta/(r-1)$$

$$p_{44}=\frac{1}{1-r^2}\left[\alpha(r+1)(r+r\theta-1)+\frac{r\beta\theta(r+1)}{r-1}+\frac{r\gamma(r+1)^2}{2(r-1)^2}+1-r^2\right]$$

特别地，如果 $N=0$，也就是说，只考虑白噪声输入，则上面的条件简化为定理 9.1 描述的情况。

最后,通过定义 $\boldsymbol{x}_k:=[x_k \quad \dot{x}_k \quad \ddot{x}_k \quad w_k]^{\mathrm{T}}$,并应用 z-变换,α-β-γ-θ 跟踪器可以分解为下面的(解耦)递推方程:

(1) $x_k=a_1x_{k-1}+a_2x_{k-2}+a_3x_{k-3}+a_4x_{k-4}+\alpha v_k+$
$(-2\alpha-r\alpha+\beta+\gamma/2)v_{k-1}+(\alpha-\beta+\gamma/2)+r(2\alpha-\beta-\gamma/2)v_{k-2}-$
$r(\alpha-\beta+\gamma/2)v_{k-3}$

(2) $\dot{x}_k=a_1\dot{x}_{k-1}+a_2\dot{x}_{k-2}+a_3\dot{x}_{k-3}+a_4\dot{x}_{k-4}+(1/h)\{\beta v_k-$
$[(2+r)\beta-\gamma]v_{k-1}+[\beta-\gamma+r(2\beta-\gamma)]v_{k-2}-r(\beta-\gamma)v_{k-3}\}$

(3) $\ddot{x}_k=a_1\ddot{x}_{k-1}+a_2\ddot{x}_{k-2}+a_3\ddot{x}_{k-3}+\ddot{x}_{k-4}+(\gamma/h^2)[v_k-(2+\gamma)v_{k-1}+$
$(1+2r)v_{k-2}-rv_{k-3}]$

(4) $w_k=a_1w_{k-1}+a_2w_{k-2}+a_3w_{k-3}+a_4w_{k-4}+\theta(v_k-3v_{k-1}+3v_{k-2}-v_{k-3})$

初始条件为 x_{-1}、$\dot{x}_{-1}$、$\ddot{x}_{-1}$和 w_{-1},其中:

$$\begin{cases}a_1=-\alpha-\beta-\gamma/2+r(\theta-1)+3\\a_2=2\alpha+\beta-\gamma/2+r(\alpha+\beta+\gamma/2+3\theta-3)-3\\a_3=-\alpha+r(-2\alpha-\beta+\gamma/2-3\theta+3)+1\\a_4=r(\alpha+\theta-1)\end{cases}$$

注意上面的解耦公式包含了 9.2 节得到的白噪声输入结果。此方法可以工作得很好,尽管滤波器只具有近似最优性。更详细的介绍见 Chen 和 Chui(1986)和 Chui(1984)。

13.3 自适应卡尔曼滤波

考虑线性随机状态空间模型:

$$\begin{cases}\boldsymbol{x}_{k+1}=\boldsymbol{A}_k\boldsymbol{x}_k+\boldsymbol{\Gamma}_k\underline{\boldsymbol{\xi}}_k\\\boldsymbol{v}_k=\boldsymbol{C}_k\boldsymbol{x}_k+\underline{\boldsymbol{\eta}}_k\end{cases}$$

式中$\{\underline{\boldsymbol{\xi}}_k\}$和$\{\underline{\boldsymbol{\eta}}_k\}$是不相关的零均值高斯白噪声序列,且有 $\mathrm{Var}(\underline{\boldsymbol{\xi}}_k)=\boldsymbol{Q}_k$ 和 $\mathrm{Var}(\underline{\boldsymbol{\eta}}_k)=\boldsymbol{R}_k$。然后假设每一个 $\boldsymbol{R}_k$ 是正定的,所有的矩阵 $\boldsymbol{A}_k$、$\boldsymbol{C}_k$、$\boldsymbol{\Gamma}_k$、$\boldsymbol{Q}_k$ 和 $\boldsymbol{R}_k$,以及初始条件 $E(\boldsymbol{x}_0)$和 $\mathrm{Var}(\boldsymbol{x}_0)$是已知的。第 2 章和第 3 章推导的卡尔曼滤波算法提供了一个实时估计状态向量 $\boldsymbol{x}_k$ 的非常有效的最优估计方案。事实上,该估计过程是如此的有效,以致选取的初始条件 $E(\boldsymbol{x}_0)$和(或)$\mathrm{Var}(\boldsymbol{x}_0)$非常差时,也能够在较短的时间内获得较理想的估计值。然而,如果不是所有的矩阵 $\boldsymbol{A}_k$、$\boldsymbol{C}_k$、$\boldsymbol{\Gamma}_k$、$\boldsymbol{Q}_k$ 和 $\boldsymbol{R}_k$ 都是已知值,滤波算法必须根据获得的数据$\{\boldsymbol{v}_k\}$实时改变自己,使得状态的最优估计依然能够像这些矩阵都已知时一样获得。这类算法称为自

适应算法，相应的滤波过程称为自适应卡尔曼滤波。如果 $\boldsymbol{Q}_k$ 和 $\boldsymbol{R}_k$ 是已知的，则自适应卡尔曼滤波器可以用来辨识系统矩阵和/或量测矩阵。当 $\boldsymbol{A}_k$、$\boldsymbol{C}_k$、$\boldsymbol{\Gamma}_k$ 的部分信息已知时，这个问题在第 8 章已经讨论过了。通常辨识问题是非常困难但又非常重要的[见 Aström 和 Eykhoff (1971)及 Mehra(1970,1972)] 。

现在来讨论 $\boldsymbol{A}_k$、$\boldsymbol{C}_k$、$\boldsymbol{\Gamma}_k$ 已经给出的情况。与估计状态一样估计噪声方差矩阵的自适应卡尔曼滤波算法，称为噪声自适应滤波器。虽然针对该问题有较多的算法[见 Aström 和 Eykhoff (1971), Jazwinski(1969)和 Mehra(1970, 1972)]，至今还没有从最优准则的角度推导的算法。为了简便，讨论 $\boldsymbol{A}_k$、$\boldsymbol{C}_k$、$\boldsymbol{\Gamma}_k$ 和 $\boldsymbol{Q}_k$ 都给定的情形，因此只有 $\boldsymbol{R}_k$ 需要估计。新息过程[见 Kailath(1970)和 Mehra(1970)]对此情形非常有效。从新获取的数据信息 $\boldsymbol{v}_k$ 和前一步获得的最优预测 $\hat{\boldsymbol{x}}_{k|k-1}$，新息序列定义为

$$\boldsymbol{z}_k := \boldsymbol{v}_k - \boldsymbol{C}_k \hat{\boldsymbol{x}}_{k|k-1}$$

显然

$$\boldsymbol{z}_k := \boldsymbol{C}_k(\hat{\boldsymbol{x}}_k - \hat{\boldsymbol{x}}_{k|k-1}) + \underline{\boldsymbol{\eta}}_k$$

实际上这是一个零均值白噪声序列。

对两边都取方差，有

$$\boldsymbol{S}_k := \mathrm{Var}(\boldsymbol{z}_k) = \boldsymbol{C}_k\boldsymbol{P}_{k,k-1}\boldsymbol{C}_k^{\mathrm{T}} + \boldsymbol{R}_k$$

这就可以得到 $\boldsymbol{R}_k$ 的估计，即

$$\hat{\boldsymbol{R}}_k = \hat{\boldsymbol{S}}_k - \boldsymbol{C}_k\boldsymbol{P}_{k,k-1}\boldsymbol{C}_k^{\mathrm{T}}$$

其中 $\hat{\boldsymbol{S}}_k$ 是 $\boldsymbol{S}_k$ 的统计采样方差

$$\hat{\boldsymbol{S}}_k = \frac{1}{k-1}\sum_{i=1}^{k}(\boldsymbol{z}_i - \bar{\boldsymbol{z}}_i)(\boldsymbol{z}_i - \bar{\boldsymbol{z}}_i)^{\mathrm{T}}$$

其中 $\bar{\boldsymbol{z}}_i$ 是统计采样的均值

$$\bar{\boldsymbol{z}}_i = \frac{1}{i}\sum_{j=1}^{i}\boldsymbol{z}_j$$

(例如，可参见 Stengel(1986))。

13.4 自适应卡尔曼滤波在维纳滤波中的应用

在数字信号处理和系统理论中，一个重要的问题是根据受噪声污染的输入/输出信息确定数字滤波器或线性系统的单位脉冲响应，具体例子见 Chui 和 Chen(1992)。更精确地，设 $\{u_k\}$、$\{v_k\}$ 分别是已知的输入、输出信号，$\{\eta_k\}$ 是未知的噪声序列。问题是从下面的关系中“识别”出系数序列 $\{h_k\}$：

$$v_k = \sum_{i=0}^{\infty} h_i u_{k-i} + \eta_k, \quad k = 0,1,\cdots$$

在维纳滤波器中,最优准则是确定序列$\{\hat{h}_k\}$。通过设

$$\hat{v}_k = \sum_{i=0}^{\infty} \hat{h}_i u_{k-i}$$

需要满足

$$\mathrm{Var}(v_k - \hat{v}_k) = \inf_{a_i}\left\{\mathrm{Var}(v_k - w_k): \quad w_k = \sum_{i=0}^{\infty} a_i u_{k-i}\right\}.$$

在$h_i=0(i>M)$的假设下,也就是,当考虑一个 FIR 系统,上面的问题可以改写为下面的状态空间描述形式。设

$$\boldsymbol{x} = [h_0 \quad h_1 \quad \cdots \quad h_M]^{\mathrm{T}}$$

是需要估计的状态向量。由于这是一个常值向量,可以写为

$$\boldsymbol{x}_{k+1} = \boldsymbol{x}_k = \boldsymbol{x}$$

另设$\boldsymbol{C}$是“观测矩阵”,定义为

$$\boldsymbol{C} = [u_0 \quad u_1 \quad \cdots \quad u_M]$$

然后输入/输出关系写为

$$\begin{cases} \boldsymbol{x}_{k+1} = \boldsymbol{x}_k \\ \boldsymbol{v}_k = \boldsymbol{C}\boldsymbol{x}_k + \eta_k \end{cases} \tag{a}$$

需要从数据信息$\{\boldsymbol{v}_0,\cdots,\boldsymbol{v}_k\}$中给出$\boldsymbol{x}_k$的最优估计$\hat{\boldsymbol{x}}_k$。当$\{\eta_k\}$是具有未知方差$R_k=\mathrm{Var}(\eta_k)$的零均值高斯白噪声序列时,该估计可以应用 13.3 节讨论的噪声自适应卡尔曼滤波完成。

对于 IIR 系统,由于相应的线性系统(a)为无限维,自适应卡尔曼滤波技术不能直接应用。

13.5 卡尔曼-布希滤波

这本书专门研究离散时间模型的卡尔曼滤波问题。下面将简单介绍连续时间模型问题,称为卡尔曼-布希滤波器。

考虑连续时间线性确定/随机系统:

$$\begin{cases} \mathrm{d}\boldsymbol{x}(t) = \boldsymbol{A}(t)\boldsymbol{x}(t)\mathrm{d}t + \boldsymbol{B}(t)\boldsymbol{u}(t)\mathrm{d}t + \boldsymbol{\Gamma}(t)\underline{\boldsymbol{\xi}}(t)\mathrm{d}t, \quad \boldsymbol{x}(0) = \boldsymbol{x}_0 \\ \mathrm{d}\boldsymbol{v}(t) = \boldsymbol{C}(t)\boldsymbol{x}(t)\mathrm{d}t + \underline{\boldsymbol{\eta}}(t)\mathrm{d}t \end{cases}$$

式中$0\leqslant t\leqslant T$。

状态向量 $\boldsymbol{x}(t)$ 是初值满足 $\boldsymbol{x}(0) \sim N(\boldsymbol{0},\boldsymbol{\Sigma}^2)$ 的随机 n 维向量，这里 $\boldsymbol{\Sigma}^2$ 或者至少它的一个估计是给定的；随机输入或噪声过程 $\underline{\boldsymbol{\xi}}(t)$ 和 $\underline{\boldsymbol{\eta}}(t)$ 分别是 p 维和 q 维 Weiner-Levy 向量，$1 \leqslant p, q \leqslant n$；观测 $\boldsymbol{v}(t)$ 是 q 维随机向量；$\boldsymbol{A}(t)$、$\boldsymbol{\Gamma}(t)$ 和 $\boldsymbol{C}(t)$ 是连续时间区间 $[0,T]$ 上 $n\times n$、$n\times p$ 和 $q\times n$ 阶确定性连续矩阵函数。

卡尔曼-布希滤波由下面的递推公式给出

$$\hat{\boldsymbol{x}}(t) = \int_0^{\mathrm{T}} \boldsymbol{P}(\tau)\boldsymbol{C}^{\mathrm{T}}(\tau)\boldsymbol{R}^{-1}(\tau)\mathrm{d}\boldsymbol{v}(\tau) + \int_0^{\mathrm{T}} [\boldsymbol{A}(\tau) - \boldsymbol{P}(\tau)\boldsymbol{C}^{\mathrm{T}}(\tau)\boldsymbol{R}^{-1}(\tau)\boldsymbol{C}(\tau)]\,\hat{\boldsymbol{x}}(\tau)\mathrm{d}(\tau) + \int_0^{\mathrm{T}} \boldsymbol{B}(\tau)\boldsymbol{u}(\tau)\mathrm{d}\tau$$

式中 $\boldsymbol{R}(t) = E\{\underline{\boldsymbol{\eta}}(t)\underline{\boldsymbol{\eta}}^{\mathrm{T}}(t)\}$，$\boldsymbol{P}(t)$ 满足 Riccati 方程

$$\begin{cases} \dot{\boldsymbol{P}}(t) = \boldsymbol{A}(t)\boldsymbol{P}(t) + \boldsymbol{P}(t)\boldsymbol{A}^{\mathrm{T}}(t) - \boldsymbol{P}(t)\boldsymbol{C}^{\mathrm{T}}(t)\boldsymbol{R}^{-1}(t)\boldsymbol{C}(t)\boldsymbol{P}(t) + \boldsymbol{\Gamma}(t)\boldsymbol{Q}(t)\boldsymbol{\Gamma}^{\mathrm{T}}(t) \\ \boldsymbol{P}(0) = \mathrm{Var}(\boldsymbol{x}_0) = \boldsymbol{\Sigma}^2 \end{cases}$$

其中 $\boldsymbol{Q}(t) = E\{\underline{\boldsymbol{\xi}}(t)\underline{\boldsymbol{\xi}}^{\mathrm{T}}(t)\}$。

想了解更多的细节，读者可以阅读原始文献 Kalman 和 Bucy(1961)，教材 Ruymgaart 和 Soong(1995)以及 Fleming 和 Rishel(1975)。

13.6 随机最优控制

关于确定性最优控制理论有大量的文献。关于该问题的简单讨论，读者可以查阅文献 Chui 和 Chen(1989)。随机最优控制的目标是处理受随机扰动影响的系统。一个典型的随机最优控制是线性调节器问题，它一直都受到广泛关注。我们将在本节讨论这一典型的问题。

系统和观测方程由线性确定性/随机微分方程给出：

$$\begin{cases} \mathrm{d}\boldsymbol{x}(t) = \boldsymbol{A}(t)\boldsymbol{x}(t)\mathrm{d}t + \boldsymbol{B}(t)\boldsymbol{u}(t)\mathrm{d}t + \boldsymbol{\Gamma}(t)\,\underline{\boldsymbol{\xi}}(t)\mathrm{d}t \\ \mathrm{d}\boldsymbol{v}(t) = \boldsymbol{C}(t)\boldsymbol{x}(t)\mathrm{d}t + \underline{\boldsymbol{\eta}}(t)\mathrm{d}t \end{cases}$$

式中 $0 \leqslant t \leqslant T$(见 13.5 节)，定义在一类控制函数 $\boldsymbol{u}(t)$ 上的将要最小化的损失函数为

$$F(\boldsymbol{u}) = E\left\{\int_0^{\mathrm{T}} [\boldsymbol{x}^{\mathrm{T}}(t)\boldsymbol{W}_x(t)\boldsymbol{x}(t) + \boldsymbol{u}^{\mathrm{T}}(t)\boldsymbol{W}_u(t)\boldsymbol{u}(t)]\mathrm{d}t\right\}$$

这里假设初始状态 $\boldsymbol{x}(0)$ 满足 $\boldsymbol{x}_0 \sim N(\boldsymbol{0},\boldsymbol{\Sigma}^2)$，$\boldsymbol{\Sigma}^2$ 是给定的，$\underline{\boldsymbol{\xi}}(t)$ 和 $\underline{\boldsymbol{\eta}}(t)$ 是不相关的高斯白噪声过程，并且独立于初始状态 $\boldsymbol{x}_0$。此外，对于 $0 \leqslant t \leqslant T$，数据

项$\boldsymbol{v}(t)$是已知的。$\boldsymbol{A}(t)$、$\boldsymbol{B}(t)$、$\boldsymbol{C}(t)$、$\boldsymbol{W}_x(t)$和$\boldsymbol{W}_u(t)$是已知的具有合适维数的确定矩阵，$\boldsymbol{W}_x(t)$是非负定对称矩阵，$\boldsymbol{W}_u(t)$是正定对称矩阵。通常，符合作为控制函数的$\boldsymbol{u}(t)$由定义在$[0,T]$上的向量值Borel可观测函数组成，范围是$\boldsymbol{R}^p$上的一个闭子集。

假设控制函数$\boldsymbol{u}(t)$借助观测数据取得了系统状态的部分信息，也就是$\boldsymbol{u}(t)$是数据$\boldsymbol{v}(t)$而不是状态$\boldsymbol{x}(t)$的一个线性函数。对于这样的线性调节问题，可以应用所谓的分离原理，这是随机最优控制理论中最有用的结果之一。该原理本质上是指上面的"部分观测"线性调节问题可以分解为两部分：第一部分是应用13.5节讨论的卡尔曼-布希滤波器解决一个系统状态的最优估计问题；第二部分是一个"完全可观测"线性调节问题，该问题的解可以通过一个线性反馈函数给出。更精确地，状态向量$\boldsymbol{x}(t)$的最优估计$\hat{\boldsymbol{x}}(t)$满足线性随机系统：

$$\begin{cases} \mathrm{d}\,\hat{\boldsymbol{x}}(t) = \boldsymbol{A}(t)\,\hat{\boldsymbol{x}}(t)\mathrm{d}t + \boldsymbol{B}(t)\boldsymbol{u}(t)\mathrm{d}t + \boldsymbol{P}(t)\boldsymbol{C}^{\mathrm{T}}(t)[\mathrm{d}\boldsymbol{v}(t) - \boldsymbol{R}^{-1}(t)\boldsymbol{C}(t)\,\hat{\boldsymbol{x}}(t)\mathrm{d}t] \\ \hat{\boldsymbol{x}}(0) = E(\boldsymbol{x}_0) \end{cases}$$

式中$\boldsymbol{R}(t)=E\{\underline{\boldsymbol{\eta}}(t)\underline{\boldsymbol{\eta}}^{\mathrm{T}}(t)\}$，$\boldsymbol{P}(t)$是下列矩阵Riccati方程的(唯一)解：

$$\begin{cases} \dot{\boldsymbol{P}}(t) = \boldsymbol{A}(t)\boldsymbol{P}(t) + \boldsymbol{P}(t)\boldsymbol{A}^{\mathrm{T}}(t) - \boldsymbol{P}(t)\boldsymbol{C}^{\mathrm{T}}(t)\boldsymbol{R}^{-1}(t)\boldsymbol{C}(t)\boldsymbol{P}(t) + \boldsymbol{\Gamma}(t)\boldsymbol{Q}(t)\boldsymbol{\Gamma}^{\mathrm{T}}(t) \\ \boldsymbol{P}(0) = \mathrm{Var}(\boldsymbol{x}_0) = \boldsymbol{\Sigma}^2 \end{cases}$$

其中$\boldsymbol{Q}(t)=E\{\underline{\boldsymbol{\xi}}(t)\underline{\boldsymbol{\xi}}^{\mathrm{T}}(t)\}$。

另一方面，最优控制函数$\boldsymbol{u}^*(t)$为

$$\boldsymbol{u}^*(t) = -\boldsymbol{R}^{-1}(t)\boldsymbol{B}^{\mathrm{T}}(t)\boldsymbol{K}(t)\,\hat{\boldsymbol{x}}(t)$$

式中$\boldsymbol{K}(t)$是下列矩阵Riccati方程的(唯一)解：

$$\begin{cases} \dot{\boldsymbol{K}}(t) = \boldsymbol{K}(t)\boldsymbol{B}(t)\boldsymbol{W}_u^{-1}(t)\boldsymbol{B}^{\mathrm{T}}(t)\boldsymbol{K}(t) - \boldsymbol{K}(t)\boldsymbol{A}(t) - \boldsymbol{A}^{\mathrm{T}}(t)\boldsymbol{K}(t) - \boldsymbol{W}_x(t) \\ \boldsymbol{K}(T) = 0 \end{cases}$$

其中$0\leqslant t\leqslant T$。

想了解更多的细节，读者可以阅读Wonham(1968)，Kushner(1971)，Fleming和Rishel(1975)，Davis(1977)，以及较新近的Chen，Chen和Hsu(1995)。

13.7 平方根滤波及其脉动阵列实现

平方根滤波算法由Potter(1963)首先提出，然后由Carlson(1973)改进，它给出了一种快速计算方案。由第7章可以看出，该算法需要计算矩阵$\boldsymbol{J}_{k,k}$、

$\boldsymbol{J}_{k,k-1}$和$\boldsymbol{G}_k$，其中

$$\boldsymbol{J}_{k,k}=\boldsymbol{J}_{k,k-1}[\boldsymbol{I}-\boldsymbol{J}_{k,k-1}^{\mathrm{T}}\boldsymbol{C}_k^{\mathrm{T}}(\boldsymbol{H}_k^{\mathrm{T}})^{-1}(\boldsymbol{H}_k+\boldsymbol{R}_k^c)^{-1}\boldsymbol{C}_k\boldsymbol{J}_{k,k-1}] \tag{a}$$

$\boldsymbol{J}_{k,k-1}$是下面矩阵的平方根：

$$[\boldsymbol{A}_{k-1}\boldsymbol{J}_{k-1,k-1}\quad \boldsymbol{\Gamma}_{k-1}\boldsymbol{Q}_{k-1}^{1/2}][\boldsymbol{A}_{k-1}\boldsymbol{J}_{k-1,k-1}\quad \boldsymbol{\Gamma}_{k-1}\boldsymbol{Q}_{k-1}^{1/2}]^{\mathrm{T}}$$

以及

$$\boldsymbol{G}_k=\boldsymbol{J}_{k,k-1}\boldsymbol{J}_{k,k-1}^{\mathrm{T}}\boldsymbol{C}_k^{\mathrm{T}}(\boldsymbol{H}_k^{\mathrm{T}})^{-1}\boldsymbol{H}_k^{-1}$$

其中，$\boldsymbol{J}_{k,k}=\boldsymbol{P}_{k,k-1}^{1/2}$、$\boldsymbol{J}_{k,k-1}=\boldsymbol{P}_{k,k-1}^{1/2}$，$\boldsymbol{H}_k=(\boldsymbol{C}_k\boldsymbol{P}_{k,k-1}\boldsymbol{C}_k^{\mathrm{T}}+\boldsymbol{R}_k)^c$，$\boldsymbol{M}^c$是矩阵$\boldsymbol{M}$的下三角矩阵形式的“平方根”，而不是$\boldsymbol{M}$是正定平方根$\boldsymbol{M}^{1/2}$(见引理7.1)。很明显，如果能够直接从$\boldsymbol{J}_{k,k-1}$计算$\boldsymbol{J}_{k,k}$(或者直接从$\boldsymbol{P}_{k,k-1}$计算$\boldsymbol{P}_{k,k}$)，而不使用公式(a)，该算法将更有效些。从这个角度出发，Bierman(1973，1977)改进了Carlson的方法，使用LU分解来给出下面的算法。

首先，考虑下面的分解

$$\boldsymbol{P}_{k,k-1}=\boldsymbol{U}_1\boldsymbol{D}_1\boldsymbol{U}_1^{\mathrm{T}},\quad \boldsymbol{P}_{k,k}=\boldsymbol{U}_2\boldsymbol{D}_2\boldsymbol{U}_2^{\mathrm{T}}$$

其中$\boldsymbol{U}_i$和$\boldsymbol{D}_i(i=1,2)$分别是上三角矩阵和对角矩阵，为了方便忽略了上标k。进一步，定义

$$\boldsymbol{D}:=\boldsymbol{D}_1-\boldsymbol{D}_1\boldsymbol{U}_1^{\mathrm{T}}\boldsymbol{C}_k^{\mathrm{T}}(\boldsymbol{H}_k^{\mathrm{T}})^{-1}(\boldsymbol{H}_k)^{-1}\boldsymbol{C}_k\boldsymbol{U}_1\boldsymbol{D}_1$$

并且分解$\boldsymbol{D}=\boldsymbol{U}_3\boldsymbol{D}_3\boldsymbol{U}_3^{\mathrm{T}}$，则有

$$\boldsymbol{U}_2=\boldsymbol{U}_1\boldsymbol{U}_3,\quad \boldsymbol{D}_2=\boldsymbol{D}_3$$

为了从$\{\boldsymbol{U}_1,\boldsymbol{D}_1\}$得到$\{\boldsymbol{U}_2,\boldsymbol{D}_2\}$，Bierman的算法需要$O(qn^2)$的算术操作，其中$n$和$q$分别是状态向量和观测向量的维数。Andrews(1981)通过使用并行处理技术，将操作减少为$O(nq\cdot\log n)$。最近，Jover和Kailath(1986)使用Schur互补技术并应用脉动阵列(见Kung(1982)，Mead和Conway(1980)和Kung(1985))进一步将操作减少为$O(n)$(更精确地说，近似为4n)。此外，需要的算术操作的数目从$O(n^2)$减少为$O(n)$。

该方案的基本思想可以简单地讨论如下：因为$\boldsymbol{P}_{k,k-1}$是非负定对称的，存在正交矩阵$\boldsymbol{M}_1$，使得

$$[\boldsymbol{A}_{k-1}\boldsymbol{P}_{k-1,k-1}^{1/2}\quad \boldsymbol{\Gamma}_{k-1}\boldsymbol{Q}_{k-1}^{1/2}]\boldsymbol{M}_1=[\boldsymbol{P}_{k-1,k-1}^{1/2}\quad \boldsymbol{0}] \tag{b}$$

考虑增广矩阵

$$\boldsymbol{A}:=\begin{bmatrix}\boldsymbol{H}_k\boldsymbol{H}_k^{\mathrm{T}} & \boldsymbol{C}_k\boldsymbol{P}_{k,k-1}\\ \boldsymbol{P}_{k,k-1}\boldsymbol{C}_k^{\mathrm{T}} & \boldsymbol{P}_{k,k-1}\end{bmatrix}$$

可以有以下两种分解：

$$\boldsymbol{A}=\begin{bmatrix}\boldsymbol{I} & \boldsymbol{C}_k\\ \boldsymbol{0} & \boldsymbol{I}\end{bmatrix}\begin{bmatrix}\boldsymbol{R}_k & \boldsymbol{0}\\ \boldsymbol{0} & \boldsymbol{P}_{k,k}\end{bmatrix}\begin{bmatrix}\boldsymbol{I} & \boldsymbol{0}\\ \boldsymbol{C}_k^{\mathrm{T}} & \boldsymbol{I}\end{bmatrix}$$

$$A = \begin{bmatrix} I & 0 \\ P_{k,k-1}C_k^{\mathrm{T}}(H_k^{\mathrm{T}})^{-1}(H_k)^{-1} & I \end{bmatrix} \begin{bmatrix} H_k H_k^{\mathrm{T}} & 0 \\ 0 & P_{k,k} \end{bmatrix} \begin{bmatrix} I & (H_k^{\mathrm{T}})^{-1}(H_k)^{-1}C_k P_{k,k-1} \\ 0 & I \end{bmatrix}$$

将分解的上三角平方根矩阵块放在左边,分解的下三角平方根矩阵块放在右边,另有一个正交矩阵 M_2,使得

$$\begin{bmatrix} R_k^{1/2} & C_k P_{k,k-1}^{1/2} \\ 0 & P_{k,k-1}^{1/2} \end{bmatrix} M_2 = \begin{bmatrix} H_k & 0 \\ P_{k,k-1}C_k^{\mathrm{T}}[(H_k^{\mathrm{T}})^{-1/2}(H_k)^{-1/2}]^{\mathrm{T}} & P_{k,k}^{1/2} \end{bmatrix} \tag{c}$$

使用LU分解,为了简便,省略上标 k,有

$$R_k = U_R D_R U_R^{\mathrm{T}}, \quad H_k H_k^{\mathrm{T}} = U_H D_H U_H^{\mathrm{T}}$$
$$P_{k,k-1} = U_1 D_1 U_1^{\mathrm{T}}, \quad P_{k,k} = U_2 D_2 U_2^{\mathrm{T}}$$

恒等式(c)可以写为

$$\begin{bmatrix} U_R & C_k U_1 \\ 0 & U_1 \end{bmatrix} \begin{bmatrix} D_R & 0 \\ 0 & D_1 \end{bmatrix}^{1/2} M_2 = \begin{bmatrix} U_H & 0 \\ P_{k,k-1}C_k^{\mathrm{T}}(H^{\mathrm{T}})^{-1}(H)^{-1}U_H & U_2 \end{bmatrix} \begin{bmatrix} D_H & 0 \\ 0 & D_2 \end{bmatrix}^{1/2}$$

又定义

$$M_3 = \begin{bmatrix} D_R & 0 \\ 0 & D_1 \end{bmatrix}^{1/2} M_2 \begin{bmatrix} D_H & 0 \\ 0 & D_2 \end{bmatrix}^{-1/2}$$

很明显,这是一个正交矩阵,于是有

$$\begin{bmatrix} U_R & C_k U_1 \\ 0 & U_1 \end{bmatrix} M_3 = \begin{bmatrix} U_H & 0 \\ P_{k,k-1}C_k^{\mathrm{T}}(H^{\mathrm{T}})^{-1}(H)^{-1}U_H & U_2 \end{bmatrix} \tag{d}$$

应用Kailath(1982)介绍的算法,M_3 可以分解为有限个基本矩阵的乘积,而不用平方根操作。所以,通过合适的应用脉动阵列,需要大约 $4n$ 的算术操作,$\{U_H, U_2\}$ 可以应用(d)式由 $\{U_R, U_1\}$ 得到,$P_{k,k-1}^{1/2}$ 可以应用(b)由 $P_{k-1,k-1}^{1/2}$ 得到。因此,D_2 可以很容易从 D_1 中计算得到。

要了解关于该主题的更多细节,见Jover和Kailath(1986)及Gaston和Irwin(1990)。

参 考 文 献

Alfeld, G. and Herzberger, J. (1983): *Introduction to Interval Computations* (Academic, New York)

Anderson, B.D.O., Moore, J.B. (1979): *Optimal Filtering* (Prentice-Hall, Englewood Cliffs, NJ)

Andrews, A. (1981): "Parallel processing of the Kalman filter", IEEE Proc. Int. Conf. on Paral. Process., pp.216-220

Aoki, M. (1989): *Optimization of Stochastic Systems: Topics in Discrete-Time Dynamics* (Academic, New York)

Aström, K.J., Eykhoff, P. (1971): "System identification – a survey," Automatica, **7**, pp.123-162

Balakrishnan, A.V. (1984,87): *Kalman Filtering Theory* (Optimization Software, Inc., New York)

Bierman, G.J. (1973): "A comparison of discrete linear filtering algorithms," IEEE Trans. Aero. Elec. Systems, **9**, pp.28-37

Bierman, G.J. (1977): *Factorization Methods for Discrete Sequential Estimation* (Academic, New York)

Blahut, R.E. (1985): *Fast Algorithms for Digital Signal Processing* (Addison-Wesley, Reading, MA)

Bozic, S.M. (1979): *Digital and Kalman Filtering* (Wiley, New York)

Brammer, K., Sifflin, G. (1989): *Kalman-Bucy Filters* (Artech House, Boston)

Brown, R.G. and Hwang, P.Y.C. (1992,97): *Introduction to Random Signals and Applied Kalman Filtering* (Wiley, New York)

Bucy, R.S., Joseph, P.D. (1968): *Filtering for Stochastic Processes with Applications to Guidance* (Wiley, New York)

Burrus, C.S. , Gopinath, R.A. and Guo, H. (1998): *Introduction to Wavelets and Wavelet Transfroms: A Primer* (Prentice-Hall, Upper Saddle River, NJ)

Carlson, N.A. (1973): "Fast triangular formulation of the square root filter," J. ALAA, **11** pp.1259-1263

C. K. Chui and G. Chen, Kalman Filtering, DOI 10. 1007/978-3-319-47612-4_1

Catlin, D.E. (1989): *Estimation, Control, and the Discrete Kalman Filter* (Springer, New York)

Cattivelli, F.S., & Sayed, A. H. (2010). Diffusion strategies for distributed Kalman filtering and smoothing. *IEEE Transactions on Automatic Control*, 55 (9), 2069–2084

Chen, G. (1992): "Convergence analysis for inexact mechanization of Kalman filtering," IEEE Trans. Aero. Elect. Syst., **28**, pp.612-621

Chen, G. (1993): *Approximate Kalman Filtering* (World Scientific, Singapore)

Chen, G., Chen, G. and Hsu, S.H. (1995): *Linear Stochastic Control Systems* (CRC, Boca Raton, FL)

Chen, G., Chui, C.K. (1986): "Design of near-optimal linear digital tracking filters with colored input," J. Comp. Appl. Math., **15**, pp.353-370

Chen, G., Chen, G., & Hsu, S. H. (1995). *Linear stochastic control systems*. Boca Raton: CRC Press.

Chen, G., Wang, J. and Shieh, L.S. (1997): "Interval Kalman filtering," IEEE Trans. Aero. Elect. Syst., **33**, pp.250-259

Chen, H.F. (1985): *Recursive Estimation and Control for Stochastic Systems* (Wiley, New York)

Chui, C.K. (1984): "Design and analysis of linear prediction-correction digital filters," Linear and Multilinear Algebra, **15**, pp.47-69

Chui, C.K. (1997): *Wavelets: A Mathematical Tool for Signal Analysis*, (SIAM, Philadelphia)

Chui, C.K., Chen, G. (1989): *Linear Systems and Optimal Control*, Springer Ser. Inf. Sci., Vol. 18 (Springer, Berlin Heidelberg)

Chui, C.K., Chen, G. (1992, 1997): *Signal Processing and Systems Theory: Selected Topics*, Springer Ser. Inf. Sci., Vol. 26 (Springer, Berlin Heidelberg)

Chui, C.K., Chen, G. and Chui, H.C. (1990): "Modified extended Kalman filtering and a real-time parallel algorithm for system parameter identification," IEEE Trans. Auto. Control, **35**, pp.100-104

Davis, M.H.A. (1977): *Linear Estimation and Stochastic Control* (Wiley, New York)

Davis, M.H.A., Vinter, R.B. (1985): *Stochastic Modeling and Control* (Chapman and Hall, New York)

Fleming, W.H., Rishel, R.W. (1975): *Deterministic and Stochastic Optimal Control* (Springer, New York)

Gaston, F.M.F., Irwin, G.W. (1990): "Systolic Kalman filtering: An overview," IEE Proc.-D, **137**, pp.235-244

Goodwin, G.C., Sin, K.S. (1984): *Adaptive Filtering Prediction and Control* (Prentice-Hall, Englewood Cliffs, NJ)

Haykin, S. (1986): *Adaptive Filter Theory* (Prentice-Hall, Englewood Cliffs, NJ)

Hong, L., Chen, G. and Chui, C.K. (1998): "A filter-bank-based Kalman filtering technique for wavelet estimation and decomposition of random signals," IEEE Trans. Circ. Syst. (II), **45**, pp. 237-241.

Hong, L., Chen, G. and Chui, C.K. (1998): "Real-time simultaneous estimation and ecomposition of random signals," Multidim. Sys. Sign. Proc., **9**, pp. 273-289.

Jazwinski, A.H. (1969): "Adaptive filtering," Automatica, **5**, pp.475-485

Jazwinski, A.H. (1970): *Stochastic Processes and Filtering Theory* (Academic, New York)

Jover, J.M., Kailath, T. (1986): "A parallel architecture for Kalman filter measurement update and parameter estimation," Automatica, **22**, pp.43-57

Kailath, T. (1968): "An innovations approach to least-squares estimation, part I: linear filtering in additive white noise," IEEE Trans. Auto. Contr., **13**, pp.646-655

Kailath, T. (1982): *Course Notes on Linear Estimation* (Stanford University, CA)

Kalman, R.E. (1960): "A new approach to linear filtering and prediction problems," Trans. ASME, J. Basic Eng., **82**, pp.35-45

Kalman, R.E. (1963): "New method in Wiener filtering theory," Proc. Symp. Eng. Appl. Random Function Theory and Probability (Wiley, New York)

Kalman, R.E., Bucy, R.S. (1961): "New results in linear filtering and prediction theory," Trans. ASME J. Basic Eng., **83**, pp.95-108

Kumar, P.R., Varaiya, P. (1986): *Stochastic Systems: Estimation, Identification, and Adaptive Control* (Prentice-Hall, Englewood Cliffs, NJ)

Kung, H.T. (1982): "Why systolic architectures?" Computer, **15**, pp.37-46

Kung, S.Y. (1985): "VLSI arrays processors," IEEE ASSP Magazine, **2**, pp.4-22

Kushner, H. (1971): *Introduction to Stochastic Control* (Holt, Rinehart and Winston, Inc., New York)

Lewis, F.L. (1986): *Optimal Estimation* (Wiley, New York)

Lu, M., Qiao, X., Chen, G. (1992): "A parallel square-root algorithm for the modified extended Kalman filter," IEEE Trans. Aero. Elect. Syst., **28**, pp.153-163

Lu, M., Qiao, X., Chen, G. (1993): "Parallel computation of the modified extended Kalman filter," Int'l J. Comput. Math., **45**, pp.69-87

Maybeck, P.S. (1982): *Stochastic Models, Estimation, and Control*, Vol. 1,2,3 (Academic, New York)

Mead, C., Conway, L. (1980): *Introduction to VLSI systems* (Addison-Weslcy, Reading, MA)

Mehra, R.K. (1970): "On the identification of variances and adaptive Kalman filtering," IEEE Trans. Auto. Contr., **15**, pp.175-184

Mehra, R.K. (1972): "Approaches to adaptive filtering," IEEE Trans. Auto. Contr., **17**, pp.693-698

Mendel, J.M. (1987): *Lessons in Digital Estimation Theory* (Prentice-Hall, Englewood Cliffs, New Jersey)

Potter, J.E. (1963): "New statistical formulas," Instrumentation Lab., MIT, Space Guidance Analysis Memo. # 40

Probability Group (1975), Institute of Mathematics, Academia Sinica, China (ed.): *Mathematical Methods of Filtering for Discrete-Time Systems* (in Chinese) (Beijing)

Ruymgaart, P.A., Soong, T.T. (1985,88): *Mathematics of Kalman-Bucy Filtering*, Springer Ser. Inf. Sci., Vol. 14 (Springer, Berlin Heidelberg)

Shiryayev, A.N. (1984): *Probability* (Springer-Verlag, New York)

Siouris, G., Chen, G. and Wang, J. (1997): "Tracking an incoming ballistic missile," IEEE Trans. Aero. Elect. Syst., **33**, pp.232-240

Sorenson, H.W., ed. (1985): *Kalman Filtering: Theory and Application* (IEEE, New York)

Stengel, R.F. (1986): *Stochastic Optimal Control: Theory and Application* (Wiley, New York)

Strobach, P. (1990): *Linear Prediction Theory: A Mathematical Basis for Adaptive Systems*, Springer Ser. Inf. Sci., Vol. 21 (Springer, Berlin Heidelberg)

Wang, E.P. (1972): "Optimal linear recursive filtering methods," J. Mathematics in Practice and Theory (in Chinese), **6**, pp.40-50

Wonham, W.M. (1968): "On the separation theorem of stochastic control," SIAM J. Control, **6**, pp.312-326

Xu, J.H., Bian, G.R., Ni, C.K., Tang, G.X. (1981): *State Estimation and System Identification* (in Chinese) (Beijing)

Yang, W., Chen, G., Wang, X. F., & Shi, L. (2014). Stochastic sensor activation for distributed state estimation over a sensor network. *Automatics, 50*, 2070–2076.

Young, P. (1984): *Recursive Estimation and Time-Series Analysis* (Springer, New York)

Yu, W. W., Chen, G., Wang, Z. D., & Yang, W. (2009). Distributed consensus filtering in sensor networks. *IEEEE Transactions on Systems, Man and Cybernetics–Part B: Cybernetics, 39*(6), 1568–1577.

Zhang, H. S., Song, X. M., & Shi, L. (2012). Convergence and mean square stability of suboptimal estimator for systems with measurements packet dropping. *IEEE Transactions on Automatic Control*, 57(5), 1248–1253.

练习答案和提示

第 1 章

1.1 因为很多特性都可以直接由迹的定义证明，只讨论 $\operatorname{tr}\boldsymbol{AB}=\operatorname{tr}\boldsymbol{BA}$：

$$\operatorname{tr}\boldsymbol{AB}=\sum_{i=1}^{n}\left(\sum_{j=1}^{m}a_{ij}b_{ji}\right)=\sum_{j=1}^{m}\left(\sum_{i=1}^{n}b_{ji}a_{ij}\right)=\operatorname{tr}\boldsymbol{BA}$$

1.2 $(\operatorname{tr}\boldsymbol{A})^2=\left(\sum_{i=1}^{n}a_{ii}\right)^2\leqslant n\sum_{i=1}^{n}a_{ii}^2\leqslant n(\operatorname{tr}\boldsymbol{AA}^{\mathrm{T}})$

1.3 $\boldsymbol{A}=\begin{bmatrix}3&1\\1&2\end{bmatrix},\boldsymbol{B}=\begin{bmatrix}2&0\\0&1\end{bmatrix}$。

1.4 存在酉矩阵 $\boldsymbol{P}$ 和 $\boldsymbol{Q}$，使得

$$\boldsymbol{A}=\boldsymbol{P}\begin{bmatrix}\lambda_1&&\\&\ddots&\\&&\lambda_n\end{bmatrix}\boldsymbol{P}^{\mathrm{T}},\quad \boldsymbol{B}=\boldsymbol{Q}\begin{bmatrix}\mu_1&&\\&\ddots&\\&&\mu_n\end{bmatrix}\boldsymbol{Q}^{\mathrm{T}}$$

及

$$\sum_{k=1}^{n}\lambda_k^2\geqslant\sum_{k=1}^{n}\mu_k^2$$

设 $\boldsymbol{P}=[p_{ij}]_{n\times n}$ 和 $\boldsymbol{Q}=[q_{ij}]_{n\times n}$，则

$$\begin{gathered}p_{11}^2+p_{21}^2+\cdots+p_{n1}^2=1,\quad p_{12}^2+p_{22}^2+\cdots+p_{n2}^2=1,\cdots\\ p_{1n}^2+p_{2n}^2+\cdots+p_{nn}^2=1,\quad q_{11}^2+q_{21}^2+\cdots+q_{n1}^2=1\\ q_{12}^2+q_{22}^2+\cdots+q_{n2}^2=1,\quad\cdots,\quad q_{1n}^2+q_{2n}^2+\cdots+q_{nn}^2=1\end{gathered}$$

以及

$$\begin{aligned}\operatorname{tr}\boldsymbol{AA}^{\mathrm{T}}&=\operatorname{tr}\left\{\boldsymbol{P}\begin{bmatrix}\lambda_1^2&&\\&\ddots&\\&&\lambda_n^2\end{bmatrix}\boldsymbol{P}^{\mathrm{T}}\right\}\\&=\operatorname{tr}\begin{bmatrix}p_{11}^2\lambda_1^2+p_{12}^2\lambda_2^2+\cdots+p_{1n}^2\lambda_n^2&&*\\&p_{21}^2\lambda_1^2+p_{22}^2\lambda_2^2+\cdots+p_{2n}^2\lambda_n^2&\\&\ddots&\\ *&&p_{n1}^2\lambda_1^2+p_{n2}^2\lambda_2^2+\cdots+p_{nn}^2\lambda_n^2\end{bmatrix}\end{aligned}$$

C. K. Chui and G. Chen, Kalman Filtering, DOI 10.1007/978-3-319-47612-4_1

$$= (p_{11}^2 + p_{21}^2 + \cdots + p_{n1}^2)\lambda_1^2 + \cdots + (p_{1n}^2 + p_{2n}^2 + \cdots + p_{nn}^2)\lambda_n^2$$
$$= \lambda_1^2 + \lambda_2^2 + \cdots + \lambda_n^2$$

同理，$tr\boldsymbol{B}\boldsymbol{B}^{\mathrm{T}} = \mu_1^2 + \mu_2^2 + \cdots + \mu_n^2$。

可得 $\mathrm{tr}\boldsymbol{A}\boldsymbol{A}^{\mathrm{T}} \geqslant \mathrm{tr}\boldsymbol{B}\boldsymbol{B}^{\mathrm{T}}$。

1.5 定义：$I = \int_{-\infty}^{\infty} \mathrm{e}^{-y^2}\mathrm{d}y$。换用极坐标，有

$$I^2 = \left(\int_{-\infty}^{\infty} \mathrm{e}^{-y^2}\mathrm{d}y\right)\left(\int_{-\infty}^{\infty} \mathrm{e}^{-x^2}\mathrm{d}x\right) = \int_{-\infty}^{\infty}\int_{-\infty}^{\infty} \mathrm{e}^{-(x^2+y^2)}\mathrm{d}x\mathrm{d}y$$
$$= \int_0^{2\pi}\int_0^{\infty} \mathrm{e}^{-r^2} r\mathrm{d}r\mathrm{d}\theta = \pi$$

1.6 定义：$I(x) = \int_{-\infty}^{\infty} \mathrm{e}^{-xy^2}\mathrm{d}y$。由练习 1.5，有

$$I(x) = \frac{1}{\sqrt{x}}\int_{-\infty}^{\infty} \mathrm{e}^{-(\sqrt{x}y)^2}\mathrm{d}(\sqrt{x}y) = \sqrt{\pi/x}$$

因此，

$$\int_{-\infty}^{\infty} y^2\mathrm{e}^{-y^2}\mathrm{d}y = -\frac{\mathrm{d}}{\mathrm{d}x}I(x)\mid_{x=1} = -\frac{\mathrm{d}}{\mathrm{d}x}(\sqrt{\pi/x})\mid_{x=1} = \frac{1}{2}\sqrt{\pi}$$

1.7 (a) 设 $\boldsymbol{P}$ 是酉矩阵，满足

$$\boldsymbol{R} = \boldsymbol{P}^{\mathrm{T}}\mathrm{diag}[\lambda_1, \cdots, \lambda_n]\boldsymbol{P}$$

并定义：$\boldsymbol{y} = \frac{1}{\sqrt{2}}\mathrm{diag}[\sqrt{\lambda_1}, \cdots, \sqrt{\lambda_n}]\boldsymbol{P}(\boldsymbol{x} - \underline{\boldsymbol{\mu}})$。则

$$E(\boldsymbol{X}) = \int_{-\infty}^{\infty} \boldsymbol{x}f(\boldsymbol{x})\mathrm{d}\boldsymbol{x}$$
$$= \int_{-\infty}^{\infty} (\underline{\boldsymbol{\mu}} + \sqrt{2}\boldsymbol{P}^{-1}\mathrm{diag}[1/\sqrt{\lambda_1}, \cdots, 1/\sqrt{\lambda_n}]\boldsymbol{y})f(\boldsymbol{x})\mathrm{d}\boldsymbol{x}$$
$$= \underline{\boldsymbol{\mu}}\int_{-\infty}^{\infty} f(\boldsymbol{x})\mathrm{d}\boldsymbol{x} + \mathrm{Const.}\int_{-\infty}^{\infty}\cdots\int_{-\infty}^{\infty}\begin{bmatrix} y_1 \\ \vdots \\ y_n \end{bmatrix}\mathrm{e}^{-y_1^2}\cdots\mathrm{e}^{-y_n^2}\mathrm{d}y_1\cdots\mathrm{d}y_n$$
$$= \underline{\boldsymbol{\mu}}\cdot 1 + \boldsymbol{0} = \underline{\boldsymbol{\mu}}$$

(b) 使用同样的代换，有

$$\mathrm{Var}(\boldsymbol{X}) = \int_{-\infty}^{\infty} (\boldsymbol{x} - \underline{\boldsymbol{\mu}})(\boldsymbol{x} - \underline{\boldsymbol{\mu}})^{\mathrm{T}}f(\boldsymbol{x})\mathrm{d}\boldsymbol{x} = \int_{-\infty}^{\infty} 2\boldsymbol{R}^{1/2}\boldsymbol{y}\boldsymbol{y}^{\mathrm{T}}\boldsymbol{R}^{1/2}f(\boldsymbol{x})\mathrm{d}\boldsymbol{x}$$
$$= \frac{2}{(\pi)^{n/2}}\boldsymbol{R}^{1/2}\left\{\int_{-\infty}^{\infty}\cdots\int_{-\infty}^{\infty}\begin{bmatrix} y_1^2 & \cdots & y_1y_n \\ \vdots & & \vdots \\ y_ny_1 & \cdots & y_n^2 \end{bmatrix}\mathrm{e}^{-y_1^2}\cdots\mathrm{e}^{-y_n^2}\mathrm{d}y_1\cdots\mathrm{d}y_n\right\}\boldsymbol{R}^{1/2}$$
$$= \boldsymbol{R}^{1/2}\boldsymbol{I}\boldsymbol{R}^{1/2} = \boldsymbol{R}$$

1.8　所有的性质可以很容易地从定义得到。

1.9　已证明如果 X_1、X_2 相互独立，则 $\mathrm{cov}(X_1, X_2)=\mathbf{0}$。假设 $\boldsymbol{R}_{12}=\mathrm{cov}(X_1, X_2)=\mathbf{0}$，则 $\boldsymbol{R}_{21}=\mathrm{cov}(X_2, X_1)=\mathbf{0}$，使得

$$f(X_1, X_2)=\frac{1}{(2\pi)^{n/2}\det\boldsymbol{R}_{11}\det\boldsymbol{R}_{22}}\mathrm{e}^{-\frac{1}{2}(X_1-\underline{\boldsymbol{\mu}}_1)^{\mathrm{T}}\boldsymbol{R}_{11}(X_1-\underline{\boldsymbol{\mu}}_1)}\mathrm{e}^{-\frac{1}{2}(X_2-\underline{\boldsymbol{\mu}}_2)^{\mathrm{T}}\boldsymbol{R}_{22}(X_2-\underline{\boldsymbol{\mu}}_2)}$$
$$=f_1(X_1)f_2(X_2)$$

所以，X_1 和 X_2 相互独立。

1.10　通过直接计算可以验证式(1.35)。首先，有

$$\begin{bmatrix}\boldsymbol{I} & -\boldsymbol{R}_{xy}\boldsymbol{R}_{yy}^{-1}\\ \mathbf{0} & \boldsymbol{I}\end{bmatrix}\begin{bmatrix}\boldsymbol{R}_{xx} & \boldsymbol{R}_{xy}\\ \boldsymbol{R}_{yx} & \boldsymbol{R}_{yy}\end{bmatrix}\begin{bmatrix}\boldsymbol{I} & \mathbf{0}\\ -\boldsymbol{R}_{yy}^{-1}\boldsymbol{R}_{xy}^{\mathrm{T}} & \boldsymbol{I}\end{bmatrix}=\begin{bmatrix}\boldsymbol{R}_{xx}-\boldsymbol{R}_{xy}\boldsymbol{R}_{yy}^{-1}\boldsymbol{R}_{yx} & \mathbf{0}\\ \mathbf{0} & \boldsymbol{R}_{yy}\end{bmatrix}$$

然后，通过取行列式得到

$$\det\begin{bmatrix}\boldsymbol{R}_{xx} & \boldsymbol{R}_{xy}\\ \boldsymbol{R}_{yx} & \boldsymbol{R}_{yy}\end{bmatrix}=\det[\boldsymbol{R}_{xx}-\boldsymbol{R}_{xy}\boldsymbol{R}_{yy}^{-1}\boldsymbol{R}_{yx}]\det\boldsymbol{R}_{yy}$$

$$\left(\begin{bmatrix}\boldsymbol{x}\\ \boldsymbol{y}\end{bmatrix}-\begin{bmatrix}\underline{\boldsymbol{\mu}}_x\\ \underline{\boldsymbol{\mu}}_y\end{bmatrix}\right)^{\mathrm{T}}\begin{bmatrix}\boldsymbol{R}_{xx} & \boldsymbol{R}_{xy}\\ \boldsymbol{R}_{yx} & \boldsymbol{R}_{yy}\end{bmatrix}^{-1}\left(\begin{bmatrix}\boldsymbol{x}\\ \boldsymbol{y}\end{bmatrix}-\begin{bmatrix}\underline{\boldsymbol{\mu}}_x\\ \underline{\boldsymbol{\mu}}_y\end{bmatrix}\right)$$
$$=(\boldsymbol{x}-\tilde{\underline{\boldsymbol{\mu}}})^{\mathrm{T}}[\boldsymbol{R}_{xx}-\boldsymbol{R}_{xy}\boldsymbol{R}_{yy}^{-1}\boldsymbol{R}_{yx}]^{-1}(\boldsymbol{x}-\tilde{\underline{\boldsymbol{\mu}}})+(\boldsymbol{y}-\underline{\boldsymbol{\mu}}_y)^{\mathrm{T}}\boldsymbol{R}_{yy}^{-1}(\boldsymbol{y}-\underline{\boldsymbol{\mu}}_y)$$

式中

$$\tilde{\underline{\boldsymbol{\mu}}}=\underline{\boldsymbol{\mu}}_x+\boldsymbol{R}_{xy}\boldsymbol{R}_{yy}^{-1}(\boldsymbol{y}-\underline{\boldsymbol{\mu}}_y)$$

剩下的计算步骤可直接得到。

1.11　设 $\boldsymbol{p}_k=\boldsymbol{C}_k^{\mathrm{T}}\boldsymbol{W}_k\boldsymbol{z}_k$ 和 $\sigma^2=E[\boldsymbol{p}_k^{\mathrm{T}}(\boldsymbol{C}_k^{\mathrm{T}}\boldsymbol{W}_k\boldsymbol{C}_k)^{-1}\boldsymbol{p}_k]$。可以证明：

$$F(\boldsymbol{y}_k)=\boldsymbol{y}_k^{\mathrm{T}}(\boldsymbol{C}_k^{\mathrm{T}}\boldsymbol{W}_k\boldsymbol{C}_k)\boldsymbol{y}_k-\boldsymbol{p}_k^{\mathrm{T}}\boldsymbol{y}_k-\boldsymbol{y}_k^{\mathrm{T}}\boldsymbol{p}_k+\sigma^2$$

又

$$\frac{\mathrm{d}F(\boldsymbol{y}_k)}{\mathrm{d}\boldsymbol{y}_k}=2(\boldsymbol{C}_k^{\mathrm{T}}\boldsymbol{W}_k\boldsymbol{C}_k)\boldsymbol{y}_k-2\boldsymbol{p}_k=\mathbf{0}$$

并假设矩阵 $(\boldsymbol{C}_k^{\mathrm{T}}\boldsymbol{W}_k\boldsymbol{C}_k)$ 非奇异，有

$$\hat{\boldsymbol{y}}_k=(\boldsymbol{C}_k^{\mathrm{T}}\boldsymbol{W}_k\boldsymbol{C}_k)^{-1}\boldsymbol{p}_k=(\boldsymbol{C}_k^{\mathrm{T}}\boldsymbol{W}_k\boldsymbol{C}_k)^{-1}\boldsymbol{C}_k^{\mathrm{T}}\boldsymbol{W}_k\boldsymbol{z}_k$$

1.12　$E\hat{\boldsymbol{x}}_k=(\boldsymbol{C}_k^{\mathrm{T}}\boldsymbol{R}_k^{-1}\boldsymbol{C}_k)^{-1}\boldsymbol{C}_k^{\mathrm{T}}\boldsymbol{R}_k^{-1}E(\boldsymbol{v}_k-\boldsymbol{D}_k\boldsymbol{u}_k)$

$$=(\boldsymbol{C}_k^{\mathrm{T}}\boldsymbol{R}_k^{-1}\boldsymbol{C}_k)^{-1}\boldsymbol{C}_k^{\mathrm{T}}\boldsymbol{R}_k^{-1}E(\boldsymbol{C}_k\boldsymbol{x}_k+\underline{\boldsymbol{\eta}}_k)=E\boldsymbol{x}_k$$

第2章

2.1　$\boldsymbol{W}_{k,k-1}^{-1}=\mathrm{Var}(\underline{\bar{\boldsymbol{\varepsilon}}}_{k,k-1})=E(\underline{\bar{\boldsymbol{\varepsilon}}}_{k,k-1}\underline{\bar{\boldsymbol{\varepsilon}}}_{k,k-1}^{\mathrm{T}})$

$$=E(\bar{\boldsymbol{v}}_{k-1}-\boldsymbol{H}_{k,k-1}\boldsymbol{x}_k)(\bar{\boldsymbol{v}}_{k-1}-\boldsymbol{H}_{k,k-1}\boldsymbol{x}_k)^{\mathrm{T}}$$

$$= \begin{bmatrix} \boldsymbol{R}_0 & & \\ & \ddots & \\ & & \boldsymbol{R}_{k-1} \end{bmatrix} + \mathrm{Var}\begin{bmatrix} \boldsymbol{C}_0 \sum_{i=1}^{k} \boldsymbol{\Phi}_{0i} \boldsymbol{\Gamma}_{i-1} \underline{\boldsymbol{\xi}}_{i-1} \\ \vdots \\ \boldsymbol{C}_{k-1} \boldsymbol{\Phi}_{k-1,k} \boldsymbol{\Gamma}_{k-1} \underline{\boldsymbol{\xi}}_{k-1} \end{bmatrix}$$

2.2 对于任意非零向量 $\boldsymbol{x}$，有 $\boldsymbol{x}^{\mathrm{T}}\boldsymbol{A}\boldsymbol{x}>0$ 和 $\boldsymbol{x}^{\mathrm{T}}\boldsymbol{B}\boldsymbol{x}\geqslant 0$，使得 $\boldsymbol{x}^{\mathrm{T}}(\boldsymbol{A}+\boldsymbol{B})\boldsymbol{x}=\boldsymbol{x}^{\mathrm{T}}\boldsymbol{A}\boldsymbol{x}+\boldsymbol{x}^{\mathrm{T}}\boldsymbol{B}\boldsymbol{x}>0$，所以 $\boldsymbol{A}+\boldsymbol{B}$ 是正定的。

2.3

$$\begin{aligned}
&\boldsymbol{W}_{k,k-1}^{-1} \\
&=E(\underline{\bar{\boldsymbol{\varepsilon}}}_{k,k-1}\underline{\bar{\boldsymbol{\varepsilon}}}_{k,k-1}^{\mathrm{T}}) \\
&=E(\underline{\bar{\boldsymbol{\varepsilon}}}_{k-1,k-1}-\boldsymbol{H}_{k,k-1}\boldsymbol{\Gamma}_{k-1}\underline{\boldsymbol{\xi}}_{k-1})(\underline{\bar{\boldsymbol{\varepsilon}}}_{k-1,k-1}-\boldsymbol{H}_{k,k-1}\boldsymbol{\Gamma}_{k-1}\underline{\boldsymbol{\xi}}_{k-1})^{\mathrm{T}} \\
&=E(\underline{\bar{\boldsymbol{\varepsilon}}}_{k-1,k-1}\underline{\bar{\boldsymbol{\varepsilon}}}_{k-1,k-1}^{\mathrm{T}})+\boldsymbol{H}_{k,k-1}\boldsymbol{\Gamma}_{k-1}E(\underline{\boldsymbol{\xi}}_{k-1}\underline{\boldsymbol{\xi}}_{k-1}^{\mathrm{T}})\boldsymbol{\Gamma}_{k-1}^{\mathrm{T}}\boldsymbol{H}_{k,k-1}^{\mathrm{T}} \\
&=\boldsymbol{W}_{k-1,k-1}^{-1}+\boldsymbol{H}_{k-1,k-1}\boldsymbol{\Phi}_{k-1,k}\boldsymbol{\Gamma}_{k-1}\boldsymbol{Q}_{k-1}\boldsymbol{\Gamma}_{k-1}^{\mathrm{T}}\boldsymbol{\Phi}_{k-1,k}^{\mathrm{T}}\boldsymbol{H}_{k-1,k-1}^{\mathrm{T}}
\end{aligned}$$

2.4 对 $\boldsymbol{A}_{11}=\boldsymbol{W}_{k-1,k-1}^{-1}$、$\boldsymbol{A}_{22}=\boldsymbol{Q}_{k-1}^{-1}$ 和 $\boldsymbol{A}_{12}=\boldsymbol{A}_{21}^{\mathrm{T}}=\boldsymbol{H}_{k-1,k-1}\boldsymbol{\Phi}_{k-1,k}\boldsymbol{\Gamma}_{k-1}$ 应用引理 1.2。

2.5 由练习 2.4 或式(2.9)，有

$$\begin{aligned}
&\boldsymbol{H}_{k,k-1}^{\mathrm{T}}\boldsymbol{W}_{k,k-1} \\
&=\boldsymbol{\Phi}_{k-1,k}^{\mathrm{T}}\boldsymbol{H}_{k-1,k-1}^{\mathrm{T}}\boldsymbol{W}_{k-1,k-1}- \\
&\quad\boldsymbol{\Phi}_{k-1,k}^{\mathrm{T}}\boldsymbol{H}_{k-1,k-1}^{\mathrm{T}}\boldsymbol{W}_{k,k-1}\boldsymbol{H}_{k,k-1}\boldsymbol{\Phi}_{k-1,k}\boldsymbol{\Gamma}_{k-1}\cdot \\
&\quad(\boldsymbol{Q}_{k-1}^{-1}+\boldsymbol{\Gamma}_{k-1}^{\mathrm{T}}\boldsymbol{\Phi}_{k-1,k}^{\mathrm{T}}\boldsymbol{H}_{k-1,k-1}^{\mathrm{T}}\boldsymbol{W}_{k-1,k-1}\boldsymbol{H}_{k-1,k-1}\boldsymbol{\Phi}_{k-1,k}\boldsymbol{\Gamma}_{k-1})^{-1}\cdot \\
&\quad\boldsymbol{\Gamma}_{k-1}^{\mathrm{T}}\boldsymbol{\Phi}_{k-1,k}^{\mathrm{T}}\boldsymbol{H}_{k-1,k-1}^{\mathrm{T}}\boldsymbol{W}_{k-1,k-1} \\
&=\boldsymbol{\Phi}_{k-1,k}^{\mathrm{T}}\{\boldsymbol{I}-\boldsymbol{H}_{k-1,k-1}^{\mathrm{T}}\boldsymbol{W}_{k-1,k-1}\boldsymbol{H}_{k-1,k-1}\boldsymbol{\Phi}_{k-1,k}\boldsymbol{\Gamma}_{k-1}\cdot \\
&\quad(\boldsymbol{Q}_{k-1}^{-1}+\boldsymbol{\Gamma}_{k-1}^{\mathrm{T}}\boldsymbol{\Phi}_{k-1,k}^{\mathrm{T}}\boldsymbol{H}_{k-1,k-1}^{\mathrm{T}}\boldsymbol{W}_{k-1,k-1}\boldsymbol{H}_{k-1,k-1}\boldsymbol{\Phi}_{k-1,k}\boldsymbol{\Gamma}_{k-1})^{-1}\cdot \\
&\quad\boldsymbol{\Gamma}_{k-1}^{\mathrm{T}}\boldsymbol{\Phi}_{k-1,k}^{\mathrm{T}}\}\boldsymbol{H}_{k-1,k-1}^{\mathrm{T}}\boldsymbol{W}_{k-1,k-1}
\end{aligned}$$

2.6 由练习 2.5 或式(2.10)，以及恒等式 $\boldsymbol{H}_{k,k-1}=\boldsymbol{H}_{k-1,k-1}\boldsymbol{\Phi}_{k-1,k}$，有

$$\begin{aligned}
&(\boldsymbol{H}_{k,k-1}^{\mathrm{T}}\boldsymbol{W}_{k,k-1}\boldsymbol{H}_{k,k-1})\boldsymbol{\Phi}_{k,k-1}\cdot \\
&(\boldsymbol{H}_{k-1,k-1}^{\mathrm{T}}\boldsymbol{W}_{k-1,k-1}\boldsymbol{H}_{k-1,k-1})^{-1}\boldsymbol{H}_{k-1,k-1}^{\mathrm{T}}\boldsymbol{W}_{k-1,k-1} \\
&=\boldsymbol{\Phi}_{k-1,k}^{\mathrm{T}}\{\boldsymbol{I}-\boldsymbol{H}_{k-1,k-1}^{\mathrm{T}}\boldsymbol{W}_{k-1,k-1}\boldsymbol{H}_{k-1,k-1}\boldsymbol{\Phi}_{k-1,k}\boldsymbol{\Gamma}_{k-1}\cdot \\
&\quad(\boldsymbol{Q}_{k-1}^{-1}+\boldsymbol{\Gamma}_{k-1}^{\mathrm{T}}\boldsymbol{\Phi}_{k-1,k}^{\mathrm{T}}\boldsymbol{H}_{k-1,k-1}^{\mathrm{T}}\boldsymbol{W}_{k-1,k-1}\boldsymbol{H}_{k-1,k-1}\boldsymbol{\Phi}_{k-1,k}\boldsymbol{\Gamma}_{k-1})^{-1}\cdot \\
&\quad\boldsymbol{\Gamma}_{k-1}^{\mathrm{T}}\boldsymbol{\Phi}_{k-1,k}^{\mathrm{T}}\}\boldsymbol{H}_{k-1,k-1}^{\mathrm{T}}\boldsymbol{W}_{k-1,k-1} \\
&=\boldsymbol{H}_{k,k-1}^{\mathrm{T}}\boldsymbol{W}_{k,k-1}
\end{aligned}$$

2.7

$$\begin{aligned}
&\boldsymbol{P}_{k,k-1}\boldsymbol{C}_k^{\mathrm{T}}(\boldsymbol{C}_k\boldsymbol{P}_{k,k-1}\boldsymbol{C}_k^{\mathrm{T}}+\boldsymbol{R}_k)^{-1} \\
&=\boldsymbol{P}_{k,k-1}\boldsymbol{C}_k^{\mathrm{T}}(\boldsymbol{R}_k^{-1}-\boldsymbol{R}_k^{-1}\boldsymbol{C}_k(\boldsymbol{P}_{k,k-1}^{-1}+\boldsymbol{C}_k^{\mathrm{T}}\boldsymbol{R}_k^{-1}\boldsymbol{C}_k)^{-1}\boldsymbol{C}_k^{\mathrm{T}}\boldsymbol{R}_k^{-1}) \\
&=(\boldsymbol{P}_{k,k-1}-\boldsymbol{P}_{k,k-1}\boldsymbol{C}_k^{\mathrm{T}}\boldsymbol{R}_k^{-1}\boldsymbol{C}_k(\boldsymbol{P}_{k,k-1}^{-1}+\boldsymbol{C}_k^{\mathrm{T}}\boldsymbol{R}_k^{-1}\boldsymbol{C}_k)^{-1})\boldsymbol{C}_k^{\mathrm{T}}\boldsymbol{R}_k^{-1} \\
&=(\boldsymbol{P}_{k,k-1}-\boldsymbol{P}_{k,k-1}\boldsymbol{C}_k^{\mathrm{T}}(\boldsymbol{C}_k\boldsymbol{P}_{k,k-1}\boldsymbol{C}_k^{\mathrm{T}}+\boldsymbol{R}_k)^{-1}\cdot
\end{aligned}$$

$$(\boldsymbol{C}_k\boldsymbol{P}_{k,k-1}\boldsymbol{C}_k^{\mathrm{T}}+\boldsymbol{R}_k)\boldsymbol{R}_k^{-1}\boldsymbol{C}_k(\boldsymbol{P}_{k,k-1}^{-1}+\boldsymbol{C}_k^{\mathrm{T}}\boldsymbol{R}_k^{-1}\boldsymbol{C}_k)^{-1})\boldsymbol{C}_k^{\mathrm{T}}\boldsymbol{R}_k^{-1}$$
$$=(\boldsymbol{P}_{k,k-1}-\boldsymbol{P}_{k,k-1}\boldsymbol{C}_k^{\mathrm{T}}(\boldsymbol{C}_k\boldsymbol{P}_{k,k-1}\boldsymbol{C}_k^{\mathrm{T}}+\boldsymbol{R}_k)^{-1}\cdot$$
$$(\boldsymbol{C}_k\boldsymbol{P}_{k,k-1}\boldsymbol{C}_k^{\mathrm{T}}\boldsymbol{R}_k^{-1}\boldsymbol{C}_k+\boldsymbol{C}_k)(\boldsymbol{P}_{k,k-1}^{-1}+\boldsymbol{C}_k^{\mathrm{T}}\boldsymbol{R}_k^{-1}\boldsymbol{C}_k)^{-1})\boldsymbol{C}_k^{\mathrm{T}}\boldsymbol{R}_k^{-1}$$
$$=(\boldsymbol{P}_{k,k-1}-\boldsymbol{P}_{k,k-1}\boldsymbol{C}_k^{\mathrm{T}}(\boldsymbol{C}_k\boldsymbol{P}_{k,k-1}\boldsymbol{C}_k^{\mathrm{T}}+\boldsymbol{R}_k)^{-1}\boldsymbol{C}_k\boldsymbol{P}_{k,k-1}\cdot$$
$$(\boldsymbol{C}_k^{\mathrm{T}}\boldsymbol{R}_k^{-1}\boldsymbol{C}_k+\boldsymbol{P}_{k,k-1}^{-1})(\boldsymbol{P}_{k,k-1}^{-1}+\boldsymbol{C}_k^{\mathrm{T}}\boldsymbol{R}_k^{-1}\boldsymbol{C}_k)^{-1})\boldsymbol{C}_k^{\mathrm{T}}\boldsymbol{R}_k^{-1}$$
$$=(\boldsymbol{P}_{k,k-1}-\boldsymbol{P}_{k,k-1}\boldsymbol{C}_k^{\mathrm{T}}(\boldsymbol{C}_k\boldsymbol{P}_{k,k-1}\boldsymbol{C}_k^{\mathrm{T}}+\boldsymbol{R}_k)^{-1}\boldsymbol{C}_k\boldsymbol{P}_{k,k-1})\boldsymbol{C}_k^{\mathrm{T}}\boldsymbol{R}_k^{-1}$$
$$=\boldsymbol{P}_{k,k}\boldsymbol{C}_k^{\mathrm{T}}\boldsymbol{R}_k^{-1}$$
$$=\boldsymbol{G}_k$$

2.8 $\boldsymbol{P}_{k,k-1}$

$$=(\boldsymbol{H}_{k,k-1}^{\mathrm{T}}\boldsymbol{W}_{k,k-1}\boldsymbol{H}_{k,k-1})^{-1}$$
$$=(\boldsymbol{\Phi}_{k-1,k}^{\mathrm{T}}(\boldsymbol{H}_{k-1,k-1}^{\mathrm{T}}\boldsymbol{W}_{k-1,k-1}\boldsymbol{H}_{k-1,k-1}-$$
$$\boldsymbol{H}_{k-1,k-1}^{\mathrm{T}}\boldsymbol{W}_{k-1,k-1}\boldsymbol{H}_{k-1,k-1}\boldsymbol{\Phi}_{k-1,k}\boldsymbol{\Gamma}_{k-1}\cdot$$
$$(\boldsymbol{Q}_{k-1}^{-1}+\boldsymbol{\Gamma}_{k-1}^{\mathrm{T}}\boldsymbol{\Phi}_{k-1,k}^{\mathrm{T}}\boldsymbol{H}_{k-1,k-1}^{\mathrm{T}}\boldsymbol{W}_{k-1,k-1}\boldsymbol{H}_{k-1,k-1}\boldsymbol{\Phi}_{k-1,k}\boldsymbol{\Gamma}_{k-1})^{-1}\cdot$$
$$\boldsymbol{\Gamma}_{k-1}^{\mathrm{T}}\boldsymbol{\Phi}_{k-1,k}^{\mathrm{T}}\boldsymbol{H}_{k-1,k-1}^{\mathrm{T}}\boldsymbol{W}_{k-1,k-1}\boldsymbol{H}_{k-1,k-1})\boldsymbol{\Phi}_{k-1,k})^{-1}$$
$$=(\boldsymbol{\Phi}_{k-1,k}^{\mathrm{T}}\boldsymbol{P}_{k-1,k-1}^{-1}\boldsymbol{\Phi}_{k-1,k}-\boldsymbol{\Phi}_{k-1,k}^{\mathrm{T}}\boldsymbol{P}_{k-1,k-1}^{-1}\boldsymbol{\Phi}_{k-1,k}\boldsymbol{\Gamma}_{k-1}\cdot$$
$$(\boldsymbol{Q}_{k-1}^{-1}+\boldsymbol{\Gamma}_{k-1}^{\mathrm{T}}\boldsymbol{\Phi}_{k-1,k}^{\mathrm{T}}P_{k-1,k-1}^{-1}\boldsymbol{\Phi}_{k-1,k}\boldsymbol{\Gamma}_{k-1})^{-1}\cdot$$
$$\boldsymbol{\Gamma}_{k-1}^{\mathrm{T}}\boldsymbol{\Phi}_{k-1,k}^{\mathrm{T}}\boldsymbol{P}_{k-1,k-1}^{-1}\boldsymbol{\Phi}_{k-1,k})^{-1}$$
$$=(\boldsymbol{\Phi}_{k-1,k}^{\mathrm{T}}\boldsymbol{P}_{k-1,k-1}^{-1}\boldsymbol{\Phi}_{k-1,k})^{-1}+\boldsymbol{\Gamma}_{k-1}\boldsymbol{Q}_{k-1}\boldsymbol{\Gamma}_{k-1}^{\mathrm{T}}$$
$$=\boldsymbol{A}_{k-1}\boldsymbol{P}_{k-1,k-1}\boldsymbol{A}_{k-1}^{\mathrm{T}}+\boldsymbol{\Gamma}_{k-1}\boldsymbol{Q}_{k-1}\boldsymbol{\Gamma}_{k-1}^{\mathrm{T}}$$

2.9 $E(\boldsymbol{x}_k-\hat{\boldsymbol{x}}_{k|k-1})(\boldsymbol{x}_k-\hat{\boldsymbol{x}}_{k|k-1})^{\mathrm{T}}$

$$=E(\boldsymbol{x}_k-(\boldsymbol{H}_{k,k-1}^{\mathrm{T}}\boldsymbol{W}_{k,k-1}\boldsymbol{H}_{k,k-1})^{-1}\boldsymbol{H}_{k,k-1}^{\mathrm{T}}\boldsymbol{W}_{k,k-1}\bar{\boldsymbol{v}}_{k-1})\cdot$$
$$(\boldsymbol{x}_k-(\boldsymbol{H}_{k,k-1}^{\mathrm{T}}\boldsymbol{W}_{k,k-1}\boldsymbol{H}_{k,k-1})^{-1}\boldsymbol{H}_{k,k-1}^{\mathrm{T}}\boldsymbol{W}_{k,k-1}\bar{\boldsymbol{v}}_{k-1})^{\mathrm{T}}$$
$$=E(\boldsymbol{x}_k-(\boldsymbol{H}_{k,k-1}^{\mathrm{T}}\boldsymbol{W}_{k,k-1}\boldsymbol{H}_{k,k-1})^{-1}\boldsymbol{H}_{k,k-1}^{\mathrm{T}}\boldsymbol{W}_{k,k-1}\cdot$$
$$(\boldsymbol{H}_{k,k-1}\boldsymbol{x}_k+\underline{\bar{\boldsymbol{\varepsilon}}}_{k,k-1}))(\boldsymbol{x}_k-(\boldsymbol{H}_{k,k-1}^{\mathrm{T}}\boldsymbol{W}_{k,k-1}\boldsymbol{H}_{k,k-1})^{-1}\cdot$$
$$\boldsymbol{H}_{k,k-1}^{\mathrm{T}}\boldsymbol{W}_{k,k-1}(\boldsymbol{H}_{k,k-1}\boldsymbol{x}_k+\underline{\bar{\boldsymbol{\varepsilon}}}_{k,k-1}))^{\mathrm{T}}$$
$$=(\boldsymbol{H}_{k,k-1}^{\mathrm{T}}\boldsymbol{W}_{k,k-1}\boldsymbol{H}_{k,k-1})^{-1}\boldsymbol{H}_{k,k-1}^{\mathrm{T}}\boldsymbol{W}_{k,k-1}E(\underline{\bar{\boldsymbol{\varepsilon}}}_{k,k-1}\underline{\bar{\boldsymbol{\varepsilon}}}_{k,k-1}^{\mathrm{T}})\boldsymbol{W}_{k,k-1}\cdot$$
$$\boldsymbol{H}_{k,k-1}(\boldsymbol{H}_{k,k-1}^{\mathrm{T}}\boldsymbol{W}_{k,k-1}\boldsymbol{H}_{k,k-1})^{-1}$$
$$=(\boldsymbol{H}_{k,k-1}^{\mathrm{T}}\boldsymbol{W}_{k,k-1}\boldsymbol{H}_{k,k-1})^{-1}$$
$$=\boldsymbol{P}_{k,k-1}$$

第二个等式的推导与上式类似。

2.10 因为

$$\begin{aligned}\sigma^2 &= \mathrm{Var}(x_k) = E(ax_{k-1}+\xi_{k-1})^2\\ &= a^2\mathrm{Var}(x_{k-1})+2aE(x_{k-1}\xi_{k-1})+E(\xi_{k-1}^2)\\ &= a^2\sigma^2+\mu^2\end{aligned}$$

有 $\sigma^2=\mu^2/(1-a^2)$。

对 $j=1$,有

$$E(x_k x_{k+1})=E(x_k(ax_k+\xi_k))=a\mathrm{Var}(x_k)+E(x_k\xi_k)=a\sigma^2$$

对 $j=2$,有

$$\begin{aligned}E(x_k x_{k+2})&=E(x_k(ax_{k+1}+\xi_{k+1}))=aE(x_k x_{k+1})+E(x_k+\xi_{k+1})\\&=aE(x_k x_{k+1})=a^2\sigma^2\end{aligned}$$

等。如果 j 为负数,也可以得到类似的结果。

由归纳法,可以得出,对于所有的整数 j,有 $E(x_k x_{k+j})=a^{|j|}\sigma^2$。

2.11 由卡尔曼滤波方程(2.17),有

$$P_{0,0}=\mathrm{Var}(x_0)=\mu^2$$

$$P_{k,k-1}=P_{k-1,k-1}$$

$$G_k=P_{k,k-1}(P_{k,k-1}+R_k)^{-1}=\frac{P_{k-1,k-1}}{P_{k-1,k-1}+\sigma^2}$$

$$P_{k,k}=(1-G_k)P_{k,k-1}=\frac{\sigma^2 P_{k-1,k-1}}{\sigma^2+P_{k-1,k-1}}$$

又

$$P_{1,1}=\frac{\sigma^2\mu^2}{\mu^2+\sigma^2}$$

$$P_{2,2}=\frac{\sigma^2 P_{1,1}}{P_{1,1}+\sigma^2}=\frac{\sigma^2\mu^2}{2\mu^2+\sigma^2}$$

$$\vdots$$

$$P_{k,k}=\frac{\sigma^2\mu^2}{k\mu^2+\sigma^2}$$

因此

$$G_k=\frac{P_{k-1,k-1}}{P_{k-1,k-1}+\sigma^2}=\frac{\mu^2}{k\mu^2+\sigma^2}$$

使得

$$\begin{aligned}\hat{x}_{k|k}&=\hat{x}_{k|k-1}+G_k(v_k-\hat{x}_{k|k-1})\\&=\hat{x}_{k-1|k-1}+\frac{\mu^2}{\sigma^2+k\mu^2}(v_k-\hat{x}_{k-1|k-1})\end{aligned}$$

初值为 $\hat{x}_{0|0}=E(x_0)=0$。

对于值较大的 k,有

$$\hat{x}_{k|k}=\hat{x}_{k-1|k-1}$$

2.12 $$\hat{\boldsymbol{Q}}_N=\frac{1}{N}\sum_{k=1}^{N}(\boldsymbol{v}_k\boldsymbol{v}_k^{\mathrm{T}})=\frac{1}{N}(\boldsymbol{v}_N\boldsymbol{v}_N^{\mathrm{T}})+\frac{1}{N}\sum_{k=1}^{N-1}(\boldsymbol{v}_k\boldsymbol{v}_k^{\mathrm{T}})$$

$$= \frac{1}{N}(\boldsymbol{v}_N \boldsymbol{v}_N^{\mathrm{T}}) + \frac{N-1}{N}\hat{\boldsymbol{Q}}_{N-1} = \hat{\boldsymbol{Q}}_{N-1} + \frac{1}{N}[(\boldsymbol{v}_N \boldsymbol{v}_N^{\mathrm{T}}) - \hat{\boldsymbol{Q}}_{N-1}]$$

初始估计为$\hat{\boldsymbol{Q}}_1 = \boldsymbol{v}_1 \boldsymbol{v}_1^{\mathrm{T}}$。

2.13 应用叠加原理。

2.14 设对于每一个 $k=0,1,\cdots,\boldsymbol{x}_k=[(\boldsymbol{x}_k^1)^{\mathrm{T}}\cdots(\boldsymbol{x}_k^N)^{\mathrm{T}}]^{\mathrm{T}}$,对于所有的 $j<0$,有 $\boldsymbol{x}_j=0$(和 $\boldsymbol{u}_j=0$),并定义

$$\begin{aligned}
\boldsymbol{x}_k^1 &= \boldsymbol{B}_1\boldsymbol{x}_{k-1}^1 + \boldsymbol{x}_{k-1}^2 + (\boldsymbol{A}_1 + \boldsymbol{B}_1\boldsymbol{A}_0)\boldsymbol{u}_{k-1} \\
&\vdots \\
\boldsymbol{x}_k^M &= \boldsymbol{B}_M\boldsymbol{x}_{k-1}^1 + \boldsymbol{x}_{k-1}^{M+1} + (\boldsymbol{A}_M + \boldsymbol{B}_M\boldsymbol{A}_0)\boldsymbol{u}_{k-1} \\
\boldsymbol{x}_k^{M+1} &= \boldsymbol{B}_{M+1}\boldsymbol{x}_{k-1}^1 + \boldsymbol{x}_{k-1}^{M+2} + \boldsymbol{B}_{M+1}\boldsymbol{A}_0\boldsymbol{u}_{k-1} \\
&\vdots \\
\boldsymbol{x}_k^{N-1} &= \boldsymbol{B}_{N-1}\boldsymbol{x}_{k-1}^1 + \boldsymbol{x}_{k-1}^{N} + \boldsymbol{B}_{N-1}\boldsymbol{A}_0\boldsymbol{u}_{k-1} \\
\boldsymbol{x}_k^N &= \boldsymbol{B}_N\boldsymbol{x}_{k-1}^1 + \boldsymbol{B}_N\boldsymbol{A}_0\boldsymbol{u}_{k-1}
\end{aligned}$$

将这些方程代入

$$\boldsymbol{v}_k = \boldsymbol{C}\boldsymbol{x}_k + \boldsymbol{D}\boldsymbol{u}_k = \boldsymbol{x}_k^1 + \boldsymbol{A}_0\boldsymbol{u}_k$$

就可得到期望的结果。

因为对于所有 $j<0$,有 $\boldsymbol{x}_j=\boldsymbol{0}$ 和 $\boldsymbol{u}_j=\boldsymbol{0}$,可得 $\boldsymbol{x}_0=\boldsymbol{0}$。

第3章

3.1 设 $\boldsymbol{A}=\boldsymbol{B}\boldsymbol{B}^{\mathrm{T}},\boldsymbol{B}=[b_{ij}]\neq\boldsymbol{0}$。则 $\mathrm{tr}\boldsymbol{A}=\mathrm{tr}\boldsymbol{B}\boldsymbol{B}^{\mathrm{T}}=\sum_{i,j}b_{ij}^2>0$。

3.2 根据假设 2.1,由于 $l\geqslant j$,$\underline{\boldsymbol{\eta}}_l$ 与 $\boldsymbol{x}_0$、$\underline{\boldsymbol{\xi}}_0,\cdots,\underline{\boldsymbol{\xi}}_{j-1}$、$\underline{\boldsymbol{\eta}}_0,\cdots,\underline{\boldsymbol{\eta}}_{j-1}$独立。

对于常值矩阵 $\boldsymbol{B}_0,\boldsymbol{B}_{1i}$和 $\boldsymbol{B}_{2i}$,有

$$\begin{aligned}
\hat{\boldsymbol{e}}_j &= \boldsymbol{C}_j(\boldsymbol{x}_j - \hat{\boldsymbol{y}}_{j-1}) \\
&= \boldsymbol{C}_j\left(\boldsymbol{A}_{j-1}\boldsymbol{x}_{j-1} + \boldsymbol{\Gamma}_{j-1}\underline{\boldsymbol{\xi}}_{j-1} - \sum_{i=0}^{j-1}\hat{\boldsymbol{P}}_{j-1,i}(\boldsymbol{C}_i\boldsymbol{x}_i + \underline{\boldsymbol{\eta}}_i)\right) \\
&\cdots \\
&= \boldsymbol{B}_0\boldsymbol{x}_0 + \sum_{i=0}^{j-1}\boldsymbol{B}_{1i}\underline{\boldsymbol{\xi}}_i + \sum_{i=0}^{j-1}\boldsymbol{B}_{2i}\underline{\boldsymbol{\eta}}_i
\end{aligned}$$

从而对于所有的 $l\geqslant j$,有$\langle\underline{\boldsymbol{\eta}}_l,\hat{\boldsymbol{e}}_j\rangle=\boldsymbol{O}_{q\times q}$。

3.3 联立式(3.8)和式(3.4),有 $\boldsymbol{e}_j=\|\boldsymbol{z}_j\|_q^{-1}\boldsymbol{z}_j=\|\boldsymbol{z}_j\|_q^{-1}\boldsymbol{v}_j-\sum_{i=0}^{j-1}(\|\boldsymbol{z}_j\|_q^{-1}\boldsymbol{C}_j\hat{\boldsymbol{P}}_{j-1,i})\boldsymbol{v}_i$,也就是说,$\boldsymbol{e}_j$ 可以用$\boldsymbol{v}_0,\boldsymbol{v}_1,\cdots,\boldsymbol{v}_j$ 表示。

反过来,有

$$\boldsymbol{v}_0 = \boldsymbol{z}_0 = \|\boldsymbol{z}_0\|_q\boldsymbol{e}_0$$

$$\boldsymbol{v}_1 = \boldsymbol{z}_1 + \boldsymbol{C}_1 \hat{\boldsymbol{y}}_0 = \boldsymbol{z}_1 + \boldsymbol{C}_1 \hat{\boldsymbol{P}}_{0,0} \boldsymbol{v}_0 = \| \boldsymbol{z}_1 \|_q \boldsymbol{e}_1 + \boldsymbol{C}_1 \hat{\boldsymbol{P}}_{0,0} \| \boldsymbol{z}_0 \|_q \boldsymbol{e}_0$$

等等；也就是说 $\boldsymbol{v}_j$ 也可以用 $\boldsymbol{e}_0, \boldsymbol{e}_1, \cdots, \boldsymbol{e}_j$ 来表示，所以有 $Y(\boldsymbol{e}_0, \cdots, \boldsymbol{e}_k) = Y(\boldsymbol{v}_0, \cdots, \boldsymbol{v}_k)$。

3.4　由练习 3.3，对一些 $q \times q$ 阶常值矩阵 $\boldsymbol{L}_l, l=0,1,\cdots,i, i=0,1,\cdots,k-1$ 有

$$\boldsymbol{v}_i = \sum_{l=0}^{i} \boldsymbol{L}_l \boldsymbol{e}_l$$

使得

$$\langle \boldsymbol{v}_i, \boldsymbol{z}_k \rangle = \sum_{l=0}^{i} \boldsymbol{L}_l \langle \boldsymbol{e}_l, \boldsymbol{e}_k \rangle \| \boldsymbol{z}_k \|_q^{\mathrm{T}} = \boldsymbol{O}_{q \times q}$$

则对于 $j=0,1,\cdots,k-1$，有 $\langle \hat{\boldsymbol{y}}_j, \boldsymbol{z}_k \rangle = \left\langle \sum_{i=0}^{j} \hat{\boldsymbol{P}}_{j,i} \boldsymbol{v}_i, \boldsymbol{z}_k \right\rangle = \sum_{i=0}^{j} \hat{\boldsymbol{P}}_{j,i} \langle \boldsymbol{v}_i, \boldsymbol{z}_k \rangle = \boldsymbol{O}_{n \times q}$。

3.5　因为

$$\begin{aligned} \boldsymbol{x}_k &= \boldsymbol{A}_{k-1} \boldsymbol{x}_{k-1} + \boldsymbol{\Gamma}_{k-1} \underline{\boldsymbol{\xi}}_{k-1} \\ &= \boldsymbol{A}_{k-1}(\boldsymbol{A}_{k-2} \boldsymbol{x}_{k-2} + \boldsymbol{\Gamma}_{k-2} \underline{\boldsymbol{\xi}}_{k-2}) + \boldsymbol{\Gamma}_{k-1} \underline{\boldsymbol{\xi}}_{k-1} \\ &= \cdots = \boldsymbol{B}_0 \boldsymbol{x}_0 + \sum_{i=0}^{k-1} \boldsymbol{B}_{1i} \underline{\boldsymbol{\xi}}_i \end{aligned}$$

其中 $\boldsymbol{B}_0, \boldsymbol{B}_{1i}$ 为常值矩阵，并且 $\underline{\boldsymbol{\xi}}_k$ 独立于 $\boldsymbol{x}_0$ 和 $\underline{\boldsymbol{\xi}}_i (0 \leqslant i \leqslant k-1)$，于是有 $\langle \boldsymbol{x}_k, \underline{\boldsymbol{\xi}}_k \rangle = \boldsymbol{0}$。剩下的可以同理得出。

3.6　应用叠加原理。

3.7　应用在练习 3.6 中得到的公式，有

$$\begin{cases} \hat{d}_{k|k} = \hat{d}_{k-1|k-1} + h w_{k-1} + G_k(\boldsymbol{v}_k - \Delta d_k - \hat{d}_{k-1|k-1} - h w_{k-1}) \\ \hat{d}_{0|0} = E(d_0) \end{cases}$$

式中 G_k 由标准算法(3.25)得出，且 $A_k = C_k = \Gamma_k = 1$。

3.8　设

$$\boldsymbol{X}_k = \begin{bmatrix} \boldsymbol{x}_k^1 \\ \boldsymbol{x}_k^2 \\ \boldsymbol{x}_k^3 \end{bmatrix}, \quad \boldsymbol{x}_k^1 = \begin{bmatrix} \boldsymbol{\Sigma}_k \\ \dot{\boldsymbol{\Sigma}}_k \\ \ddot{\boldsymbol{\Sigma}}_k \end{bmatrix}, \quad \boldsymbol{x}_k^2 = \begin{bmatrix} \Delta A_k \\ \Delta \dot{A}_k \\ \Delta \ddot{A}_k \end{bmatrix}, \quad \boldsymbol{x}_k^3 = \begin{bmatrix} \Delta E_k \\ \Delta \dot{E}_k \\ \Delta \ddot{E}_k \end{bmatrix}$$

$$\underline{\boldsymbol{\xi}}_k = \begin{bmatrix} \underline{\boldsymbol{\xi}}_k^1 \\ \underline{\boldsymbol{\xi}}_k^2 \\ \underline{\boldsymbol{\xi}}_k^3 \end{bmatrix}, \quad \underline{\boldsymbol{\eta}}_k = \begin{bmatrix} \boldsymbol{\eta}_k^1 \\ \boldsymbol{\eta}_k^2 \\ \boldsymbol{\eta}_k^3 \end{bmatrix}, \quad \boldsymbol{v}_k = \begin{bmatrix} \boldsymbol{v}_k^1 \\ \boldsymbol{v}_k^2 \\ \boldsymbol{v}_k^3 \end{bmatrix}$$

$$A=\begin{bmatrix}1 & h & h^2/2\\0 & 1 & h\\0 & 0 & 1\end{bmatrix},\quad C=[1\quad 0\quad 0]$$

由练习3.8所描述的系统可以分解为3个子系统:

$$\begin{cases}\boldsymbol{x}_{k+1}^i=\boldsymbol{A}\boldsymbol{x}_k^i+\boldsymbol{\Gamma}_k^i\underline{\boldsymbol{\xi}}_k^i\\ v_k^i=\boldsymbol{C}\boldsymbol{x}_k^i+\eta_k^i\end{cases}$$

$i=1,2,3$。

对于每个k,$\boldsymbol{x}_k$和$\underline{\boldsymbol{\xi}}_k$是三维向量,相应的$v_k$和$\eta_k$是标量,$\boldsymbol{Q}_k$是3×3的非负正定对称矩阵,$R_k>0$也是标量。

第4章

4.1 由式(4.6),有

$$\begin{aligned}L(\boldsymbol{Ax}+\boldsymbol{By},\boldsymbol{v})&=E(\boldsymbol{Ax}+\boldsymbol{By})+\langle\boldsymbol{Ax}+\boldsymbol{By},\boldsymbol{v}\rangle[\mathrm{Var}(\boldsymbol{v})]^{-1}(\boldsymbol{v}-E(\boldsymbol{v}))\\&=\boldsymbol{A}\{E(\boldsymbol{x})+\langle\boldsymbol{x},\boldsymbol{v}\rangle[\mathrm{Var}(\boldsymbol{v})]^{-1}(\boldsymbol{v}-E(\boldsymbol{v}))\}+\\&\quad\boldsymbol{B}\{E(\boldsymbol{y})+\langle\boldsymbol{y},\boldsymbol{v}\rangle[\mathrm{Var}(\boldsymbol{v})]^{-1}(\boldsymbol{v}-E(\boldsymbol{v}))\}\\&=\boldsymbol{A}L(\boldsymbol{x},\boldsymbol{v})+\boldsymbol{B}L(\boldsymbol{y},\boldsymbol{v})\end{aligned}$$

4.2 由式(4.6)及$E(\boldsymbol{a})=\boldsymbol{a}$,有

$$\langle\boldsymbol{a},\boldsymbol{v}\rangle=E(\boldsymbol{a}-E(\boldsymbol{a}))(\boldsymbol{v}-E(\boldsymbol{v}))=\boldsymbol{0}$$

从而

$$L(\boldsymbol{a},\boldsymbol{v})=E(\boldsymbol{a})+\langle\boldsymbol{a},\boldsymbol{v}\rangle[\mathrm{Var}(\boldsymbol{v})]^{-1}(\boldsymbol{v}-E(\boldsymbol{v}))=\boldsymbol{a}$$

4.3 由定义,对于实值函数f和矩阵$\boldsymbol{A}=[a_{ij}]$,$\mathrm{d}f/\mathrm{d}\boldsymbol{A}=[\partial f/\partial a_{ji}]$,则

$$\begin{aligned}\boldsymbol{0}&=\frac{\partial}{\partial\boldsymbol{H}}(\mathrm{tr}\,\|\boldsymbol{x}-\boldsymbol{y}\|_n^2)\\&=\frac{\partial}{\partial\boldsymbol{H}}E\left((\boldsymbol{x}-E(\boldsymbol{x}))-\boldsymbol{H}(\boldsymbol{v}-E(\boldsymbol{v}))\right)^{\mathrm{T}}\left((\boldsymbol{x}-E(\boldsymbol{x}))-\boldsymbol{H}(\boldsymbol{v}-E(\boldsymbol{v}))\right)\\&=E\frac{\partial}{\partial\boldsymbol{H}}\left((\boldsymbol{x}-E(\boldsymbol{x}))-\boldsymbol{H}(\boldsymbol{v}-E(\boldsymbol{v}))\right)^{\mathrm{T}}\left((\boldsymbol{x}-E(\boldsymbol{x}))-\boldsymbol{H}(\boldsymbol{v}-E(\boldsymbol{v}))\right)\\&=E(-2(\boldsymbol{x}-E(\boldsymbol{x}))-\boldsymbol{H}(\boldsymbol{v}-E(\boldsymbol{v})))(\boldsymbol{v}-E(\boldsymbol{v}))^{\mathrm{T}}\\&=2(\boldsymbol{H}E(\boldsymbol{v}-E(\boldsymbol{v}))(\boldsymbol{v}-E(\boldsymbol{v}))^{\mathrm{T}}-E(\boldsymbol{x}-E(\boldsymbol{x}))(\boldsymbol{v}-E(\boldsymbol{v}))^{\mathrm{T}})\\&=2(\boldsymbol{H}\|\boldsymbol{v}\|_q^2-\langle\boldsymbol{x},\boldsymbol{v}\rangle)\end{aligned}$$

这就可以给出

$$\boldsymbol{H}^*=\langle\boldsymbol{x},\boldsymbol{v}\rangle[\|\boldsymbol{v}\|_q^2]^{-1}$$

使得

$$\boldsymbol{x}^*=E(\boldsymbol{x})-\langle\boldsymbol{x},\boldsymbol{v}\rangle[\|\boldsymbol{v}\|_q^2]^{-1}(E(\boldsymbol{v})-\boldsymbol{v})$$

4.4 由于$\boldsymbol{v}^{k-2}$是下面各项的线性组合(常值矩阵系数):

$$\mathbf{x}_0, \underline{\boldsymbol{\xi}}_0, \cdots, \underline{\boldsymbol{\xi}}_{k-3}, \underline{\boldsymbol{\eta}}_0, \cdots, \underline{\boldsymbol{\eta}}_{k-2}$$

这些都跟$\underline{\boldsymbol{\xi}}_{k-1}$和$\underline{\boldsymbol{\eta}}_{k-1}$不相关，于是有

$$\langle \underline{\boldsymbol{\xi}}_{k-1}, \mathbf{v}^{k-2} \rangle = \mathbf{0} \quad 和 \quad \langle \underline{\boldsymbol{\eta}}_{k-1}, \mathbf{v}^{k-2} \rangle = \mathbf{0}$$

同理，可以证明其他的公式[可能会用到式(4.6)]。

4.5　第一个等式可以从卡尔曼增益方程得到(见定理 4.1(c)或式(4.19))，即 $\mathbf{G}_k(\mathbf{C}_k\mathbf{P}_{k,k-1}\mathbf{C}_k^{\mathrm{T}} + \mathbf{R}_k) = \mathbf{P}_{k,k-1}\mathbf{C}_k^{\mathrm{T}}$，使得 $\mathbf{G}_k\mathbf{R}_k = \mathbf{P}_{k,k-1}\mathbf{C}_k^{\mathrm{T}} - \mathbf{G}_k\mathbf{C}_k\mathbf{P}_{k,k-1}\mathbf{C}_k^{\mathrm{T}} = (\mathbf{I} - \mathbf{G}_k\mathbf{C}_k)\mathbf{P}_{k,k-1}\mathbf{C}_k^{\mathrm{T}}$。

为了证明第二个等式，应用式(4.18)和式(4.17)，得到

$$\begin{aligned}
&\langle \mathbf{x}_{k-1} - \hat{\mathbf{x}}_{k-1|k-1}, \boldsymbol{\Gamma}_{k-1}\underline{\boldsymbol{\xi}}_{k-1} - K_{k-1}\underline{\boldsymbol{\eta}}_{k-1} \rangle \\
&= \langle \mathbf{x}_{k-1} - \hat{\mathbf{x}}_{k-1|k-2} - \langle \mathbf{x}_{k-1}^{\#}, \mathbf{v}_{k-1}^{\#} \rangle [\| \mathbf{v}_{k-1}^{\#} \|^2]^{-1}\mathbf{v}_{k-1}^{\#}, \boldsymbol{\Gamma}_{k-1}\underline{\boldsymbol{\xi}}_{k-1} - \mathbf{K}_{k-1}\underline{\boldsymbol{\eta}}_{k-1} \rangle \\
&= \langle \mathbf{x}_{k-1}^{\#} - \langle \mathbf{x}_{k-1}^{\#}, \mathbf{v}_{k-1}^{\#} \rangle [\| \mathbf{v}_{k-1}^{\#} \|^2]^{-1}(\mathbf{C}_{k-1}\mathbf{x}_{k-1}^{\#} + \underline{\boldsymbol{\eta}}_{k-1}), \boldsymbol{\Gamma}_{k-1}\underline{\boldsymbol{\xi}}_{k-1} - \mathbf{K}_{k-1}\underline{\boldsymbol{\eta}}_{k-1} \rangle \\
&= -\langle \mathbf{x}_{k-1}^{\#}, \mathbf{v}_{k-1}^{\#} \rangle [\| \mathbf{v}_{k-1}^{\#} \|^2]^{-1}(\mathbf{S}_{k-1}^{\mathrm{T}}\boldsymbol{\Gamma}_{k-1}^{\mathrm{T}} - \mathbf{R}_{k-1}\mathbf{K}_{k-1}^{\mathrm{T}}) \\
&= \mathbf{O}_{n\times n}
\end{aligned}$$

又 $\mathbf{K}_{k-1} = \boldsymbol{\Gamma}_{k-1}\mathbf{S}_{k-1}\mathbf{R}_{k-1}^{-1}$，可得

$$\mathbf{S}_{k-1}^{\mathrm{T}}\boldsymbol{\Gamma}_{k-1}^{\mathrm{T}} - \mathbf{R}_{k-1}\mathbf{K}_{k-1}^{\mathrm{T}} = \mathbf{O}_{n\times n}$$

4.6　与推导定理 4.1 的过程一样，用 $\mathbf{v}_k - \mathbf{D}_k\mathbf{u}_k$ 代替 $\mathbf{v}_k$，并且用

$$\hat{\mathbf{x}}_{k|k-1} = L(\mathbf{A}_{k-1}\mathbf{x}_{k-1} + \mathbf{B}_{k-1}\mathbf{u}_{k-1} + \boldsymbol{\Gamma}_{k-1}\underline{\boldsymbol{\xi}}_{k-1}, \mathbf{v}^{k-1})$$

代替

$$\hat{\mathbf{x}}_{k|k-1} = L(\mathbf{x}_k, \mathbf{v}^{k-1}) = L(\mathbf{A}_{k-1}\mathbf{x}_{k-1} + \boldsymbol{\Gamma}_{k-1}\underline{\boldsymbol{\xi}}_{k-1}, \mathbf{v}^{k-1})$$

4.7　设

$$\begin{aligned}
w_k &= -a_1 v_{k-1} + b_1 u_{k-1} + c_1 e_{k-1} + w_{k-1} \\
w_{k-1} &= -a_2 v_{k-2} + b_2 u_{k-2} + w_{k-2} \\
w_{k-2} &= -a_3 v_{k-3}
\end{aligned}$$

并定义 $\mathbf{x}_k = [w_k \quad w_{k-1} \quad w_{k-2}]^{\mathrm{T}}$，则

$$\begin{cases}
\mathbf{x}_{k+1} = \mathbf{A}\mathbf{x}_k + \mathbf{B}u_k + \boldsymbol{\Gamma}e_k \\
v_k = \mathbf{C}\mathbf{x}_k + Du_k + \Delta e_k
\end{cases}$$

式中

$$\mathbf{A} = \begin{bmatrix} -a_1 & 1 & 0 \\ -a_2 & 0 & 1 \\ -a_3 & 0 & 0 \end{bmatrix}, \quad \mathbf{B} = \begin{bmatrix} b_1 - a_1 b_0 \\ b_2 - a_2 b_0 \\ -a_3 b_0 \end{bmatrix}, \quad \boldsymbol{\Gamma} = \begin{bmatrix} c_1 - a_1 c_0 \\ -a_2 c_0 \\ -a_3 b_0 \end{bmatrix}$$

$$\mathbf{C} = [1 \quad 0 \quad 0], \quad D = [b_0], \quad \Delta = [c_0]$$

4.8 设

$$w_k = -a_1 v_{k-1} + b_1 u_{k-1} + c_1 e_{k-1} + w_{k-1}$$
$$w_{k-1} = -a_2 v_{k-2} + b_2 u_{k-2} + c_2 e_{k-2} + w_{k-2}$$
$$\vdots$$
$$w_{k-n+1} = -a_n v_{k-n} + b_n u_{k-n} + c_n e_{k-n}$$

对于 $j>m$ 有 $b_j=0$,对于 $j>l$ 有 $c_j=0$,并且定义

$$\boldsymbol{x}_k = [w_k \quad w_{k-1} \quad \cdots \quad w_{k-n+1}]^{\mathrm{T}}$$

则

$$\begin{cases} \boldsymbol{x}_{k+1} = \boldsymbol{A}\boldsymbol{x}_k + \boldsymbol{B}u_k + \boldsymbol{\Gamma} e_k \\ \boldsymbol{v}_k = \boldsymbol{C}\boldsymbol{x}_k + Du_k + \Delta e_k \end{cases}$$

式中

$$\boldsymbol{A} = \begin{bmatrix} -a_1 & 1 & 0 & \cdots & 0 \\ -a_2 & 0 & 1 & \cdots & 0 \\ \vdots & \vdots & \vdots & & \vdots \\ -a_{n-1} & 0 & 0 & \cdots & 1 \\ -a_n & 0 & 0 & \cdots & 0 \end{bmatrix}, \quad \boldsymbol{B} = \begin{bmatrix} b_1 - a_1 b_0 \\ \vdots \\ b_m - a_m b_0 \\ -a_{m+1} b_0 \\ \vdots \\ -a_n b_0 \end{bmatrix}, \quad \boldsymbol{\Gamma} = \begin{bmatrix} c_1 - a_1 c_0 \\ \vdots \\ c_l - a_l c_0 \\ -a_{l+1} \\ \vdots \\ -a_n c_0 \end{bmatrix}$$

$$\boldsymbol{C} = [1 \quad 0 \quad \cdots \quad 0], \quad D = [b_0], \quad \Delta = [c_0]$$

第5章

5.1 $\boldsymbol{v}^k$ 是下面各项的线性组合(常值矩阵系数):

$$\boldsymbol{x}_0, \underline{\boldsymbol{\eta}}_0, \underline{\boldsymbol{\gamma}}_0, \cdots, \underline{\boldsymbol{\gamma}}_k, \underline{\boldsymbol{\xi}}_0, \underline{\boldsymbol{\beta}}_0, \cdots, \underline{\boldsymbol{\beta}}_{k-1}$$

所有这些都独立于 $\underline{\boldsymbol{\beta}}_k$,有 $\langle \underline{\boldsymbol{\beta}}_k, \boldsymbol{v}^k \rangle = \boldsymbol{0}$。另一方面,$\underline{\boldsymbol{\beta}}_k$ 是零均值的。由式(4.6),有

$$L(\tilde{\underline{\boldsymbol{\beta}}}_k, \boldsymbol{v}^k) = E(\tilde{\underline{\boldsymbol{\beta}}}_k) - \langle \tilde{\underline{\boldsymbol{\beta}}}_k, \boldsymbol{v}^k \rangle [\| \boldsymbol{v}^k \|^2]^{-1} (E(\boldsymbol{v}^k) - \boldsymbol{v}^k) = \boldsymbol{0}$$

5.2 由引理4.2,取 $\boldsymbol{v} = \boldsymbol{v}^{k-1}$,$\boldsymbol{v}^1 = \boldsymbol{v}^{k-2}$,$\boldsymbol{v}^2 = \boldsymbol{v}_{k-1}$,$\boldsymbol{v}_{k-1}^{\#} = \boldsymbol{v}_{k-1} - L(\boldsymbol{v}_{k-1}, \boldsymbol{v}^{k-2})$,则对于所有 $\boldsymbol{x} = \boldsymbol{v}_{k-1}$,有

$$\begin{aligned} L(\boldsymbol{v}_{k-1}, \boldsymbol{v}^{k-1}) &= L(\boldsymbol{v}_{k-1}, \boldsymbol{v}^{k-2}) + \langle \boldsymbol{v}_{k-1}^{\#}, \boldsymbol{v}_{k-1}^{\#} \rangle [\| \boldsymbol{v}_{k-1}^{\#} \|^2]^{-1} \boldsymbol{v}_{k-1}^{\#} \\ &= L(\boldsymbol{v}_{k-1}, \boldsymbol{v}^{k-2}) + \boldsymbol{v}_{k-1} - L(\boldsymbol{v}_{k-1}, \boldsymbol{v}^{k-2}) = \boldsymbol{v}_{k-1} \end{aligned}$$

等式 $L(\underline{\boldsymbol{\gamma}}_k, \boldsymbol{v}^{k-1}) = \boldsymbol{0}$,可以模仿练习5.1的证明来完成。

5.3 根据引理4.2有

$$\begin{aligned} \boldsymbol{z}_{k-1} - \hat{\boldsymbol{z}}_{k-1} &= \boldsymbol{z}_{k-1} - L(\boldsymbol{z}_{k-1}, \boldsymbol{v}^{k-1}) \\ &= \boldsymbol{z}_{k-1} - E(\boldsymbol{z}_{k-1}) + \langle \boldsymbol{z}_{k-1}, \boldsymbol{v}^{k-1} \rangle [\| \boldsymbol{v}^{k-1} \|^2]^{-1} (E(\boldsymbol{v}^{k-1}) - \boldsymbol{v}^{k-1}) \end{aligned}$$

$$=\begin{bmatrix}\boldsymbol{x}_{k-1}\\ \underline{\boldsymbol{\xi}}_{k-1}\end{bmatrix}-\begin{bmatrix}E(\boldsymbol{x}_{k-1})\\ E(\underline{\boldsymbol{\xi}}_{k-1})\end{bmatrix}+\begin{bmatrix}\langle \boldsymbol{x}_{k-1},\boldsymbol{v}^{k-1}\rangle\\ \langle \underline{\boldsymbol{\xi}}_{k-1},\boldsymbol{v}^{k-1}\rangle\end{bmatrix}[\|\boldsymbol{v}^{k-1}\|^2]^{-1}(E(\boldsymbol{v}^{k-1})-\boldsymbol{v}^{k-1})$$

其最前 n 维子向量和最后 p 维子向量分别是下面的线性组合(以常值矩阵为系数):

$$\boldsymbol{x}_0,\underline{\boldsymbol{\xi}}_0,\underline{\boldsymbol{\beta}}_0,\cdots,\underline{\boldsymbol{\beta}}_{k-2},\underline{\boldsymbol{\eta}}_0,\underline{\boldsymbol{\gamma}}_0,\cdots,\underline{\boldsymbol{\gamma}}_{k-1}$$

它们都独立于$\underline{\boldsymbol{\gamma}}_k$,因此有

$$B\langle \boldsymbol{z}_{k-1}-\hat{\boldsymbol{z}}_{k-1},\underline{\boldsymbol{\gamma}}_k\rangle=\boldsymbol{0}$$

5.4 该证明和练习 5.3 类似。

5.5 为了简化,记

$$\boldsymbol{B}=[\boldsymbol{C}_0\mathrm{Var}(\boldsymbol{x}_0)\boldsymbol{C}_0^{\mathrm{T}}+\boldsymbol{R}_0]^{-1}$$

由式(5.16),有

$$\begin{aligned}\mathrm{Var}(\boldsymbol{x}_0-\hat{\boldsymbol{x}}_0)&=\mathrm{Var}(\boldsymbol{x}_0-E(\boldsymbol{x}_0)-[\mathrm{Var}(\boldsymbol{x}_0)]\boldsymbol{C}_0^{\mathrm{T}}[\boldsymbol{C}_0\mathrm{Var}(\boldsymbol{x}_0)\boldsymbol{C}_0^{\mathrm{T}}+\boldsymbol{R}_0]^{-1}(\boldsymbol{v}_0-\boldsymbol{C}_0E(\boldsymbol{x}_0)))\\
&=\mathrm{Var}(\boldsymbol{x}_0-E(\boldsymbol{x}_0)-[\mathrm{Var}(\boldsymbol{x}_0)]\boldsymbol{C}_0^{\mathrm{T}}\boldsymbol{B}(\boldsymbol{C}_0(\boldsymbol{x}_0-E(\boldsymbol{x}_0))+\underline{\boldsymbol{\eta}}_0))\\
&=\mathrm{Var}((\boldsymbol{I}-[\mathrm{Var}(\boldsymbol{x}_0)]\boldsymbol{C}_0^{\mathrm{T}}\boldsymbol{B}\boldsymbol{C}_0)(\boldsymbol{x}_0-E(\boldsymbol{x}_0))-[\mathrm{Var}(\boldsymbol{x}_0)]\boldsymbol{C}_0^{\mathrm{T}}\boldsymbol{B}\underline{\boldsymbol{\eta}}_0)\\
&=(\boldsymbol{I}-[\mathrm{Var}(\boldsymbol{x}_0)]\boldsymbol{C}_0^{\mathrm{T}}\boldsymbol{B}\boldsymbol{C}_0)\mathrm{Var}(\boldsymbol{x}_0)(\boldsymbol{I}-\boldsymbol{C}_0^{\mathrm{T}}\boldsymbol{B}\boldsymbol{C}_0[\mathrm{Var}(\boldsymbol{x}_0)])+\\
&\quad[\mathrm{Var}(\boldsymbol{x}_0)]\boldsymbol{C}_0^{\mathrm{T}}\boldsymbol{B}\boldsymbol{R}_0\boldsymbol{B}\boldsymbol{C}_0[\mathrm{Var}(\boldsymbol{x}_0)]\\
&=\mathrm{Var}(\boldsymbol{x}_0)-[\mathrm{Var}(\boldsymbol{x}_0)]\boldsymbol{C}_0^{\mathrm{T}}\boldsymbol{B}\boldsymbol{C}_0[\mathrm{Var}(\boldsymbol{x}_0)]-[\mathrm{Var}(\boldsymbol{x}_0)]\boldsymbol{C}_0^{\mathrm{T}}\boldsymbol{B}\boldsymbol{C}_0[\mathrm{Var}(\boldsymbol{x}_0)]+\\
&\quad[\mathrm{Var}(\boldsymbol{x}_0)]\boldsymbol{C}_0^{\mathrm{T}}\boldsymbol{B}\boldsymbol{C}_0[\mathrm{Var}(\boldsymbol{x}_0)]\boldsymbol{C}_0^{\mathrm{T}}\boldsymbol{B}\boldsymbol{C}_0[\mathrm{Var}(\boldsymbol{x}_0)]+\\
&\quad[\mathrm{Var}(\boldsymbol{x}_0)]\boldsymbol{C}_0^{\mathrm{T}}\boldsymbol{B}\boldsymbol{R}_0\boldsymbol{B}\boldsymbol{C}_0[\mathrm{Var}(\boldsymbol{x}_0)]\\
&=\mathrm{Var}(\boldsymbol{x}_0)-[\mathrm{Var}(\boldsymbol{x}_0)]\boldsymbol{C}_0^{\mathrm{T}}\boldsymbol{B}\boldsymbol{C}_0[\mathrm{Var}(\boldsymbol{x}_0)]-[\mathrm{Var}(\boldsymbol{x}_0)]\boldsymbol{C}_0^{\mathrm{T}}\boldsymbol{B}\boldsymbol{C}_0[\mathrm{Var}(\boldsymbol{x}_0)]+\\
&\quad[\mathrm{Var}(\boldsymbol{x}_0)]\boldsymbol{C}_0^{\mathrm{T}}\boldsymbol{B}\boldsymbol{C}_0[\mathrm{Var}(\boldsymbol{x}_0)]\\
&=\mathrm{Var}(\boldsymbol{x}_0)-[\mathrm{Var}(\boldsymbol{x}_0)]\boldsymbol{C}_0^{\mathrm{T}}\boldsymbol{B}\boldsymbol{C}_0[\mathrm{Var}(\boldsymbol{x}_0)]\end{aligned}$$

5.6 由$\hat{\underline{\boldsymbol{\xi}}}_0=\boldsymbol{0}$,有$\hat{\boldsymbol{x}}_1=\boldsymbol{A}_0\hat{\boldsymbol{x}}_0+\boldsymbol{G}_1(\boldsymbol{v}_1-\boldsymbol{C}_1\boldsymbol{A}_0\hat{\boldsymbol{x}}_0)$,$\hat{\underline{\boldsymbol{\xi}}}_1=\boldsymbol{0}$,从而有$\hat{\boldsymbol{x}}_2=\boldsymbol{A}_1\hat{\boldsymbol{x}}_1+\boldsymbol{G}_2(\boldsymbol{v}_2-\boldsymbol{C}_2\boldsymbol{A}_1\hat{\boldsymbol{x}}_1)$,等等。

一般地,有

$$\hat{\boldsymbol{x}}_k=\boldsymbol{A}_{k-1}\hat{\boldsymbol{x}}_{k-1}+\boldsymbol{G}_k(\boldsymbol{v}_k-\boldsymbol{C}_k\boldsymbol{A}_{k-1}\hat{\boldsymbol{x}}_{k-1})=\hat{\boldsymbol{x}}_{k|k-1}+\boldsymbol{G}_k(\boldsymbol{v}_k-\boldsymbol{C}_k\hat{\boldsymbol{x}}_{k|k-1})$$

定义

$$\boldsymbol{P}_{0,0}=[[\mathrm{Var}(\boldsymbol{x}_0)]^{-1}+\boldsymbol{C}_0^{\mathrm{T}}\boldsymbol{R}_0^{-1}\boldsymbol{C}_0]^{-1}$$

$$\boldsymbol{P}_{k,k-1}=\boldsymbol{A}_{k-1}\boldsymbol{P}_{k-1,k-1}\boldsymbol{A}_{k-1}^{\mathrm{T}}+\boldsymbol{\Gamma}_{k-1}\boldsymbol{Q}_{k-1}\boldsymbol{\Gamma}_{k-1}^{\mathrm{T}}$$

则

$$\boldsymbol{G}_1=\begin{bmatrix}\boldsymbol{A}_0&\boldsymbol{\Gamma}_0\\ \boldsymbol{0}&\boldsymbol{0}\end{bmatrix}\begin{bmatrix}\boldsymbol{P}_{0,0}&\boldsymbol{0}\\ \boldsymbol{0}&\boldsymbol{Q}_0\end{bmatrix}\begin{bmatrix}\boldsymbol{A}_0^{\mathrm{T}}&\boldsymbol{C}_1^{\mathrm{T}}\\ \boldsymbol{\Gamma}_0^{\mathrm{T}}&\boldsymbol{C}_1^{\mathrm{T}}\end{bmatrix}\cdot\left([\boldsymbol{C}_1\boldsymbol{A}_0\quad\boldsymbol{C}_1\boldsymbol{\Gamma}_0]\begin{bmatrix}\boldsymbol{P}_{0,0}&\boldsymbol{0}\\ \boldsymbol{0}&\boldsymbol{Q}_0\end{bmatrix}\begin{bmatrix}\boldsymbol{A}_0^{\mathrm{T}}&\boldsymbol{C}_1^{\mathrm{T}}\\ \boldsymbol{\Gamma}_0^{\mathrm{T}}&\boldsymbol{C}_1^{\mathrm{T}}\end{bmatrix}+\boldsymbol{R}_1\right)^{-1}$$

$$=\begin{bmatrix}\boldsymbol{P}_{1,0}\boldsymbol{C}_1^{\mathrm{T}}(\boldsymbol{C}_1\boldsymbol{P}_{1,0}\boldsymbol{C}_1^{\mathrm{T}}+\boldsymbol{R}_1)^{-1}\\ \mathbf{0}\end{bmatrix}$$

$$\boldsymbol{P}_1=\left(\begin{bmatrix}\boldsymbol{A}_0 & \boldsymbol{\Gamma}_0\\ \mathbf{0} & \mathbf{0}\end{bmatrix}-\boldsymbol{G}_1[\boldsymbol{C}_1\boldsymbol{A}_0\quad \boldsymbol{C}_1\boldsymbol{\Gamma}_0]\right)\begin{bmatrix}\boldsymbol{P}_{0,0} & \mathbf{0}\\ \mathbf{0} & Q_0\end{bmatrix}\begin{bmatrix}\boldsymbol{A}_0^{\mathrm{T}} & \mathbf{0}\\ \boldsymbol{\Gamma}_0^{\mathrm{T}} & \mathbf{0}\end{bmatrix}+\begin{bmatrix}\mathbf{0} & \mathbf{0}\\ \mathbf{0} & Q_1\end{bmatrix}$$

$$=\begin{bmatrix}[\boldsymbol{I}_n-\boldsymbol{P}_{1,0}\boldsymbol{C}_1^{\mathrm{T}}(\boldsymbol{C}_1\boldsymbol{P}_{1,0}\boldsymbol{C}_1^{\mathrm{T}}+\boldsymbol{R}_1)^{-1}\boldsymbol{C}_1]\boldsymbol{P}_{1,0} & \mathbf{0}\\ \mathbf{0} & Q_1\end{bmatrix}$$

一般地,有

$$\boldsymbol{G}_k=\begin{bmatrix}\boldsymbol{P}_{k,k-1}\boldsymbol{C}_k^{\mathrm{T}}(\boldsymbol{C}_k\boldsymbol{P}_{k,k-1}\boldsymbol{C}_k^{\mathrm{T}}+\boldsymbol{R}_k)^{-1}\\ \mathbf{0}\end{bmatrix}$$

$$\boldsymbol{P}_k=\begin{bmatrix}[\boldsymbol{I}_n-\boldsymbol{P}_{k,k-1}\boldsymbol{C}_k^{\mathrm{T}}(\boldsymbol{C}_k\boldsymbol{P}_{k,k-1}\boldsymbol{C}_k^{\mathrm{T}}+\boldsymbol{R}_k)^{-1}\boldsymbol{C}_k]\boldsymbol{P}_{k,k-1} & \mathbf{0}\\ \mathbf{0} & Q_k\end{bmatrix}$$

最后,用 $\boldsymbol{x}_0$ 的无偏估计 $\hat{\boldsymbol{x}}_0=E(\boldsymbol{x}_0)$ 代替稍微好一些的初始状态估计:

$$\hat{\boldsymbol{x}}_0=E(\boldsymbol{x}_0)-[\mathrm{Var}(\boldsymbol{x}_0)]\boldsymbol{C}_0^{\mathrm{T}}[\boldsymbol{C}_0\mathrm{Var}(\boldsymbol{x}_0)\boldsymbol{C}_0^{\mathrm{T}}+\boldsymbol{R}_0]^{-1}[\boldsymbol{C}_0E(\boldsymbol{x}_0)-\boldsymbol{v}_0]$$

并设

$$\boldsymbol{P}_0=E\left(\begin{bmatrix}\boldsymbol{x}_0\\ \underline{\boldsymbol{\xi}_0}\end{bmatrix}-\begin{bmatrix}E(\boldsymbol{x}_0)\\ E(\underline{\boldsymbol{\xi}_0})\end{bmatrix}\right)\left(\begin{bmatrix}\boldsymbol{x}_0\\ \underline{\boldsymbol{\xi}_0}\end{bmatrix}-\begin{bmatrix}E(\boldsymbol{x}_0)\\ E(\underline{\boldsymbol{\xi}_0})\end{bmatrix}\right)^{\mathrm{T}}=\begin{bmatrix}\mathrm{Var}(\boldsymbol{x}_0) & \mathbf{0}\\ \mathbf{0} & Q_0\end{bmatrix}$$

则可以得到第 2 章和第 3 章的卡尔曼滤波算法。

5.7 设

$$\bar{\boldsymbol{P}}_0=[[\mathrm{Var}(\boldsymbol{x}_0)]^{-1}+\boldsymbol{C}_0^{\mathrm{T}}\boldsymbol{R}_0^{-1}\boldsymbol{C}_0]^{-1}$$

$$\bar{\boldsymbol{H}}_{k-1}=[\boldsymbol{C}_k\boldsymbol{A}_{k-1}-\mathbf{N}_{k-1}\boldsymbol{C}_{k-1}]$$

从(5.17b)开始,即

$$\boldsymbol{P}_0=\begin{bmatrix}([\mathrm{Var}(\boldsymbol{x}_0)]^{-1}+\boldsymbol{C}_0\boldsymbol{R}_0^{-1}\boldsymbol{C}_0)^{-1} & \mathbf{0}\\ \mathbf{0} & Q_0\end{bmatrix}=\begin{bmatrix}\bar{\boldsymbol{P}}_0 & \mathbf{0}\\ O & Q_0\end{bmatrix}$$

有

$$\boldsymbol{G}_1=\begin{bmatrix}\boldsymbol{A}_0 & \boldsymbol{\Gamma}_0\\ \mathbf{0} & \mathbf{0}\end{bmatrix}\begin{bmatrix}\bar{\boldsymbol{P}}_0 & \mathbf{0}\\ \mathbf{0} & Q_0\end{bmatrix}\begin{bmatrix}\bar{\boldsymbol{H}}_0^{\mathrm{T}}\\ \boldsymbol{\Gamma}_0^{\mathrm{T}}\boldsymbol{C}_1^{\mathrm{T}}\end{bmatrix}\cdot\left[[\boldsymbol{H}_0\quad \boldsymbol{C}_1\boldsymbol{\Gamma}_0]\begin{bmatrix}\bar{\boldsymbol{P}}_0 & \mathbf{0}\\ \mathbf{0} & Q_0\end{bmatrix}\begin{bmatrix}\bar{\boldsymbol{H}}_0^{\mathrm{T}}\\ \boldsymbol{\Gamma}_0^{\mathrm{T}}\boldsymbol{C}_1^{\mathrm{T}}\end{bmatrix}+\boldsymbol{R}_1\right]^{-1}$$

$$=\begin{bmatrix}(\boldsymbol{A}_0\bar{\boldsymbol{P}}_0\bar{\boldsymbol{H}}_0^{\mathrm{T}}+\boldsymbol{\Gamma}_0Q_0\boldsymbol{\Gamma}_0^{\mathrm{T}}\boldsymbol{C}_1^{\mathrm{T}})(\bar{\boldsymbol{H}}_0\bar{\boldsymbol{P}}_0\bar{\boldsymbol{H}}_0^{\mathrm{T}}+\boldsymbol{C}_1\boldsymbol{\Gamma}_0Q_0\boldsymbol{\Gamma}_0^{\mathrm{T}}\boldsymbol{C}_1^{\mathrm{T}}+\boldsymbol{R}_1)^{-1}\\ \mathbf{0}\end{bmatrix}:=\begin{bmatrix}\bar{\boldsymbol{G}}_1\\ \mathbf{0}\end{bmatrix}$$

$$\boldsymbol{P}_1=\left[\begin{bmatrix}\boldsymbol{A}_0 & \boldsymbol{\Gamma}_0\\ \mathbf{0} & \mathbf{0}\end{bmatrix}-\begin{bmatrix}\bar{\boldsymbol{G}}_1\\ \mathbf{0}\end{bmatrix}[\bar{\boldsymbol{H}}_0\quad \boldsymbol{C}_1\boldsymbol{\Gamma}_0]\right]\begin{bmatrix}\bar{\boldsymbol{P}}_0 & \mathbf{0}\\ \mathbf{0} & Q_0\end{bmatrix}\begin{bmatrix}\boldsymbol{A}_0^{\mathrm{T}} & \mathbf{0}\\ \boldsymbol{\Gamma}_0^{\mathrm{T}} & \mathbf{0}\end{bmatrix}+\begin{bmatrix}\mathbf{0} & \mathbf{0}\\ \mathbf{0} & Q_1\end{bmatrix}$$

$$= \begin{bmatrix} (\boldsymbol{A}_0 - \bar{\boldsymbol{G}}_1 \bar{\boldsymbol{H}}_0)\bar{\boldsymbol{P}}_0 \boldsymbol{A}_0^{\mathrm{T}} + (\boldsymbol{I} - \bar{\boldsymbol{G}}_1 \boldsymbol{C}_1)\boldsymbol{\Gamma}_0 \boldsymbol{Q}_0 \boldsymbol{\Gamma}_0^{\mathrm{T}} & \boldsymbol{0} \\ \boldsymbol{0} & Q_1 \end{bmatrix} := \begin{bmatrix} \bar{\boldsymbol{P}}_1 & \boldsymbol{0} \\ \boldsymbol{0} & Q_1 \end{bmatrix}$$

一般地,可得

$$\begin{cases} \hat{\boldsymbol{x}}_k = \boldsymbol{A}_{k-1}\hat{\boldsymbol{x}}_{k-1} + \bar{\boldsymbol{G}}_k(\boldsymbol{v}_k - \boldsymbol{N}_{k-1}\boldsymbol{v}_{k-1} - \bar{\boldsymbol{H}}_{k-1}\hat{\boldsymbol{x}}_{k-1}) \\ \hat{\boldsymbol{x}}_0 = E(\boldsymbol{x}_0) - [\mathrm{Var}(\boldsymbol{x}_0)]\boldsymbol{C}_0^{\mathrm{T}}[\boldsymbol{C}_0\mathrm{Var}(\boldsymbol{x}_0)\boldsymbol{C}_0^{\mathrm{T}} + \boldsymbol{R}_0]^{-1}[\boldsymbol{C}_0 E(\boldsymbol{x}_0) - \boldsymbol{v}_0] \\ \bar{\boldsymbol{H}}_{k-1} = [\boldsymbol{C}_k\boldsymbol{A}_{k-1} - \boldsymbol{N}_{k-1}\boldsymbol{C}_{k-1}] \\ \bar{\boldsymbol{P}}_k = (\boldsymbol{A}_{k-1} - \bar{\boldsymbol{G}}_k\bar{\boldsymbol{H}}_{k-1})\bar{\boldsymbol{P}}_{k-1}\boldsymbol{A}_{k-1}^{\mathrm{T}} + (\boldsymbol{I} - \bar{\boldsymbol{G}}_k\boldsymbol{C}_k)\boldsymbol{\Gamma}_{k-1}\boldsymbol{Q}_{k-1}\boldsymbol{\Gamma}_{k-1}^{\mathrm{T}} \\ \bar{\boldsymbol{G}}_k = (\boldsymbol{A}_{k-1}\bar{\boldsymbol{P}}_{k-1}\bar{\boldsymbol{H}}_{k-1}^{\mathrm{T}} + \boldsymbol{\Gamma}_{k-1}\boldsymbol{Q}_{k-1}\boldsymbol{\Gamma}_{k-1}^{\mathrm{T}}\boldsymbol{C}_k^{\mathrm{T}}) \cdot (\bar{\boldsymbol{H}}_{k-1}\bar{\boldsymbol{P}}_{k-1}\bar{\boldsymbol{H}}_{k-1}^{\mathrm{T}} + \\ \qquad \boldsymbol{C}_k\boldsymbol{\Gamma}_{k-1}\boldsymbol{Q}_{k-1}\boldsymbol{\Gamma}_{k-1}^{\mathrm{T}}\boldsymbol{C}_k^{\mathrm{T}} + \boldsymbol{R}_{k-1})^{-1} \\ \bar{\boldsymbol{P}}_0 = [[\mathrm{Var}(\boldsymbol{x}_0)]^{-1} + \boldsymbol{C}_0^{\mathrm{T}}\boldsymbol{R}_0^{-1}\boldsymbol{C}_0]^{-1} \\ k = 1, 2, \cdots \end{cases}$$

通过忽略 $\bar{\boldsymbol{H}}_k$、$\bar{\boldsymbol{G}}_k$ 和 $\bar{\boldsymbol{P}}_k$ 上的“横线”,就可以得到式(5.21)。

5.8 (a) $\begin{cases} \underline{\boldsymbol{X}}_{k+1} = \boldsymbol{A}_c\underline{\boldsymbol{X}}_k + \boldsymbol{\xi}_k \\ \boldsymbol{v}_k = \boldsymbol{C}_c\underline{\boldsymbol{X}}_k \end{cases}$

(b) $\boldsymbol{P}_{0,0} = \begin{bmatrix} \mathrm{Var}(\boldsymbol{x}_0) & \boldsymbol{0} & \boldsymbol{0} \\ \boldsymbol{0} & \mathrm{Var}(\underline{\boldsymbol{\xi}}_0) & \boldsymbol{0} \\ \boldsymbol{0} & \boldsymbol{0} & \mathrm{Var}(\eta_0) \end{bmatrix}$

$$\boldsymbol{P}_{k,k-1} = \boldsymbol{A}_c\boldsymbol{P}_{k-1,k-1}\boldsymbol{A}_c^{\mathrm{T}} + \begin{bmatrix} 0 & & & & \\ & 0 & & & \\ & & 0 & & \\ & & & \boldsymbol{Q}_{k-1} & \\ & & & & r_{k-1} \end{bmatrix}$$

$$\boldsymbol{G}_k = \boldsymbol{P}_{k,k-1}\boldsymbol{C}_c^{\mathrm{T}}(\boldsymbol{C}_c^{\mathrm{T}}\boldsymbol{P}_{k,k-1}\boldsymbol{C}_c)^{-1}$$

$$\boldsymbol{P}_{k,k} = (I - \boldsymbol{G}_k\boldsymbol{C}_c)\boldsymbol{P}_{k,k-1}$$

$$\hat{\underline{\boldsymbol{X}}}_0 = \begin{bmatrix} E(\boldsymbol{x}_0) \\ \boldsymbol{0} \\ 0 \end{bmatrix}$$

$$\hat{\underline{\boldsymbol{X}}}_k = \boldsymbol{A}_c\hat{\underline{\boldsymbol{X}}}_{k-1} + \boldsymbol{G}_k(\boldsymbol{v}_k - \boldsymbol{C}_c\boldsymbol{A}_c\hat{\underline{\boldsymbol{X}}}_{k-1})$$

(c) 矩阵 $\boldsymbol{C}_c^{\mathrm{T}}\boldsymbol{P}_{k,k-1}\boldsymbol{C}_c$ 可能不可逆,需要额外估计 $\hat{\underline{\boldsymbol{X}}}_k$ 中的 $\hat{\underline{\boldsymbol{\xi}}}_k$ 和 $\hat{\boldsymbol{\eta}}_k$。

第6章

6.1 由于

$$\boldsymbol{x}_{k-1}=\boldsymbol{A}\boldsymbol{x}_{k-2}+\boldsymbol{\Gamma}\underline{\boldsymbol{\xi}}_{k-2}=\cdots=\boldsymbol{A}^{n}\boldsymbol{x}_{k-n-1}+\text{噪声}$$

$$\begin{aligned}\tilde{\boldsymbol{x}}_{k-1}&=\boldsymbol{A}^{n}[\boldsymbol{N}_{CA}^{\mathrm{T}}\boldsymbol{N}_{CA}]^{-1}(\boldsymbol{C}^{\mathrm{T}}\boldsymbol{v}_{k-n-1}+\boldsymbol{A}^{\mathrm{T}}\boldsymbol{C}^{\mathrm{T}}\boldsymbol{v}_{k-n}+\cdots+(\boldsymbol{A}^{\mathrm{T}})^{n-1}\boldsymbol{C}^{\mathrm{T}}\boldsymbol{v}_{k-2})\\&=\boldsymbol{A}^{n}[\boldsymbol{N}_{CA}^{\mathrm{T}}\boldsymbol{N}_{CA}]^{-1}(\boldsymbol{C}^{\mathrm{T}}\boldsymbol{C}\boldsymbol{x}_{k-n-1}+\boldsymbol{A}^{\mathrm{T}}\boldsymbol{C}^{\mathrm{T}}\boldsymbol{C}\boldsymbol{A}\boldsymbol{x}_{k-n-1}+\cdots+\\&\quad(\boldsymbol{A}^{\mathrm{T}})^{n-1}\boldsymbol{C}^{\mathrm{T}}\boldsymbol{C}\boldsymbol{A}^{n-1}\boldsymbol{x}_{k-n-1}+\text{噪声})\\&=\boldsymbol{A}^{n}[\boldsymbol{N}_{CA}^{\mathrm{T}}\boldsymbol{N}_{CA}]^{-1}[\boldsymbol{N}_{CA}^{\mathrm{T}}\boldsymbol{N}_{CA}]\boldsymbol{x}_{k-n-1}+\text{噪声}\\&=\boldsymbol{A}^{n}\boldsymbol{x}_{k-n-1}+\text{噪声}\end{aligned}$$

有

$$E(\tilde{\boldsymbol{x}}_{k-1})=E(\boldsymbol{A}^{n}\boldsymbol{x}_{k-n-1})=E(\boldsymbol{x}_{k-1})$$

6.2 由于

$$\frac{\mathrm{d}}{\mathrm{d}s}[\boldsymbol{A}^{-1}(s)\boldsymbol{A}(s)]=\frac{\mathrm{d}}{\mathrm{d}s}\boldsymbol{I}=\boldsymbol{0}$$

有

$$\boldsymbol{A}^{-1}(s)\left[\frac{\mathrm{d}}{\mathrm{d}s}\boldsymbol{A}(s)\right]+\left[\frac{\mathrm{d}}{\mathrm{d}s}\boldsymbol{A}^{-1}(s)\right]\boldsymbol{A}(s)=\boldsymbol{0}$$

从而

$$\frac{\mathrm{d}}{\mathrm{d}s}\boldsymbol{A}^{-1}(s)=-\boldsymbol{A}^{-1}(s)\left[\frac{\mathrm{d}}{\mathrm{d}s}\boldsymbol{A}(s)\right]\boldsymbol{A}^{-1}(s)$$

6.3 设 $\boldsymbol{P}=\boldsymbol{U}\mathrm{diag}[\lambda_1,\cdots,\lambda_n]\boldsymbol{U}^{-1}$,则

$$\boldsymbol{P}-\lambda_{\min}\boldsymbol{I}=\boldsymbol{U}\mathrm{diag}[\lambda_1-\lambda_{\min},\cdots,\lambda_n-\lambda_{\min}]\boldsymbol{U}^{-1}\geqslant\boldsymbol{0}$$

6.4 设 $\lambda_1,\cdots,\lambda_n$ 是 $\boldsymbol{F}$ 的特征值,$\boldsymbol{J}$ 是其若尔当标准型,则存在非奇异矩阵 $\boldsymbol{U}$,使得

$$\boldsymbol{U}^{-1}\boldsymbol{F}\boldsymbol{U}=\boldsymbol{J}=\begin{bmatrix}\lambda_1 & * & & & \\ & \lambda_2 & * & & \\ & & \ddots & \ddots & \\ & & & \ddots & * \\ & & & & \lambda_n\end{bmatrix}$$

式中每个 * 为 1 或 0。因此

$$\boldsymbol{F}^{k}=\boldsymbol{U}\boldsymbol{J}^{k}\boldsymbol{U}^{-1}=\begin{bmatrix}\lambda_1^k & * & \cdots & \cdots & * \\ & \lambda_2^k & * & \cdots & * \\ & & \ddots & \ddots & \vdots \\ & & & \ddots & * \\ & & & & \lambda_n^k\end{bmatrix}$$

式中每个 * 表示以下式为界的项:$p(k)|\lambda_{\max}|^{k}$,其中 $p(k)$ 是 k 的多项式,$|\lambda_{\max}|=$

$\max(|\lambda_1|,\cdots,|\lambda_n|)$。

因为$|\lambda_{\max}|<1$，当 $k\to\infty$时，$\boldsymbol{F}^k\to 0$。

6.5　因为

$$\boldsymbol{0}\leqslant(\boldsymbol{A}-\boldsymbol{B})(\boldsymbol{A}-\boldsymbol{B})^{\mathrm{T}}=\boldsymbol{A}\boldsymbol{A}^{\mathrm{T}}-\boldsymbol{A}\boldsymbol{B}^{\mathrm{T}}-\boldsymbol{B}\boldsymbol{A}^{\mathrm{T}}+\boldsymbol{B}\boldsymbol{B}^{\mathrm{T}}$$

有

$$\boldsymbol{A}\boldsymbol{B}^{\mathrm{T}}+\boldsymbol{B}\boldsymbol{A}^{\mathrm{T}}\leqslant\boldsymbol{A}\boldsymbol{A}^{\mathrm{T}}+\boldsymbol{B}\boldsymbol{B}^{\mathrm{T}}$$

因此

$$(\boldsymbol{A}+\boldsymbol{B})(\boldsymbol{A}+\boldsymbol{B})^{\mathrm{T}}=\boldsymbol{A}\boldsymbol{A}^{\mathrm{T}}+\boldsymbol{A}\boldsymbol{B}^{\mathrm{T}}+\boldsymbol{B}\boldsymbol{A}^{\mathrm{T}}+\boldsymbol{B}\boldsymbol{B}^{\mathrm{T}}\leqslant 2(\boldsymbol{A}\boldsymbol{A}^{\mathrm{T}}+\boldsymbol{B}\boldsymbol{B}^{\mathrm{T}})$$

6.6　由于 $\boldsymbol{x}_{k-1}=\boldsymbol{A}\boldsymbol{x}_{k-2}+\boldsymbol{\Gamma}\underline{\boldsymbol{\xi}}_{k-2}$是 $\boldsymbol{x}_0,\underline{\boldsymbol{\xi}}_0,\cdots,\underline{\boldsymbol{\xi}}_{k-2}$的线性组合(以常值矩阵为系数)，则$\vec{\boldsymbol{x}}_{k-1}=\boldsymbol{A}\vec{\boldsymbol{x}}_{k-2}+\boldsymbol{G}(\boldsymbol{v}_{k-1}-\boldsymbol{C}\boldsymbol{A}\vec{\boldsymbol{x}}_{k-2})=\boldsymbol{A}\vec{\boldsymbol{x}}_{k-2}+\boldsymbol{G}(\boldsymbol{C}\boldsymbol{A}\boldsymbol{x}_{k-2}+\boldsymbol{C}\boldsymbol{\Gamma}\underline{\boldsymbol{\xi}}_{k-2}+\underline{\boldsymbol{\eta}}_{k-1})-\boldsymbol{G}\boldsymbol{C}\boldsymbol{A}\vec{\boldsymbol{x}}_{k-2}$是 $\boldsymbol{x}_0,\underline{\boldsymbol{\xi}}_0,\cdots,\underline{\boldsymbol{\xi}}_{k-2}$和$\underline{\boldsymbol{\eta}}_{k-1}$的类似线性组合，再由$\underline{\boldsymbol{\xi}}_{k-1}$、$\underline{\boldsymbol{\eta}}_k$ 不相关，这两个恒等式就可以得到了。

6.7　因为

$$\begin{aligned}\boldsymbol{P}_{k,k-1}\boldsymbol{C}_k^{\mathrm{T}}\boldsymbol{G}_k^{\mathrm{T}}-\boldsymbol{G}_k\boldsymbol{C}_k\boldsymbol{P}_{k,k-1}\boldsymbol{C}_k^{\mathrm{T}}\boldsymbol{G}_k^{\mathrm{T}}&=\boldsymbol{G}_k\boldsymbol{C}_k\boldsymbol{P}_{k,k-1}\boldsymbol{C}_k^{\mathrm{T}}\boldsymbol{G}_k^{\mathrm{T}}+\boldsymbol{G}_k\boldsymbol{R}_k\boldsymbol{G}_k^{\mathrm{T}}-\boldsymbol{G}_k\boldsymbol{C}_k\boldsymbol{P}_{k,k-1}\boldsymbol{C}_k^{\mathrm{T}}\boldsymbol{G}_k^{\mathrm{T}}\\&=\boldsymbol{G}_k\boldsymbol{R}_k\boldsymbol{G}_k^{\mathrm{T}},\end{aligned}$$

有

$$-(\boldsymbol{I}-\boldsymbol{G}_k\boldsymbol{C})\boldsymbol{P}_{k,k-1}\boldsymbol{C}^{\mathrm{T}}\boldsymbol{G}_k^{\mathrm{T}}+\boldsymbol{G}_k\boldsymbol{R}\boldsymbol{G}_k^{\mathrm{T}}=\boldsymbol{0}$$

因此

$$\begin{aligned}\boldsymbol{P}_{k,k}&=(\boldsymbol{I}-\boldsymbol{G}_k\boldsymbol{C})\boldsymbol{P}_{k,k-1}\\&=(\boldsymbol{I}-\boldsymbol{G}_k\boldsymbol{C})\boldsymbol{P}_{k,k-1}(\boldsymbol{I}-\boldsymbol{G}_k\boldsymbol{C})^{\mathrm{T}}+\boldsymbol{G}_k\boldsymbol{R}\boldsymbol{G}_k^{\mathrm{T}}\\&=(\boldsymbol{I}-\boldsymbol{G}_k\boldsymbol{C})(\boldsymbol{A}\boldsymbol{P}_{k-1,k-1}\boldsymbol{A}^{\mathrm{T}}+\boldsymbol{\Gamma}\boldsymbol{Q}\boldsymbol{\Gamma}^{\mathrm{T}})(\boldsymbol{I}-\boldsymbol{G}_k\boldsymbol{C})^{\mathrm{T}}+\boldsymbol{G}_k\boldsymbol{R}\boldsymbol{G}_k^{\mathrm{T}}\\&=(\boldsymbol{I}-\boldsymbol{G}_k\boldsymbol{C})\boldsymbol{A}\boldsymbol{P}_{k-1,k-1}\boldsymbol{A}^{\mathrm{T}}(\boldsymbol{I}-\boldsymbol{G}_k\boldsymbol{C})^{\mathrm{T}}+(\boldsymbol{I}-\boldsymbol{G}_k\boldsymbol{C})\boldsymbol{\Gamma}\boldsymbol{Q}\boldsymbol{\Gamma}^{\mathrm{T}}(\boldsymbol{I}-\boldsymbol{G}_k\boldsymbol{C})^{\mathrm{T}}+\boldsymbol{G}_k\boldsymbol{R}\boldsymbol{G}_k^{\mathrm{T}}\end{aligned}$$

6.8　参照引理 6.8 的证明，假设$|\lambda|\geqslant 1$，其中 λ 是$(I-\boldsymbol{G}\boldsymbol{C})\boldsymbol{A}$ 的特征值，可以得到与可控性条件矛盾的结论。

6.9　与练习 6.6 的证明类似。

6.10　由

$$\begin{aligned}\boldsymbol{0}&\leqslant\langle\underline{\boldsymbol{\varepsilon}}_j-\underline{\boldsymbol{\delta}}_j,\underline{\boldsymbol{\varepsilon}}_j-\underline{\boldsymbol{\delta}}_j\rangle\\&=\langle\underline{\boldsymbol{\varepsilon}}_j,\underline{\boldsymbol{\varepsilon}}_j\rangle-\langle\underline{\boldsymbol{\varepsilon}}_j,\underline{\boldsymbol{\delta}}_j\rangle-\langle\underline{\boldsymbol{\delta}}_j,\underline{\boldsymbol{\varepsilon}}_j\rangle+\langle\underline{\boldsymbol{\delta}}_j,\underline{\boldsymbol{\delta}}_j\rangle\end{aligned}$$

和定理 6.2，当 $j\to\infty$时，有

$$\begin{aligned}&\langle\underline{\boldsymbol{\varepsilon}}_j,\underline{\boldsymbol{\delta}}_j\rangle+\langle\underline{\boldsymbol{\delta}}_j,\underline{\boldsymbol{\varepsilon}}_j\rangle\leqslant\langle\underline{\boldsymbol{\varepsilon}}_j,\underline{\boldsymbol{\varepsilon}}_j\rangle+\langle\underline{\boldsymbol{\delta}}_j,\underline{\boldsymbol{\delta}}_j\rangle\\&=\langle\hat{\boldsymbol{x}}_j-\boldsymbol{x}_j+\boldsymbol{x}_j-\vec{\boldsymbol{x}}_j,\hat{\boldsymbol{x}}_j-\boldsymbol{x}_j+\boldsymbol{x}_j-\vec{\boldsymbol{x}}_j\rangle+\|\boldsymbol{x}_j-\vec{\boldsymbol{x}}_j\|_n^2\\&=\|\boldsymbol{x}_j-\hat{\boldsymbol{x}}_j\|_n^2+\langle\boldsymbol{x}_j-\vec{\boldsymbol{x}}_j,\hat{\boldsymbol{x}}_j-\boldsymbol{x}_j\rangle+\langle\hat{\boldsymbol{x}}_j-\boldsymbol{x}_j,\boldsymbol{x}_j-\vec{\boldsymbol{x}}_j\rangle+2\|\boldsymbol{x}_j-\vec{\boldsymbol{x}}_j\|_n^2\\&\leqslant 2\|\boldsymbol{x}_j-\hat{\boldsymbol{x}}_j\|_n^2+3\|\boldsymbol{x}_j-\hat{\boldsymbol{x}}_j\|_n^2\to 5(\boldsymbol{P}^{-1}+\boldsymbol{C}^{\mathrm{T}}\boldsymbol{R}^{-1}\boldsymbol{C})^{-1}\end{aligned}$$

因此,$\boldsymbol{B}_j=\langle \underline{\boldsymbol{\varepsilon}}_j,\underline{\boldsymbol{\delta}}_j\rangle \boldsymbol{A}^{\mathrm{T}}\boldsymbol{C}^{\mathrm{T}}$ 各个分量都是一致有界的。

6.11 由引理1.4、引理1.6、引理1.7和引理1.10及定理6.1,并应用练习6.10,对于实数 r_1,$0<r_1<1$,存在与 i 和 k 无关的正常数 $\boldsymbol{C}$,满足

$$
\begin{aligned}
&\mathrm{tr}[\boldsymbol{F}\boldsymbol{B}_{k-1-i}(\boldsymbol{G}_{k-i}-\boldsymbol{G})^{\mathrm{T}}+(\boldsymbol{G}_{k-i}-\boldsymbol{G})\boldsymbol{B}_{k-1-i}^{\mathrm{T}}\boldsymbol{F}^{\mathrm{T}}]\\
\leqslant{}&(n\mathrm{tr}\boldsymbol{F}\boldsymbol{B}_{k-1-i}(\boldsymbol{G}_{k-i}-\boldsymbol{G})^{\mathrm{T}}(\boldsymbol{G}_{k-i}-\boldsymbol{G})\boldsymbol{B}_{k-1-i}^{\mathrm{T}}\boldsymbol{F}^{\mathrm{T}})^{1/2}+\\
&(n\mathrm{tr}(\boldsymbol{G}_{k-i}-\boldsymbol{G})\boldsymbol{B}_{k-1-i}^{\mathrm{T}}\boldsymbol{F}^{\mathrm{T}}\boldsymbol{F}\boldsymbol{B}_{k-1-i}(\boldsymbol{G}_{k-i}-\boldsymbol{G})^{\mathrm{T}})^{1/2}\\
\leqslant{}&(n\mathrm{tr}\boldsymbol{F}\boldsymbol{F}^{\mathrm{T}}\cdot\mathrm{tr}\boldsymbol{B}_{k-1-i}\boldsymbol{B}_{k-1-i}^{\mathrm{T}}\cdot\mathrm{tr}(\boldsymbol{G}_{k-i}-\boldsymbol{G})^{\mathrm{T}}(\boldsymbol{G}_{k-i}-\boldsymbol{G}))^{1/2}+\\
&(n\mathrm{tr}(\boldsymbol{G}_{k-i}-\boldsymbol{G})(\boldsymbol{G}_{k-i}-\boldsymbol{G})^{\mathrm{T}}\cdot\mathrm{tr}\boldsymbol{B}_{k-1-i}^{\mathrm{T}}\boldsymbol{B}_{k-1-i}\cdot\mathrm{tr}\boldsymbol{F}^{\mathrm{T}}\boldsymbol{F})^{1/2}\\
={}&2(n\mathrm{tr}(\boldsymbol{G}_{k-i}-\boldsymbol{G})(\boldsymbol{G}_{k-i}-\boldsymbol{G})^{\mathrm{T}}\cdot\mathrm{tr}\boldsymbol{B}_{k-1-i}^{\mathrm{T}}\boldsymbol{B}_{k-1-i}\cdot\mathrm{tr}\boldsymbol{F}^{\mathrm{T}}\boldsymbol{F})^{1/2}\\
\leqslant{}&\boldsymbol{C}_1 r_1^{k+1-i}
\end{aligned}
$$

6.12 求解 Riccati 方程(6.6),即

$$c^2p^2+[(1-a^2)r-c^2\gamma^2q]p-rq\gamma^2=0$$

可得

$$p=\frac{1}{2c^2}\{c^2\gamma^2q+(a^2-1)r+\sqrt{[(1-a^2)r-c^2\gamma^2q]^2+4c^2\gamma^2qr}\}$$

然后,可以得到卡尔曼增益

$$g=pc/(c^2p+r)$$

第7章

7.1 引理7.1的证明是构造性的。设 $\mathbf{A}=[a_{ij}]_{n\times n}$ 和 $\mathbf{A}^c=[l_{ij}]_{n\times n}$。由 $\mathbf{A}=\mathbf{A}^c(\mathbf{A}^c)^{\mathrm{T}}$,可得

$$a_{ii}=\sum_{k=1}^{i}l_{ik}^2,\quad i=1,2,\cdots,n$$

$$a_{ij}=\sum_{k=1}^{j}l_{ik}l_{jk},\quad j\neq i;\quad i,j=1,2,\cdots,n$$

可以证明

$$l_{ii}=\left(a_{ii}-\sum_{k=1}^{i-1}l_{ik}^2\right)^{1/2},\quad i=1,2,\cdots,n$$

$$l_{ij}=\left(a_{ij}-\sum_{k=1}^{j-1}l_{ik}l_{jk}\right)/l_{jj},\quad j=1,2,\cdots,i-1;\quad i=2,3,\cdots,n$$

$$l_{ij}=0,\quad j=i+1,i+2,\cdots,n;\quad i=1,2,\cdots,n$$

这就给出了下三角矩阵 $\mathbf{A}^c$,该算法称为 Cholesky 分解。

由(标准)奇异值分解(SVD:singular value decomposition)算法来得到正交矩阵 $\boldsymbol{U}$,使得

$$\boldsymbol{U}\mathrm{diag}[s_1,\cdots,s_r,0,\cdots,0]\boldsymbol{U}^{\mathrm{T}}=\mathbf{A}\mathbf{A}^{\mathrm{T}}$$

式中,$1\leqslant r\leqslant n$,$s_1,\cdots,s_r$ 是非负定对称矩阵 AA^{T} 的奇异值(为正数)。设置

$$\widetilde{\boldsymbol{A}} = \boldsymbol{U}\mathrm{diag}[\sqrt{s_1}, \sqrt{s_2}, \cdots, \sqrt{s_r}, 0, \cdots, 0]$$

7.2

$$\text{(a) } \boldsymbol{L} = \begin{bmatrix} 1 & 0 & 0 \\ 2 & 2 & 0 \\ 3 & -2 & 1 \end{bmatrix} \quad \text{(b) } \boldsymbol{L} = \begin{bmatrix} \sqrt{2} & 0 & 0 \\ \sqrt{2}/2 & \sqrt{2.5} & 0 \\ \sqrt{2}/2 & 1.5/\sqrt{2.5} & \sqrt{2.6} \end{bmatrix}$$

7.3

$$\text{(a) } \boldsymbol{L}^{-1} = \begin{bmatrix} 1/l_{11} & 0 & 0 \\ -l_{21}/l_{11}l_{22} & 1/l_{22} & 0 \\ -l_{31}/l_{11}l_{33} + l_{32}l_{21}/l_{11}l_{22}l_{33} & -l_{32}/l_{22}l_{33} & 1/l_{33} \end{bmatrix}$$

$$\text{(b) } \boldsymbol{L}^{-1} = \begin{bmatrix} b_{11} & 0 & 0 & \cdots & 0 \\ b_{21} & b_{22} & 0 & \cdots & 0 \\ \vdots & \vdots & \vdots & & 0 \\ b_{n1} & b_{n2} & b_{n3} & \cdots & b_{nn} \end{bmatrix}$$

式中

$$\begin{cases} b_{ii} = l_{ii}^{-1}, \quad i = 1, 2, \cdots, n \\ b_{ij} = -l_{jj}^{-1} \sum_{k=j+1}^{i} b_{ik} l_{kj} \\ j = i-1, i-2, \cdots, 1; \ i = 2, 3, \cdots, n \end{cases}$$

7.4 在标准卡尔曼滤波过程中，

$$\boldsymbol{P}_{k,k} \approx \begin{bmatrix} 0 & 0 \\ 0 & 1 \end{bmatrix}$$

是一个奇异矩阵，但是其“平方根”

$$\boldsymbol{P}_{k,k}^{1/2} = \begin{bmatrix} \varepsilon/\sqrt{1-\varepsilon^2} & 0 \\ 0 & 1 \end{bmatrix} \approx \begin{bmatrix} \varepsilon & 0 \\ 0 & 1 \end{bmatrix}$$

是一个非奇异矩阵。

7.5 类似于练习 7.1，设 $\boldsymbol{A} = [a_{ij}]_{n\times n}$ 和 $\boldsymbol{A}^u = [l_{ij}]_{n\times n}$，由 $\boldsymbol{A} = \boldsymbol{A}^u (\boldsymbol{A}^u)^{\mathrm{T}}$，可得

$$a_{ii} = \sum_{k=i}^{n} l_{ik}^2, \quad i = 1, 2, \cdots, n$$

$$a_{ij} = \sum_{k=j}^{n} l_{ik} l_{jk}, \quad j \neq i; \quad i, j = 1, 2, \cdots, n$$

因此可以证明：

$$l_{ii} = \left(a_{ii} - \sum_{k=i+1}^{n} l_{ik}^2\right)^{1/2}, \ i = 1, 2, \cdots, n$$

$$l_{ij}=(a_{ij}-\sum_{k=j+1}^{n}l_{ik}l_{jk})/l_{jj},\quad j=i+1,\cdots,n;\quad i=1,2,\cdots,n$$

$$l_{ij}=0,\quad j=1,2,\cdots,i-1;\quad i=2,3,\cdots,n$$

这就给出了上三角矩阵 $\boldsymbol{A}^u$。

7.6 新公式和我们在这一章学习的一样,只是每个有上标 c 的下三角矩阵必须用相应的上标为 u 的上三角矩阵代替。

7.7 新公式和 7.3 节给出的一样,只是每个有上标 c 的下三角矩阵必须用相应的上标为 u 的上三角矩阵代替。

第 8 章

8.1 (a) 因为 $r^2=x^2+y^2$,有 $\dot{r}=\frac{x}{r}\dot{x}+\frac{y}{r}\dot{y}$,从而 $\dot{r}=v\sin\theta$ 和 $\ddot{r}=\dot{v}\sin\theta+v\dot{\theta}\cos\theta$。

另一方面,因为 $\tan\theta=y/x$,有

$\dot{\theta}\sec^2\theta=(x\dot{y}-\dot{x}y)/x^2$ 或 $\dot{\theta}=\frac{x\dot{y}-\dot{x}y}{x^2\sec^2\theta}=\frac{x\dot{y}-\dot{x}y}{r^2}=\frac{v}{r}\cos\theta$,使得

$$\ddot{r}=a\sin\theta+\frac{v^2}{r}\cos^2\theta$$

$$\ddot{\theta}=\left(\frac{\dot{v}r-\boldsymbol{v}\dot{r}}{r^2}\right)\cos\theta-\frac{v}{r}\dot{\theta}\sin\theta=\left(\frac{ar-v^2\sin\theta}{r^2}\right)\cos\theta-\frac{v^2}{r^2}\sin\theta\cos\theta$$

(b) $$\dot{\boldsymbol{x}}=f(\boldsymbol{x}):=\begin{bmatrix}v\sin\theta\\ a\sin\theta+\frac{v^2}{r}\cos^2\theta\\ (ar-v^2\sin\theta)\cos\theta/r^2-v^2\sin\theta\cos\theta/r^2\end{bmatrix}$$

(c)

$$\boldsymbol{x}_{k+1}=\begin{bmatrix}x_k[1]+hv\sin(x_k[3])\\ x_k[2]+ha\sin(x_k[3])+v^2\cos^2(x_k[3])/x_k[1]\\ v\cos(x_k[3])/x_k[1]\\ (ax_k[1]-v^2\sin(x_k[3]))\cos(x_k[3])/x_k[1]^2-v^2\sin(x_k[3])\cos(x_k[3])/x_k[1]^2\end{bmatrix}+\underline{\boldsymbol{\xi}}_k$$

$$v_k=[1\quad 0\quad 0\quad 0]\boldsymbol{x}_k+\eta_k$$

式中 $\boldsymbol{x}_k:=[x_k[1]\quad x_k[2]\quad x_k[3]\quad x_k[4]]^{\mathrm{T}}$。

(d) 借助式(8.8)。

8.2 证明很直接。

8.3 证明很直接,可以证出:$\hat{\boldsymbol{x}}_{k|k-1}=\boldsymbol{A}_{k-1}\hat{\boldsymbol{x}}_{k-1}+\boldsymbol{B}_{k-1}\boldsymbol{u}_{k-1}=\boldsymbol{f}_{k-1}(\hat{\boldsymbol{x}}_{k-1})$。

8.4 对改进了的观测方程两边取方差

$$\boldsymbol{v}_0-\boldsymbol{C}_0(\boldsymbol{\theta})E(\boldsymbol{x}_0)=\boldsymbol{C}_0(\boldsymbol{\theta})\boldsymbol{x}_0-\boldsymbol{C}_0(\boldsymbol{\theta})E(\boldsymbol{x}_0)+\underline{\boldsymbol{\eta}}_0$$

左边应用估计$(\boldsymbol{v}_0-\boldsymbol{C}_0(\boldsymbol{\theta})E(\boldsymbol{x}_0))(\boldsymbol{v}_0-\boldsymbol{C}_0(\boldsymbol{\theta})E(\boldsymbol{x}_0))^{\mathrm{T}}$作为方差$\mathrm{Var}(\boldsymbol{v}_0-\boldsymbol{C}_0(\boldsymbol{\theta})E(\boldsymbol{x}_0))$，有$(\boldsymbol{v}_0-\boldsymbol{C}_0(\boldsymbol{\theta})E(\boldsymbol{x}_0))(\boldsymbol{v}_0-\boldsymbol{C}_0(\boldsymbol{\theta})E(\boldsymbol{x}_0))^{\mathrm{T}}=\boldsymbol{C}_0(\boldsymbol{\theta})\mathrm{Var}(\boldsymbol{x}_0)\boldsymbol{C}_0(\boldsymbol{\theta})^{\mathrm{T}}+\boldsymbol{R}_0$，这就可以立即得到式(8.13)。

8.5 由于

$$E(\boldsymbol{v}_1)=\boldsymbol{C}_1(\boldsymbol{\theta})\boldsymbol{A}_0(\boldsymbol{\theta})E(\boldsymbol{x}_0)$$

对改进了的观测方程两边取方差：

$$\boldsymbol{v}_1-\boldsymbol{C}_1(\boldsymbol{\theta})\boldsymbol{A}_0(\boldsymbol{\theta})E(\boldsymbol{x}_0)=\boldsymbol{C}_1(\boldsymbol{\theta})(\boldsymbol{A}_0(\boldsymbol{\theta})\boldsymbol{x}_0-\boldsymbol{C}_1(\boldsymbol{\theta})\boldsymbol{A}_0(\boldsymbol{\theta})E(\boldsymbol{x}_0)+\boldsymbol{\Gamma}(\boldsymbol{\theta})\underline{\boldsymbol{\xi}}_0)+\underline{\boldsymbol{\eta}}_1$$

左边应用估计$(\boldsymbol{v}_1-\boldsymbol{C}_1(\boldsymbol{\theta})\boldsymbol{A}_0(\boldsymbol{\theta})E(\boldsymbol{x}_0))(\boldsymbol{v}_1-\boldsymbol{C}_1(\boldsymbol{\theta})\boldsymbol{A}_0(\boldsymbol{\theta})E(\boldsymbol{x}_0))^{\mathrm{T}}$作为方差$\mathrm{Var}(\boldsymbol{v}_1-\boldsymbol{C}_1(\boldsymbol{\theta})\boldsymbol{A}_0(\boldsymbol{\theta})E(\boldsymbol{x}_0))$，有

$$\begin{aligned}&(\boldsymbol{v}_1-\boldsymbol{C}_1(\boldsymbol{\theta})\boldsymbol{A}_0(\boldsymbol{\theta})E(\boldsymbol{x}_0))(\boldsymbol{v}_1-\boldsymbol{C}_1(\boldsymbol{\theta})\boldsymbol{A}_0(\boldsymbol{\theta})E(\boldsymbol{x}_0))^{\mathrm{T}}\\&=\boldsymbol{C}_1(\boldsymbol{\theta})\boldsymbol{A}_0(\boldsymbol{\theta})\mathrm{Var}(\boldsymbol{x}_0)\boldsymbol{A}_0^{\mathrm{T}}(\boldsymbol{\theta})\boldsymbol{C}_1^{\mathrm{T}}(\boldsymbol{\theta})+\boldsymbol{C}_1(\boldsymbol{\theta})\boldsymbol{\Gamma}_0(\boldsymbol{\theta})\boldsymbol{Q}_0\boldsymbol{\Gamma}_0^{\mathrm{T}}\boldsymbol{C}_1^{\mathrm{T}}(\boldsymbol{\theta})+\boldsymbol{R}_1\end{aligned}$$

这就可以得到式(8.14)。

8.6 直接应用式(8.8)。

8.7 因为$\underline{\boldsymbol{\theta}}$是常值向量，有$\boldsymbol{S}_k:=\mathrm{Var}(\underline{\boldsymbol{\theta}})=\boldsymbol{0}$，所以

$$\boldsymbol{P}_{0,0}=\mathrm{Var}\begin{pmatrix}\boldsymbol{x}\\\underline{\boldsymbol{\theta}}\end{pmatrix}=\begin{bmatrix}\mathrm{Var}(\boldsymbol{x}_0)&\boldsymbol{0}\\\boldsymbol{0}&\boldsymbol{0}\end{bmatrix}$$

根据简单的代数运算，有

$$\boldsymbol{P}_{k,k-1}=\begin{bmatrix}*&\boldsymbol{0}\\\boldsymbol{0}&\boldsymbol{0}\end{bmatrix},\quad\boldsymbol{G}_k=\begin{bmatrix}*\\\boldsymbol{0}\end{bmatrix}$$

其中$*$表示矩阵中常值分块矩阵。

则式(8.15)的最后公式给出$\hat{\underline{\boldsymbol{\theta}}}_{k|k}\equiv\hat{\underline{\boldsymbol{\theta}}}_{k-1|k-1}$。

8.8

$$\begin{cases}\begin{bmatrix}\hat{x}_0\\\hat{c}_0\end{bmatrix}=\begin{bmatrix}x^0\\c^0\end{bmatrix}\\[2mm]\boldsymbol{P}_{0,0}=\begin{bmatrix}p_0&0\\0&s_0\end{bmatrix}\\[2mm]\boldsymbol{P}_{k,k-1}=\boldsymbol{P}_{k-1,k-1}+\begin{bmatrix}q_{k-1}&0\\0&s_{k-1}\end{bmatrix}\\[2mm]\boldsymbol{G}_k=\boldsymbol{P}_{k,k-1}\begin{bmatrix}\hat{c}_{k-1}\\0\end{bmatrix}\left[\begin{bmatrix}\hat{c}_{k-1}&0\end{bmatrix}\boldsymbol{P}_{k,k-1}\begin{bmatrix}\hat{c}_{k-1}\\0\end{bmatrix}+r_k\right]^{-1}\\[2mm]\boldsymbol{P}_{k,k}=\left[\boldsymbol{I}-\boldsymbol{G}_k\begin{bmatrix}\hat{c}_{k-1}&0\end{bmatrix}\right]\boldsymbol{P}_{k,k-1}\\[2mm]\begin{bmatrix}\hat{x}_k\\\hat{c}_k\end{bmatrix}=\begin{bmatrix}\hat{x}_{k-1}\\\hat{c}_{k-1}\end{bmatrix}+\boldsymbol{G}_k(v_k-\hat{c}_{k-1}\hat{x}_{k-1})\\[2mm]k=1,2,\cdots\end{cases}$$

其中 c^0 是 $\hat{c}_0$ 根据式(8.13)得到的估计；即满足

$$v_0^2 - 2v_0 x^0 c^0 + [(x^0)^2 - p_0](c^0)^2 - r_0 = 0$$

第 9 章

9.1 (a) 设 $\vec{x}_k = [x_k \quad \dot{x}_k]^{\mathrm{T}}$，则

$$\begin{cases} x_k = -(\alpha+\beta-2)x_{k-1} - (1-\alpha)x_{k-2} + \alpha v_k + (-\alpha+\beta)v_{k-1} \\ \dot{x}_k = -(\alpha+\beta-2)\dot{x}_{k-1} - (1-\alpha)\dot{x}_{k-2} + \dfrac{\beta}{h}v_k - \dfrac{\beta}{h}v_{k-1} \end{cases}$$

(b) $0<\alpha<1$ 和 $0<\beta<\dfrac{\alpha^2}{1-\alpha}$。

9.2 系统(9.11)的解耦公式直接通过代数运算得到。

9.3 (a)

$$\boldsymbol{\Phi} = \begin{bmatrix} 1-\alpha & (1-\alpha)h & (1-\alpha)h^2/2 & -s\alpha \\ -\beta/h & 1-\beta & h-\beta h/2 & -s\beta/h \\ -\gamma/h^2 & 1-\gamma/h & 1-\gamma/2 & -s\gamma/h^2 \\ -\theta & -\theta/h & -\theta h^2/2 & s(1-\theta) \end{bmatrix}$$

(b)

$$\begin{aligned} \det[zI-\boldsymbol{\Phi}] = z^4 &+ [(\alpha-3)+\beta+\gamma/2-(\theta-1)s]z^3 + \\ &[(3-2\alpha)-\beta+\gamma/2+(3-\alpha-\beta-\gamma/2-3\theta)s]z^2 + \\ &[(\alpha-1)-(3-2\alpha-\beta+\gamma/2-3\theta)s]z + (1-\alpha-\theta)s \end{aligned}$$

$$\widetilde{\boldsymbol{X}}_1 = \frac{z\boldsymbol{V}(z-s)}{\det[zI-\boldsymbol{\Phi}]}\{\alpha z^2 + (\gamma/2+\beta-2\alpha)z + (\gamma/2-\beta+\alpha)\}$$

$$\widetilde{\boldsymbol{X}}_2 = \frac{z\boldsymbol{V}(z-1)(z-s)}{\det[zI-\boldsymbol{\Phi}]}\{\beta z - \beta + \gamma\}/h$$

$$\widetilde{\boldsymbol{X}}_3 = \frac{z\boldsymbol{V}(z-1)^2(z-s)}{\det[zI-\boldsymbol{\Phi}]}\gamma/h^2$$

$$\boldsymbol{W} = \frac{z\boldsymbol{V}(z-1)^3}{\det[zI-\boldsymbol{\Phi}]}\theta$$

(c) 设 $\check{\boldsymbol{X}}_k = [x_k \quad \dot{x}_k \quad \ddot{x}_k \quad w_k]^{\mathrm{T}}$，则

$$\begin{aligned} x_k = a_1 x_{k-1} &+ a_2 x_{k-2} + a_3 x_{k-3} + a_4 x_{k-4} + \alpha v_k + \\ &(-2\alpha - s\alpha + \beta + \gamma/2)\boldsymbol{v}_{k-1} + \\ &[\alpha-\beta+\gamma/2+(2\alpha-\beta-\gamma/2)s]v_{k-2} - (\alpha-\beta+\gamma/2)sv_{k-3} \end{aligned}$$

$$\begin{aligned} \dot{x}_k = a_1\dot{x}_{k-1} &+ a_2\dot{x}_{k-2} + a_3\dot{x}_{k-3} + a_4\dot{x}_{k-4} + (\beta/h)v_k - \\ &[(2+s)\beta/h - (\gamma/h)]v_{k-1} + [\beta/h - \gamma/h + (2\beta-\gamma)s/h]v_{k-2} - \\ &[(\beta-\gamma)s/h]v_{k-3} \end{aligned}$$

$$\ddot{x}_k = a_1\ddot{x}_{k-1} + a_2\ddot{x}_{k-2} + a_3\ddot{x}_{k-3} + a_4\ddot{x}_{k-4} + (\gamma/h)v_k - [(2+\gamma)\gamma/h^2]v_{k-1} + (1+2s)v_{k-2} - sv_{k-3}$$

$$w_k = a_1 w_{k-1} + a_2 w_{k-2} + a_3 w_{k-3} + a_4 w_{k-4} + (\gamma/h^2)(v_k - 3v_{k-1} + 3v_{k-2} - v_{k-3})$$

满足初始条件 $x_{-1}=\dot{x}_{-1}=\ddot{x}_{-1}=w_0=0$,其中

$$a_1 = -\alpha - \beta - \gamma/2 + (\theta - 1)s + 3$$

$$a_2 = 2\alpha + \beta - \gamma/2 + (\alpha + \beta h + \gamma/2 + 3\theta - 3)s - 3$$

$$a_3 = -\alpha + (-2\alpha - \beta + \gamma/2 - 3\theta + 3)s + 1$$

$$a_4 = (\alpha + \theta - 1)s$$

(d) 可以直接证明。

9.4　证明很繁琐但是很简单。

9.5　研究式(9.19)和式(9.20)。必须有 σ_p、σ_v、$\sigma_a \geqslant 0$,$\sigma_m > 0$ 和 $\boldsymbol{P} > \boldsymbol{0}$。

9.6　该方程可以通过简单的代数运算得到。

9.7　只需要简单的代数运算即可得到。

第 10 章

10.1　对于(1)～(4),设 $* \in \{+,-,\cdot,/\}$,则

$$\begin{aligned} X * Y &= \{x * y \mid x \in X, y \in Y\} \\ &= \{y * x \mid y \in Y, x \in X\} \\ &= Y * X \end{aligned}$$

其他的可以通过类似的方式证明。至于(7)的(c)部分,不失一般性,可以只考虑 $X=[\underline{x},\bar{x}]$和 $Y=[\underline{y},\bar{y}]$中 $x\geqslant 0$ 和 $y\geqslant 0$ 的情形,然后讨论 $\underline{z}\geqslant 0$,$\bar{z}\leqslant 0$ 和 $\underline{z}\ \bar{z} < 0$ 等不同情况。

10.2　通过定义可以直接证明所有的公式。例如,对于(j.1),有

$$\begin{aligned} \boldsymbol{A}^I(\boldsymbol{BC}) &= \left[\sum_{j=1}^{n} \boldsymbol{A}^I(i,j)\left[\sum_{l=1}^{n} \boldsymbol{B}_{jl}\boldsymbol{C}_{lk}\right]\right] \\ &\subseteq \left[\sum_{j=1}^{n}\sum_{l=1}^{n} \boldsymbol{A}^I(i,j)\boldsymbol{B}_{jl}\boldsymbol{C}_{lk}\right] \\ &= \left[\sum_{l=1}^{n}\left[\sum_{j=1}^{n} \boldsymbol{A}^I(i,j)\boldsymbol{B}_{jl}\right]\boldsymbol{C}_{lk}\right] \\ &= (\boldsymbol{A}^I\boldsymbol{B})\boldsymbol{C} \end{aligned}$$

10.3　见 Alefeld, G. 和 Herzberger, J. (1983)。

10.4　与练习 1.10 类似。

10.5　注意到有界系统和其任意邻近系统滤波结果曲线会不时互相交错。

10.6　见 Siouris, G., Chen, G. 和 Wang, J. (1997)。

第 11 章

11.1

$$\phi_2(t)=\begin{cases}\frac{1}{2}t^2, & 0\leqslant t<1\\ -t^2+3t-\frac{3}{2}, & 1\leqslant t<2\\ \frac{1}{2}t^2-3t+\frac{9}{2}, & 2\leqslant t<3\\ 0, & \text{其他}\end{cases}$$

$$\phi_3(t)=\begin{cases}\frac{1}{6}t^3, & 0\leqslant t<1\\ -\frac{1}{2}t^3+2t^2-2t+\frac{2}{3}, & 1\leqslant t<2\\ \frac{1}{2}t^3-4t^2+10t-\frac{22}{3}, & 2\leqslant t<3\\ -\frac{1}{6}t^3+2t^2-8t+\frac{32}{3}, & 3\leqslant t<4\\ 0, & \text{其他}\end{cases}$$

11.2

$$\hat{\phi}_n(\omega)=\left(\frac{1-\mathrm{e}^{-\mathrm{i}\omega}}{\mathrm{i}\omega}\right)^n=\mathrm{e}^{-\mathrm{i}n\omega/2}\left(\frac{\sin(\omega/2)}{\omega/2}\right)^n$$

11.3　简单的示意图。

11.4　直接代数运算。

11.5　直接代数运算。

第 12 章

12.1　应用矩阵分析(见 Cattivelli and Sayed 2010).

12.2　直接代数运算。

索　　引

C. K. Chui and G. Chen, Kalman Filtering, DOI 10.1007/978-3-319-47612-4_1